1 000 MW 超超临界火电机组电气设备及运行

主　编　郝思鹏
副主编　黄贤明　刘海涛

东南大学出版社
SOUTHEAST UNIVERSITY PRESS

内 容 提 要

为适应电力工业发展要求,力求电气专业理论紧密联系最前沿电力生产实际,本书根据我国电厂 1 000 MW 超超临界大型机组,介绍火电厂电气设备及运行,主要包括:①发电机、发电机辅助系统,发电机运行、事故处理及维护;②励磁系统及电力系统稳定器;③高压电气设备及维护;④厂用电系统及运行维护;⑤发电机-变压器保护等。

本书可以作为电气工程及其自动化、热能和动力工程等专业研究生教材,也可以作为高等院校、科研院所和企事业单位从事发电厂和电力系统工程技术人员的参考书。

图书在版编目(CIP)数据

1 000 MW 超超临界火电机组电气设备及运行/郝思鹏主编. —南京:东南大学出版社,2014.12
ISBN 978-7-5641-5442-4

Ⅰ.①1… Ⅱ.①郝… Ⅲ.①火力发电—发电机组—电力系统运行 Ⅳ.①TM621.3

中国版本图书馆 CIP 数据核字(2014)第 312751 号

1 000 MW 超超临界火电机组电气设备及运行

出版发行	东南大学出版社
社　　址	南京市四牌楼 2 号
邮　　编	210096
出 版 人	江建中
网　　址	http://www.seupress.com
电子邮箱	press@seupress.com
经　　销	全国各地新华书店
印　　刷	江苏徐州新华印刷厂
开　　本	787 mm×1 092 mm 1/16
印　　张	20.25
字　　数	505 千
版　　次	2014 年 12 月第 1 版
印　　次	2014 年 12 月第 1 次印刷
书　　号	ISBN 978-7-5641-5442-4
定　　价	64.80 元

前　言

由于能源紧缺,火电机组节能降损工作受到各国的普遍重视,为提高火电机组的热效率,许多国家把提高蒸汽参数,发展超超临界机组作为重要手段之一。我国对发展超超临界机组也极为重视,特别是近两年,大容量及高参数、高效率火电机组在火电装机总容量中占比持续增加,加快了百万千瓦级超超临界火电机组的建设步伐,超超临界机组越来越多的成为火力发电的主力机型,这对于电力设备的制造和运行水平提出了更高的要求,而发电厂运行人员及相关专业技术人员迫切需要系统了解和掌握超超临界机组中发电机、变压器、继电保护及自动装置等系列设备和装置的新性能、新特点及其运行维护新要求。

本书在编写过程中,深入广东平海、国电泰州、华电句容等发电厂,以大量的技术资料为基础,紧密结合现场实际运行状况,全面介绍了超超临界机组中同步发电机结构与运行维护、励磁系统、电力变压器、主要电气设备、发电厂电气主接线和厂用电系统、继电保护和自动装置、电气设备在线监测等内容。本书实用性强,多处给出了典型电厂的实例分析,易于学习和掌握,适合生产、科研、管理和其他工程技术人员参考使用。

本书由南京工程学院郝思鹏主编,黄贤明和刘海涛担任副主编,万诗新参与编写。全书共分为九章,其中第3章、第4章、第8章由郝思鹏编写,第1章、第5章、第6章第1节由刘海涛编写,第2章、第6章第2节由黄贤明编写,第7章、第9章由万诗新编写,全书由张仰飞教授担任主审。

本书在编写过程中得到了研究生楚成彪、张铭路、张济韬、刘少凡的大力协助,并参阅了大量正式出版文献以及多家电厂的技术资料,在此一并表示感谢。

由于编者水平所限,疏漏和错误之处在所难免,敬请读者批评指正。

目　录

1

绪　　论

1.1　电力系统概述

1.1.1　电力系统与电力网

电力系统是指由发电厂的电气部分、变电站、输配电线路和用户在电气上连接成的整体。在发电厂一次能源被转换为电能,在向用户供电的过程中,为提高供电的安全性、可靠性和经济性,通过各级变电站和输配电线路向用户供电。如果将汽轮机、水轮机、锅炉、水库、核反应堆等这些发电厂的动力部分包括在内,总体称为动力系统,电力系统是动力系统的一部分。

电力网是由电力系统中除发电机和用电设备以外的部分,即由升、降压变电站和不同电压等级的输电线路以及相关输配电设备连接在一起构成的,是电力系统的骨架部分。

1.1.2　电能生产的特点

1) 电能不能大量储存

电能的生产、传输、分配和使用是在同一时间完成的。发电厂任何时刻所产生的电能等于该时刻用户所消耗的电能。即电力系统中的功率在每时每刻都保持平衡。由于电能是一种能量形态的转换,因而生产和消费同时完成。目前虽然对于电能的存储在进行着一系列的研究,但是仍未解决大量存储的问题。因此,电能难以大量存储,是电力系统的最大特点。

2) 电力系统电磁变化过程的瞬时性

电能的传播速度接近光速,电能从一处送到另一处所需的时间仅为千分之几秒甚至百万分之几秒。而短路暂态过程、发电机稳定性的丧失,则在十分之几秒或几秒内发生。发电机、变压器、电力线路、电动机等元件的投入和退出都在一瞬间完成。也就是说电力系统从一种方式过渡到另一种运行方式的过程非常短暂。这就要求调整及切换速度非常迅速和灵敏,以防止短暂的过渡过程对电气设备产生危害,因此必须采用各种自动装置。

3) 与国民经济各部门之间的密切联系性

由于电能的转换非常方便,且易于大量生产、集中管理、远距离传送和自动控制,因此在国民经济各领域应用广泛。电能供应的中断或不足,将直接影响各部门的生产、运行和人民生活,这就要求电力系统的运行必须保证安全和具有足够的备用容量。

1.1.3 电力系统运行的基本要求

1) 保证供电的可靠性

中断用户的供电,会使生产停顿、生活混乱,甚至危及人身和设备的安全,给国民经济造成极大损失。因此,要保证供电的可靠性。保证系统各元件的工作可靠性,重视设备的正常运行维护和定期检修试验,提高运行水平,防止误操作,防止事故扩大化。

2) 保证良好的电能质量

电能质量有三个指标:电压、频率和谐波。一般电压偏移不超过用电设备额定电压的 ±5%;频率偏移不超过 ±0.2 Hz;波形指标不超过规定的畸变率。

3) 保证系统运行的经济性

在电能生产、传输、分配过程中,应尽量降低损耗,节约能源。电力系统运行中可以通过合理分配负荷,使得整个系统的电能成本降低;同时尽量采用单台容量较大的大型发电机组,降低单位功率的设备投资和运行损耗。电能成本降低不仅能节省能源,还可以使各用电部门降低成本,因而给整个国民经济带来很大的好处。

4) 保证充足的电力供应

随着国民经济日益发展和人民生活水平的不断提高,各行业、各部门对电能的需求也在不断增加。因此,电力系统应充分做好规划设计和电力建设,以确保电能的生产能满足需求,同时也应该加强对现有设备的维护保养,充分发挥潜力,确保充足的电力供应。

1.1.4 电力系统联网运行的优越性

随着电力工业的不断发展,电力系统的容量不断增加,电压等级不断提高,所跨区域不断扩大,形成了强大的联合电力系统。其优越性主要表现在:

(1) 可以提高电网运行的可靠性;

(2) 可以保证供电的电能质量;

(3) 可以提高电气设备的利用率,减少系统的备用容量;

(4) 可以采用技术经济性能好的大机组;

(5) 可以充分利用各种自然资源,发挥各类发电厂的特点,提高电力系统整体经济性。

1.1.5 电力系统的接线方式

1) 电力系统的接线图

电力系统的接线图主要有电气接线图和地理接线图。电力系统的电气接线图如图 1.1 所示,在电气接线图上较详细地表示出电力系统各主要元件之间的电气联系,但不能反映各个发电厂、变电站的相对地理位置。

电力系统的地理接线示意图如图 1.2 所示。在地理接线图上,各发电厂、变电站的相对地理位置,乃至各条线路的路径都按一定比例有所反映,但各元件之间的电气联系却往往难以表示。因此,这两种接线图常结合使用。

2) 各种接线方式的特点

电力系统的接线方式可分为无备用和有备用两类。无备用接线包括单回路放射式、干线式和链式网络,如图 1.3 所示。

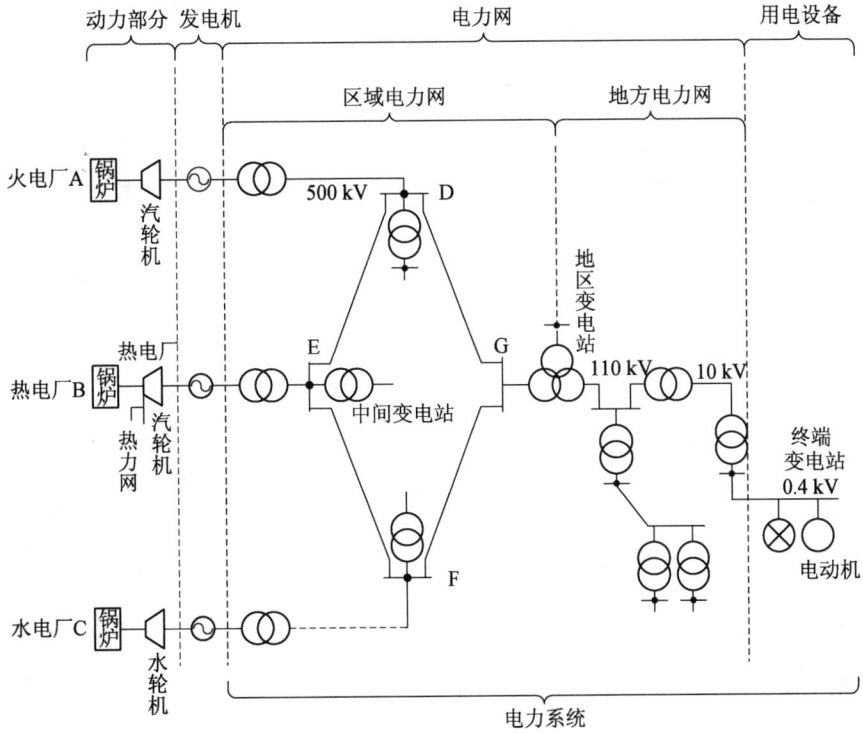

图 1.1　电力系统示意图

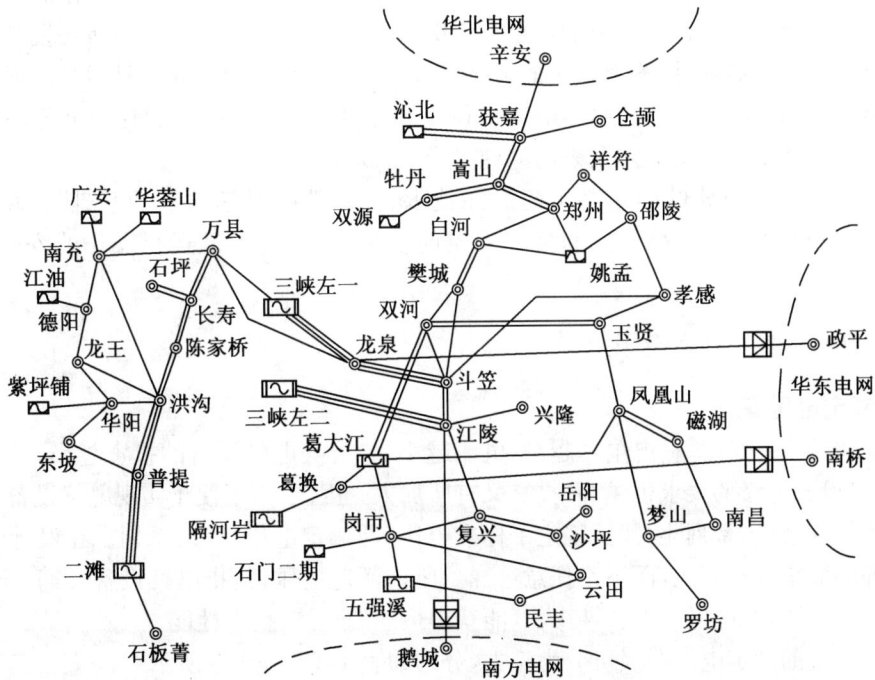

图 1.2　电力系统地理接线图

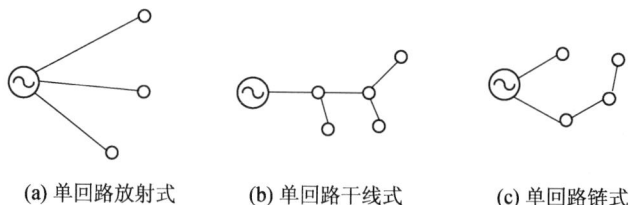

(a) 单回路放射式　　(b) 单回路干线式　　(c) 单回路链式

图 1.3　无备用接线方案

有备用接线包括双回路放射式、干线式、链式以及环式和两端供电网络,如图 1.4 所示。

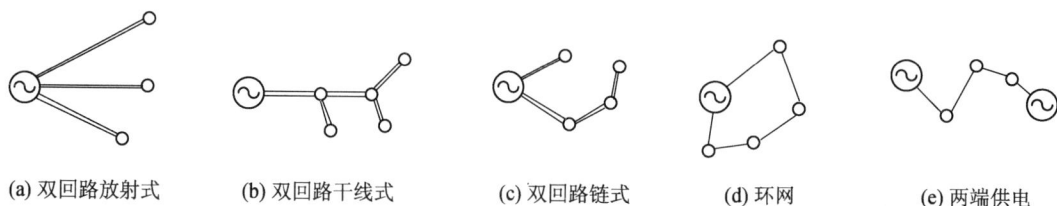

(a) 双回路放射式　　(b) 双回路干线式　　(c) 双回路链式　　(d) 环网　　(e) 两端供电

图 1.4　有备用接线方案

无备用接线的主要优点在于简单、经济、运行方便,主要缺点是供电可靠性差。因此该方式的采用必须考虑所供负荷的可靠性要求以及能否采用自动重合闸等。有备用接线中,双回路放射式、干线式、链式网络的优点在于供电可靠性和电能质量高,但所用设备多,接线复杂,投资大。环网接线同样有较高的可靠性,但经济性有所提高,缺点是运行调度较复杂,故障影响范围大。两端供电网络的前提是必须具备两个或两个以上的独立电源,而且它们与各负荷点的相对位置又决定了采用这种接线的合理性。

电力系统接线方式的确定必须建立在技术、经济性能科学比较的基础上,所选方式除了保证供电的可靠性、经济性和良好的电能质量外,还应保证运行操作的安全性和灵活性。

1.1.6　电力系统的额定电压

1) 额定电压等级

当输送功率一定时,输电电压越高,电流越小,导线等电气设备的投资越小。但电压越高,对电气设备绝缘的要求也越高,投资又有所加大。因此,为了便于实现电气设备选择、制造和使用的标准化、系列化,我国规定了标准电压(即额定电压)等级系列。在设计时,应选择最合理的额定电压等级,而不是任意选择。所谓额定电压,是指电气设备长期、连续正常工作的最高电压,在此电压下长期工作,能获得最佳的经济、技术性能。

我国规定的额定电压等级可分为三类,分别如表 1.1～表 1.3 所示。

第一类是 100 V 及以下的电压等级,主要用于安全动力、照明、蓄电池及其他特殊设备。

表 1.1 第一类额定电压(V)

直 流	交 流	
	单相	三相
6		
12	12	
24		
48	36	36

第二类是 100~1 000 V 之间的电压等级,它的应用最广、数量最多,如电动机、工业、民用、照明、普通电器、动力及控制设备等都采用此类电压。

表 1.2 第二类额定电压(V)

用 电 设 备			发 电 机		变 压 器			
直流	三相交流		直流	三相交流	单相		三相	
	线电压	相电压			一次线组	二次线组	一次线组	二次线组
110			115					
(127)				(133)	(127)			
					(133)	(127)	(133)	
		127	230	230	220			
220	220						230	220	230
		220	400	400	400			
	380						380	400

第三类是 1 000 V 及以上的电压等级。电力系统的发、输、变、配、用电都采用,由表 1.3 可见。同一电压等级下,各用电设备的额定电压不尽相同,故可分为用电设备、电力网、发电机和变压器四种额定电压。

表 1.3 第三类额定电压(kV)

用电设备	交流发电机	变 压 器		用电设备	变 压 器	
		一次线组	二次线组		一次线组	二次线组
3	3.15	3 及 3.15	3.15 及 3.3	(60)	(60)	(66)
6	6.3	6 及 6.3	6.3 及 6.6	110	110	121
10	10.5	10 及 10.5	10.5 及 11	(154)	(154)	(169)
	13.8	13.8		220	220	242
	15.75	15.75		330	330	363
	18	18		500	500	650
33		35	38.5	750	750	825
				1 000	1 000	1 100

2) 电力网和用电设备的额定电压

设发电机在额定电压下运行,给电力网 AB 部分供电。由于线路有电压损失,所以负荷

1~5 点所受的电压各不相同。线路首端电压 U_A 大于末端电压 U_B。若负荷沿线路分布均匀,则电压沿线路分布情况大致如图 1.5 中斜线 AB 所示。各处用电设备所受的电压不同,也不可能按上述分布电压制造,而且电力网各点的电压也是经常变化的,所以用电设备的额定电压只能力求接近于实际工作电压。通常用线路首、末端电压的算术平均值作为用电设备的额定电压,这个电压也即是该电力网的额定电压,用电设备额定电压就等于其所在电力网的额定电压。

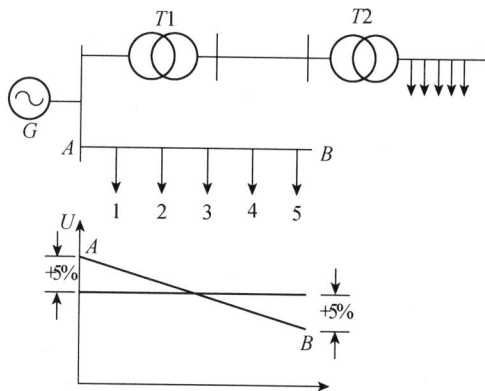

图 1.5 额定电压分析图

目前,我国电力网的额定电压等级有 0.4、3、6、10、35、60、110、220、330、500、750、1 000 kV 等。

3) 发电机的额定电压

发电机往往接在线路的始端,而一般电力网的线路电压损失为 10%,考虑到一般用电设备的允许电压偏移为 ±5%,这就要求线路始端电压为额定值的 105%,从而保证末端不低于额定值的 95%,因此发电机的额定电压比其所在电力网的额定电压高出 5%。

目前,我国发电机的额定电压范围为:6.3~10.5 kV(100 MW 及以下小容量机组)、13.8 kV(135 MW 级的汽轮发电机及 72.5 MW 的水轮发电机)、15.75 kV(200 MW 的机组)、18 kV 及以上(300 MW 及以上大型发电机组),1 000 MW 发电机额定电压一般为 27 kV。

4) 变压器的额定电压

变压器一次侧接电源,相当于用电设备,二次侧向负荷供电,又相当于发电机。因此变压器一次侧额定电压应等于用电设备的额定电压(直接和发电机相连的变压器一次侧额定电压应等于发电机的额定电压),二次侧电压应较线路的额定电压高出 5%。但又因变压器二次侧电压规定为空载时的电压,而额定负荷下的变压器内部压降为 5%。为使正常运行时变压器二次侧电压较线路额定电压高 5%,变压器二次额定电压应较线路额定电压高出 10%。只有漏抗较小的、二次侧直接与用电设备相连的和电压特别高的变压器,其二次侧额定电压才较线路的额定电压高出 5%。

1.2 电力系统中性点运行方式

1.2.1 中性点的定义

电力系统的中性点是指三相系统作 Y 形连接的发电机和变压器的中性点。中性点采用不同的接地方式,对电力系统的供电可靠性、设备绝缘水平、对通信系统的干扰、继电保护的动作特性等都有着直接的影响,因此选择电力系统中性点的运行方式是一个综合性的问题。

目前,我国电力系统常见的中性点运行方式可分为两种类型:中性点非有效接地方式(或称小接地电流系统)和中性点有效接地方式(或称大接地电流系统)。其中非有效接地又包括中性点不接地、经消弧线圈接地和经高阻抗接地；而有效接地又包括中性点直接接地和经低阻抗接地。其中应用最广泛的是中性点不接地、经消弧线圈接地和直接接地。

1.2.2 中性点不接地的三相系统

电力系统运行时，三相导体之间和各相导体对地之间沿导体全长均匀分布着电容。这些电容在电压的作用下将引起附加的电容电流。图 1.6(a) 为中性点不接地系统时的电路图，图中断路器 QF 运行时处于合闸状态，各相导体间的电容及引起的电容电流较小，其影响在此忽略不计。同时，为了简化讨论，假设三相系统完全对称，各相对地电容完全相等。

在正常工作状态下，电力系统的中性点 N 对地电压 $U_n = 0$，各相对地电压是完全对称的，即分别等于各自的相电压。在此对地电压作用下，各相对地电容电流大小相等，相位互差 120°，各相对地电容电流之和为零，所以大地中没有电容电流流过。各相电源电流应为各相负荷电流与对地电容电流的相量和。

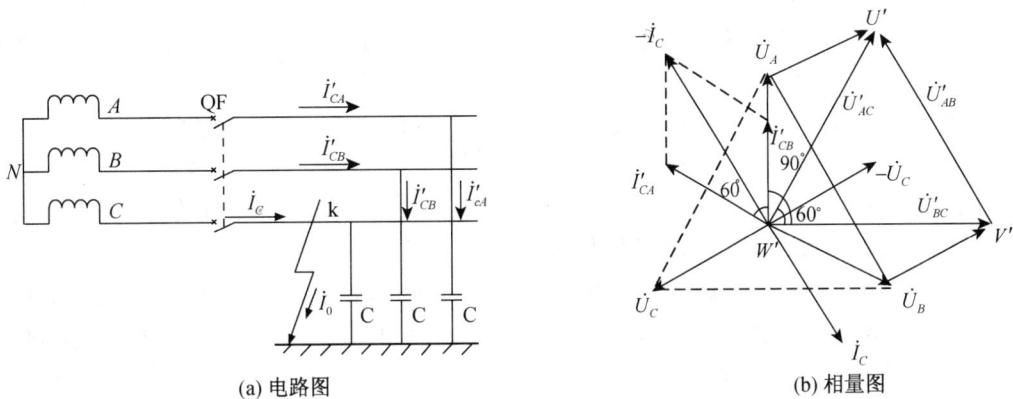

(a) 电路图　　　　　　　　　　(b) 相量图

图 1.6　中性点不接地三相系统

如果发生单相接地故障，上述情况将会发生明显的变化。当 C 相发生完全接地时，故障相对地电压为零。中性点对地的电压不再为零，而上升到相电压，而且与接地相的电源电压相位相反。各相对地电压的相量图如图 1.6(b) 所示，夹角为 60°。从图中可以得知，当 C 相完全接地时，故障相电压为零，非故障相对地电压升高到 $\sqrt{3}$ 倍相电压，三相的线电压仍然保持对称且大小不变。因此，对电力用户接于线电压的用电设备的工作没有影响，不必立即中断对用户供电。

由于 A、B 两相的对地电压由正常时的相电压变为故障后的线电压，非故障相的对地电流的有效值也增大到正常时相电压的 $\sqrt{3}$ 倍。而故障相对地电容被短接，C 相对地电容电流为零。此时，三相对地电容电流之和不再为零，大地中有电流流过，并通过接地点形成回路，如图 1.6(a) 所示。如选择电流的参考方向为从电源到负荷的方向及线路到大地方向，可见单相接地时故障相流过大地的电流为电容电流，等于正常时一相对地电容电流的 3 倍。其数值与电网的电压、频率和一相对地电容有关，而对地电容又与线路的结构(电缆线路或架空线路)、布置方式和长度以及其他因素有关。

发电机的一相接地电容电流可用 $I_C = 0.544 U_n C_g$ 来进行估算,U_n 为发电机额定电压,C_g 为发电机一相对地电容,其值由制造厂提供或通过试验取得。

以上分析是完全接地的情况。当发生不完全接地时,即通过一定的电阻接地,接地相对地电压大于零而小于相电压,未接地相对地电压大于相电压而小于线电压,中性点对地电压大于零而小于相电压,线电压保持不变,接地电流要小一些。

单相接地故障时,由于线电压不变,电力用户虽能继续工作,此时的接地电流,可能会在接地处形成稳定或间歇性的电弧。当接地电流不大时,接地电流过零值时电弧将自行熄灭,接地故障将随之消失。若接地电流大于 30 A 时,将产生稳定电弧,此电弧的大小与接地电流成正比,从而形成持续的电弧接地。高温的电弧可能损坏设备,甚至导致相间短路,尤其是在设备内部出现电弧时最危险。在接地电流小于 30 A 而大于 5~10 A 时,由于网络中的电感和电容可能形成振荡回路,会产生一种周期性熄灭与复燃的间歇性电弧,导致网络出现过电压,其幅值可达 2.53 倍的相电压,危及绝缘。

综上所述,可得出以下结论:

(1) 在中性点不接地系统中,发生单相接地故障时,由于线电压不变,用户可继续工作,提高了供电的可靠性。但为了防止由于接地点的电弧及其产生的过电压,使系统由单相接地故障发展成为多相接地故障,引起事故扩大,持续运行时间不得超过 2 h,并且加强监视,在系统中必须装设交流绝缘监察装置。当系统发生单相接地故障时,监察装置立即发出信号,通知值班人员及时进行处理。

(2) 由于非故障相对地电压可升高到线电压,所以在中性点不接地系统中,电气设备和输电线路的对地绝缘必须按线电压考虑,从而增加了投资。

当线路不长、电压不高时,接地点的电流数值较小,电弧一般能自行熄灭。特别是 35 kV 及以下系统中,绝缘方面的投资增加不多,而供电可靠性较高的优点又比较突出,采用中性点不接地的运行方式比较适合。

目前我国中性点不接地系统的适用范围如下:

(1) 额定电压在 500 V 以下的三相三线制系统。

(2) 额定电压 3~10 kV 系统,接地电流 $I_C < 30$ A。

(3) 额定电压 20~60 kV 系统,接地电流 $I_C < 10$ A。

(4) 与发电机有直接电气联系的 3~20 kV 系统,如果要求发电机需带内部单相接地故障运行,那么接地电流 $I_C < 5$ A。

1.2.3 中性点经消弧线圈接地的三相系统

中性点不接地系统,在发生单相接地时可继续向用户供电,供电可靠性较高,但接地电流较大时易产生弧光接地而造成危害。为限制接地点电流,使接地点电弧能自行熄灭,在电源中性点与大地之间接入消弧线圈的系统,称为中性点经消弧线圈接地系统。

消弧线圈是一个具有铁芯的可调电感线圈,如图 1.7 所示。线圈的电阻很小,电抗很大,电抗值可用改变线圈的匝数来调节。消弧线圈的铁芯柱有很多间隙,可以避免铁芯饱和,从而可以获得比较稳定的电抗值,使补偿电流与电压呈线性关系。为了绝缘和散热,铁芯和线圈通常浸放在油箱内,线圈通常有 5~9 个分接头,用以改变线圈匝数,调节补偿度。

消弧线圈装在系统中的发电机或变压器的中性点与大地之间,工作情况如图 1.8 所示。

消弧线圈的阻抗很大,复导纳近似等于零,由弥尔曼定理可知正常运行时中性点对地电压等于零,消弧线圈中无电流。

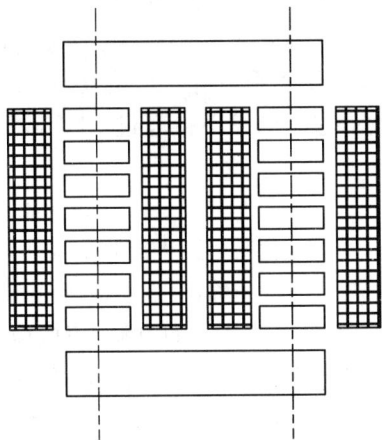

图 1.7 消弧线圈结构示意图

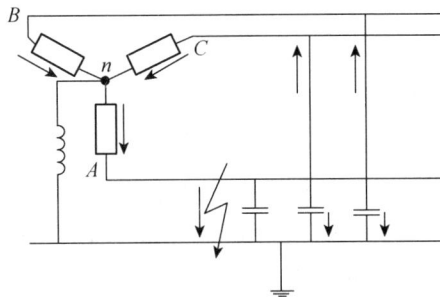

图 1.8 中性点经消弧线圈接地的三相系统

当发生单相接地时(如 A 相),中性点对地电压 $U_n = U_A$,非故障相对地电压升高为原来的 $\sqrt{3}$ 倍,消弧线圈处于 A 相电压的作用下,在线圈中有感性电流通过,此电流经接地点形成回路,接地点的电流为接地电流与电感电流的相量和,两者反相,这称为电感电流对接地的电容电流的补偿。适当选择消弧线圈的电感量,使接地点的电流足够小,保证接地电弧自动熄灭,从而消除接地处电弧所产生的危害。

1) 消弧线圈补偿方式

根据发生单相接地故障时,消弧线圈的电感电流对接地电流的补偿程度的不同,中性点经消弧线圈接地系统有三种不同的运行方式。

(1) 完全补偿

完全补偿是使消弧线圈产生的电感电流与接地电流大小相等,接地处电流为零。从消除电弧的角度来看,这种补偿方式很理想,但在实际运行中一定要避免完全补偿方式。因为正常运行时,由于某种原因,例如线路三相对地电容不完全相等,或断路器三相触头合闸时同期性差等,在中性点与地之间会出现一定的电压。此电压作用在消弧线圈通过大地与三相对地电容构成的串联回路中,满足谐振条件,形成串联谐振,产生谐振过电压,危及系统的绝缘。所以一般不采用完全补偿方式。

(2) 欠补偿

欠补偿是使消弧线圈产生的电感电流小于接地电流,当发生单相接地故障时,接地点有容性欠补偿电流。在这种运行方式下,若部分线路因故障切除或系统频率降低时都会使接地电流减少,可能出现完全补偿的情况,满足谐振条件。因此,装在电网的变压器中性点的消弧线圈,以及具有直配线的发电机中性点的消弧线圈,一般不采用欠补偿方式。但对于单元接线的发电机中性点的消弧线圈,当变压器高压侧发生单相接地故障时,高压侧的过电压可能经过电容耦合传递至发电机侧,在发电机电压网络中出现危险过电压,使发电机中性点发生电压位移。另外,频率变化也会使发电机中性点发生电压位移。为了限制电容耦合传递过电压以及频率变化对发电机中性点位移电压的影响,宜采用欠补偿方式。

（3）过补偿

过补偿是使消弧线圈产生的电感电流大于接地电流,当发生单相接地故障时,接地点有容性欠补偿电流。这种补偿方式不会有上述缺点。因为当接地电流减小时,电感电流增大,不会变为完全补偿。即使将来电网发展、电容电流增大,消弧线圈留有一定裕度,可以继续使用。但由于过补偿方式在接地处有一定的过补偿电流,这一电流不得超过 10 A,否则接地处的电弧不会自行熄灭。

2）中性点经消弧线圈接地系统的使用范围

中性点经消弧线圈接地系统与中性点不接地系统一样。在发生单相接地故障时,线电压不变,可继续供电 2 h,提高供电的可靠性。系统中的电气设备和输电线路的对地绝缘按能承受线电压的标准进行设计。由于消弧线圈能够有效地减少接地点的电流,使接地点电弧迅速熄灭,防止产生间歇电弧,所以这种接地方式广泛地应用在额定电压为 3～60 kV 的系统中。综合我国实际情况,采用中性点经消弧线圈接地方式运行的系统有:

（1）额定电压为 3～10 kV,接地电流大于 30 A 的系统。

（2）额定电压为 3～10 kV,直接接有发电机、高压电动机,接地电流大于 5 A 的系统。

（3）额定电压为 35～60 kV,接地电流大于 10 A 的系统。

（4）额定电压为 110 kV 系统,如处在雷电活动较强的山岳丘陵地区,其接地电阻不易降低,为减少因雷击等单相接地事故造成频繁跳闸的次数,提高供电可靠性,也可采用中性点经消弧线圈接地方式运行。

1.2.4 中性点直接接地的三相系统

随着电力系统输电电压的增高和输电距离的不断增大,单相接地电流亦随之增大,中性点不接地或经消弧线圈接地的运行方式已不能满足电力系统安全和经济运行的要求。克服中性点不接地系统或经消弧线圈接地系统缺点的另一种方法是将中性点直接接地。

1）中性点直接接地系统的工作原理

正常运行时三相系统对称,中性点没有电流流过。发生单相接地故障时,由于接地相直接经过地对电源构成单相短接回路,这种故障称为单相接地短路。由于故障电流很大,继电保护装置应立即动作,使断路器断开,迅速切除故障部分,防止短路电流造成更大危害。中性点直接接地时,接地电阻近似为零,中性点与地等电位。单相接地时,故障相对地电压为零,非故障相对地电压基本保持不变,仍为相电压。

2）中性点直接接地系统的特点及适用范围

目前我国中性点直接接地的运行方式广泛应用于 110 kV 及以上系统。该运行方式的主要优点是:发生单相接地短路时,中性点的电位近似等于零,非故障相的对地电压接近于相电压,系统中电气设备和输电线路的对地绝缘按承受相电压设计,绝缘上的投资不会增加。实践证明,中性点直接接地系统的绝缘投资比中性点不接地时低 20% 左右。电压等级越高,节约投资的效益越显著。

中性点直接接地系统的缺点是:

（1）发生单相短路时立即断开故障线路,中断对用户的供电,降低了供电的可靠性。为了克服这一缺点,目前在中性点直接接地的系统中,广泛装设自动重合闸装置。当单相接地短路时,继电保护装置将断路器迅速断开,之后在自动重合闸装置作用下断路器自动合闸。如果单相接地故障是瞬时性的,则线路接通后恢复对用户供电;如果单相接地故障是永久性的,继电保护装置将再次将断路器断开。

(2) 单相接地短路时的短路电流很大,甚至可能超过三相短路电流的数值,必须选用较大容量的开关设备。由于单相接地电流很大,导致电网电压剧烈下降,可能破坏系统的稳定性。为了限制单相短路电流,通常只将系统中一部分变压器的中性点直接接地或经阻抗接地。

(3) 由于较大的单相短路电流只在一相回路内通过,在三相导线周围形成较强的单相磁场,对附近的通信线路产生电磁干扰。因此,电力线路必须远离信号源及通信线路,在一定距离内避免电力线路与通信线路平行架设。

1.2.5　典型电厂中性点接地方式实例分析

1) 典型电厂发电机中性点接地方式

随着发电机单机容量的不断增大,对发电机安全运行的要求也越来越高。发电机中性点接地方式的选择是涉及安全运行的重要方面。发电机中性点的接地方式,按照其发展的历程大体可划分如下:

(1) 直接接地;

(2) 经低阻抗接地;

(3) 不接地或经电压互感器接地;

(4) 经高阻接地;

(5) 经消弧线圈接地(又称谐振接地)。

对于上述的(1)、(2)两种接地方式,若发电机定子绕组发生单相接地故障,相当于定子绕组匝间故障,故障电流往往很大,即使继电保护能够快速动作,也不能避免发电机的内部损伤。对于第(3)种接地方式,当发电机定子绕组发生单相接地故障时,间歇性的接地电弧可能引起定子绕组对地之间积累性的电压升高,威胁非故障相的定子绕组绝缘。

基于上述原因,现今世界各国的大型机组中性点接地方式多采用上述的(4)、(5)两种接地方式。其中经高阻接地方式包括:①直接经高电阻接地;②经单相或三相配电变压器(其低压侧接电阻)接地。而消弧线圈接地方式包括:①可调电感接地;②固定电感(经配电变压器加电抗器)接地。

发电机中性点接地装置的第一个作用是通过补偿电容电流(如采用消弧线圈接地),限制发电机单相接地故障电流,避免伤及定子铁芯。随着单机容量的增加,定子绕组对地电容也随之增大,相应的单相接地电容电流也增大,如果不采取有效措施,故障电流将危及定子铁芯,严重时会烧损铁芯,甚至进一步扩大为相间或匝间短路等严重故障,潜在危险严重。

发电机中性点接地装置第二个作用是可以抑制间歇性接地电弧,限制可能引起的暂态过电压。间歇性的接地故障,其故障电流反复变化,必然会引起电容电流与流过中性点接地装置的电流发生波动与冲击,可能引起电容上出现很大的暂态过电压。中性点接地装置实际上给电容上的电荷提供了一个泄放回路,如果接地装置是一个阻值较小的电阻,就可以有效地抑制暂态过电压。

中性点接地装置第三个作用是可以增强保护装置对单相接地故障的检测能力,完成有效的定子单相接地保护。

综上所述,大型发电机中性点接地方式的选择须重视以下原则:

(1) 接地故障电流原则。定子绕组单相接地故障电流不能超过安全电流,确保定子铁芯安全。

(2) 过电压原则。定子绕组接地故障重燃弧暂态过电压数值要小,避免扩大事故威胁发电机安全。

(3) 定子单相接地保护原则。保护动作区覆盖整个定子绕组,实现无死区的 100% 保护,且应具有足够高的灵敏性。

考虑上述问题,典型电厂发电机中性点采用经配电变压器二次侧电阻接地的接地方式,以减小接地故障电流对铁芯的损害和抑制暂态电压不超过额定相电压的 2.6 倍。根据计算,接地变压器容量为 50 kVA,二次侧电阻为 0.13 Ω,一次侧电压为 27 kV,二次侧电压为 240 V,带有 100 V 抽头。

2) 典型电厂变压器中性点接地方式

主变压器 500 kV 侧中性点直接接地,启/备用变压器 500 kV 侧中性点直接接地,高压厂变及启/备用变 6 kV 侧中性点经电阻接地。

3) 厂用电系统接地方式

6 kV 厂用电采用中性点经中电阻接地的接地方式,0.4 kV 系统采用中性点直接接地方式。

1.3 超超临界机组简介

1.3.1 超临界机组定义

亚临界机组的工作压力低于水的临界点压力(22.129 MPa),一个很明显的特征就是蒸汽循环中存在一个定温汽化的过程,并在锅炉的汽包中完成对汽水的分离。而当机组的工作压力大于水的临界点压力时,我们就称之为超临界机组。对于超临界机组来说,当工质被加热到某一温度后就立即全部汽化,不存在上述汽化分离的过程。因此超临界锅炉均为直流炉,在锅炉水冷壁出口就已经完成了汽化而无需汽包这一汽水分离的装置。

超临界机组是指主蒸汽压力大于水的临界压力的机组。习惯上又将超临界机组分为 2 个层次:①常规超临界参数机组,其主蒸汽压力一般为 24 MPa 左右,主蒸汽和再热蒸汽温度为 540~560℃;②高效超临界机组,通常也称为超超临界机组或高参数超临界机组,其主蒸汽压力为 25~35 MPa 及以上,主蒸汽和再热蒸汽温度为 580 ℃ 及以上。理论和实践证明,常规超临界机组的热效率可比亚临界机组高 2% 左右,而对于高效超临界机组,其热效率可比常规超临界机组再提高 4% 左右。

1.3.2 国外超超临界机组的技术指标

超超临界机组蒸汽参数愈高,热效率也随之提高。热力循环分析表明,在超超临界机组参数范围的条件下,主蒸汽压力提高 1 MPa,机组的热耗率就可下降 0.13%~0.15%;主蒸汽温度每提高 10℃,机组的热耗率就可下降 0.25%~0.30%;再热蒸汽温度每提高 10℃,

机组的热耗率就可下降 0.15%～0.20%。在一定的范围内,如果采用二次再热,则其热耗率可较采用一次再热的机组下降 1.4%～1.6%。

亚临界机组的典型参数为 16.7 MPa/538℃/538℃,其发电效率约为 38%。超临界机组的主蒸汽压力通常为 24 MPa 左右,主蒸汽和再热蒸汽温度为 538～560℃;超临界机组的典型参数为 24.1 MPa/538℃/538℃,对应的发电效率约为 41%。超超临界机组的主蒸汽压力为 25～31 MPa,主蒸汽和再热蒸汽温度为 580～610℃。

日本的超临界机组共有 100 多台,总容量为超过 5 760 万千瓦,占火电机组容量的 61%,45 万千瓦及以上的机组全部采用超临界参数,而且在提高参数方面做了很多工作,最高压力为 31 MPa,最高温度已达到 600/600℃。丹麦史密斯公司研究开发的前 2 台超超临界机组,容量为 400 MW,过热蒸汽出口压力为 29 MPa,二次中间再热、过热蒸汽和再热汽温度为 582℃/580℃/580℃,机组效率为 47%,机组净效率达 45%(采用海水冷却,汽轮机的背压为 26 kPa);后开发了参数为 30.5 MPa/582℃/600℃、容量为 400 MW 的超超临界机组,该机组采用一次中间再热,机组设计效率为 49%。德国西门子公司 20 世纪末设计的超超临界机组,容量在 400～1 000 MW 范围内,蒸汽参数为 27.5 MPa/ 589℃/600℃,机组净效率在 45% 以上。欧洲正在执行"先进煤粉电厂(700℃)"的计划,即在未来的 15 年内开发出蒸汽温度高达 700℃的超超临界机组,主要目标有两个:使煤粉电厂净效率由 47% 提高到 55%(采用低温海水冷却)或 52%(对内陆地区和冷却塔);降低燃煤电厂的投资价格。美国和日本也将蒸汽温度为 700℃的超超临界机组作为进一步的发展目标。

国际上超超临界机组的参数已经达到 27～32 MPa 左右,蒸汽温度为 566～600℃,热效率可以达到 42%～45%。国外机组的可靠性数据,表明了超超临界机组可以同样实现高的可靠性。我国石洞口二厂两台 60 万千瓦超临界机组的可用率就高达 90% 以上,高于其他一些同容量亚临界机组。从环保措施看,国外的超超临界机组都加装了锅炉尾部烟气脱硫、脱硝和高效除尘装置,可以实现较低的排放,满足严格的排放标准。例如日本的超超临界机组的排放指标可以达到 SO_2 70 mg/m³,NO_x 30 mg/m³,粉尘 5 mg/m³。可见,超超临界燃煤机组甚至可以与燃用天然气、石油等机组一样实现清洁的发电。

1.3.3 我国发展超超临界机组的技术参数

我国目前主要采用一次再热,蒸汽参数 25 MPa/600℃/600℃(发电效率约 44.63%,发电煤耗率 275 g/kWh);同时,不排除蒸汽参数 28 MPa/600℃/600℃(发电效率约 44.99%,发电煤耗率 273 g/kWh)的可能。提高压力后,热效率提高约 0.4 个百分点,其技术经济性根据实际工程而定。

1) 我国发展超超临界机组的参数等级

(1) 推荐 1 000 MW 容量等级机组方案和 600 MW 容量等级机组采用超超临界参数方案,其中 600 MW 容量等级超超临界机组作为我国电网中的主力机组。经研究分析,为保证机组的技术经济合理性,超超临界机组的单机容量应在 350 MW 以上,超临界机组的单机容量应在 300 MW 以上。

(2) 1 000 MW 级超超临界机组推荐采用单轴布置。对常规背压(4.9 kPa)条件,1 000 MW 级汽轮机可采用 43～48″(1 092.2～1 219.2 mm)末级叶片四缸四排汽结构,其排汽损失在设计规范内;600 MW 级汽轮机采用 1 000 mm 末级叶片四缸四排汽结构是合适的,同时可采用 48″末级长叶片的两排汽结构。

（3）大型超临界煤粉锅炉的整体布置主要采用Ⅱ型布置和塔式布置。锅炉水冷壁型式中的螺旋管圈和垂直管屏两种型式均有运行业绩,均是可行的,但在数量上以前者为多。

（4）采用二次再热可使机组的热效率提高 1%～2%,但也造成了调温方式、受热面布置、结构等的复杂性,成本明显提高。因此,推荐一次再热。

（5）1 000 MW 级超超临界机组将成为我国电力工业具有代表性的机组。600 MW 级超超临界机组可与 1 000 MW 等级超超临界机组在容量上形成系列产品,将成为我国电力工业的主力机组。

从近年来国际上超超临界发电机组参数发展看,主流是走大幅度提高蒸汽温度(取值相对较高,600 ℃左右)、小幅度提高蒸汽压力(取值多为 25 MPa 左右)的技术发展之路。此技术路线问题单一,技术继承性好,在材料成熟的前提下可靠性较高、投资增加少、热效率增加明显,即综合优点突出,此技术路线以日本为代表。另一种技术发展是蒸汽压力和温度都取值较高(28～30 MPa,600℃左右),从而获得更高的效率,主要以丹麦的技术发展为代表。近年德国也将蒸汽压力从 28 MPa 降至 25 MPa 左右。综合上述,我国发展超超临界起步参数选为 25 MPa/600 ℃/600℃ 是较为合理的;这种技术选型方案具有创新性和世界先进水平。我国超超临界机组的推荐参数 25 MPa/600℃/600℃ 是日本目前所采用的方案,压力比欧洲低,温度比欧洲高;目前世界上还没有该参数的 1 000 MW 单轴超超临界机组。这个方案适合我国经济和电力发展需要。

超超临界今后发展重点仍偏重在材料研发与温度提高上。将目前已经达到的 600～610℃平台,依次跃升到 650～660℃、700～710℃及 750～760℃三个台阶。与此同时,在技术已经成熟及不断降低制造成本、提高自动化水平前提下,也会继续尝试升压之路,把初压最终提高到 35 MPa 以上并采用两次再热,使汽轮机效率达到最高境界。

28 MPa/600℃/600℃ 参数超超临界机组方案的技术水平略高于 25 MPa/600℃/600℃ 参数方案,但仍属同一等级。这个方案采用的压力比目前日本高、温度比目前欧洲高,该参数与 1 000 MW 级容量的组合方案具有世界先进水平。

2）我国超超临界 1 000 MW 机组发电机的技术性能和特点

（1）我国超超临界 1 000 MW 机组发电机的技术性能

① 电压:27 kV;

② 功率因数:0.9;

③ 冷却方式:水、氢、氢,定子绕组水内冷、定子铁芯、转子绕组氢冷;

④ 励磁系统:静态励磁;

⑤ 定子绕组、转子绕组、定子铁芯绝缘等级:F 级(注:按 B 级绝缘温升考核);

⑥ 效率:>99%。

（2）我国超超临界 1 000 MW 机组发电机的技术特点

① 由于额定电压较高,防晕体系将采用一次成型防晕或者涂刷型防晕,关键绝缘材料均采用进口;

② 改善冷却性能,以增加功率密度;

③ 氢压范围为 0～520 kPa;

④ 高效的转子线圈设计,以减少线圈温升;

⑤ 铁芯端部设有并联磁通,以降低定子铁芯端部温升;

⑥ 优化长度 L 与直径 D 之比,以降低轴振;

⑦ 采用高强度的主轴材料和护环材料;

⑧ 采用紧凑型外壳,使机座的自然频率低于磁力激振频率区;

⑨ 定子、转子绕组绝缘为 F 级;

⑩ 定子铁芯硅钢片绝缘为 F 级;

⑪ 定子铁芯与机座间设置组合式弹性定位筋隔振结构;

⑫ 定子铁芯采用定位筋、铁芯端部压圈的紧固结构,铁心端部设置磁屏蔽;

⑬ 定子线棒采用换位结构,上下层线棒采用不等截面;

⑭ 定子绕组槽内固定采用高强度槽楔,侧面波纹板和垫条等;

⑮ 定子绕组端部固定采用刚性-柔性结构适用于调峰运行工况;

⑯ 定子绕组端部固定部件,紧固件全部为非金属材料;

⑰ 转子绕组采用含银铜线制造,采用滑移结构,适于调峰运行工况;

⑱ 转子采用可靠的滑移结构,提高发电机的不对称运行能力;

⑲ 转子绕组采用气隙取气斜流通风冷却,绕组端部为 2 路通风,温升低,温度分布均匀;

⑳ 转子绕组的电气联接部件采用柔性联接结构,降低结构件的循环应力和热应力;

㉑ 转子结构件的机械设计按起停机 10 000 次要求,提高发电机的可靠性和寿命;

㉒ 发电机采用高效率螺旋桨式风扇;

㉓ 发电机采用焊接结构端盖,椭圆式轴承,及单流双环式油密封,轴瓦、密封瓦对地具有良好的绝缘,可在下半端盖就位时抽插转子;

㉔ 发电机的冷却器装配设在机座的本体中,冷却器采用穿片式结构;

㉕ 发电机的临界转速远离于工作转速;

㉖ 发电机采用静止励磁系统;

㉗ 发电机设有完善的测温、测振、测轴承油密封绝缘、测风压、测水压、检漏、工况监测、放电监测等监测系统;

㉘ 发电机采用集装式氢、油、水系统。

3) 我国超超临界机组发电机的容量

影响发电机组容量选择的因素有:

(1) 电网(单机容量<电网容量的 10%);

(2) 汽轮机背压;

(3) 汽轮机末级排汽面积(叶片高度);

(4) 汽轮发电机组(单轴)转子长度;

(5) 发电机的大容量化,即单轴串联布置或双轴并列布置。

一般而言,单机容量增大,单位容量的造价降低,可提高效率。但根据国外多年分析研究得出,提高单机容量固然可以提高效率,但当容量增加到一定的限度(1 000 MW)后,再增加单机容量对提高热效率不明显。国外已投运的超超临界机组单机容量大部分在 600~1 000MW 之间。就锅炉而言,单机容量继续增大,受热面的布置更为复杂,后部烟道必须是双通道,还必须增加主蒸汽管壁厚或增加主蒸汽管道的数目。单机容量的进一步增大还将受到汽轮机的限制。近 30 年来,汽轮机单机容量增长缓慢,世界上现役的单轴汽轮机大部分为 900 MW 以下,最大功率单轴汽轮机仍然是前苏联制造的 1 200 MW 汽轮机,双轴最大功率汽轮机是美国西屋公司制造的(60 Hz)1 390 MW。目前世界上 900 MW 以上的机组,无论 50 Hz 还是 60 Hz,都是以双轴布置占多数。但是随着近年来参数的不断提高,更长末级叶片的开发以及叶片和转子材料的改进,单轴布置越来越成为新的发展趋势。

由于超超临界机组与超临界机组在设计和制造方面实际上没有原则性的界限,温度 600℃以下的这两种机组所用的材料种类有许多是相同的,因此,从现有国内制造业基础及技术可行性考虑,建议我国起步阶段开发的超超临界机组的容量应在 700～1 000 MW 之间,而从效率、单位千瓦投资、占地、建设周期、我国经济和电力工业发展的需要考虑,选择 1 000 MW 大型化超超临界机组方案是合理的。

2

同 步 发 电 机

2.1 同步发电机工作原理及本体结构

2.1.1 工作原理

交流旋转电机主要分为同步电机和异步电机。同步电机主要用作发电机,而异步电机主要用作电动机。所谓同步电机即指电机的转速为同步转速,而异步电机即指电机的转速不同于同步转速。

发电机主要有定子和转子两部分,定、转子之间有气隙,原理如图 2.1 所示。定子上有 AX、BY、CZ 三相绕组,它们在空间上彼此相差 $120°$ 电角度,每相绕组的匝数相等。转子磁极(主极)上装有励磁绕组,由直流励磁,其磁通方向从转子 N 极出来,经过气隙、定子铁芯、气隙,再进入转子 S 极而构成回路,如图 2.1 中的虚线所示。

用原动机拖动发电机沿逆时针方向旋转,则磁力线将切割定子绕组的导体,由电磁感应定律可知,在定子导体中就会感应出交变的电势,即:

$$e = B_m l v \sin \omega t = E_m \sin \omega t \qquad (2.1)$$

式中:B_m 为正弦波磁感应强度的最大值;l 为磁力线切割导体的长度;v 为磁力线切割导体的线速度;ω 为角频率。

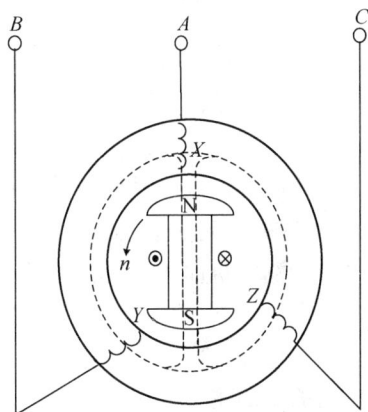

图 2.1 同步发电机的工作原理

由于发电机定子三相绕组在物理空间布置上相差 $120°$,那么转子磁场的磁力线势必将先切割 A 相绕组,再切割 B 相,最后切割 C 相。因此,定子三相感应电势大小相等,在相位上彼此互差 $120°$ 电角度。假设相电势最大值为 E_m,A 相电势的初相角为零,则三相电势的瞬时值为:

$$
\begin{aligned}
e_A &= E_m \sin \omega t \\
e_B &= E_m \sin(\omega t - 120°) \\
e_C &= E_m \sin(\omega t - 240°)
\end{aligned}
\qquad (2.2)
$$

如果某发电机有 p 对极,转子每分钟转数为 n,则转子每秒钟旋转 $n/60$ 转,那么感应电势将每秒交变($pn/60$)次,即频率为 $f = \dfrac{pn}{60}$。由于汽轮发电机的极对数为 1,所以 $n =$

3 000 r/min情况下，$f = 50$ Hz。

2.1.2 发电机结构

1）总体结构

典型的大型汽轮发电机为隐极式同步发电机，以 THDF125/67 型发电机为例。发电机主要由定子、转子、端盖及轴承、氢气冷却器、冷却器罩、出线盒油密封装置、座板、刷架、隔音罩等部件组成。发电机采用"水氢氢"冷却方式，整体为全封闭气密结构。主要冷却介质之一的氢气，由装在转子上的多级风扇强制循环，并通过设置在定子机座顶部汽、励两端的氢气冷却器进行冷却。发电机的轴承润滑油由汽轮机油系统供给。

2）定子结构

发电机的定子主要由定子机座、定子铁芯和定子绕组构成。其中，定子机座可与定子铁芯和绕组分开制造。在安装绕组前采用扁簧将铁芯连接到定子机座上。汽轮发电机的机座和端盖既是机械上的主要支撑，又是风路系统的主要组成部分，其构件也是整个发电机所有部件中尺寸最大的，机座要通过端盖支承转子质量。氢冷发电机的机座既要能承受氢气爆炸时的压力，还要能满足强度和振动的要求。

（1）机座及隔振结构

定子机座又分为外机座和内机座。机座是由钢板焊接而成，机壳和铁芯背部空间是发电机通风系统的一部分，它的结构和气流方向是按通风系统要求设计的。氢冷发电机的氢气冷却器直放或卧放在机座内。整个机座既要满足防爆和密封的要求，还要满足振动的要求。机座的固有振动频率随基础支承刚度的不同而变化。对机座进行设计时，要减少垂直方向的振动、定子铁芯双频振动引起的共振和突然短路时扭矩的影响。按其振动频率，机座可分为刚性机座和柔性机座两种，前者的第一阶固有频率高于运行频率，后者则相反。由于机座和端盖本身是极为复杂的焊接结构件，人为因素多，边界条件也不很明确，因而不同部位的强度和刚度有明显的差异，也就是说不同部位的固有频率有明显差别，如果处理不当会成为振动的主要来源。

① 外机座。定子机座为具有气密性且耐压的焊接结构，用于安置定子铁芯、定子绕组以及氢冷却器，氢冷却器垂直布置在汽轮机端单独的冷却联箱中。为保证壳体的刚度，外机座内部设计成圆形和轴向加强肋笼式结构。带有轴封和轴承部件的端盖通过螺栓固定在定子机座上。密封槽中注有高黏度的密封剂，以保证法兰连接部分的气密性。定子机座的铁芯部分被分成几个间隔，其中安装有用于悬挂定子铁芯的弹簧。用于冷却定子铁芯和励磁机端转子绕组的冷气体在焊接于壳体内表面上的风道中流动。定子机座上焊有底座以支撑嵌入基础中的钢梁上的定子，定子通过穿过底座的地脚螺栓牢固地锚定在钢梁上。

② 内机座。定子内机座中安装有铁芯和绕组。内机座的一部分为支持环，内机座通过分布在整个铁芯长度上的大量扁簧悬挂在外机座中。扁簧三个为一组沿圆周切向布置，即铁芯一侧有一个垂直支撑弹簧，另外一个水平弹簧布置在铁芯下面起稳定作用，也可将铁芯下面的弹簧去掉。如此布置和调整弹簧可以使磁场引起的受迫振动不会传递到机座和基础上。

③ 隔振装置。整体的发电机铁芯与机座的连接，既要固定支撑铁芯，又要将电磁力矩（包括事故状态，即突然短路及非同期合闸产生的冲击力矩）传递到机座并有效地隔离铁芯

的径向磁振,使得最终传到机座或基础的铁芯振动小于某一规定值,因而也必须具有隔振装置的功能。不同制造厂采用了各种不同的隔振装置,一般把铁芯、机座及基础当成通过弹簧板和底脚连接起来的具有刚度和阻尼的隔振装置,用得最多的是立式和卧式两种。从理论上说,立式弹簧板式隔振装置的效果最为理想,其支撑点设在 4/3 倍中性半径处,在理论上隔振弹簧不受任何振动应力。现今公认最简单的隔振型式乃是卧式结构的,如图 2.2 所示。发电机组上定子扇形硅钢片通过燕尾定位筋导向叠装,轴向分段压紧,由有预应力的穿心螺杆通过无磁性压圈把铁芯锁紧形成一个整体铁芯;燕尾定位筋由螺栓固定到铝键上,铝键与机壳腹板焊接固定,由柔性的铝键吸收振动,降低了传递到机座和基础的振动、噪声。考虑到不让感应电流形成回路,铝键和壳体齐平并与压圈绝缘。这种卧式的隔振装置结构简单,运行效果好。

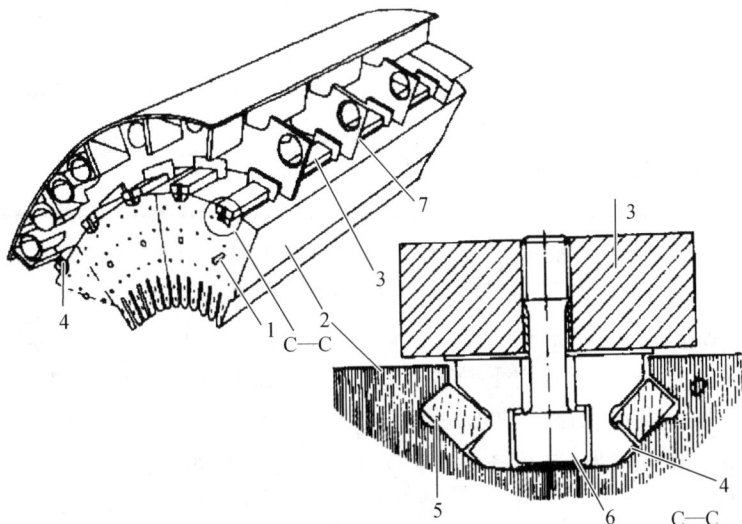

1—穿心螺杆;2—铁芯;3—铝键;4—燕尾定位筋;5—斜楔;6—螺栓;
7—机壳腹板;C—C—铁芯与铝键固定断面图

图 2.2　发电机铁芯装配方式

（2）定子铁芯

定子铁芯既是固定定子绕组的部件又是发电机主要磁路的通道,是集机、电、磁于一体的发电机构件。其质量和损耗在发电机的总质量和总损耗中占有很大比例。一般大型发电机定子铁芯质量为电机总质量的 30%,铁耗为总损耗的 15% 左右,所以发电机铁芯要求由导磁率高、损耗小的优质冷轧硅钢片叠压而成。单张硅钢片冲成扇形,内圆冲有嵌放线圈的槽,沿轴向方向分段叠压。为了满足通风冷却的要求,轴向分成若干档,构成通风孔,在发电机通风系统中构成通路。叠装的铁芯两端有两个整体铸造的反磁性压圈加上定位筋螺杆,与穿心螺杆压装成一整体。

整体的铁芯要满足一定强度和刚度的要求。铁芯的结构强度通过在加压条件下叠压铁芯冲片以及在所有工况下保持这一压力获得,这点在铁芯两端尤其显得重要。如果压力不足,交变轴向电磁力作用于齿部,可使松动叠片疲劳断裂,损坏的铁芯碎片又会损坏线棒绝缘或铁芯叠片绝缘;若压力太高,也会损坏铁芯冲片的绝缘层,一般轴向压力取 0.14～

0. 20 MPa。

为了降低铁芯损耗,要着重考虑减少绕组端部漏磁和铁芯轭部漏磁在构件中产生的环流。环流不仅增加损耗,有时还会由此导致局部过热进而使材质劣化。若不采取措施,1 000 MW发电机定位筋电流可达3 500 A的数量级,所以要有可靠的绝缘措施。

发电机定子铁芯由具有低损耗系数的绝缘硅钢片叠压而成,固定在绝缘燕尾导杆上的支持环中。采用与铁芯绝缘的压指、压板和非磁性直通型夹紧螺栓对定子铁芯进行轴向施压。采用冷却磁通屏蔽可有效地对定子铁芯的压板和端部区域进行屏蔽,使其免受杂散磁场的影响。

(3) 定子绕组

定子线棒为水冷却,相间连接线及主出线套管为氢气冷却。为了最大限度降低杂散损耗,线棒由单独绝缘的多股导线组成,导线在槽区内进行540°换位,并在线模中进行热压固化。当线棒弯曲成型后,采用烘干固化端部线匝。线棒断面上由多股空心不锈钢冷却管和实心铜导线组成,以保证良好的散热性。在线棒端部,实心导线钎焊至铜接头上,空心不锈钢冷却管钎焊至水盒上,水盒通过聚四氟乙烯(PTFE)绝缘软管与总汇水管相连。上层线棒和下层线棒之间的电气连接通过铜接头用螺栓进行电连接。

汇水总管与定子机座绝缘,从而可在不进行气体置换的情况下即可测量绕组的绝缘电阻。在运行期间应将总汇水管接地。定子线棒的高压绝缘采用成熟的 Micalastic 系统。在该系统中线棒上半迭包有若干层云母带。云母带有一层很薄的高强度衬底材料,云母带通过少量的环氧树脂粘结在衬底材料上。云母带的层数及相应的绝缘厚度取决于发电机的电压。缠上云母带后,线棒进行真空干燥并采用低黏度、高渗透性的环氧树脂进行浸渍。在浸渍过程的第二阶段,用氮气对线棒加压,以完成真空压力浸渍(VPI)过程。然后环氧树脂浸渍过的线棒被放入模具成形,并在高温烘箱中进行固化。经过处理后的线棒除了能完全防水和耐油外,同时还具有优良的电气、机械和热性能,从而获得无空隙的高压绝缘。为将绝缘材料和槽壁之间的电晕放电减小到最小,在所有线棒槽部分的表面涂一层半导体漆。此外所有线棒都带有端部电晕保护,以控制线棒槽部分至端部绕组的过渡电场,防止出现电晕。

为保护定子绕组不受负荷变化引起的磁力影响,并确保在运行过程中线棒牢固地固定在槽中,线棒安装有侧面波纹板、槽底垫条以及位于槽楔下方的顶部波纹板。定子端部绕组线棒间的间隙在安装之后填充了绝缘材料并进行固化,使线棒端部形成了锥形整体端部绕组结构。另外,端部绕组被固定在一个由环氧玻璃丝绕绕制并完全由定子机座支撑的刚性锥环上,以进行径向支撑。定子线棒和锥环之间填有可固化的填充材料,以确保锥环能够牢固地支撑每根线棒。线棒由高强度绝缘材料制成的螺栓紧固在锥环上。定子端部绕组和锥环共同构成能够防短路的刚性结构,由于锥环被柔性连接在定子机座上轴向可移动,所以此刚性结构并不限制绕组由于热膨胀而产生的轴向位移。

上层和下层线棒之间的电气连接通过用接触表面的螺栓连接实现。在上层和下层线棒的端部,股线钎焊到连接套上,股线排通过垫片成扇状展开。上层和下层线棒连接套在接触表面采用非磁性夹紧螺栓相互压紧。安装中特别注意应保持表面平整及平行,为防止接触压力减小或者接触压力过大造成塑性变形,在夹紧螺栓上布置有垫圈,以保持接触压力均匀、恒定。定子绕组连接到装在励端发电机下方的非磁性钢焊接成的出线盒上的六个套管上,可将测量和继电保护用的电流互感器安装到套管上。

（4）定子绕组总进、出水管

定子绕组总进、出水汇流管分别装在机座的励端和汽端,在出线罩内还装有单独的出水小汇流管。由进水汇流管经绝缘引水管构成向定子绕组、主引线、出线瓷套端子及中性点母线板供水通路,由出水汇流管汇集排出。这些水路元件构成了电机内部水系统。总进、出水管的进、出口位置设在机座的顶部侧面,保证绕组在事故状态时不失水。进、出水汇流管通过设在机座顶部的连通管连通,出线盒汇流管水接在汽端汇流管上,使排气通畅并防止虹吸现象。总进、出水管及出线盒内汇流管对地绝缘,且设有接线柱,可测量其绝缘电阻。

（5）主引线及出线套管

定子绕组经主进线及高压瓷套端子引出至出线盒外部。相组联接线、主引线、中性点引线及瓷套端子均直接通水冷却。定子出线盒采用非磁性钢板焊接而成,装配在定子机座励端底部,与机座形成统一的密封整体。THDF125/67 型发电机共有六个出线端子,其中在出线罩底部垂直位置的三个端子为三相主引出线,另外斜 70°角的三个端子连到一起形成中性点。瓷套端子内部采用紫铜纹波管钎焊密封,由非磁性钢弹簧压紧密封垫片,可满足在瓷套和内部的导电铜棒之间热补偿的要求,从而,当发电机和输出功率或机内部件温度发生变化时,也能保证密封良好。定子绕组相组连接线、主引线均采用了可靠的固定结构,使之在事故状态巨大电动力的作用下,不产生有害变形或位移。

THDF125/67 型发电机定子出线端采用套管式电流互感器,套在出线瓷套端子外周并用螺栓固定在出线盒上。固定互感器的螺栓及其结构件采用非磁性材料。发电机主引线与相分离封闭母线连接。中性点通过母线板短路,然后用中性点外罩封闭并经接地变压器同消弧线圈接地。出线套管的设计为直接气体冷却,由一根氢侧带有连接法兰的空心铜管和空侧圆柱形连接法兰组成。空侧和氢侧的连接法兰均镀银,以减小螺栓连接的接触电阻。出线套管由一个环氧树脂筒进行绝缘。绝缘和空心铜管采用 O 型圈相互密封。套管的安装法兰位于绝缘筒之上并粘结固定。此外,安装法兰与绝缘筒之间采用环形盘根密封。出线套管中铜管产生的热耗直接由流过导体表面的冷却气体带走。从流经汽端的冷氢气,经导气管引入出线套管。气体从下部的连接法兰进入空心铜管,反向流经空心铜管和绝缘筒之间后,再通过底部的风孔排出出线套管,最后流入风扇进风口。

（6）定子绕组端部固定

随着发电机容量的增大,作用在定子绕组端部的电磁力也急剧增强。因此,定子绕组端部存在固定强度问题,在突然短路的强大电磁力和在正常运行时较小的交变电磁振动下都显得更为突出。端部的固定在径向、切向既要具有承受突然短路时电磁力的足够强度,也要防止倍频振动引起共振造成的绝缘磨损。另外,考虑到铁芯和线棒热膨胀系数不一样,所以在轴向要有伸缩的弹性固定结构。大容量发电机绕组端部热胀冷缩之差可达 0.5～1.5 mm,如果端头固定死,就会产生 4.00～12.00 MPa 的压应力。近年来,在大容量发电机端部绕组固定措施中,主要倾向是尽可能将垫料及紧固件均由高强度绝缘材料压制而成,以避免使用金属材料。早期的发电机端部采用刚性结构,现已发展到用刚柔相结合的结构。

该型发电机定子端部线圈固定采用西门子公司成熟的刚-柔固定结构,该结构在径向、切向的刚度很大,而在轴向能自由伸缩。当运行温度变化,铜铁膨胀不同时,绕组端部可轴向自由伸缩,有效减缓绕组绝缘中产生的机械应力。端部固定特点如下:

　　① 定子线圈端部固定采用大锥环、弧形压板结构,整个端部线圈间浇垫成整体;

　　② 定子端部线圈渐伸线采用变节距设计,增大线圈隔相距离;

　　③ 径向采用具有目锁弹性自调整支紧结构,轴向用定位件支撑加以轴向定位,整个定子线圈端部在运行时能伸缩;

　　④ 定子线圈端部外包保护层,便于今后维修。

3) 转子结构

转子由转子铁芯、励磁绕组、护环、中心环等部件组成。

（1）转轴

转子轴为单根整体真空铸造后加工而成的实心锻件。在转子本体上加工有用于嵌入励磁绕组的槽。纵向槽沿转子轴圆周分布,从而获得两个实心磁极。转子轴的磁极均设计有横向槽,以降低由于磁极和中轴线方向挠曲所引起的双倍频率的转子振动。为保证使用高质量的转子锻件,在转子制造阶段,进行了强度试验、材料分析以及超声波试验。当上述工作完成后,在不同的转速下、在各个平面上对转子进行平衡,同时对转子进行了 2 min 120% 额定转速的过速试验。

（2）转子绕组

转子绕组由嵌入槽中的多个串联线圈组成,两个线圈组构成一个极。每个线圈则由若干个串联的线匝组成,而每个线匝则由两个纵向线匝和横向线匝构成,各线匝在端截面钎焊在一起。转子绕组由带有冷却风道的含银脱氧铜空心导线构成。线圈的各线匝之间通过隔层相互绝缘。带有填料的 L 形环氧玻璃纤维织物被用作槽绝缘材料。槽楔由高导电率材料制成并延伸至护环的收缩座下面,护环座经镀银处理,以保证槽楔和转子护环之间的良好电气接触。此系统已被证明是有效的阻尼绕组。

（3）护环

采用整体式转子护环来抑制转子端部绕组的离心力。转子护环由非磁性高强度钢质材料制成,以降低杂散损耗。每个护环连同器热套嵌入环一起悬空热套在转子本体上。采用一开口环对护环进行轴向固定。

（4）转子绕组的零部件

　　① 转子槽楔和阻尼结构。转子槽楔由强度高、导电率好的铜合金材料制成,槽楔中间开有径向通风孔,外伸到护环的搭接面下,并确保槽楔和转子护环间良好的电接触。发电机转子每一磁极上开有四个阻尼槽,阻尼槽楔材料为导电优良的银铜材料,槽楔表面镀银处理,从而与转子齿接触得更好。阻尼槽楔承受负序电流在本体表面产生的涡流,与护环一起构成回路。

　　② 端部垫块。端部各组线圈之间互相用绝缘垫块垫紧,以防止线圈移动。

　　③ 励磁连接线。励磁连接线构成了转子绕组与励磁机之间的电连接。励磁连接线包括:磁极引线,磁极引线由矩形截面的铜线组成,一端与转子线圈连接,另一端与径向导电螺杆连接。径向导电螺杆,径向导电螺杆一端通过螺纹与轴向引线相连接,另一端通过磁极引线与转子线圈连接。径向导电螺杆采用锆铜加工而成,可承受很大的离心力,氢气密封装置位于转子励端,在径向导电螺杆上,由两个放在一起的氟橡胶 O 型密封圈组成,通过旋紧端部螺纹环挤压密封盖板,使密封圈变形,达到密封效果,通过转轴上靠近密封圈位置的两只径向孔可以进行检查。轴向引线,轴向引线位于转子中心孔内,从径向导电螺杆处延伸至励

磁机端靠背轮,轴向引线由两根半圆形截面的铜排组成,相互之间用垫板隔开绝缘,并用绝缘管与转轴之间构成对地绝缘,发电机轴的轴向引线与励磁机或滑环轴的轴向引线靠背轮处,通过多触点插入式接头进行连接,该插入式接头允许轴向引线自由热胀伸长。

(5) 转子风扇

发电机内冷却气体由汽端轴上的多级轴流风扇进行循环。风扇与从沿转子本体出风口排出气体所产生的压力一起作用,增强了转子绕组的冷却效果。风扇叶片安装在风扇座的 T 型槽上,风扇座热套在转轴上。

(6) 端盖、轴承及其绝缘

转子支撑在动压润滑的滑动轴承上。轴承为端盖式轴承,轴承润滑和冷却所用油是由汽轮机油系统提供,通过固定在下半端盖上的油管轴瓦座和下半轴瓦实现供油。下半轴瓦安装在轴瓦座上,其接触面为可自调心的外球面。轴瓦座与端盖是绝缘的,可以防止轴电流通过,该绝缘还是发电机轴承的对地绝缘。径向定位块通过螺栓联接固定在上半端盖上,用于轴瓦垂直方向的定位。定位块应进行调节,使轴瓦和径向绝缘定位块之间维持 0.2 mm 的间隙。轴瓦中分面处设有定位块,防止轴瓦在轴瓦座内转动。

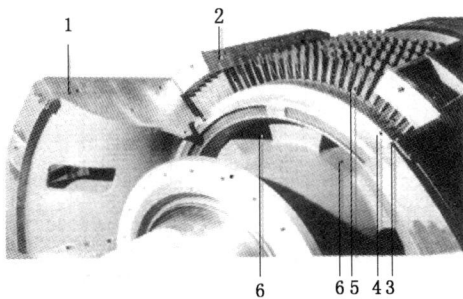

1—挡板环托架;2—挡板环;3—导向翼片;
4—风扇轮毂;5—风扇叶片;6—转子气体进口

图 2.3　发电机转子风扇结构组成图

轴瓦铸件的内表面有燕尾槽,使巴氏合金与轴瓦本体牢固地结合成一体。下半轴瓦上有一道沟槽,使轴承油可流到轴瓦表面。上半轴瓦上有一周向槽,使润滑油流遍轴颈,进入润滑间隙内。油从润滑间隙中横向泄出,经挡油板,在轴承座内汇集,通过管道返回到汽轮机油箱。所有的发电机轴承都配备高压油顶轴系统,高压油顶起转轴,在轴瓦表面和轴颈之间形成润滑油膜减小汽轮发电机组启动阶段轴承的摩擦。轴瓦的温度通过位于最大油膜压力处的热电偶来监测。热电偶用螺钉从外侧固定在下半轴瓦两侧,其探头伸至巴氏合金层。

4) 其他部件

(1) 刷架

刷架是用来承载刷盒并保持其在合适位置的重要部件,主要由并排布置的周向的导电环和夹在中间沿圆周分布的若干个刷盒支撑板组成,每个导电环由两瓣拼成,其材料为纯铜板,承担着导电及机械支撑作用,整个导电环经绝缘板固定到基础上,刷盒自成一体,可在运行中即插即拔,每个刷盒并排安装 4 个电刷,由恒压弹簧保持适当的压力。这种结构减少了集电环表面的不均匀磨损,装配简单,维护方面。刷架与集电环有独立的通风系统,冷空气由两个集电环的外侧进入,中间排出,由装在转轴上的离心式风扇驱动,进风和出风应由基础管道分别引至不同的区域,防止混风。接地碳刷安装在汽端密封环外面,以消除转轴的静电荷,刷握呈 90° 排列,确保至少有一个碳刷与转轴接触,可在运行期间拉出任何一个刷握更换碳刷。

(2) 测温装置

① 电阻测温元件。电阻测温元件用来测量发电机的槽内温度、冷氢温度和热氢温度等。四线制的单支元件和四线制的双支元件均被采用。当采用电阻测温元件进行测量时,

电阻元件处于被测量的温度中。测温元件导体的电阻以温度的函数而变化。可以按照下面的公式来计算：

$$R = R_0 \times (1 + \alpha \times T) \tag{2.3}$$

式中：R_0 为 0℃时的参考阻值；α 为温度系数；T 为摄氏度单位的温度值。铂电阻元件的标准参考电阻为 100 Ω，0～100℃范围内的平均温度系数 $\alpha = 3.85 \times 10.3/℃$。

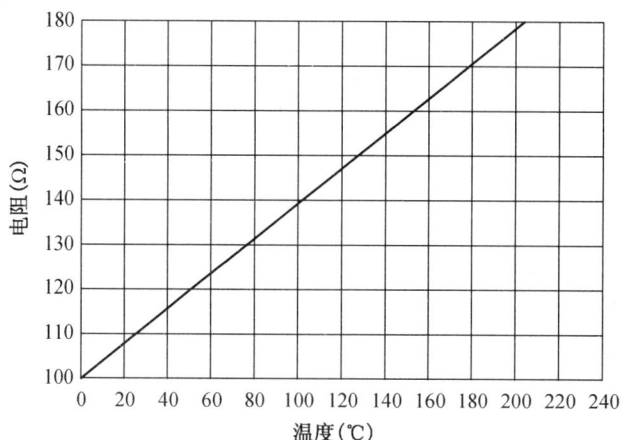

图 2.4 0℃时电阻值为 100 Ω 铂电阻测温元件的电阻特性

通常采用的两线制元件包含了引线较长时的误差。长的引线处在不同的温度下，这样，引线电阻就影响电阻测温元件的电阻值。如果除了两根引线外，再增加一条引线到电阻元件上，采用三线制就能以比较简单的方法对引线电阻及其变化进行自动补偿，唯一的要求是连接到测温元件的一对引线电阻值应相等。如果两条引线不同或者三线制的补偿方法过于昂贵，可以采用四线制电路，如图 2.5 所示。

R_{L1} 和 R_{L2} 组成连接到 $P_{t100}(R_x)$ 的一对引线，从电阻测温元件引出的另一组引线 R_{L3} 和 R_{L4} 连接到电压放大器 V。作为普通的差动放大器，只有当电阻测温元件的压降达到所规定的输出电压水平时，才会起到电压放大的作用。由于放大器 V 的输入电阻非常大，即使由于安全屏蔽装置（防爆），使得从电阻测温元件到放大器的引线 R_{L3} 和 R_{L4} 阻值明显增大，还是可以忽略不计。为了达到最佳效果，通常采用四线制连接。

② 热电偶。热电偶用来对发电机进行温度测量，例如测量发电机和励磁机的轴承的温度。热电偶主要用于在时间常数小，而又需快速指示温度的地方。

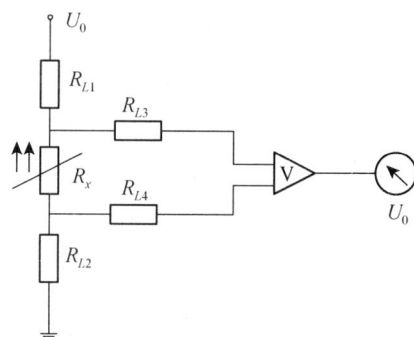

图 2.5 四线制接线图

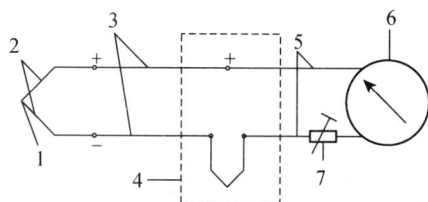

1—热接端；2—热电偶；3—补偿引线；
4—冷接端装置；5—连接电缆；
6—毫伏表；7—补偿电阻

图 2.6 热电偶

热电偶进行温度测量的过程如下:两种不同材料的导体,即正极和负极导体(热电元件)在一端连接(热连接),以产生电动势(E_{mf}),即温差电动势(单位 mV)。该电动势的大小与所需测量的温度及导体另外两端之间的温差有关。使用温差电动势测量温度,导体的另一端处于常温下(冷端温度),并连接到按摄氏温度校准过的毫伏表。

补偿引线使热电偶延伸至冷连接端。当温度升至 200℃ 时,产生与热电偶相等的温差电动势。不同热电偶的补偿引线的绝缘外壳以不同的颜色来区分:

Cu. CuNi. 棕色　　　　　　　　　　NiCr. Ni. 绿色

Fe. CuNi. 蓝色　　　　　　　　　　NiCr. CuNi. 黑色

使用热电偶来测量温度,必须知道冷连接端的温度。通过融化冰块可以使冷连接端为 0℃。使用自动温度调节器,使参照的连接端温度为 20℃ 和 50℃,也是可能的,此时一定要把确定的修正值加到相对于 0℃ 时特定热电偶的校准值上,这样,用冷连接端温度产生的温差电动势加上测得的温差电动势,读取测量点的温度,得到总的温差电动势。然而,冷连接端的实际温度也可以通过 P_{t100} 电阻测温元件提供。该温度与电子测温方法的 0℃ 校准值有关。这个电子冷连接端还能够避免补偿引线和铜引线之间由于连接造成的温度误差。

(3)轴承拾振器

拾振器用于测量轴承的绝对振动,通过永磁铁和插入式线圈原理,振动型传感器将机械振动转换为电信号。永磁铁和磁回路元件牢固地装配在振动传感器的外壳内。插入式线圈通过弹簧悬挂在传感器外壳内。

拾振器外壳的最大绝对振动值是通过固定在轴承座上的传感器来测量的。轴承座的振动在永磁铁和插入式线圈之间产生相对位移,使线圈中感应出与振动速度成正比的电压。传感器的输出信号经积分、放大,然后显示并记录峰-峰的振幅值。

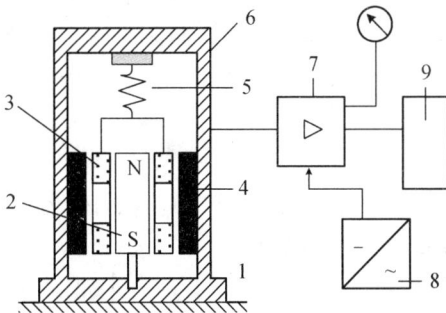

1—振动部件;2—永磁体;3—插入式线圈;
4—磁通回路;5—弹簧;6—拾振器外壳;
7—放大器;8—电源;9—电子记录仪

**图 2.7　测量绝对振动值的振动传感器
　　　　　和信号处理图**

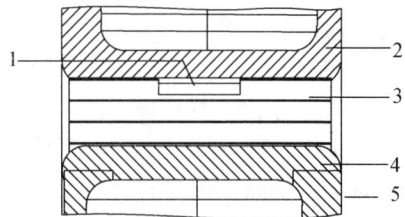

1—电阻测温元件;2—上层线棒;3—层间垫条;
4—上层线棒;5—定子铁芯

图 2.8　定子槽内电阻测温元件

(4)发电机温度监控

①定子槽温度。定子槽温度测量使用电阻测温元件。铂丝置于一模压的塑料壳内,使其绝缘并免遭压挤。

电阻测温元件直接埋置于预计会出现最高温度部位的定子槽内上、下层线棒之间。电阻测温元件有以下特性:温度、电阻为线性关系,较高的机械强度,对电磁场不敏感。

② 冷、热氢温度。热氢和冷氢的温度通过氢气冷却器的进风口和出风口的电阻测温元件测量。测得的温度提供给氢气温度控制系统和发电机电子保护设备。发电机内部的测温元件置于气密的护套管中,护套管焊接固定于发电机机座上。

③ 一次水温度。定子绕组总出水管中的热水温度用电阻测温元件测量。测温元件置于护套管中,护套管焊接固定在总出水管上,并浸于热水中。发电机轴承温度采用位于下半轴承的热电偶或电阻测温元件进行测量。测量点位于巴氏合金层与轴承套的交接面处。温度的测量与记录和汽轮机的监测一同进行。超过最高允许温度时,整台汽轮机保护装置触发跳闸。

（5）隔音罩

在刷架集电环部位加装宽大的隔音罩,兼有密闭通风和隔音功能,隔音罩有两扇门和采光玻璃窗以便维护,内壁喷涂吸声材料,可保证机组噪声在标准限值的 90 dB 以下。

（6）母线

① 封闭母线

封闭母线为全连式封闭母线,采用循环冷却干燥装置进行冷却。因 1 000 MW 发电机出口电流大,而套管端子处相间距离较小(仅 1 016 mm)。故在该处装有风冷装置,以降低该部位导体温度。母线导体采用正 Y 绝缘子支持方式,母线带电体对外壳距离不小于 240 mm。母线的绝缘电压等级按 35 kV 考虑,母线采用循环冷却方式以保持内部干燥。

② 母线组合

由发电机端开始逐段组合。组合时母线的临时封盖应组合一段拆除一段,严禁非组合母线的封盖拆除。母线的组合应保证同心度,使母线横平竖直。根据已安装的封闭母线附件检查封闭母线的安装位置是否正确,封闭母线的焊接工作必须在所有接口检查完毕后方可进行。

③ 母线的焊接

母线的焊接采用氩弧焊焊接工艺。焊接作业应经专门培训及考试合格的焊工施焊。在焊接的过程中,每个焊口处均应搭设防风棚,以防影响母线的焊接质量。封闭母线焊接处必须打坡口,焊接后的焊缝宜高出原导体 2 mm 左右。每只焊口均应一次性完成,焊接先焊主母线,再焊外壳,焊接完毕表面做着色试验。

④ 母线充气试验

母线组合完毕应及时进行严密性试验。试验前检查所有的法兰接口是否封闭,充入干燥仪用压缩空气,加入适量的氟利昂,用卤素检漏仪检查所有的焊口及法兰接口,直至符合技术要求。试验完毕及时投入微正压装置,以防母线绝缘受潮影响投运。

⑤ 防腐漆封闭母线的外壳

封闭前应对焊口进行防腐油漆,油漆颜色与原导体颜色应一致。安装结束后,将焊接部位及外壳油漆破损部位按原色进行补漆,在封闭母线两端、分支及中间适当位置做好相色标记。

2.2 同步发电机的辅助系统

2.2.1 同步发电机的氢气系统

发电机氢冷系统的功能是用于冷却发电机的定子铁芯和转子,并采用二氧化碳作为置换介质。发电机氢冷系统采用闭式氢气循环系统,热氢通过发电机的氢气冷却器由冷却水冷却。运行经验表明,发电机通风损耗的大小取决于冷却介质的质量,质量越轻,损耗越小,氢气在气体中密度最小,有利于降低损耗;另外,氢气的传热系数是空气的 5 倍,换热能力好;氢气的绝缘性能好,控制技术相对较为成熟。但是最大的缺点是一旦与空气混合后在一定比例内(4%~74%)具有强烈的爆炸特性,所以发电机外壳都设计成防爆型,气体置换采用 CO_2 作为中间介质。

对发电机氢冷系统的基本性能要求:①氢冷却器冷却水直接冷却的冷氢温度一般不超过 46℃,氢冷却器冷却水进水设计温度 38℃;②氢气纯度不低于 95% 时,应能在额定条件下发出额定功率,但计算和测定效率时的基准氢气的纯度应为 98%;③机壳和端盖,应能承受压力为 0.8 MPa 历时 15 分钟的水压试验,以保证运行时内部氢爆不危及人身安全;④氢气冷却器工作水压为 0.5 MPa,试验水压不低于工作水压的 2 倍;⑤冷却器应按单边承受 1.0 MPa 压力设计;⑥发电机氢冷系统及氢气控制装置的所有管道、阀门、有关的设备装置及其正反法兰附件材质均为 1Cr18Ni9Ti 不锈钢,氢系统密封阀均为无填料密封阀。

1)氢气系统的工作原理

发电机内空气和氢气不允许直接置换,以免形成具有爆炸浓度的混合气体。通常应采用 CO_2 气体作为中间介质实现机内空气和氢气的置换。氢气控制系统设置专用管路、CO_2 控制排、置换控制阀和气体置换盘以实现机内气体间接置换。发电机内氢气不可避免地会混合在密封油中,并随着密封油回油被带出发电机,有时还可能出现其他泄漏点。因此机内氢压总是呈下降趋势,氢压下降可能引起机内温度上升,故机内氢压必须保持在规定范围之内,控制系统在氢气的控制排中设置有两套氢气减压器,用以实现机内氢气压力的自动调节。氢气中的含水量过高对发电机将造成多方面的影响,通常均在机外设置专用的氢气干燥器,它的进氢管路接至转子风扇的高压侧,它的回氢管路接至风扇的低压侧,从而使机内部分氢气不断地流进干燥器得到干燥。

发电机内氢纯度必须维持在 98% 左右,氢气纯度低,一是影响冷却效果,二是增加通风损耗。氢气纯度低于报警值 90% 是不能继续正常运行的,至少不能满负荷运行。当发电机内氢气纯度低时,可通过本氢气控制系统进行排污补氢。采用真空净油型密封油系统的发电机,由于供给的密封油经过真空净化处理,所含空气和水分甚微,所以机内氢气纯度可以保持在较高的水平。只有在真空净油设备故障的情况下,才会使机内氢气纯度下降较快。发电机内氢气纯度、压力、温度是必须进行经常性监视的运行参数,机内是否出现油水也是应当定期监视的。氢气系统中针对各运行参数设置有不同的专用表计,用以现场监视,超限时发出报警信号。

2)总体结构和通风冷却

氢气借助于位于汽端转子端部的多级轴流风扇,在具有封闭系统的发电机内作循环。风扇将气隙及铁芯中的热气抽出,再流向冷却器。在经过冷却器冷却后,风路被分成三部分。

风路 1:冷气由定子机座中的通风管通至励端的端部绕组区域,在那里冷气在进入铁芯中的轴向孔之前沿着齿压板流动。因此,齿压板和压圈上都设计有风道,以使冷气能够沿着齿压板流进定子铁芯端部的阶梯区域。沿着铁芯中的轴向孔从励端到汽端通过定子铁芯的风路,吸收了定子铁芯所产生的热量,气体沿着齿压板上的风道进入定子端部绕组区域,被轴流风扇抽出,流向冷却器。

风路 2:冷气由风扇座的下方进入转子端部绕组区域,直接冷却汽端那半边的转子绕组,冷却转子绕组的气体通过绕组端部的进风孔进入直线导体的通风道,沿着导体的轴向风道流向转子本体的中心,然后热气通过导体上的径向风道从转子槽楔孔流入气隙。冷却绕组端部的气体通过端面后,再经导体流向磁极的中心附近,在出风区气体汇合,然后经转子本体端部的出风口流入气隙。

风路3:氢气进入励端的端部绕组区域直接冷却励端半边的转子绕组。由于冷却气体流动路线的对称结构,励端半边的转子绕组的冷却过程与汽端半边的转子绕组相同,热气也流向转子的中心,然后排入气隙。

发电机机座是抗压、气密型的,在其两端装有端盖。氢冷器垂直安装在汽机侧端部的空腔内,发电机内产生的热量通过氢气带走。发电机通过直接冷却系统进行冷却,冷却介质直接吸收热量。这将极大地降低最热点的温度,并降低可能导致热膨胀的相邻部件之间的温差,从而能够将各部件(尤其是铜导体绝缘材料转子和定子铁芯)所受的机械应力减小至最小。

定子部分的氢冷却器如图2.9所示。氢冷却器为管壳式热交换器,用于冷却发电机内的氢气。氢气吸收的热量将通过冷却水耗散。冷却水在管道中流动,而氢气则在翅管周围流动。氢冷却器分成几段,垂直安装在冷却器总成内。冷却器段的低端通过螺栓固定就位,而高端则能够自由移动。

各冷却器段在冷却水侧并行连接。冷却器段上游的管线中安装有截止阀。所有并行连接的水道应具有相同的流阻,以保证各冷却器段的冷却水供应均匀,并保证各冷却器段下游的冷气体温度相同。所需冷却水流量是通过热水侧的调节阀调节的。通过对出口侧的冷却水流量进行控制,可以保证冷却水不间断地流经各冷却器段,从而不会损坏冷却器性能。为保证在各种运行条件下,冷气体的温度保持在近似恒定的水平,在冷却水共用出口管线上配置了一个电动调节阀,调节阀由安装在各冷却器段上游和下游的温度变送器启动。

1—定子机座;2—冷却器;3—冷却器总成

图2.9 定子部分的氢冷却器结构图

3) 转子绕组的冷却方式

转子绕组为轴向氢气直接冷却方式。发电机转子导线是有两个方形轴向冷却通道的含银铜导线。冷却气体从处于发电机护环下部、转子本体端面以外区域的进气口进入转子线圈。轴向通过转子线圈从中部的出风口排入气隙区域,以达到对转子绕组进行冷却的目的。转子槽绝缘内表面、转子护环下绝缘筒内圆等与转子绕组相接触部分皆贴有滑移层,这样在开停机和负荷变化时,转子绕组能较自由地热胀冷缩,防止绕组变形和绝缘损伤。

4) 气体的置换

进入和排出发电机机壳的氢气管道装在发电机的上部，二氧化碳进入和排出的管道装在发电机的下部。氢气与空气的混合物当氢气含量在 $4\%\sim74\%$ 范围内，均为可爆性气体，与氧接触时，极易形成具有爆炸浓度的氢、氧混合气体。因此，在向发电机内充入氢气时，应避免氢气与空气接触。为此，必须经过中间介质进行置换，中间介质一般为气体 CO_2。

机组启动前，先向机内充入 $50\sim60$ kPa 的压缩空气，并投入密封油系统。然后利用 CO_2 罐或 CO_2 瓶提供的高压气体，从发电机机壳下部引入，驱赶发电机内的空气，当从机壳顶部原供氢管和气体不易流动的死区取样检验 CO_2 的含量超过 85%（均指容积比）后，停止充 CO_2。期间保持气体压力不变。开始充氢，氢气经供氢装置进入机壳内顶部的汇流管向下驱赶 CO_2。当从底部原 CO_2 母管和气体不易流动的死区取样检验，氢气纯度高于 96%，氧含量低于 2% 时，停止排气，并升压到工作氢压。升压速度不可太快，以免引起静电。机组排氢时，先降低气体压力至 $80\sim50$ kPa，降压速度也不可太快，以免引起静电。然后向机内引入 CO_2 用以驱赶机内氢气。当 CO_2 含量超过 85% 时，方可引入压缩空气驱赶 CO_2。当气体混合物中空气含量达到 95%，氢气含量低于 1% 时，才可终止向发电机内输送压缩空气。

表 2.1 气体置换时间

需要的气体	置换运行	需要的气体容积(m^3)		估计需要的时间(h)
		运行(盘车)状态	停止状态	
二氧化碳	用二氧化碳(纯度为 96%)驱除空气	200	200	2.5
氢气	用氢气(纯度为 99%)驱除二氧化碳	250	250	2.5
氢气	氢气压力提高到 0.5 MPa	500	500	3
二氧化碳	用二氧化碳(纯度为 96%)驱除氢气	250	250	3

5) 气体置换作业时的注意事项

（1）密封油系统必须保证供油的可靠性，且油-气压差维持在 0.056 MPa 左右，发电机转子处于静止状态。（盘车状态也可进行气体置换，但耗气量将大幅增加）

（2）密封油系统中的扩大槽在气体置换过程中应定时手动排气。每次连续 5 min 左右。置换过程中使用的每种气体含量接近要求值之前应当排一次气。操作人员在排气完毕后，应确认排气阀门已关严之后才能离开。

（3）氢气去湿装置排空管路上的阀门、氢气系统中的有关阀门应定时手动操作排污，排污完毕应关严这些阀门之后操作人员才能离开。

（4）气体置换之前，应对气体置换盘中的分析仪表进行校验，仪表指示的 CO_2 和 H_2 纯度值应与化验结果相对照，误差不超过 1%，否则给出的纯度值应相应提高，以补偿分析仪表的误差。

（5）气体置换之前，应根据氢气控制系统图检查核对气体置换装置中每只阀门的开关状态是否合乎要求。

（6）气体置换期间，系统装设的氢气湿度仪必须切除。因为该仪器的传感器不能接触 CO_2 气体，否则传感器将"中毒"，导致不能正常工作

（7）开关阀门应使用铜制工具，如无铜制工具时，应在使用的工具上涂黄甘油，防止碰

撞时产生火花。

（8）开、关阀门一定要缓慢进行,特别是补氢、充氢、排氢时,更要严加注意,防止氢气与阀门、管道剧烈摩擦而产生火花。

（9）在对外排氢时,一定要首先检查氢气排出地点 20 m 以内有无明火和可燃物,严禁向室内排氢。

（10）气体置换期间,机组上空吊车应停止运行,并严禁在附近进行测绝缘等电气操作。

6) 氢气系统运行中的注意事项

氢气纯度检测装置的进、出口管路上安装的两只排污阀,运行初期每个月至少排放 3～4 次,检查是否有油污,如果没有水或者油排出,则以后可以每周排放一次。因为如果有油污将会造成氢气纯度探测装置分析能力下降。被油水污染的氢气纯度探测装置应及时退出运行,并使用四氯化碳去除油水污垢。下面是系统运行中须检查监视的项目。

（1）每天均应检查监视项目

① 监视油水探测报警器内是否有油水,如发现则应及时排放;

② 氢气干燥装置是否正常运行;

③ 氢气纯度、压力、温度指示是否正常。

（2）每周检查项目

① 氢气纯度检测装置的过滤干燥器中的干燥剂更换;

② 氢气系统管路中的排污阀门,尤其是氢气纯度检测装置和冷凝式氢气干燥装置管路中的排污阀门,每周均须做一次排污,以排除可能存在的液体。

（3）每月检查项目

排污（排放）阀门开启,排除油污和水分。

（4）每 3～6 个月的检查监视事项

① 报警用开关、继电器类的动作试验;

② 安全阀动作试验;

③ 氢气纯度检测装置校验;

④ 气体置换盘通电,以及分析器校验。

（5）每 6～12 个月的检查项目

压力表等指示表计校验。

（6）每 12 个月检查项目

继电器类的检查清扫。

表 2.2　氢气系统技术数据

最大氢压力（发电机机壳内）	0.6 MPa
额定氢压允许变化范围	0.035 MPa
发电机机壳内氢气纯度额定	≥95%
发电机补氢纯度	>99%
发电机内氢气湿度（露点）	25～5℃
补氢湿度（露点）	50℃

2.2.2 同步发电机的油密封系统

油密封系统的功能是采用油来密封机内的氢气,以防止氢气向外泄漏,同时也防止机外的空气进入发电机内。

1) 技术要求

(1) 发电机油密封系统满足发电机在正常运行、启动、停机、盘车、充氢、置换等工况下密封住机内气体的要求,并使其压差稳定在规定范围内,且不会有密封油漏入发电机内。

(2) 发电机的油密封系统采用集装式,配备性能良好的压差阀,并采取有效措施防止密封油进入机内。密封油中无游离水。系统中管道、管件、阀门等全部都要求采用不锈钢材料。

(3) 密封油清洁无杂质。

(4) 差压阀采用精度高、性能可靠的阀门。

油密封系统的密封瓦型式为单流环式。对单流环系统提供下列设备:3 台 100% 容量电动机带动的密封油泵(2 台交流,1 台直流);自动补排油调节器;发电机轴承油循环油箱(空侧回油箱);油过滤器;2 台空侧密封油冷却器,采用闭式循环冷却水系统,设计冷却水温度为 38℃。冷却器水侧设计压力为 1.2 MPa,试验水压为 1.8 MPa;冷却器的冷却水测温元件;氢、油分离器;密封油系统接线盒,作为 DCS/DEH 与密封油系统的测量及控制信号连接的接口;包括连接到发电机的全部管道、阀门(其中差压调节阀为进口)、过滤器、温度计、压力开关、漏油检测仪、油位计(带油位开关)和就地仪表等。

2) 技术数据

表 2.3 油密封系统技术数据

型　式	组装式
泵容量 交流电动机带动 直流电动机带动	25.08 m³/h 25.08 m³/h
系统型式	单流环式
密封油压大于氢压	0.12 MPa
油密封冷却器冷却水量	57 m³/h
泵的数量和功率 交流电动机 直流电动机	空侧 2 台/15 kW 空侧 1 台/15 kW
蓄油箱容量	空侧回油控制箱 3.2 m³ 氢侧回油控制箱 0.4 m³
组装件重量	7 550 kg
密封油量	15.9 t/h

3) 油密封系统

为了防止氢气沿发电机轴隙向外泄漏,也为了防止空气沿轴隙进入发电机内,氢冷发电机必须装有油密封系统及装置。该系统及装置应具有以下功能:

(1) 向密封瓦供应不含空气和水分的压力油;

(2) 运行中密封油压始终大于机内氢压一个数值,一般取为 0.08 MPa 左右,典型电厂油氢差压为 0.12 MPa；

（3）即使系统故障，也有足够的备用手段，保证不间断供油。

发电机的端盖为盒形钢板焊接结构，端板由整块钢板组成，具有足够的刚度支撑发电机的转子重量，在 0.5 MPa 的机内氢气压力下不产生有害变形。

密封环通常为单流环式，其优点是结构简单，密封可靠，机内氢气湿度控制效果好。在转子轴穿过定子机壳处配置有径向密封环。密封环布置在密封环支座上，而密封环支座通过螺栓连接在支座法兰上并进行绝缘，以防止轴电流流动。密封环支座沿轴线分成两半，这样不仅便于安装，而且能够保证测量间隙和绝缘强度的准确性。密封环在轴颈侧衬有巴氏合金。密封环和转子轴之间的间隙内充有密封用的密封油。密封油从密封环支座上的密封环室通过密封环的径向孔和环形槽流入密封间隙。为获得可靠的密封效果，应保证环形间隙中的密封油压力高于发电机机座中气体的压力。从密封环的氢侧和空气侧排出的油经定子端盖上的疏油管返回密封油系统。在油密封系统中，油经过真空处理、冷却和过滤再生后返回轴密封。在空气侧，压力油通过环形槽横向进入密封环，以保证当机座中存在较高的氢气压力时，密封环在径向仍能够自由移动。在氢侧，密封环的二次密封能够减小氢侧的轴向油流量，同时还能保持氢气纯度的稳定。

发电机油密封系统原理如图 2.10 所示。油密封系统中主要包括正常运行回路、事故运行回路、紧急密封油回路（即第三密封油源）、压力调节装置及开关表盘等。这些回路和装置可以完成密封油系统的自动调节、信号输出和报警功能。油氢差压由差压调节阀自动控制，氢侧和空侧油压平衡由调节阀自动控制，并提供差压和压力报警信号。在正常运行方式下，汽轮机来的润滑油进入密封油真空箱，经主密封油泵升压后由差压调节阀调节至合适的压力，经滤网过滤后进入发电机的密封瓦，其中空气侧的回油进入空气析出箱，氢气侧的回油进入氢侧回油扩大槽后再向下流入浮子油箱，氢、油分离器，回到主油箱，开始下一个油循环。在氢侧回油扩大槽顶部和发电机底部引出细管，接至油水检测器，用于正常运行及气体置换时检查密封油进入发电机的程度。发现有油时应及时排放并查找原因予以消除。

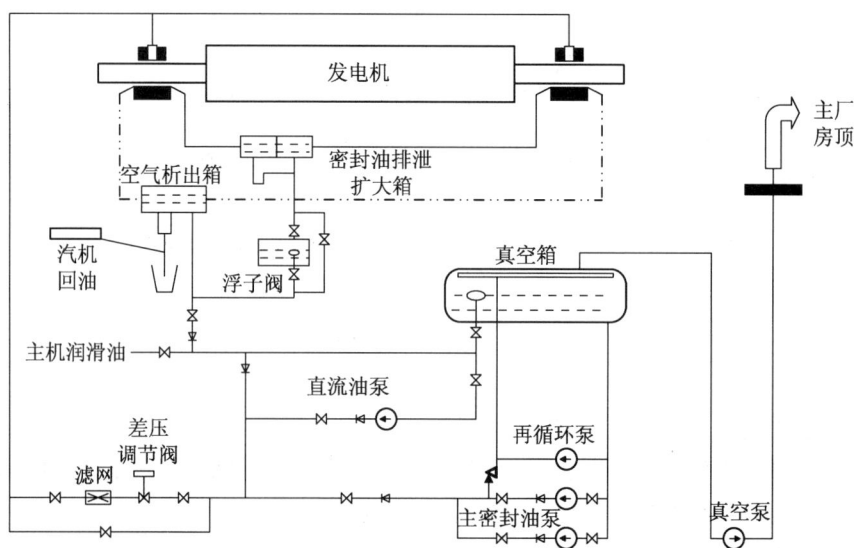

图 2.10　发电机油密封系统原理简图（单流环）

4) 油密封系统参数

表 2.4　油密封系统参数

油密封系统	单位	指标参数
轴承润滑油进口温度	℃	45
轴承润滑油出口温度	℃	65
轴承润滑油流量	L/min	354（每只瓦）
密封瓦进油温度	℃	44
密封瓦出油温度	℃	67
密封瓦油量	L/min	67~200
氢侧	L/min	—
空侧	L/min	—
密封瓦温度	℃	<90
冷却水侧设计压力	MPa(g)	1.6
冷却水侧设计温度	℃	38
冷却水量	t/h	53

2.2.3　同步发电机的定子水冷却系统

大容量汽轮发电机常用的冷却介质为氢气和水，这是因为氢气和水具有优良的冷却性能。氢气和空气、水与油之间的冷却性能相互比较如表 2.5 所示（以空气的各项指标为基准 =1.0）。

表 2.5　氢气和空气、水与油之间的冷却性能表

介质	比热	密度	所需流量	冷却效果
空气	1.0	1.0	1.0	1.0
氢气(0.414 MPa)	14.35	0.35	1.0	5.0
油	2.09	0.848	0.012	21.0
水	4.16	1.000	0.012	50.0

定子冷却水系统的主要功能是保证冷却水（纯水）不间断地流经定子线圈内部，从而将部分由于损耗引起的热量带走，以保证温升（温度）符合发电机的有关要求。同时，系统还必须控制进入定子线圈的压力、温度、流量、水的导电度等参数，使之符合相应的规定。水内冷绕组的导体既是导电回路又是通水回路，每个线棒分成若干组，每组内含有一根空心铜管和数根实心铜线，空心铜管内通过冷却水带走线棒产生的热量。到线棒出槽以后的末端，空心铜管与实心铜线分开，空心铜管与其他空心铜管汇集成型后与专用水接头焊好由一根较粗的空心铜管与绝缘引水管连接到总的进（或出）汇流管。冷却水由一端进入线棒，冷却后由另一端流出，循环工作，不断地带走定子线棒产生的热量。

对发电机定子冷却水水质的特殊要求：①冷却水应当透明、纯洁，无机械杂质和颗粒；②冷却水的导电度正常运行中应当小于 $0.5~\mu S/cm$，过大的导电度会引起较大的泄漏电流，

从而使绝缘引水管老化,还会使定子相间发生闪络;③为防止热状态下造成冷却管内壁结垢,降低冷却效果,甚至堵塞,应当控制水中的硬度,不大于 10 μg/L;④NH₃浓度越低越好,以防腐蚀铜管;⑤pH 值要求为中性,规定在 7～9 之间;⑥为防止发电机内部结露,对应于氢气进口温度,定子水温也应当大于一定值,一般规定在 40～46℃。

为达到上述要求,一般采用凝结水或除盐水作为水源,并设有连续运行的树脂型离子交换器系统,以保证运行中的水质。定子冷却系统供发电机定子绕组冷却,采用闭式独立水系统并采用集装式结构。

1) 定子冷却水设备及技术要求

(1) 定子冷却水系统采用独立密闭循环水系统。冷却器的设计进水温度为最高 38℃。

(2) 定子绕组冷却水的进水温度范围为 45～50℃,出水温度不大于 85℃。水质透明纯净,无机械混杂物,在水温为 25℃时:

电导率:0.5～1.5 μS/cm(定子绕组独立水系统)

pH 值:7.0～9.0

硬度:<2 μg/L

含氨量(NH₃):微量

含铜量:≤200 μg/L

(3) 定子绕组内冷却水允许断水运行持续 30 秒。

(4) 定子绕组冷却水系统采用集装式,散热器为板式,并备有"混合床"离子交换器。水系统的阀门、管道、管件、水泵等均采用不锈钢材质。发电机管道设计考虑对定子绕组能够进行反冲洗,反冲洗管道上加装过滤器。内冷水进水处和水冷器出口处加装滤网,采用打孔的不锈钢滤网。所有密封圈要求采用聚四氟乙烯材质。

(5) 发电机冷却水进水管装有压力表及压差开关,为了确保断水保护动作信号的可靠性,设置 3 只流量低报警流量变送器。

(6) 定子冷却水系统设有性能良好、安全可靠的加热装置,以使机内不结露。

(7) 发电机内设有漏水监测仪。

(8) 配备 2 台 100%容量冷却水的冷却器,2 台 100%容量的耐腐蚀水泵,包括管道和阀门以及其他零部件,以及 10%容量的离子交换器。冷却器的冷却水侧设计压力为1.0 MPa,水压试验压力为 1.5 MPa。2 台泵 1 台工作 1 台备用,当 1 台出故障后能自动切换到另一台。2 台冷却器设有测温元件,便于进行温度控制。自凝结水水系统向定子冷却水箱补水管路的压力为 4.0 MPa。

2) 发电机定子冷却水工作过程

图 2.11 为定子水箱外形图。用于冷却定子绕组的净化水称为定冷水,定冷水在闭式系统中循环并将所吸收的热量散发到闭式冷却水中。泵抽取来自定子冷却器的定冷水,定冷水经过滤器后被送到发电机,定冷水分成两部分并分别沿下列两条流道流动。在其中一条流道中,定冷水流入位于励磁机端的汇流管,并从汇流管经绝缘软管流到定子线棒。每一根定子线棒通过一根独立的软管与汇流管相连。定冷水经冷却通道流向发电机的汽轮机端。在流出定子线棒后,定冷水通过绝缘软管流到汇流管,再从汇流管流回冷却器。定冷水仅能沿一个方向流过定子线棒,从而最大限度地减小了冷却介质的温升(进而减小了定子线棒的温升),因而将上下层定子线棒由于热膨胀不同而导致的相对移动减小到最低。流经定子冷

却器的闭式水流量是自动控制的,以保证在不同的负荷条件下,发电机温度始终保持在同一水平。

系统中的水是由水泵驱动进行循环的。系统中设置有两台水泵,一台工作,一台备用。备用泵按压力下降值整定启动点,即工作泵的输出压力低至某一数值时,备用泵自启动投入运行,从而保证冷却水不间断地流经发电机定子线圈,带走热量。系统中设置有两台冷却器,正常运行时一台工作,一台备用(特殊情况下,也可两台同时投入运行)。冷却器的作用是让冷却水吸收的热量进行热交换。由另外的水源(普通冷却用水,又称循环水)将热量带走。

发电机定子线圈出水的温度随发电机负荷而变化,最高可达 85℃,而进入定子线圈的水温希望稳定在 45～50℃ 的范围之内。正常运行期间,整个系统中的冷却水必须保持高纯度,其中电导率不高于 0.5 μS/cm。为此,在温度调节阀出口端设置一条旁路管道,使系统中的部分冷却水经这一旁路管流入离子交换器进行净化,净化后这一部分水的电导率可达 0.2 μS/cm 左右,之后再流回水箱。系统中设置的过滤器用以滤除水中的机械杂质。在发电机内部,冷却水从进水接口管进

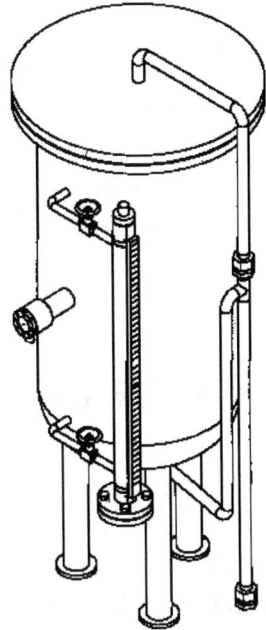

图 2.11　发电机定子水箱外形图

入,依次经进水端集水环(即汇流管)绝缘引水管、空心铜线、出水端绝缘引水管、集水环(汇流管)至出水接口管流出,然后回至水箱。水箱水位、水泵输出压力、过滤器进出口压差、进水压力、温度、电导率、流量、回水温度等各种运行参数均设有专用表计进行监视,重要参数超限时发出报警或保护动作讯号。

3) 冷却水系统运行与维护

定子冷却水系统调试完毕后可以投入正式运行,当回水温度上升接近 48℃ 时,冷却器应通入冷却水(闭冷水)并将冷却器管程侧内部气体排尽。闭冷水的流量要从小到大逐步递增。系统投入运行后,主要的工作就是定期检查和监视各个运行参数是否正常。

(1) 每天必须进行的监视检查项目

① 定子冷却水入口、出口水温;

② 定子冷却水入口水压、流量、电导率;

③ 水泵出口压力、泵的轴承油位、振动和音响是否有异常;

④ 离子交换器出水电导率、进水压力和流量,并从观察窗查看交换器内树脂是否有突然变化;

⑤ 水箱水位及其设备是否有漏水点;

⑥ 主过滤器前后压差值;

⑦ 压力调节和温度调节装置的输入和输出是否正常,阀门开度有无异常变化。

(2) 每星期操作和检查项目

① 冷却水泵的运行和备用互换;

② 压力调节阀和温度调节阀是否卡涩。

(3) 每 3～6 个月检查项目

① 报警信号及其电气回路检查;

② 保护动作信号及其电气回路检验(包括减负荷、甩负荷控制回路);

③ 计量仪表的检验。

(4) 定期维护检查项目

① 换热器管内侧清洗,该清洗作业在每年的冬春季节进行一次;

② Y 型拦截器清洗,该清洗作业在机组停机期间进行,主过滤器滤芯清洗或更换也在停机期间进行;

③ 离子交换器树脂更换。

2.3 同步发电机运行

2.3.1 同步发电机的并网运行分析

大型同步发电机都是与电力系统并列运行的,它的投入、退出和运行过程中的调节都直接关系到电力系统的安全、稳定、经济运行和电能质量。

1) 汽轮发电机的功率平衡和功角特性

(1) 功率平衡

同步发电机由原动机带动旋转,从转轴上输入的机械功率 P_1 扣除发电机的机械损耗 P_{mec}、铁耗 P_{fe} 和励磁损耗 P_{cuf} 后,其余部分便是通过气隙磁场(电磁感应)传递到定子三相绕组中的电功率,称为电磁功率 P_G。电磁功率 P_G 扣除定子绕组的铜耗 P_{cu} 后,便是发电机输出的电功率 P_2,即有:

$$P_G = P_1 - (P_{mec} + P_{fe} + P_{cuf}) \tag{2.4}$$

$$P_2 = P_G - P_{cu} \tag{2.5}$$

因定子绕组电阻很小,略去定子绕组的铜耗 P_{cu},取标幺值则有:

$$P_2 = P_G = UI\cos\varphi \tag{2.6}$$

式中:U 为发电机的端电压;I 为发电机的电流;φ 为功率因数角。

(2) 转矩平衡

式(2.4)中,$P_0 = (P_{mec} + P_{fe} + P_{cuf})$ 为空载损耗,于是有:

$$P_1 = P_0 + P_G \tag{2.7}$$

将上式两边同时除以同步速对应的角速度 ω,得到发电机转矩平衡方程式为:

$$T_1 = T_0 + T \tag{2.8}$$

式中:T_1 为原动机输入转矩;T_0 为发电机空载转矩;T 为发电机电磁转矩。

(3) 功角特性

所谓功角是指发电机的空载电动势 $\dot{E}_q$ 和端电压 $\dot{U}$ 之间的相位角。功角特性是指同步发电机接在无限大容量电网上稳态运行时,发电机的电磁功率与功角之间的关系。之所以称为无限大容量系统,是一种假设,因为对于所处的系统来讲,一台发电机的容量是微不足道的,这样可以假设无论怎样调节单台发电机的有功功率和无功功率,系统的电压和频率是恒定不变的。实际上,虽然是不可能的,某一台发电机的功率变动时,总要引起电力系统的电压、频率发生微小的波动,只是这种变化是可以忽略的,尤其是现代电力系统都具有自动调频和调压功能,这种假设是合理的,在进行工程分析时是很方便的。

图 2.12(a)为一发电机与无限大系统的接线示意图。若假定发电机处于不饱和状态,且忽略定子绕组的电阻,则得到图 2.12(c)中所示的简化电压、电流相量图。图中空载电动势 $\dot{E}_q$ 与端电压 $\dot{U}$ 之间的夹角即为功角 δ,它由电枢反应形成,其值随有功负荷的大小而变化。例如,对纯感性或纯容性负荷,相量 $\dot{E}_q$ 与 $\dot{U}$ 的方向相同,没有交轴电枢反应,则 $\delta=0°$,输出有功功率为零。图 2.12(b)则表示了各主要量之间的关系。δ 角的另一物理意义即为,产生 $\dot{E}_q$ 的励磁磁动势 $\dot{F}_0$ 相对于产生端电压的合成磁动势 $\dot{F}$ 之间的夹角。实际上 $\dot{F}_0$ 与 $\dot{F}$ 之间的夹角既可看成为空间夹角,又可看成转子磁极中心线与电力系统合成等效发电机磁极中心线之间的电角度,这两者在一对磁极的发电机内是统一的。当作为同步发电机运行时,相量 $\dot{F}_0$ 永远超前于 $\dot{F}$,此时规定超前的 δ 角为正值。

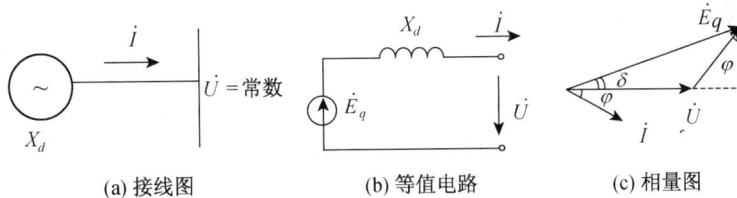

图 2.12 发电机与无穷大容量系统并联运行

由同步发电机的相量图可得:

$$E_q \sin\delta = IX_d \cos\varphi \qquad (2.9)$$

$$I\cos\varphi = \frac{E_q}{X_d}\sin\delta \qquad (2.10)$$

$$P_G = E_q \frac{U}{X_d}\sin\delta \qquad (2.11)$$

式中:P_G 为发电机的电磁功率;U 为发电机的端电压;I 为发电机的电流;E_q 为发电机的空载电动势;X_d 为发电机的同步电抗;φ 为功率因数角;δ 为功角。

式(2.11)表明,在发电机的端电压及励磁电流不变时,电磁功率 P_G 的大小决定于 δ 角的大小,所以称 δ 为功角。电磁功率随着功角的变化曲线,称为功角特性曲线,如图 2.13所示。

从功角特性曲线可知,同步发电机的电磁功率 P_G 与功角成正弦函数关系。当功角从零逐渐增加到 90°的区间,功角特性曲线是上升的,电磁功率 P_G 随着功角 δ 的增加而增加,到 90°时达到最大值。因此,功角是同步发电机一个重要参数,它不仅决定了发电机输出功率的大小,还能表明发电机的运行状态。

2) 静态稳定

在电网或原动机发生微小的扰动,当扰动消失后,发电机能复原继续同步运行就称为发电机是静态稳定的。

发电机的功角特性曲线如图 2.13 所示,发电机可能向系统输出的最大功率为 $P_{max} = \dfrac{E_q U}{X_d}$。由于判断发电机是否处于稳定运行的条件是 $\dfrac{\mathrm{d}P}{\mathrm{d}\delta} > 0$,因此,当发电机的 δ 处于 0°~90° 的范围内,是可以稳定运行的,如处于 90°~180° 这一范围则无法稳定运行。但在实际运行中为了供电的可靠性,发电机的额定运行点应当离稳定极限有一定的距离,使极限功率保持比额定功率大一定的倍数,正常运行的功率角 δ 一般是 30°~45°。

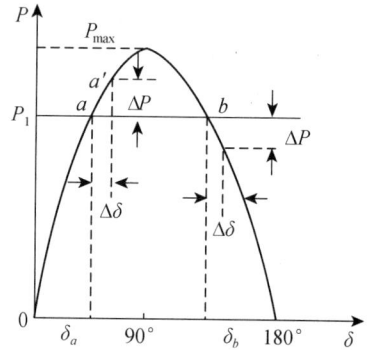

图 2.13 汽轮发电机功角特性曲线

上述讨论,是以发电机直接与无限大容量系统并联运行为前提的。但在实际系统中,发电机多是经过变压器和高压输电线路并入系统。例如发电机经变压器和双回路输电线路接入无限大容量系统,如图 2.14 所示。这时发电机的端电压将随发电机的输出功率而变化。研究发电机能否稳定运行,也就是研究发电机能否保持与系统频率同步运行,仍以系统母线电压 U 为参考。如不考虑发电机、变压器和线路有功损耗,则发电机输入系统的功率 P 可根据发电机直接与无限大容量系统连接时的类似推导得出。

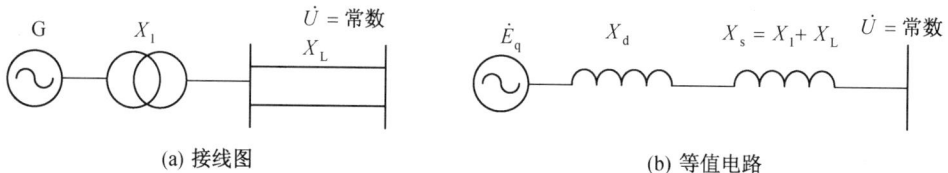

(a) 接线图　　　　　　　　　　　(b) 等值电路

图 2.14 发电机经外阻抗接入无限大容量系统

$$P = \frac{E_q U}{X} \sin \delta \tag{2.12}$$

式中:δ 为发电机电动势 E_q 和系统电压 U 之间夹角;X 为发电机电抗,等于 X_d 与外电抗 X_s 之和。

显然,在相同的发电机电动势情况下,发电机输入系统的静稳定极限将随外电抗(发电机至无限大系统母线之间的电抗)X_s 的增大而减小。另外,在发电机输出功率和励磁电流不变的情况下,由于 X_s 的出现,发电机电动势 E_q 与系统电压间夹角 δ 将随 X_s 的增加而增大,因而静稳定储备随之降低。

3) 暂态稳定

前面讨论的静态稳定是发电机与系统并联运行时受到小的扰动后,发电机恢复到原先的工作点,继续保持与系统同步运行。而暂态稳定是输电系统发生突变时,发电机能否维持稳定运行能力。正常运行和切除一回线路后的功角特性曲线如图 2.15 所示。如果在切除一回路前,发电机工作在功率特性曲线 P_1 的 a 点,在故障瞬间,由于发电机转子的惯性,功角不能突变,因此发电机的工作点将由原来的 a 点突然转移至新的功率特性曲线 P_2 的 b 点,使发电机的输出功率突然减小。这时,由于汽轮机调速器不可避免的滞后调节作用,汽轮机的功率 P_T 在短暂时间内可认为仍然保持不变。这样发电机的电磁转矩就小于原动机转矩,转轴上存在驱动性转矩差,于是就引起了转子的加速过程,使功角增大。于是运行状态从 b 点沿曲线 Ⅱ 向 c 点移动。当到达 c 点时,故障切除,工作点移至特性曲线 P_3 上 e 点,由于转子惯性关系,工作点将越过 e 点继续移动,使功角 δ 继续增大。随着功角 δ 的增大,发电机电磁功率超过了汽轮机的功率 P_T,因而使发电机转子存在制动性转矩差,使发电机转速减小,设到达 f 点时,转子在加速运动中(c 点以前)所积聚的动能已释放完毕,功角达到最大值,并且不再增大。但由于此后发电机功率仍大于汽轮机功率,使发电机转速继续减小,功角 δ 开始减小,工作点又反向退回到 k 点。由于惯性关系,工作点又会越过 k 点,如此,经多次减幅振荡后,稳定在 k 点运行。

上述情况说明发电机与系统并联运行受到突然的急剧扰动之后,能过渡到新的稳定状态继续运行。可是,过渡过程也可能有另一种结局。如果在上述运行状态变化的过程中,在振荡的第一个周期内,功角的最大值已等于或超过临界功角 $δ_h$,即运行状态超过 h 点,发电机转矩又小于原动机转矩,即出现了不断增大的驱动性的转矩差,发电机不能过渡到新的稳定运行状态,转子转速将不断增大,导致发电机失去同步。

系统受到较大扰动后,能否重新过渡到稳定状态下运行,可简单地用等面积定则来确定。如果加速面积 S_{abc}(见图 2.15)小于最大可能的减速面积 S_{def},发电机就能过渡到新的工作点稳定运行,并保持与系统同步;反之,则不能保证暂态稳定。保证暂态稳定的充分必要条件是 $S_{abc} < S_{def}$。根据上述说明,暂态稳定的程度不但受电气量 U、x_d、x_s 等的影响,而且受转子惯性的影响,即转子的转动惯量的影响。汽轮发电机制造厂都在技术条件中提供整个轴系的转动惯量,这是一个很重要的参数。

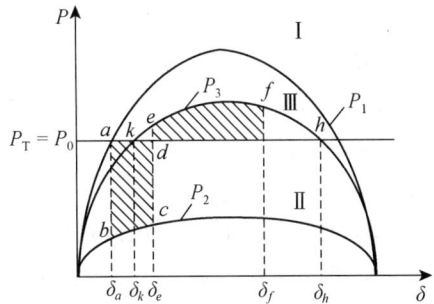

图 2.15   简单电力系统暂态稳定
分析示意图

短路故障是破坏系统稳定的主要原因。发生短路故障时,将引起系统电压及发电机端电压降低,而且短路电流是电感性的,它对发电机产生去磁作用,使发电机电动势降低,从而也降低功率极限,可能使发电机失去稳定。如果发生故障使端电压迅速降低时,立即增大发电机的励磁电流,提高其电动势,使功角特性曲线上升,从而提高暂态稳定性。这是提高系统暂态稳定的措施之一。如果继电保护动作慢一些,强行励磁速度慢一些,甚至重合闸也慢一些,则代表加速能量的面积大于最大可能的减速面积,发电机转子将拉不回来,功角将超过 180° 而失步,这就称为暂态稳定性的破坏。因此,提高继电保护和强行励磁的速度及顶值倍数是提高发电机暂态稳定性至关重要的措施。新型的快速励磁系统具有较高的励磁顶值电压。实验证明,当强励倍数超过 2 时,快速励磁系统有显著的效果。例如,强励倍数为 1.5、2、3 和 4 的快速励磁系统可使 220 kV 和 500 kV 输电系统的动稳定极限分别提高 5%、9%、16%、23% 和 17%、23%、32%、39%。对于保证暂态稳定来说,采用现代技术的快速继电保护和最快的断路器、采用快速强行励磁等措施都非常重要。另外,还应快速调节原动机的输入功率,即减小汽轮机的进汽量,使发电机的输入功率也减小,快速降低振荡的幅度,从而提高暂态稳定性。

2.3.2   同步发电机的安全运行极限

在稳定运行条件下,发电机的安全运行极限决定于下列四个条件。

（1）原动机输出功率极限。

（2）发电机的额定容量，即由定子绕组和铁芯发热决定的安全运行极限，在一定电压下，决定了定子电流的允许值。

（3）发电机的最大励磁电流，通常由转子的发热决定。

（4）进相运行时的稳定度。当发电机功率因数小于零（电流超前于电压）而转入进相运行时，发电机的有功功率输出受到静稳定条件的限制，此外，还可能受到端部发热限制。

1）发电机 P-Q 曲线

在电力系统中运行的发电机，在一定的电压和电流下，当功率因数下降时，发电机的无功功率增大，有功功率相应减小；而当功率因数上升时，则要减少无功功率、增大有功功率，以达到输出容量不超过允许值。发电机 P-Q 曲线图就是表示其在各种功率因数下，容许的有功功率 P 和无功功率 Q 的关系曲线，又称为发电机的安全运行极限，如图 2.16 所示。

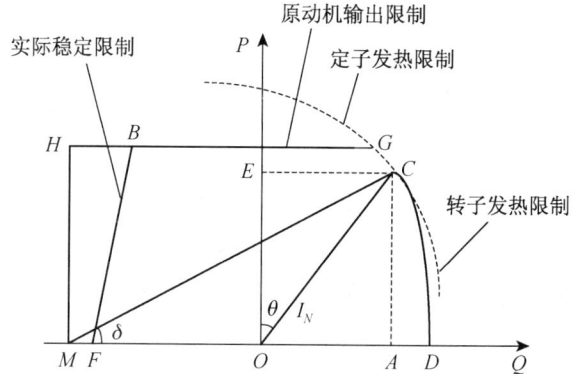

图 2.16 汽轮发电机的 P-Q 曲线

2）同步发电机安全运行极限图绘制

电压、电动势、功率都以标么值表示的，其绘制基本步骤如下：

（1）以 O 为圆心，以定子额定电流 I_N 为半径，画出圆弧；

（2）在横轴 O 点左侧，取线段 OM 等于 $\dfrac{U_N}{X_d}$，它近似等于发电机的短路比 K_C，正比于空载励磁电流；

（3）以 M 点为圆心，以 $\dfrac{E_q}{X_d}$ 为半径（即图中的 MC 线段，它正比于额定励磁电流）画出圆弧；

（4）以汽轮机额定功率画一平行于横坐标的水平线 HBG，表示原动机输出限制；

（5）从 M 点画一垂直于横坐标的直线 MH，相应 $\delta = 90°$，表示理论上的静稳定极限。

考虑到发电机有突然过负荷的可能，实际静稳定限制，应留有适当储备，以便在不改变励磁电流的情况下，能承受突然性的过负荷（图中的 BF 曲线）。由上述各曲线或直线段所围成的 DCGBFD 区域，就叫汽轮发电机的安全运行范围或叫安全运行区。发电机的运行点处于该区域或边界上，均能长期安全稳定运行。

2.3.3 同步发电机的有功功率调节

隐极发电机的电磁功率为 $P_G = \dfrac{E_q U}{X_d} \sin\delta$。其中：$E_q$ 为空载电动势，U 为机端电压，δ 为 $\dot{E}_q$ 和 $\dot{U}$ 的夹角。当发电机不输出有功功率时，由原动机输入的功率恰好补偿各种损耗，因此 $\delta = 0$，$P_G = 0$。当原动机增加输入功率 P_1，亦即增大输入转矩 T_1，当 $T_1 > T_P$（损耗转矩，包括机械损耗、铁耗和附加损耗），这时出现剩余转矩使转子加速，相应地电势相量 $\dot{E}_q$ 超

前于端电压相量 $\dot{U}$ 一个相角，$\delta>0$ 且 $P_G>0$，发电机开始向外发出有功电流，并同时出现和 P_G 相对应的制动电磁转矩 T_{em}，当 δ 增到某一数值使电磁转矩与剩余转矩（T_1-T_P）正好相等，发电机转子就不再加速，而平衡在这个 δ 值处。

由以上分析表明，当要增加发电机的输出功率时，就必须增加原动机的输入功率，而随着输出功率的增大，当励磁不作调节时，发电机的功率角 δ 就必然增大。

2.3.4 同步发电机的非额定运行

1）非额定工况运行

（1）冷却条件变化

① 氢气。当氢气温度、压力变化时，都会对出力有很大的影响。当冷却器的进水温度高于制造厂的规定值时，应减小发电机出力。减小的原则是：使绕组和铁芯的温度不超过在额定方式运行时的最大监视温度。但氢气冷却器的进水温度应控制在小于 43℃。当冷端氢温降低时，不允许提高出力，因为定子绕组是采用水内冷的。

氢气及其冷却水的温度限额如下：

冷氢温度：35～46℃

热氢温度：≤65℃

氢气冷却器进水温度：20～38℃

氢气冷却器出水温度：≤45℃

当氢气压力低于额定值时，由于氢气的传热能力减弱，必须根据制造厂提供的容量曲线来降低发电机的允许负荷。当氢气纯度变化时，由于氢气与空气混合时，若氢气含量降到 4%～75%，便有爆炸的危险，所以在运行时，一般要求发电机运行时的氢气纯度保持在95% 以上，低于此值应进行排污。另外，由于氢气纯度与通风摩擦损耗之间有密切的关联，氢气纯度每降低 1%，通风摩擦损耗约增加 11%，因此要保证使运行时的氢气纯度不低于97%，当氢气纯度降低到 90% 时，发出纯度低报警信号。发电机内装有 2 台氢气冷却器，当一台冷却器退出运行时，发电机单位的最大连续运行的容量为额定容量的 80%。当有 5% 的冷却水管堵塞时，发电机可以在额定出力下连续运行。

② 定子冷却水。当冷却水量在额定值的 ±10% 范围内变化时，对定子绕组的温度影响不大，故不必提高冷却水的流量。但当冷却水量下降较多时，会导致绕组出口水温度增高，且会造成绕组温升不均匀。但水温也不可过低，以防止定子绕组和铁芯的温差过大，使两者之间的位移增大，或使汇水母管上出现结露现象。冷却水温允许在额定值 ±5℃ 的范围内变化，可保证发电机的出力不变。另外，冷却水的电导值不可过高，过高会导致水管内壁发生闪络，较低的电导值可在发电机冷却水停止循环时，维持更长的时间。

定冷水的参数限额如下：

定子绕组进水温度：40～50℃

定子绕组出水温度：≤85℃

水量：≤91.5 t/h

导电率：≤0.5～1.5 μS/cm

③ 定子绕组允许断水时间。当发生定子绕组断水事故时，可采取以下两种不同的处理方式。

第一种：可带额定负荷运行 30 s，若 30 s 后备用定冷水泵不能投入，则应解列发电机，并使发电机端电压降为零。

第二种：断水 5 s 后开始减负荷，2 min 内降到 26% 额定负荷，此后，根据线圈入口、线圈出口、离子交换器出口三个水的导电率选择运行方式。如三个点均≤0.5 μS/cm，运行 1 小时；如其中一个点≥0.5 μS/cm，运行 3 min；如三个点≥0.5 μS/cm，立即停机。

（2）频率变化

① 当运行频率比额定值偏高较多时，发电机的转速升高，转子上承受的离心力增大，可能使转子某些部件损坏。同时，频率增高，转速增加，通风摩擦损耗也要增多，虽然此时的磁通可以小些，铁耗有所下降，但总的发电机效率是下降的。

② 当运行频率比额定值偏低时，发电机的转速下降，两端风扇的送风量降低，发电机的冷却条件变坏，各部分的温升升高。频率降低时，为维持额定电压不变，就得增加磁通，导致漏磁增加而产生局部过热。频率降低，还有可能损坏汽轮机叶片，厂用电动机也可能由于频率的下降而使厂用机械出力受到严重影响。机组能安全连续地在 48.5～50.5 Hz 频率范围内运行，当频率偏差大于上述频率值时，不得低于表 2.6 中的允许范围。

表 2.6　机组安全运行频率允许范围

频率（Hz）	允许时间	
	每次（s）	累计（min）
51.0～51.5	>30	>30
50.5～51.0	>180	>180
48.5～50.5	连续运行	
48.5～48.0	>300	300
48.0～47.5	>60	>60
47.5～47.0	>20	>10
47.0～46.5	>5	>2

（3）端电压变化

① 发电机运行电压的下限，根据稳定的要求，一般不应低于额定值的 90%。因为电压过低，会使发电厂厂用电动机的运行情况恶化、转矩降低，从而使机炉的正常运行受到影响。

② 发电机运行电压高于额定值，当升高到 105% 以上时，其出力必须降低。因为电压升高，铁芯内的磁通增加，铁耗增加，引起铁芯的温度和定子、转子绕组温度增高。

发电机在额定功率因数下，电压变化范围为 ±5%、频率变化范围为 ±2% 时，能连续输出额定功率。当发电机电压变化为 ±5%、频率变化为 −0.5% 到 +3% 的范围运行时，各部分温升变化如表 2.7 所示。

表 2.7　机组安全运行电压/频率变化与温升关系

工况偏差（%）	输出功率（MW）	定子线圈出水温升（K）	定子铁芯温升（K）	转子线圈平均温升（K）
100 U_N, 95 f_N	1 000	27.8	27.0（平均）	54.9
95 U_N, 95 f_N	1 000	30.7	6.30（平均）	50.3
95 U_N, 100 f_N	1 000	31.3	26.2（平均）	46.7

工况偏差(%)	输出功率(MW)	定子线圈出水温升(K)	定子铁芯温升(K)	转子线圈平均温升(K)
95 U_N,103 f_N	1 000	31.7	26.3(平均)	43.9
105 U_N,103 f_N	1 000	26.1	27.1(平均)	45.1
105 U_N,100 f_N	1 000	25.8	27.4(平均)	49.2
105 U_N,95 f_N	1 000	25.3	28.4(平均)	59.4
额定工况计算值	1 000	28.3	26.6(平均)	47.4

2）发电机非正常工况运行

（1）发电机容许过负荷

在正常运行时,发电机是不允许过负荷的,即不允许超过额定容量长期运行。当系统发生短路故障、发电机失步运行和强行励磁等情况时,发电机定子和转子都可能短时过负荷,电流超过额定值会使电机绕组温度有超过允许值的危险,甚至造成机械损坏。过负荷数值越大,持续时间越长,上述危险性越严重。因此,发电机只允许短时过负荷,发电机具有一定的短时过负荷能力。从额定工况下的稳定温度起始,允许的电枢电流和持续时间(直到120 s)如表 2.8。

表 2.8 发电机允许的电枢电流和持续时间对照表

时间(s)	10	30	60	120
电枢电流(%)	226	154	130	116

发电机不允许经常过负荷,只有在事故情况下,当系统必须切除部分发电机或线路时,为防止系统静稳定破坏,保证连续供电,才允许发电机短时过负荷运行。当过负荷时间超过允许时间时应及时采取措施,立即将发电机定子电流及励磁电压降至正常允许值。

（2）发电机不对称运行

发电机不对称运行是一种非正常工作状态,它是指组成电力系统的电气元件三相对称状态遭到破坏时的运行状态,如三相阻抗不对称、三相负荷不对称等。而非全相运行是不对称运行的特殊情况,即输电线、变压器或其他电气设备断开一相或两相的工作状态。不对称的程度通常用负序电流 I_2 对额定电流 I_N 的百分数表示。

① 负序电流对发电机的危害

发电机不对称运行时,在发电机的定子绕组内除正序电流外,还有负序电流。正序电流是由发电机电势产生的,它所产生的正序电流与转子保持同步速度而同方向旋转,对转子而言是相对静止的,此时转子的发热只是由励磁电流决定的。负序电流出现后,它除了和正序电流叠加使绕组相电流可能超过额定值,还会引起转子的附加发热和机械振动。当定子三相绕组中流过负序电流时,所产生的负序磁场以同步转速与转子反方向旋转,在励磁绕组、阻尼绕组及转子本体中感应出两倍频率的电流,从而引起附加发热。由于集肤效应,这些电流主要集中在表面的薄层中流动,在转子端部沿圆周方向流动而成环流。这些电流流过转子的横楔与齿,并流经槽楔和齿与套箍的许多接触面。这些接触部位电阻较高,发热尤为严重。

除上述的附加发热外,负序电流产生的负序磁场还在转子上产生两倍频率的脉动转矩,使发电机组产生 100 Hz 的振动并伴有噪音,使轴系产生扭振。汽轮发电机由于转子是隐极式的,绕组置于槽内,散热条件不好,所以负序电流产生的附加发热往往成为限制不对称运行的主要条件。

② 发电机不对称负荷的容许范围

汽轮发电机不对称负荷容许范围的确定主要决定于下列三个条件:

a. 负荷最重一相的电流,不应超过发电机的额定电流;

b. 转子任何一点的温度,不应超过转子绝缘材料等级和金属材料的容许温度;

c. 不对称运行时出现的机械振动,不应超过容许范围。

第一个条件是考虑到定子绕组的发热不超过容许值,第二个和第三个条件是针对不对称运行时负序电流所造成的危害提出来的。发电机的不对称运行能力,也称为负序能力,通常用两个技术参数来表示:(a)允许长时间运行的稳态负序能力,以允许的最大负序电流标么值 $I_{2*} = \dfrac{I_2}{I_N}$ 表示;(b)短时间允许的暂态负序能力,以容许的短时 $I_{2*}^2 t$ 表示,它代表短时最大容许的负序发热量。当发电机的不平衡负序电流超过允许值时,应尽力设法减小不平衡电流至允许值。如不平衡电流所允许时间已到达,则应立即解列发电机。

3) 发电机失磁运行

汽轮发电机的失磁运行,是指发电机失去励磁后,仍带有一定的有功功率,以低滑差与系统继续并联运行,即进入失磁后的异步运行。典型电厂的发电机具有失磁异步运行的能力:在负荷为 240 MW 时,运行 15 min。

引起发电机失磁的原因主要有以下几种:

(1) 励磁回路开路,如自动励磁开关误跳闸、励磁调节装置的自动开关误动、可控硅励磁装置中的元件损坏等;

(2) 励磁绕组短路;

(3) 运行人员误操作等。

发电机失磁后运行状态的变化,大致分为三个阶段:

(1) 发电机失去励磁后,由于转子励磁电流或发电机感应电动势逐渐减小,使发电机电磁功率或电磁转矩相应减小。当发电机的电磁转矩减小至其最大值小于原动机转矩时,而汽轮机的输入转矩还未来得及减小,因而在此剩余加速转矩的作用下,发电机进入失步状态。

(2) 当发电机超出同步转速运行时,发电机的转子和定子三相电流产生的旋转磁场之间有了相对运动,于是在转子绕组、阻尼绕组、转子本体及槽楔中,将感应出频率等于滑差频率的交变电动势和电流,并由这些电流与定子磁场相互作用而产生制动的异步转矩。随着转差增大,异步转矩也增大。当某一转差下产生的异步转矩与汽轮机输入转矩(此值因调速器在发电机的转速升高时自动关小汽门而比原数值小)重新平衡,发电机进入稳定的异步运行。

(3) 当励磁恢复后,直流励磁电流按指数规律由零增加到稳定值,并建立了相应的转子稳定磁场,该磁场与定子磁场间相互作用产生同步电磁转矩,该转矩最后把发电机拖入同步。

发电机失磁后,从发出无功功率转变为大量吸收系统无功功率,系统无功功率如不足,将造成系统电压显著下降。同时,发电机失磁运行时,发电机定子端部发热增大,引起局部过热;转子本体上的感应电流引起的发热更为突出,且往往是主要限制因数;转子的电磁不对称所产生的脉动转矩将引起机组和基础的振动。对于 1 000 MW 的发电机组,由于其失磁后从系统中吸收较大的无功功率,会对系统造成较大的影响。因此,失磁后,通过失磁保护将发电机解列。

4) 发电机进相运行

当发电机处于发出有功、吸收无功的状态时,这种状态称为发电机进相运行。随着电力系统的发展,大型发电机组日益增多,同时输电线路的电压等级越来越高,输电距离越来越长,加上许多配电网络使用了电缆线路,从而引起了电力系统电容电流的增加,增大了无功功率。采用并联电抗器或利用调相机来吸收此部分剩余无功功率,有一定的限度且增加了设备投资。此时,利用发电机进相运行,以吸收剩余的无功功率,使枢纽点的电压保持在允许限额以内,则可少装设其他调压设施。

发电机通常在过励磁方式下运行,如减小励磁电流,使发电机从过励磁运行转为欠励磁运行,即转为进相运行,发电机就由发出无功功率转为吸收无功功率。励磁电流越小,从系统吸收的无功功率越大,功角也越大。所以,在进相运行时,容许吸收多少无功功率,发出多少有功功率,静稳定极限角是最主要的限制条件。此外,定子端部的漏磁和转子端部漏磁的合成磁通增大,引起定子端部发热的增加,因此,定子端部发热也是进相运行时的限制条件之一。部分厂家发电机已经采取了一定的措施,以减少端部的损耗及温升,具备了一定的进相运行能力:发电机能在进相功率因数(超前)为 0.95 时长期带额定有功连续运行。

5) 发电机在空气中运行

只有在安装、调整及试运行期间,发电机才允许在盘车状态下在空气中运转,以便进行动态机械检查。空气中运转的前提条件如下:

(1) 无励磁电流存在;

(2) 机内空气必须干燥,相对湿度<50%,压力在 3 000~6 000 Pa(表压)之间,冷风温度 20~38℃;

(3) 氢气冷却器通冷却水;

(4) 定子绕组通冷却水;

(5) 保证密封油的供油;

(6) 切断氢气分析器、差压表,拆开供氢管道。

6) 发电机扭动稳定

当电力系统发生短路故障、非同期合闸或其他扰动时,都会对发电机组产生冲击电磁转矩,引起机组轴系扭振,并使机组转轴产生疲劳寿命损耗。不同类型的故障或扰动在轴上引起的响应也不同。在某些情况下,可能产生机-电谐振(次同步谐振),此时的电磁转矩可能不大,但在转轴上可能产生很大的扭应力,以致使转轴很快损坏。因此,大机组的扭振问题越来越受到关注。

(1) 扭振的概念

对轴施加一扭力矩,当这一外加的扭力矩消失后,在轴的弹性作用下,轴的扭转角度 θ 由正变到零,扭转势能转变为动能。由于转动惯量的存在,θ 值将向负方向变化,再由动能转变成势能,整个轴段产生反向变形。θ 值在正、负之间反复变化,轴段产生反复扭转的运动,这种现象就叫做轴的扭振。扭振的频率由轴段的几何形状和质量所决定。扭振会导致金属材料的疲劳,每一次扭振消耗一定的疲劳寿命,连续扭振,特别是产生谐振将很快导致材料的破坏。

(2) 汽轮发电机组的扭振

大型汽轮发电机组,其轴系由多段组成,一般由高压缸转子、中压缸转子、低压缸转子、发电机转子等组成,构成了一个柔性可扭曲的轴系。在汽轮机转子上有蒸汽冲动产生的正向扭矩,在发电机转子上有一个反向电磁扭矩。在正常运行时,施加在汽轮机转子上的正向扭矩与发电机转子上的反向扭矩相平衡,整个轴系保持恒速旋转,并有一定的扭转变形。当输入或输出扭矩发生突变时,就会发生轴系的扭振。1 000 MW 机组的最大扭应力出现在发电机的汽端轴颈处。

(3) 电气扰动对轴系扭振的影响

由于机械系统的扰动一般是极缓慢的,对轴系扭振的影响是轻微的。而电气系统的扰动是快速、持续的,因此电气方面引起的汽轮发电机组轴系扭振影响将大于机械方面的影响。

① 负序电流

负序电流将对轴系产生一个 100 Hz 的激振扭矩。如轴系的某阶固有扭振频率正好在 100 Hz(双倍工频)附近,就会产生谐振。

② 非同期合闸

发生非同期合闸时,会出现比发电机出口三相短路更大的电流和电磁转矩,会对轴系产生严重的扭矩冲击。当合闸相角达到 120°或 240°时,电磁转矩值最大,一般可达额定转矩的 5 倍左右。

③ 短路故障和重合闸

当发电机出口发生短路故障时,将出现很大的短路电流和很大的冲击转矩。在各种短路故障中,发电机出口两相短路和三相短路对轴系的影响较为严重,其中两相短路在不利时刻发生时,将产生更大的电磁转矩。在系统的线路保护中,一般装设有自动重合闸,当发生短路故障时,保护动作时开关跳闸切除故障,然后,经过很短的时间再自动重合一次。若重合闸时故障已消除,则重合后开关不再跳闸,称为"重合成功";若重合闸时故障仍存在,则重合后开关又跳闸将故障再次切除,称为"重合不成功"。因此,在重合闸装置的作用下,轴系将发生多次的扭矩冲击。如扭矩冲击发生的相位与轴系扭振的相位一致时,将对轴系产生应力叠加现象,使扭振幅度增大。如出现多次的扭矩冲击同相位叠加,就可能产生相当高的机械扭矩,导致轴系无法承受的应力和寿命消耗。

④ 次同步谐振

当系统中发生故障或扰动时,同步发电机可能产生各种频率的电磁转矩,如电磁转矩的频率和轴系某一固有扭振频率相同或相近,则会发生共振,此时的电磁转矩虽不大,但可能产生很大的机械转矩,因而导致扭动不稳定和大轴的损坏。次同步谐振即属于这种共振现象。

⑤ 高起始响应的励磁调节器和电力系统稳定器(PSS)

由于励磁电流的响应速度极快,从电网角度减小了暂态过程的功角摆动,但对发电机会产生剩余扭矩,引起对轴系的冲击。

⑥ 发电机组疲劳寿命损耗

a. 发电机出口三相、两相短路或单相短路,疲劳损耗最大 0.248%/次(三相)、0.2%/次(两相)0.2%/次(单相);

　　b. 120°误并列疲劳损耗最大值 12%/次,整个发电机寿命期不应超过 2 次;180°误并列不超过 5 次;

　　c. 近处短路及切除,切除时间小于 150 ms 时,疲劳损耗 0.1%;切除时间大于 150 ms 时,疲劳损耗>0.1%;

　　d. 线路单相快速重合闸不应受限制;

　　e. 机组带励磁失步,如振荡电流和力矩小于 0.6~0.7 出口短路相应值时,允许运行时间 15~20 周期。

2.4　同步发电机的启动与停机

2.4.1　同步发电机的启动

1) 启动前的检查

(1) 发电机变压器组检修后启动前,应详细检查发电机及其辅助设备的工作全部结束,工作票全部终结,接地线及临时安全措施拆除,绝缘电阻摇测合格,整组动作试验正确,现场整洁,符合运转条件;

(2) 轴接地碳刷,转子绝缘监测碳刷接触良好,无卡死现象;

(3) 发电机冷却系统良好,冷却水阀门应开启;

(4) 发电机变压器组各保护装置完好,并在启用状态,各控制电源熔丝及开关应送上;

(5) 各测温元件及信号系统正常,各信号试验正常,调速试验正确;

(6) 确定励磁系统运行方式,开机为自动调节励磁方式;

(7) 主变压器状态完好,冷却器正常。

2) 启动前的实验

(1) 氢气冷却器的出风温度应均衡,冷氢温差在任何负荷下不得超过规定值,装置在冷却器出风口的电阻测温元件测出的冷氢温度亦不得超过铭牌规定数值。

(2) 控制氢气纯度和温度并投入排烟风机。氢气纯度一般不低于 95%,发电机做性能及效率试验时应维持在 98%,到 90% 时报警,只有当氢侧泵停运时才允许纯度维持在 90% 左右,此时如纯度降至 85% 又将报警。投入氢源的氢干燥器使供氢的温度不得高于−35℃露点,投入发电机的氢气干燥器使机内氢的温度折算到大气压力下的露点应介入−5℃至−25℃。启动前必须投入空侧回油箱上的排烟风机,防止氢气带入主油箱以确保安全。

(3) 第一次启动及每次启动带负荷前,应监视定子绕组的温度,此时温度的不同可能表示温度测量有问题,运行前必须予以校正。

(4) 密封冷油温度一般应维持在规定值。

(5) 密封油、轴承油的含水量不得大于 0.05%,否则应处理油质,以免油中水分带入机内而增加了氢的湿度。

(6) 氢气冷却器首先应打开排气管排除内部的空气,让冷却器的顶部水室、回水室和所有水管都充满水。应向氢气冷却器供给所需的冷却水量,在"发电机运行工况参数表"中规定了氢冷却器有关数据,包括进水最高温度、最高工作压力和总水量等要求。应将各只冷却器调节到基本相同的水量,防止由于水速过大而损坏水管。为此调节每只冷却器出口水管的节流阀,使通过每只冷却器的水压力降基本相同。通过一只冷却器的水压力降应是该只冷却器进、出口压力表读数之差。调节水量及氢温的幅度不能过大,以免机座变形因而产生剧烈的振动。

(7) 密封油冷却器、定子绕组水冷却器和油、水加热器确认密封,油冷却器及绕组水冷却器的冷却水有足够的水量,油温控制反应要灵敏,能迅速控制氢气侧、空气侧油温及两者的油温差。水温控制反应要灵敏,使之能够稳定地控制绕组入口水温在规定范围之内。如果启动时油温或水温远低于"发电机运行工况参数表"中规定的最低温度,可临时在密封油流动的条件下,启用系统中的油加热器或水加热器。

(8) 启动及运行时对氢、水、油系统等各种工况的要求符合"发电机运行工况参数表"。

(9) 轴承座对地的绝缘轴承在励端为双层绝缘,故在机组各转轴对接后或在运行中和未停车时也能测量轴承绝缘电阻。在运行期间,用 1 000 V 兆欧表定期测量轴承对地绝缘电阻,每月一次并做记录。兆欧表一端接地,另一端轮流接到每个被测端子直接测量绝缘电阻。预期绝缘电阻大于 1 MΩ,小于 0.5 MΩ 会导致轴电流通过而损坏轴承。绝缘电阻值变小表明绝缘性能恶化,需要维修至少达到最大的允许值之后方可继续使用。每次拆卸轴承和重新装配绝缘,都应立即测定绝缘电阻,这些检查必须在发电机加励磁之前进行。测轴承绝缘时一次只能测两道并联的绝缘中的一道,因为如有一道绝缘损坏,就不可能再检查另一道绝缘的好坏。在此情况下,如怀疑绝缘有所损伤,就应使用其他方法检查绝缘。

(10) 相序的校核。发电机与系统并网之前,应校核发电机的相序,确认与它连接的汇流排相同。

(11) 启动时对测温元件的监测。发电机安装后的第一次启动和以后的各次启动阶段,当定子绕组水系统已投入工作时,建议对定子绕组出水测温元件和绕组层间测温元件作监测,监测要点如下:

① 要监测所有出水测温元件及槽内层间电阻测温元件。

② 监测定子出水温度的方法。为每个出水热电偶制定一条出水温升对应于定子电流的温升曲线,在任何负荷状态下都能将实测的温度与预计的温度相比较,任何趋势比如由氧化铜沉积而导致空心导线被局部堵塞都能很快地检查出来。

③ 可采用比较同类水路中最高温度与最低温度的方法,如果上层线棒或下层线棒的温差或总温度超过限值,就必须采取措施。

④ 层间温度与出水温度要相互对照,如果任一定子绕组层间电阻测温元件显示了异常读数,就应检查相应绕组的出水测温元件,以判断棒是否有异常过热,还是控制室仪表读数不准,并保存这些数据。如绕组出水热电偶测温元件出现不正常读数,对相应的层间测温元件亦可照此办理。

为了校验所有的测温元件以便正确判断元件读数所反映出的故障,在定子水系统第一次冲洗时和在发电机刚投运未投励磁之前,必须同时测量在接线柱上和主控室仪表上各出水口测温元件以及每个层间测温元件的读数,二者读数应该很接近,并以此判定测量仪表及线路是否正常。

3) 发电机的升压

(1) 发电机在升速前,应对发电机变压器组、发电机出线小室、厂用电分支开关进行全面检查,都应处在冷备用位置;

(2) 合上相应闸刀,将相关开关由冷备用转入热备用,并贮能;

（3）发电机在升速过程中的速率由汽机控制,电气应检查发电机励磁机的振动和有无异常杂声;

（4）投入发电机变压器组保护、励磁机保护,合上各路控制电源小开关和保护压板;

（5）发电机升速达到额定转速 3 000 r/min 后,可进行升压。

4) 发电机的并网

（1）发电机采用自动准同期并网方式,并列过程如下:

① 将自动同期开关切至投入位置;

② 将同期开关切至开关并网位置;

③ 将同期选择投入机组位置;

④ 待检测到同期点后,开关将自动合上;

⑤ 复归信号,将开关切至停用位置。

（2）自动准同期装置中,有关压差、频差已预先设置好,保证并网时不会产生大的冲击,运行中禁止修改其定值。

（3）并列后,机组可按带 20％的负荷(冷状态),热状态不受限制,但升负荷速率不应太快,应考虑到锅炉、汽机的压力和温度;同时,应考虑到发电机定、转子温度应均匀地上升,从并网到额定负荷,大约 60 min。

（4）机组并网后,应注意励磁电流的调节,不要过小,在有功功率上升的过程中,无功功率也要上升,保持功率因素不变。

（5）机组投运后,对励磁电压按前述励磁电压调节装置的使用方法进行操作,自动调节励磁系统 AVR,可手动也可自动,在自动时它有下列作用:

① 在系统正常运行条件下,供给同步发电机所需要的励磁功率,对不同的负荷情况,均能对励磁电流自动调节,以维持机端电压在给定的水平;

② 能保证并联运行发电机组的无功功率得到合理分配;

③ 在正常运行及事故情况下,能提高系统的静态稳定和暂态稳定性,在事故情况下,可以实行强行励磁,从而大大提高系统的暂态稳定性;

④ 能显著改善电力系统的运行条件,当系统短路故障切除后,通过装置的自动调节,使系统电压自动恢复。

2.4.2 同步发电机的停机

若发电机出线上带有厂用电,首先应将厂用电切换至备用电源,拉开厂用电的工作电源断路器,随后将本机组的有功和无功负荷转移至其他发电机组。对于正常停机,应在机组有功负荷降到某一数值后,停用自动调节励磁装置,然后将有功和无功降到零时才进行解列。在减有功功率的同时,注意相应减小无功负荷,保持功率因数约为 0.85。

断开发电机出口断路器,调整励磁调节器的自动(或手动)整定开关,使励磁电流减小,断开磁场开关,记下解列时间。解列后,如果发电机必须停下来,值长应通知汽机值班员减速停机,拉开发电机出线隔离开关,停运变压器及其冷却装置,拉开主变压器中性点接地刀闸。

在解列与停机之间的时间内,定子的冷却水系统应继续运行,直至汽轮机完全停止转动为止。如果发电机停用时间较长,应将定子绕组和定子端部的冷却水全部放掉、吹干,冷却水系统管道内的积水也应放掉,并注意使发电机的水路进行反冲洗,以确保水路畅通。

1) 停机解列步骤

以 QFSN—1000—2—27 型汽轮发电机为例,列出停机解列步骤。

(1) 发电机减负荷。按运行规程逐步减小发电机有功及无功功率,保持运行工作点的稳定。

(2) 发电机与系统解列。断开发电机主断路器,使发电机与电网解列。

(3) 发电机灭磁。按规定降低励磁电压,逆变灭磁,最后断开磁场开关。

(4) 降低转速,投入顶轴油。当转速降低至设定值时,将顶轴油系统投入运行。

(5) 减小氢气冷却器的水流量。减少氢气冷却器的水流量,并设置在 5%~10% 额定量。冷却器应在设置的水流量下运行 15 h 后停止供水。

(6) 启动盘车装置。按运行规程规定启动盘车装置,并运行足够长时间,以使发电机转子温度接近环境温度,避免导致大轴弯曲。

(7) 停止定子绕组的供水。

(8) 发电机已处于停止状态。

(9) 按要求进行停机维护。

2) 停机期间的维护

发电机停运后有三种状态:①热备用状态:发电机主变压器组出口断路器、励磁开关在断开为止,高压厂用变压器低压侧断路器在断开位置,其余与运行状态相同;②冷备用状态:发电机主变压器组出口断路器及出口隔离开关、励磁开关在断开位置,高压厂用变压器低压侧断路器在断开位置,其余与运行状态相同;③检修状态:发电机主变压器出口断路器及出口隔离开关、励磁开关在断开位置,高压厂用变压器低压侧断路器在断开位置,取下发电机出口及厂用分支电压互感器一、二次熔断器,断开发电机中性点接地变压器隔离开关,在发电机各电源侧装设接地线。

(1) 备用中的发电机及其全部附属设备应同运行中的发电机一样进行监视和维护,使其处于完好状态,以便随时启动。

(2) 停机备用的发电机密封油排烟机和润滑油主油箱的排烟机应维持运行,以抽去可能进入油系统的氢气。

(3) 在短期停机期间,发电机内仍充满了氢气,油密封系统处于正常运行,使定子绕组冷却水系统保持正常运行。一般的预防措施就是避免机内结露,确保足够的密封油油量。保持定子绕组冷却水的低电导率,以便能够尽快地重新启动。应定期监测并记录下列参数:a. 密封油的温度、压力;b. 氢气纯度、湿度及压力;c. 在封闭母线中可能汇集的漏氢;d. 定子冷却水的温度及水电导率。具体要求如下:

① 维持密封油系统正常运行,保持密封油压高于氢压 0.056 MPa、油温高于 30℃,确保氢气密封。

② 定期检测氢气纯度,并用补充新鲜氢气的方法维持机内氢气纯度在 95% 以上。

③ 控制机内相对湿度<50%,这样可以防止机内结露。在停机期间,机内的相对湿度与发电机周围的温度有关。当外界温度低于 8℃ 时,检测机内相对湿度。如发现机内相对湿度过高,应排出机内一些氢气,并从供氢系统向机内补充一些干燥氢气来降低机内相对湿度。

④ 定子绕组内通过水循环冷却,维持冷却水温度至少高于机内氢气 5℃ 以上,以防止氢气中的水分在定子绕组上结露,同时达到防止定子绕组空心铜线氧化腐蚀的目的。定期检

查定子绕组冷却水的电导率,水箱中水的电导率应维持在允许范围之内。

⑤ 为了避免冷却水管腐蚀及沉垢,应让小流量的水始终流过冷却器。除此之外,冷却器还应每周两次用大流量水冲刷两次。

⑥ 氢气报警系统应处于工作状态。在轴承润滑油系统中的排氢装置应处于工作状态,以便抽出可能从机内漏出并混入回油系统的氢气。冬季停机时,如果发电机有可能暴露在结冰温度之下(室温<5℃),冷却器应排干存水以防结冰,或维持定子绕组循环水的温度至少高于5℃,以防止结冰。

(4) 在长时间停机期间,氢气已排出机外,密封油系统及其他辅助系统都已经停止工作,相应的维护项目如下:

① 排净机内氢气。用干净的压缩空气吹扫机座顶部的各个"死区",排净机内氢气。

② 排干定子绕组水路中的存水。a. 打开汽、励两段汇流管下方的排污口,让汇流管的存水流出;b. 拆下进、出水管,用盖板盖住汽端出水法兰,在励磁进水法兰处连接上空气管,压缩空气应干净,不含油及灰尘;c. 打开压缩空气开关,用压缩空气多次将定子绕组中的水吹出,直到吹出的空气中不含水雾为止,最后,封上汇流管的排污口;d. 用抽真空方法,抽出用压缩空气难以吹出的、仍积在定子绕组水路中的存水。

③ 定子绕组水路的维护。为了避免空心铜线内壁氧化,定子绕组水路应定期用氮气经进、出水口慢慢地冲刷,之后封上进、出水法兰。

④ 氢气冷却器维护。清洗氢气冷却器,清洗完毕,排干存水并用压缩空气吹干水管以防腐蚀。

⑤ 防止机内结露。拆下两个人孔盖,并在此位置上安装空气加热器或空气干燥器,使机内空气得到持续的干燥。

⑥ 转子的维护。在长期停机期间,如果转子长时间置于机内,转子应每隔三天旋转90°,以避免转子产生弯曲,永久变形。

⑦ 安全措施。氢气报警系统应处于运行状态,建议在停机期间,拆掉供氢管道,以避免意外的向机内补氢。

2.5 同步发电机的事故处理

2.5.1 发电机紧急停运

1) 条件

(1) 危害人身和设备安全时;

(2) 发电机内部冒烟、冒火或内部氢气爆炸时;

(3) 发电机强烈振动超过极限时;

(4) 发电机滑环、碳刷严重冒火,且无法处理;

(5) 主变、高厂变或励磁变失火时;

(6) 发电机本体内严重漏水,危及设备运行时;

(7) 发电机、主变、高厂变及励磁系统故障,而保护装置拒动时;

(8) 发电机符合断水保护条件,保护未动;

(9) 氢压、氢气纯度降低至极限以下，或密封油系统故障无法维持运行时；

(10) 发电机定子、转子局部温度上升至极限而无法控制时。

2) 处理

(1) 立即停机将发电机解列、灭磁；

(2) 检查发电机出口开关、励磁开关，确认已在分闸状态；

(3) 若是由氢气着火或爆炸引起，按"氢气着火或爆炸"事故处理；

(4) 若是由主变、高厂变引起，应先采用事故切换的方式，将厂用母线转由备用电源供电，然后停运发电机及对应的变压器；

(5) 其余按一般停机操作程序进行操作。

2.5.2 发电机常见故障及处理

1) 发电机主断路器跳闸

现象：

(1) 发电机有功、无功负荷到零；

(2) 定子电压、电流到零，电压调节器输出电压、电流到零；

(3) 有关保护动作，"故障录波器动作"光字牌亮，事故音响动作；

(4) 发出"厂用电快切装置动作"报警，高压厂用备用电源自动切换。

处理：

(1) 检查厂用电切换是否正常，如果厂用工作电源确已跳开，备用电源未自投，且无"6 kV 母线工作电源进线分支过流"、"6 kV 母线备用电源进线分支过流"、"6 kV 母线工作电源进线分支零序过流"、"6 kV 母线备用电源进线分支零序过流"信号发出，应强送备用电源一次，以确保厂用电；

(2) 检查何种保护动作，判断故障性质，通知检修人员；

(3) 如果为人员误动，可不经检查发电机，依值长命令将发电机升压并列；

(4) 故障消除，各方面无问题后，方可将发电机重新并入电网；

(5) 若为一台断路器故障，经检查无问题后，可并环运行；

(6) FWK 稳控装置动作切机，按主断路器跳闸处理。

2) 发电机定子接地

现象：

(1) 发出"发电机定子接地"信号；

(2) 故障录波器动作。

处理：

(1) 如保护动作发电机跳闸，按主断路器跳闸处理；

(2) 如发电机未跳闸，应检查发电机有无漏水，发电机电压互感器有无故障，如判明系发电机定子接地，应尽快停机处理。

3) 发电机转子接地

现象：

(1) 发出"发电机转子接地"信号；

(2) 故障录波器动作。

处理：

（1）对励磁系统进行全面检查，有无明显接地，如接地的同时发电机发生失磁或失步，应立即解列停机；

（2）配合检修人员确定接地点在转子内部或外部；

（3）如为转子外部接地，由检修人员设法消除；

（4）如为转子内部接地，汇报值长，尽快停机；

（5）如转子接地保护Ⅱ段动作跳闸，按主断路器跳闸处理。

4）发电机变同步电动机运行

现象：

（1）有功表指示零值以下；

（2）无功表指示升高；

（3）定子电流降低，电压升高；

（4）转子电压、电流不变；

（5）发出"发电机逆功率跳闸"信号。

处理：

（1）当发电机保护动作，发电机跳闸；

（2）保护未动作时，汇报值长，根据汽轮机情况停机。

5）发电机振荡或失去同步

原因：

（1）由于系统故障引起；

（2）发电机失磁或欠磁引起；

（3）人员误操作或保护误动引起。

现象：

（1）定子电流表指针往复摆动，通常电流超过定值；

（2）定子电压表指针剧烈摆动，通常电压指示降低；

（3）有、无功功率表指针剧烈摆动；

（4）转子电流表指针在正常值附近摆动；

（5）发电机发出有节奏的响声，且与表计摆动合拍；

（6）如发电机和系统同步振荡，发电机表计与系统表计摆动一致，如发电机相对系统振荡，发电机表计和系统表计摆动相反，失步保护动作停机，故障录波器动作。

处理：

（1）降低发电机有功；

（2）手动励磁时，增加发电机励磁电流，当采用自动励磁时，严禁干扰励磁调节器动作；

（3）如果振荡原因是由于发电机误并列引起，立即将发电机解列；

（4）如果发电机和系统发生振荡，失步保护未动，应立即将发电机解列；

（5）如果振荡原因由系统引起，应增加发电机励磁电流，维持系统电压，根据调度及值长命令处理。

6）发电机升不起电压

（1）检查发电机定子电压表计是否正常，励磁电压以及励磁电流表指示是否正常；

（2）检查发电机灭磁开关、工作励磁刀闸是否合闸良好,发电机是否启励,启励电源是否正常;

（3）检查发电机 TV 二次自动开关接触是否良好;

（4）调节器是否正常,调节器直流电源是否良好;

（5）检查励磁变压器运行是否良好;

（6）检查发电机碳刷接触是否良好。

7) 发电机温度高或定子绕组出水温差高

（1）发电机定子绕组层间温差（最高值与平均值之差）达5℃,或定子绕组引水管出水温差达8℃时,应加强监视汇报上级领导,根据情况减负荷,通知检修检查。

（2）发电机定子绕组层间温差达到7℃,或定子绕组引水管出水温差达到12℃,发电机定子绕组层间测温元件温度超过90℃,或定子绕组引水管出水温度超过85℃时,在确认测温元件正确后,应立即解列停机。

（3）当发电机的温度（定子绕组和铁芯的温度、冷却介质的温度或温升）与正常值有较大偏差时,应立即检查仪表指示有无不正常的运行情况（如果当定子绕组温度高报警或发现温度不正常升高时,应立即核对对应绕组出水温度是否也有不正常的升高。若有时,则认为是绕组内有堵塞现象）,同时检查冷却器的阀门是否全开及冷却系统是否正常。如果发电机过热是由于内冷水中断或内冷水量减少引起,应立即恢复供水。如果无法恢复,汇报值长,根据情况减负荷或停机处理。

8) 发电机着火或机内氢气爆炸

（1）立即解列停机;

（2）立即进行紧急排氢;

（3）通知消防部门;

（4）用四氯化碳灭火器、二氧化碳灭火器、1211 灭火器进行灭火;

（5）保持盘车及水冷系统继续运行;

（6）对发电机进行隔离,保护事故现场,分析着火原因。

9) 发电机滑环、碳刷发生火花

原因:

（1）使用的碳刷牌号不符合要求;

（2）碳刷压力不均匀,或不符合要求;

（3）碳刷磨至极限线以下;

（4）碳刷接触面不清洁,个别或全部碳刷出现火花;

（5）碳刷和刷辫、刷辫和刷架间的连接松动,发生局部火花;

（6）碳刷在刷窝中摇摆或卡涩,火花随负荷而增加;

（7）滑环表面凹凸不平;

（8）碳刷间负荷分配不均匀或弹簧发热变软,失去弹性;

（9）刷架的位置不对或刷盒与集电环的间隙不符合规定。

处理:

（1）检查碳刷牌号,必须使用厂家指定或经试验适用的同一牌号的碳刷;

（2）检查碳刷压力,并进行调整,各碳刷压力应均匀,其差别不应超过 10%;

（3）碳刷磨损至极限线以下时，必须及时更换；

（4）若碳刷接触面不清洁，用干净帆布擦去碳刷接触面的污垢；

（5）检查碳刷和刷辫、刷辫和刷架间的连接情况，并进行紧固；

（6）检查碳刷在刷窝内能否上下自如地活动，更换摇摆和卡涩的碳刷；

（7）若滑环表面凹凸不平，联系检修处理；

（8）用钳型电流表测量各碳刷的电流分配情况，对负荷过重、过轻的碳刷及时调整处理；

（9）减发电机有、无功负荷可缓解冒火，冒火形成环火时，应立即解列发电机，紧急停机。

10）励磁系统故障

一般处理原则：

（1）发出调节器故障报警后，应首先检查就地调节柜报警显示和通槽模块前面上的报警，并根据报警显示查找故障原因；

（2）正常运行时，调节器应工作在任一通道"自动"模式，"手动"模式和备用通道应跟踪正常；若调节器单通道运行或运行在"手动"模式，必须有专人连续监视调整发电机励磁，并尽快消除故障，恢复正常运行；

（3）调节器工作通道"自动方式"出现故障时，若备用通道"自动方式"无故障，自动切换至备用通道"自动方式"，否则切换至工作通道"手动方式"；发生 TV 回路断线、过流一段报警、V/Hz 故障、励磁丢失等故障时，也将引起通道或自动、手动方式切换；

（4）励磁系统自动切至另一通道运行后，运行人员应根据就地控制盘显示的故障信息，判断故障原因，进行相应处理，并及时联系检修人员；

（5）调节器强励动作时，运行人员在 20 s 内不得进行手动调整；强励动作结束后，调节器由"自动"模式自动切为"手动"模式运行，此时应手动调整励磁电流不超过额定值；如果强励 20 s 后未自动切换至"手动"模式，应立即进行手动切换，并加强监视；

（6）调节器运行在自动模式时，电力系统稳定器 PSS 正常情况下，在发电机视在功率大于 25% 额定视在功率时自动投入运行，在满足以上条件下，也可根据调度命令手动将 PSS 投入或退出运行；

（7）励磁调节器投入时，在机端电压低于 90% 额定电压的情况下，严禁将调节器由手动方式向自动方式切换，以防调节器强励动作。

11）氢冷系统故障

（1）发电机冒烟、着火或爆炸，应紧急停机并排氢；

（2）发电机运行时，机内氢气纯度低至 96%，应进行排污补氢，排污时应确认排污口附近无动火工作，操作应缓慢，以防产生静电引起爆炸起火；

（3）氢温异常，应检查氢气冷却器工作情况，若氢温自动调整失灵，应手动调整或用旁路阀手动调整温度并通知检修处理；

（4）氢气冷却器一台故障停运，机组负荷减至 80%，严密监视发电机定子铁芯及线圈温度；

（5）氢气纯度仪故障时，应立即通知检修处理并联系化验人员每 4 h 取样分析氢气纯度一次，直到氢气纯度仪修复并能正常投用为止；

（6）发电机内氢压下降或发生漏氢时，应立即查明原因，并设法消除。

12）漏氢量大和氢压下降的原因及处理

（1）密封油中断，紧急停机并紧急排氢；

（2）密封油压低，无法维持正常油氢差压，设法将其调整至正常或增开备用泵，若密封油压无法提高，则降低氢压运行，氢压下降时，按氢压与负荷对应曲线控制负荷；

（3）管道破裂、阀门法兰、发电机各测量引线处泄漏等引起漏氢，在不影响机组正常运行的前提下设法处理，不能处理时停机处理；

（4）发电机密封瓦或出线套管损坏，应迅速汇报值长，停机处理；

（5）误操作或排氢阀未关严，立即纠正误操作，关严排氢阀，同时补氢至正常氢压；

（6）怀疑发电机定子线圈或氢冷器泄漏时，应立即报告值长，必要时停机处理；

（7）氢气泄漏到厂房内，应立即开启有关区域门窗，启动屋顶风机，加强通风换气，禁止一切动火工作。

13）水冷系统故障

（1）定子冷却水压力低，检查运行泵工作情况；

（2）水箱水位低，应补水至正常水位；

（3）系统管道、阀门、水冷器、法兰等泄漏，应设法隔离并联系检修处理；

（4）若系统放水阀门被误开，关闭误开阀门；

（5）发电机断水，按断水的处理方法处理。

14）火灾

（1）运行人员发现在管辖范围内发生火灾时，应做到

① 不得擅离岗位或惊恐乱跑；

② 加强机组运行维护，按规程规定处理事故；

③ 迅速执行上级岗位的正确命令。

（2）发生火灾时的处理

① 发出火警信号时，应迅速赶到火灾现场，正确使用有关灭火器进行灭火；了解火灾情况，检查消防系统动作正常；

② 电气设备发生火灾时，首先切断电源，然后使用灭火器灭火，电气设备附近发生火灾威胁设备安全时，应停止设备运行，并切断电源；

③ 火灾尚未威胁机组运行时，应设法不使火势蔓延，搬开火灾现场周围易燃物品，尽快将火扑灭；

④ 加强运行监视，做好停机准备；当火灾严重威胁机组安全时，应立即紧急停机；

⑤ 炉前油系统着火时，对有关管道进行隔绝，采取有效的灭火措施，防止火势蔓延；

⑥ 油箱或油箱附近着火严重威胁油箱安全时，在破坏真空停机的同时，开启油箱的事故放油阀门，但必须考虑到机组停转前，润滑油不中断，以免烧坏轴承；

⑦ 密封油系统着火无法迅速扑灭，威胁设备安全时，应立即紧急停机，并在惰走过程中，迅速进行排氢，密封油系统应尽量维持到机组停转；

⑧ 发电机或氢冷系统发生火灾，应紧急停机，同时向发电机内充二氧化碳，进行排氢灭火，水冷系统及主机盘车装置保持运行。

（3）灭火方法、使用器材及注意事项

① 未浸油类的杂物着火时，可用水、泡沫灭火器、干砂等灭火；

② 浸有油类的杂物着火时,应用泡沫灭火器、干砂等灭火;

③ 油箱和其他容器内的油着火时,可用泡沫灭火器、CO_2、CCL_4、1211 灭火器灭火;必要时可用湿布扑灭或隔绝空气,但禁用干砂和不带喷嘴的水龙头灭火;

④ 带电设备着火,应在切断电源后,用 CO_2、CCL_4、1211、干粉灭火器灭火,不准用泡沫灭火器灭火,电机着火不准用干砂或大股水注入电动机内进行灭火;

⑤ 带电设备着火,如不能立即切断电源,可用 CO_2、CCL_4 灭火器灭火,禁止使用其他非绝缘性的灭火器材;

⑥ 蒸汽管道或其他高温部件着火,不准用 CO_2 灭火器灭火,用水也须慎重,以防热应力损坏设备;

⑦ 设备的转动部分及调速系统着火,禁止用干砂灭火;

⑧ 氢气系统着火,主要用 CO_2、1211 灭火器灭火。

2.6 同步发电机的运行维护与检修

2.6.1 同步发电机的运行维护

(1) 发电机按照制造厂规定的参数运行,可保证其出力,并能长期运行。

(2) 正常运行时,一般采用恒功率因数或手动调节励磁方式运行,还可采用恒无功运行。

(3) 发电机正常运行时其电压不得偏差 $\pm5\% U_N$,否则应作相应调整。若发电机容量和功率因数仍为额定值,则定子电流可相应变动为额定值的 $\pm5\%$,即电压下降 5%时,而功率因素仍为额定值,电流允许值升高 $5\% I_N$。

(4) 发电机机端电压任何时候最大值不得超过 $\pm10\% U_N$,在恒功率因数运行时最大不超过 5%,否则按系统低电压规定处理。

(5) 发电机周波一般正常时应在 ±0.5 Hz 内运行,最大不超过 ±2.5 Hz,否则按系统低周波规定处理。

(6) 发电机的功率因素一般控制在 0.8~0.95 之间,应注意定转子电流不超过额定值。

(7) 发电机进风温度一般控制在 20~45℃内运行,且发电机风门不得开启。低于 20℃时,可适当关小冷却水量,高于 45℃时,应及时清洗滤网或空气冷却器铜管,否则按减负荷规定处理。

(8) 发电机三相不平衡电流不得超过额定电流的 10%,并应注意发热和振动。同时,任一相电流都不应超过额定电流,否则应减少定子电流,加以调整。

2.6.2 运行时监测和注意事项

1) 调试及试运行

刚安装检查合格的发电机组要经过调试及试运行,这个运行阶段有五种模式,都要监测下列运行参数。

(1) 准备启动

发电机的安装或维修的检查测试工作按发电机安装要求送审,安装最后阶段的检验中记录及签名等全部完成,发电机就进入准备启动阶段,前期发电机转子处于静止状态,此时

投入并加热有关的辅助系统,为后期转子盘车低速运行做好准备。需要收集的信号包括:

① 轴承油、密封油和氢气的温度和压力,以及定子绕组冷却水的压力、温度和流量(包括励磁机内的空气温度和轴承油温、油压);

② 氢气的纯度、温度,油质和定子冷却水的水质;

③ 轴承、高压进油管、密封支座和中间环等绝缘电阻等数据。

正常工况应调节有关参数维持氢压大于水压,水温高于氢温,密封瓦进油处氢气侧油压微大于空气侧油压以防止氢纯度下降;同时确保继电保护动作正常。在此阶段进行气体置换的过程中,须收集用 CO_2 置换空气时 CO_2 的纯度、压力,以及用氢气置换 CO_2 时的氢气纯度和压力等,并确认正确的取样位置,以确保气体置换的安全性。

不论是升速之前还是在机组解列降速之后或为某种维修工作的需要而使转子进入低速盘车状态,以上各参数应尽可能与转子准备启动的静态状况保持一致。

(2)启动

当转子脱开盘车装置并升速到达同步转速时,应先做一次冷态精密动平衡,其主要对象是单轴承无刷励磁机,争取发电机和励磁机的轴振水平低于出厂时的试验值。在此基础上,可以将主断路器合闸,把发电机同期并入电网。此时,除维持"准备启动"阶段的同样参数水平外,还必须监测下述参数并将其维持在所规定的范围内:

① 轴瓦钨金温度及出油温度(包括励磁机);

② 轴振及轴承座振动(包括励磁机);

③ 密封油温、密封油进入密封支座在空气侧和氢侧的温差;

④ 发电机冷氢温度(在升速过程中必须经常测试并调节控制冷氢温度和各冷却器出风的温差和励磁机的冷风、热风的温度);

⑤ 定子线棒层间温度及出水温度。

(3)注意事项

① 上层或下层线棒之间的温度差或各出水支路上冷却水之间的温度差应不超过原先值,否则可能是测试仪表出了问题,必须在同期并网之前予以检查并消缺。

② 严格控制发电机同期并网,发电机电压及相位必须与电网同步时才能同期并网。如并网时相位不同步,将发生异常大的定子电流,从而产生特大的短路力矩,导致线棒位移,进而严重损伤定子线棒,亦可能损坏转轴及联轴器。

③ 定子线圈冷却水的电导率不合格或冷却水流量不足,不得投励磁升电压或并网。

④ 要严密监测机内有无漏水、漏油和漏氢等缺陷,必要时迅速予以消缺。

⑤ 要用每个冷却器出水回路上的调节阀控制水量,水压不要超越规定的上限值以免漏水。

2)带负载运行

除了维持"准备启动"和"启动"两种模式的各种参数水平外,还需监测以下参数:

(1)发电机负载出力,使发电机出力总是处于出力曲线的限值之内;

(2)带负载时定子线棒槽内层间温度及出水温度;

(3)带负载时氢气的平均冷风温度和湿度,以及热氢温度(包括氢冷却器出口氢气温度差异值);

(4)定子绕组水流量、压降及电导率。

2.6.3 运行时检修

发电机应有确定的检查与检修计划,这个计划分成大修和小修两个部分。在检修过程中,可结合发电机的具体特点,按电力部门相关规定进行各项试验与检查。进行预防性电气试验可参照《电力设备预防性试验规程》(DL/T596—2005)。每台发电机应建立登记卡,登录测试结果和检修记录,以利今后参考。大修时要对发电机作全面的检查、清扫、测量和修理,消除设备和系统的缺陷,更换已到期的、需要定期更换的零部件等。小修时则只对发电机作一般性的检查和维护,并消除一些小的设备缺陷。推荐的检修周期为:在每个大修间隔期根据需要每 6 个月一小修;机组的第一次大修必须在机组投入运行后一年内进行,以后每 4~6 年大修一次,每次大修都必须抽出转子进行检查。

1) 发电机小修

(1) 清除可以触及部件(特别是碳刷架及集电环)上的脏物及灰尘;

(2) 清洗定子冷却水系统中的过滤器,并进行反冲洗;

(3) 清洗油密封系统中的过滤器;

(4) 调换集电环极性;

(5) 检查可以触及的部件是否有螺栓及销子松动;

(6) 测量定子绕组的直流电阻及绝缘电阻;

(7) 测量电阻检温计的直流电阻及绝缘电阻,并与以前记录值比较;

(8) 测量转子绕组冷态直流电阻、静态交流阻抗以及对地绝缘电阻;

(9) 检测励端密封座及轴瓦的绝缘电阻;

(10) 根据经验认为其他必要的检修项目。

2) 发电机大修

(1) 轴对中校正

检查发电机与汽轮机整个轴系的轴对中情况,如果发现轴线存在移动现象,必须按照安装说明书的要求重新校正轴系中心线。同时,测量定、转子空气间隙,如间隙不均匀,应进行调整。

(2) 定子大修

① 预防性电气试验。发电机拆开前,定子绕组应进行预防性电气试验,一般试验项目包括:a. 测量绝缘电阻、吸收比或极化指数;b. 测量直流泄漏电流;c. 进行直流或交流耐压试验;d. 冷却后,再测量各相绕组的直流电阻。

② 定子的清理。用吸尘器将定子各处仔细清扫一遍,然后用清洁的布条揩擦定子铁芯通风道,以清除积灰和污垢。如定子端部有油污,则用清洁的布条蘸四氯化碳,擦去端部油污。检查和清理端盖、内端盖、导风环、轴瓦、密封座、密封环,检查和清扫定子机座、定子出线罩内部及定子出线套管,进行定子绕组水路的反冲洗。

③ 定子的检查。检查铁芯端部有无过热(漆膜变色)或松动的痕迹;检查定子内腔是否有残片、外来金属物及机械损伤等;检查定子线棒是否有因振动、热力或电磁力所引起的磨损现象;检查槽口垫块、绕组端部、端部绑扎带、线圈支架、线圈环形引线、过渡引线、连接块的固定是否牢固;检查定子引线接头处及过渡引线手包绝缘处是否有绝缘层松弛、肿大等现象;检查定子绝缘引水管,如果发现有磨损、漏水或因电弧在管内壁造成的烧伤等现

象,必须更换水管;检查过渡引线与出线套管接头处的绝缘是否松动,环氧腻子是否有裂纹等,如有应即时处理;检查出线套管的密封状态,密封橡皮垫是否发胖、发硬、变脆,如已变质则应及时更换;检查和校验温度表、测温热电阻的绝缘电阻及直流电阻,并与以前记录值比较;检查可以触及的部件是否有螺栓及销子松动;进行定子水系统的水压试验及流量试验等。

（3）转子大修

① 转子的清理。清除集电环的脏物及灰尘;用压力 0.4~0.6 MPa、干净、无水、无油的压缩空气反复吹净转子通风道及转子端部绕组,如果发现风道有通风不畅的情况,必须查明原因,并妥善处理。

② 转子的检查。测量转子绕组冷态直流电阻、静态交流阻抗以及对地绝缘电阻,以判断转子绕组是否有接地、匝间短路等故障;检查转子表面是否有过热点,护环与本体搭接处是否有过热现象;检查护环、中心环、风叶、风扇座环及集电环的紧固情况;检查和测量护环有无位移、变形;检查护环、中心环、风扇环、风叶及集电环表面是否有机械损伤或细微裂纹;检查转子上的螺栓、销子、平衡螺钉、平衡块有无松动;检查转子槽楔是否有位移现象;检查轴颈的磨损情况,如有划伤,应查明原因并妥善处理;检测集电环的磨损情况及外圆跳动,其值一般应小于 0.1 mm;调换集电环极性;清理转子绕组径向引出线的绝缘,检查导电螺钉的紧固性;检查中心环下的导风叶有无变形、老化等现象,如有,应予以更换;如有必要,拆下护环维护转子绕组;做转子气密试验及通风试验。

（4）轴承及油密封大修

① 清扫轴承及油密封的油室和油路;

② 检查是否有松动的螺钉;

③ 仔细检查轴瓦及密封环是否有钨金龟裂、脱层、划痕等现象,如果发现有小颗粒或脏物埋在钨金或钨金面上有划痕,整个润滑系统应进行冲洗并清理润滑油;

④ 检查轴承及密封环的几何尺寸,应与制造厂提供的规范一致;

⑤ 检查轴瓦、密封环、挡油盖的磨损情况;

⑥ 按照安装说明书及安装间隙图检查轴瓦、密封环、挡油盖的间隙;

⑦ 检查轴承的自调心功能,观察轴承能否在轴承座中自由运动;

⑧ 检查励端轴瓦、密封座、挡油盖及内端盖的对地绝缘。

（5）氢气冷却器大修

① 拆开水箱,用尼龙刷清洗冷却水管内壁;

② 用热水清扫冷却器的散热铜片,除去污垢;

③ 详细检查所有橡皮密封垫,更换已损坏、硬化变质的橡皮垫;

④ 氢气冷却器应按要求进行水压试验;

⑤ 冷却器清洗完毕,应用压缩空气吹干以防腐蚀。

（6）碳刷及碳刷架大修

检查和清扫刷架、引线,检查碳刷压力,更换碳刷等。

2.6.4　汽轮发电机故障诊断

发电机监控方面的理论研究及装置的研制较为普遍且发展较快,一些发达国家已经开展发电机故障在线诊断技术(装置)的研究工作,并且已取得了重大的进展,到20世纪80年代已开发出实用的发电机故障诊断系统,并投入运行,以代替单纯的监测系统。这些系统运用该领域的知识与推理能力,根据监测系统所获得的发电机的状态信息,加上专家的知识,进行推理判断,确定设备与系统的故障,并且可以根据不完全、不精确(模糊或随机)的信息,进行推理诊断。除了综合诊断系统外,也开发了可以诊断单一故障的发电机在线监测仪,它们对目前发电机的正常运转起着极其重要的作用。

国外已开发的汽轮发电机诊断系统,不仅在理论研究而且在实际应用中都取得了很大的成果,它们主要有以下特点:

(1)监测范围从机械振动等简单参量扩大到温度、振动、压力、电气参数、冷却剂流量等各种和运行状态有关的监测量,诊断范围也从机械振动故障过渡到电气、热力、机械、绝缘等各种类型的故障,应用范围扩大,系统不仅应用于一台机组,而且可应用于多台不同型号的机组。

(2)系统的性能有了全面的提高,由单纯的报警监测向监测、诊断、控制、管理等综合性能过渡,闭环监控系统逐渐被开环监测诊断系统所代替,监测对象从单机向多区域多机组网络化发展。

(3)系统的开发把高级计算机作为硬件的核心,软件程序设计模块化,配置十分灵活方便,具有逐步丰富的知识库和较强的诊断功能。

(4)把人工智能引入汽轮发电机诊断系统,使系统集中了多个领域专家的能力,不仅发挥系统的诊断能力,而且可以在线监测、远距离传送、异地诊断。

我国电力工业正向着大机组、大电网、高电压方向发展。现代大型火电机组具有高温、高压、高参数,主、辅机设备复杂,自动化控制程度高,工况变换多,操作频繁等特点。大机组所需检测和操作的项目增加,使用计算机监测、控制和诊断势在必行。目前,国内以计算机技术为基础的汽轮发电机诊断系统和国外相比还有较大差距。国内发电机普遍采用只有在变量越限时才显示和报警的在线监测系统,或仅根据某监测量的越限而发现单一故障的简易监测仪,例如氢冷汽轮发电机过热报警装置、发电机局部放电装置、漏氢及氢气湿度监测等,这些装置需进一步改进和完善。我国曾组织多方面的研究力量联合攻关,先后研制了多种发电设备诊断系统。所开发的系统主要针对旋转机械轴系的振动监测和以振动频谱特征为主要依据的机械故障诊断,功能框架比较近似,都含有在线监测、数据管理、图形报表显示打印、振动故障诊断、历史趋势图形等。近年来,系统逐步向网络化、智能化及自动化发展。所有这些成果推动了我国发电机组故障诊断技术的发展,缩短了我国与先进发达国家的差距。虽然在21世纪初期,实现200 MW及以上汽轮发电机状态监测与故障早期诊断技术已列入国家电力发展规划,但从理论及使用效果来看,我国研制的汽轮发电机组故障诊断系统还存在着一些需要解决的问题。

汽轮发电机运行既不同于汽轮机等旋转机械设备,也不同于变压器等静态工作的电力设备,它的复杂性主要表现在以下方面:

(1)按结构可以把汽轮发电机划分为定子、转子、氢系统、油系统、水系统等几个大的子系统,这些子系统以本身的正常工作以及相互之间正确的协调来实现整个汽轮发电机的正常运行。

(2)发电机内部至少包括如下几个独立的、又相互关联的工作系统:电路系统、磁路系统、绝缘系统、机械系统和逼风散热系统。

(3) 与简单机械相比,系统的大部分运行参数间无严格的逻辑和定量关系,不能用数学模型来准确地表示,因此其故障及故障诊断技术具有以下特点:故障现象、故障原因及故障机理之间具有很大不确定性,故障原因多种多样,故障与征兆之间关系复杂;由于发电机运行环境处于高温、高速、高电压及大电流的条件下,故障具有突发性、多并发性和相互诱发的特点,其故障往往并不是纯电气或纯机械的故障,而是存在主从联系,是多种类型故障的耦合,因此其故障诊断非常复杂和困难,需要多个领域知识,包括电机学、发电机运行技术、热力学和传热学、高电压技术、材料工程、故障诊断学、电子测量学、信息工程技术、计算机技术、人工智能技术等,但是发电机和其他电力设备一样,在运行中有电、磁、力、热量等各种物理、化学的传递和变化,从而产生各种各样的反馈信息,这些信息变化直接或间接地反映发电机的运行状态,而在发电机出现故障时,信息变化是不一样的,故障诊断技术就是根据这些信息征兆来识别发电机异常状态。

电机发生故障的类型取决于电机的种类以及电机工作的环境。尽管如此,还是可以从中找出各类电机的一些基本故障,还必须能识别这些故障的早期征兆。不论哪种故障,都会按一定的模式或机制发展,即从最初的缺陷发展成为故障。这一发展过程所需时间各不相同,它取决于各种具体情况。然而,最重要的是,不论哪种故障都会有其早期征兆,监测系统的任务就是要发现这些征兆,并及时采取措施。任何故障的原因可能多种多样,因此,故障的早期迹象亦不尽相同。

1) 定子铁芯故障

定子铁芯故障并不常见,通常这类故障只发生在大型汽轮机驱动的发电机上。在这种发电机中,叠片式的定了铁芯很笨重,工作磁感应强度较高。当在叠片之间出现短路时,这就是潜在故障点。很多大型发电机都出现过此类问题,其原因大都是由于在制造过程中或在穿转子的过程中损伤了定子膛内的铁芯,形成片间短路。短路电流不断流过定子膛内铁芯短路的地方,经过一段时间,电流逐渐增大。当电流增大到一定程度后,定子铁芯硅钢片会出现熔化现象,然后钢水则会流入定子槽中,烧坏绕组绝缘,最后电机因定子绕组接地故障,继电器动作,而停止运行。此时,定子铁芯故障已相当严重,而线圈也必须更换。这种故障的早期征兆是出现大的环路电流、高温,同时绝缘材料出现高温分解现象。小型电机也同样会出现此类故障,造成小型电机出现此类故障可能是制造上的原因,更常见的原因则是由于电机自身振动过于剧烈,导致电机定子铁芯片间绝缘损坏,另外,轴承的损坏可能造成转子与定子之间发生摩擦,从而损坏定子铁芯。

2) 绕组绝缘故障

发电机最为薄弱的部分之一就是绝缘系统。老式电机绝缘故障最为频繁,现代绕组制造中,由于采用了热固性环氧云母绝缘技术或真空加压浸渍绝缘技术,从而使得绝缘系统具有良好的机械塑韧性和电气可靠性。就大型电机来说,仅仅由于绝缘老化而导致故障的现象是十分罕见的,唯一例外的是空气冷却、大容量的水轮发电机。在这类电机中,由于环氧云母绝缘在定子槽中存在着局部放电现象,导致绝缘腐蚀,从而引起绝缘事故,出现这种事故的主要原因是环氧云母绝缘材料的刚度较大。绕组故障常常是由于绝缘缺陷形成的,绝缘缺陷包括主绝缘中的空洞或杂质,绝缘中从电机其他地方来的杂质油或金属都是在制造过程中形成的。无论是由于绝缘老化或是孤立的缺陷所引起的绝缘故障,其故障的表征基本上是一致的,即电机内活动性放电量增加。绝缘故障还常常出现在电气引线的套管上,汽轮发电机引出线套管安装于发电机的压力密封机壳之上,因此它们必须能够承受发电机在运行中的压力。导致引线套管发生损坏的原因可能有两种:一种是作用于穿过套管的引线上的机械应力或振动引起套管破裂;另一种是沉积于套管外表面的污垢导致套管表面爬电,这类故障的先兆也是活动性放电量增加。

3）定子绕组股线故障

此类故障较多见于电气负荷较大,定子绕组承受较大的电的、机械的以及热应力的大型发电机。通常,大型发电机的定子线棒均由多根股线组成,每股之间加以绝缘,并进行换位,以达到尽量降低定子绕组附加损耗的目的。在绝大多数现代化发电机中,由于采用了罗贝尔(Robbel)技术,所以换位是沿着整个线棒长度均匀地进行。这样做可使电流均匀分布,股线之间的压差降至最小。老式电机的股线换位是在定子端部绕组的连接头上实现的,因此,股线之间的电压差非常大,其有效值甚至可高达 50 V 左右。如果发电机在运行中引起绕组严重的机械移位,则可能发生股线间绝缘损坏,导致股线间短路,产生电弧放电,严重时,这些电弧可以侵蚀和熔化其他股线,热解定子线棒的主绝缘。如果这种情形出现于槽部或靠近其他接地金属部件时,则会出现接地故障。另外,由燃烧产生的碎片则可能构成绕组相间的导电通道,从而导致更为严重的相间短路故障。由于绕组振动过大,引起定子线棒股线疲劳断裂,也可能引起股线电弧放电现象,此类故障与股线短路故障的后果非常相似。当电弧放电现象出现在水内冷型发电机的定子空心导线上时,则会出现导线击穿现象。由于这种电机的结构是在导线的外面有具有一定压力的冷却气体,所以这类故障将导致气体进入水冷系统,此类故障的早期迹象是绕组中的电弧放电和绝缘材料中出现热分解现象。尽管在线棒内部深处的绝缘材料会被烧焦,但最初只有少量颗粒和气态物质进入到气体冷却系统之中,在那些采用水内冷方式的发电机的空心导线中,这一故障便会使得气体进入绕组的冷却系统。

4）定子端部绕组故障

合理的定子端部绕组结构设法使得绕组能够承受由暂态过程所引起的巨大作用力,并且使得定子线棒能够缓冲电机连续稳定运行时较小的力。正常运行中所产生的定子端部绕组的移动都应引起充分注意。在大型汽轮发电机上,此类位移有时达几毫米。当支撑结构松弛时,端部绕组便会发生故障,原因既可能是连续性过负荷,也可能是连续运行时间过长。在某些情况下,端部绕组绝缘会出现裂纹、磨损或完全损坏。大型电机在正常运行时,由于绕组绑扎松弛,线棒产生较大的位移,可引发线棒疲劳磨损故障。而启动或重合闸过程的较大的冲击力,也是产生同类故障的原因之一。进入电机的外来异物,如钢垫圈、螺母或小块绝缘材料等会被转子打飞,直接击伤电机定子的端部绕组,从而损坏电机。这些碎粒还可能在电磁力的作用下,侵入端部绕组的绝缘层,侵蚀绝缘,产生端部绝缘故障。定子绕组端部故障的早期迹象是端部绕组的振动不断加大,并可能出现对地放电的现象。

3

励 磁 系 统

3.1 励磁系统的作用及典型的励磁方式

同步发电机的运行特性与它的空载电动势 E_q 值的大小有关,而 I_f 的值是发电机励磁电流 I_f 的函数,改变励磁电流就可影响同步发电机在电力系统中的运行特性。因此,对同步发电机的励磁进行控制,是对发电机的运行实行控制的重要内容之一。

供给同步发电机励磁电流的电源及其附属设备统称为励磁系统。它主要由功率单元和调节器(装置)两大部分组成。如图 3.1 所示,其中,励磁功率单元向同步发电机转子提供励磁电流;而励磁调节器则根据输入信号和给定的调节准则控制励磁功率单元的输出。由励磁调节器、励磁功率单元和发电机本身一起组成的整个系统称为励磁自动控制系统。励磁

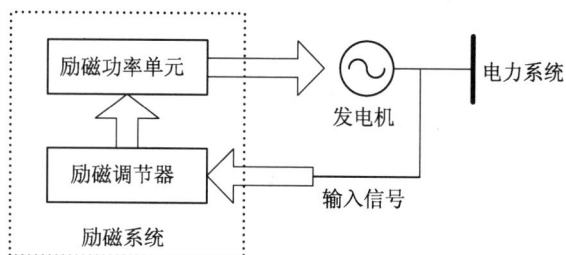

图 3.1 励磁自动控制系统构成图

系统的自动励磁调节器对提高电力系统并联机组的稳定性具有相当大的作用,尤其是现代电力系统的发展导致机组稳定极限降低的趋势,也促使励磁技术不断发展。

3.1.1 励磁系统的作用

励磁系统是发电机的重要组成部分,它对电力系统及发电机本身的安全稳定运行有很大的影响。励磁系统的主要作用有:

(1) 根据发电机负荷的变化相应地调节励磁电流,以维持机端电压为给定值;

(2) 控制并列运行各发电机间无功功率分配;

(3) 提高发电机并列运行的静态稳定性;

(4) 提高发电机并列运行的暂态稳定性;

(5) 在发电机内部出现故障时,进行灭磁,以减小故障损失程度;

(6) 根据运行要求,对发电机实行最大励磁限制及最小励磁限制。

根据励磁自动控制系统所承担的作用,对其要求如下:

(1) 保证发电机在各种可能运行方式下对励磁的要求,励磁装置的额定电流应为发电机转子额定电流的 1.1 倍。

(2) 励磁系统应满足所要求的顶值电压和电压上升速度。励磁顶值电压 U_{fm} 是指励磁功率单元在强行励磁时可能提供的最高输出电压值。励磁顶值电压 U_{fm} 与额定工况下励磁

电压 U_{fN} 之比称为强励倍数,其值的大小涉及制造和成本等因素,一般为 1.5～2。励磁电压上升速度是衡量励磁功率单元动态行为的一项指标,它与试验条件和所用的定义有关。通常在暂态稳定过程中,发电机功率角摇摆到第一个周期最大值的时间约为 0.4～0.7 s,所以一般将励磁电压在最初 0.5 s 内上升的平均速度定义为励磁电压响应比,作为励磁系统的重要性能指标之一。电压响应比应在 3.5 以上。

（3）调节器的工作应是自动、连续动作,没有死区,实现平滑切换。

（4）为保证并列运行的发电机之间无功功率的合理分配,要求具有 1% 以上的调压精度,保证发电机运行的可靠性和稳定性。

（5）应具有充分发挥发电机进相运行能力的功能。

（6）反应速度快,具有高起始响应的能力,要求励磁系统的电压响应时间为 0.1 s 或以下。

（7）具有快速减磁和灭磁能力。

（8）为改善机组的动态稳定,机组振荡时能提供正阻尼。

（9）必须具有各种相应的逻辑功能和保护与限制功能,以保证安全运行和适应电网运行工况的变化。

3.1.2 典型的励磁方式

同步发电机励磁系统的形式有多种多样,一种典型的分类方法是按照供电方式划分,可分为他励式和自励式两大类,如图 3.2 所示。

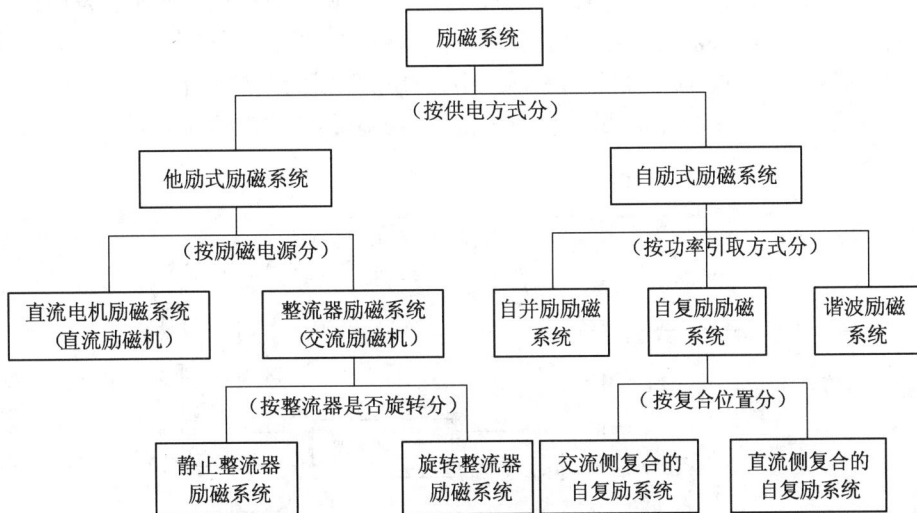

图 3.2 励磁系统分类框图

此外,也可按励磁电源类型来划分,可分为直流励磁机励磁系统、交流励磁机励磁系统和无励磁机的静止励磁系统。下面对几种常用的励磁系统作简要介绍。由于在励磁系统中励磁功率单元往往起主导作用,因此下面着重分析励磁功率单元。

1）直流励磁机励磁系统

直流励磁机励磁系统是过去常用的一种励磁方式。由于它是靠机械整流子换向整流的,当励磁电流过大时,换向就很困难,所以这种方式只能在 100 MW 以下小容量机组中采用。直流励磁机大多与发电机同轴,它是靠剩磁来建立电压的,按励磁机励磁绕组供电方式的不同,又可分为自励式和他励式两种。

(1) 自励直流励磁机励磁系统

图 3.3 是自励直流励磁机励磁系统的原理接线图。发电机转子绕组由专用的直流励磁机 DE 供电,调整励磁机磁场电阻 R_c 可改变励磁机励磁电流中的 I_{Rc},从而达到人工调整发电机转子电流的目的。图 3.3 还表示了励磁调节器与自励直流励磁机的一种连接方式。在正常工作时,I_{AVR} 与 I_{Rc} 同时负担励磁机的励磁绕组 EEW 的调节功率,这样可以减小励磁调节器的容量,这对于输出功率较小的励磁调节器来说是很必要的。

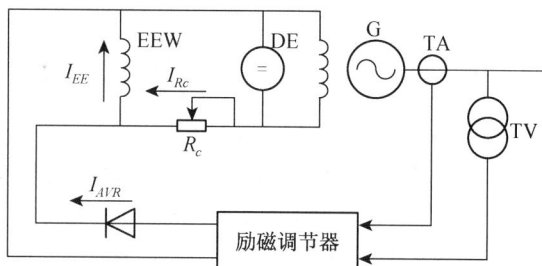

图 3.3　自励直流励磁机励磁系统原理接线图

(2) 他励直流励磁机励磁系统

他励直流励磁机励磁绕组是由副励磁机供电的,其原理接线图如图 3.4 所示。副励磁机 PE 与励磁机 DE 都与发电机同轴。比较图 3.3 与图 3.4,自励与他励的区别在于励磁机的励磁方式不同,他励比自励多用了一台副励磁机。由于他励方式取消了励磁机的自并励,励磁单元的时间常数就是励磁机励磁绕组的时间常数,与自励方式相比,时间常数减小了,即提高了励磁系统的电压增长速率。他励直流励磁机励磁系统一般用于水轮发电机组。

直流励磁机有电刷、整流子等转动接触部件,运行维护繁杂,从可靠性来说,它又是励磁系统中的薄弱环节。在直流励磁机励磁系统中以往常采用电磁型调节器,这种调节器以磁放大器作为功率放大和综合信号的元件,反应速度较慢,但工作较可靠。

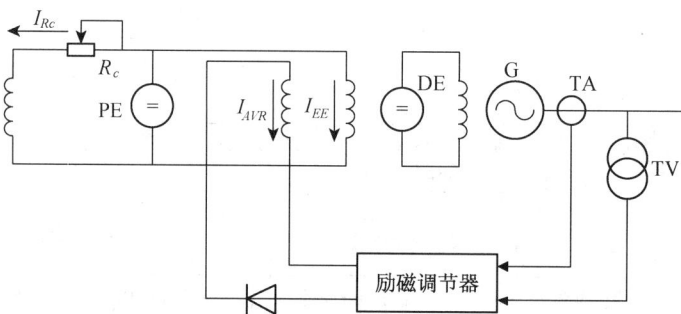

图 3.4　他励直流励磁机励磁系统原理接线图

2) 交流励磁机励磁系统

目前,容量在 100 MW 以上的同步发电机组都普遍采用交流励磁机励磁系统,同步发电机的励磁机也是一台交流发电机,其输出电流经大功率整流器整流后供给发电机转子回路。交流励磁机系统的核心设备是交流发电机,其电压、频率等参数是根据需要特殊设计的,频率一般为 100 Hz 或更高。交流励磁机励磁系统根据励磁机电源整流方式及整流器状态的不同又可分为以下几种。

（1）他励交流励磁机励磁系统

他励交流励磁机系统是指交流励磁机带有他励电源——中频副励磁机或永磁副励磁机。在此励磁系统中，交流励磁机经硅整流器供给发电机励磁，根据硅整流器是否旋转又分为下列两种方式。

① 交流励磁机静止整流器励磁系统

如图 3.5 所示，该励磁控制系统由与主机同轴的交流励磁机、中频副励磁机和励磁调节器等组成。在这个系统中，发电机 G 的励磁电流由频率为 100 Hz 的交流励磁机 AE 经硅整流器 SR 供给，交流励磁机的励磁电流由晶闸管整流器 SCR 供给，其电源由副励磁机提供。而副励磁机是自励式中频交流发电机，用自励恒压调节器保持其端电压恒定。由于副励磁机的起励电压较高，不能像直流励磁机那样能依靠剩磁起励，所以在机组启动时必须外加起励电源。直到副励磁机的输出电压足以使自励恒压调节器正常工作时，起励电源方可退出。

在此励磁系统中，励磁调节器控制晶闸管元件的导通角来改变交流励磁机的励磁电流，达到控制发电机励磁的目的。这种励磁系统的性能和特点如下：

a. 励磁功率取自原动机，不受电力系统扰动的影响，可靠性高。

b. 硅整流元件静止，易检测，易维护，可在发电机励磁回路中装灭磁装置，灭磁较快。

c. 交流励磁机时间常数较大，为了提高励磁系统快速响应，励磁机转子采用叠片结构，以减小其时间常数和因整流器换相引起的涡流损耗，频率采用 100 Hz 或 150 Hz。因为 100 Hz 叠片式转子与相同尺寸的 50 Hz 实心转子相比，励磁机时间常数可减小约一半。交流副励磁机频率为 400～500 Hz。

d. 仍有集电环、碳刷存在，也就有碳粉和铜末引起的绕组绝缘污染问题，碳刷与集电环之间产生火花而存在不安全因素的问题。

e. 旋转部件多，外接线多，励磁系统发生故障的几率较高。一旦副励磁机或自励恒压调节器发生故障均可导致发电机组失磁。

f. 机组轴系长，轴承座多，易引起机组振动超标。

如果采用永磁发电机作为副励磁机，就可以简化它的调节设备和励磁系统的操作，励磁系统的可靠性也可大为提高。

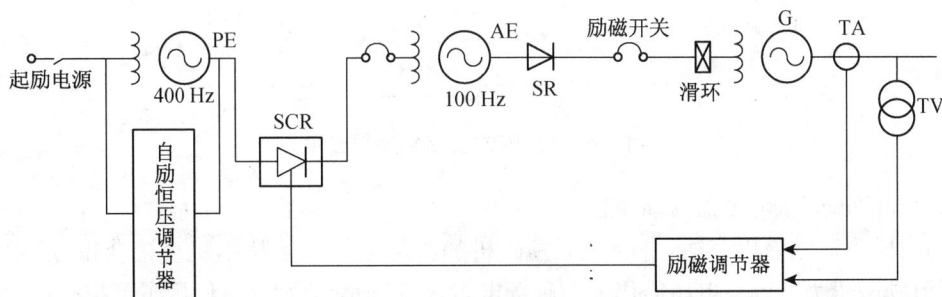

图 3.5　他励交流励磁机静止整流器励磁系统原理接线图

② 交流励磁机旋转整流器励磁系统（无刷励磁）

图 3.5 所示的交流励磁机励磁系统是国内运行经验最丰富的一种系统，但是它有一个

薄弱环节——滑环。滑环是一种滑动接触元件,随着发电机容量的增大,转子电流也相应增大,这给滑环的正常运行和维护带来了困难。为了提高励磁系统的可靠性,就必须设法取消滑环,使整个励磁系统都无滑动接触元件,即所谓无刷励磁系统。

图3.6所示为无刷励磁系统的原理接线图,它的副励磁机是永磁发电机,其磁极是旋转的,电枢是静止的,而交流励磁机正好相反。交流励磁机电枢、硅整流元件、发电机的励磁绕组都在同一根轴上旋转,所以它们之间不需要任何滑环与电刷等接触元件,这就实现了无刷励磁。

无刷励磁系统没有滑环与碳刷等滑动接触部件,转子电流不再受接触部件技术条件限制,因此特别适合于大容量发电机组。此种励磁系统的性能和特点为:

a. 无碳刷和滑环,维护工作量可大为减少。因为没有接触部件的磨损,所以也没有碳粉和铜末引起的对电机绕组的污染,故电机的绝缘寿命较长,并且由于无刷,整个励磁系统可靠性更高。

b. 励磁由励磁机独立供电,供电可靠性更高。

c. 发电机励磁控制是通过调节交流励磁机的励磁实现的,因而励磁系统的响应速度较慢。为提高其响应速度,除前述励磁机转子采用叠片结构外,还采用减小绕组电感、取消极面阻尼绕组等措施。另外,在发电机励磁控制策略上还采取相应措施——增加励磁机励磁绕组顶值电压,引入转子电压深度负反馈以减小励磁机的等值时间常数。

d. 发电机转子及其励磁电路都随轴旋转,因此在转子回路中不能接入灭磁设备,发电机转子回路无法实现直接灭磁,也无法实现对励磁系统的常规检测(如转子电流、电压,转子绝缘,熔断器熔断信号等),必须采用特殊的测试方法。

e. 要求旋转整流器和快速熔断器等有良好的机械性能,能承受高速旋转的离心力。

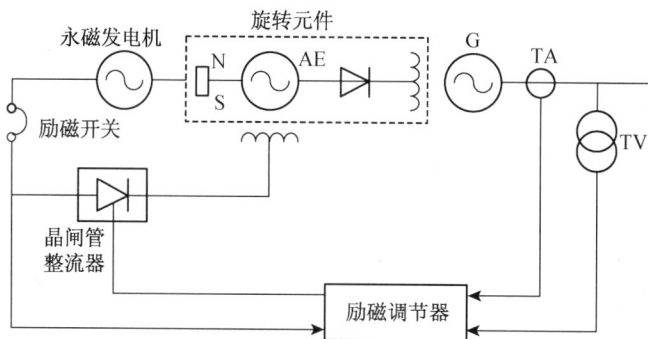

图 3.6　无刷励磁系统原理接线图

(2) 自励交流励磁机励磁系统

与自励直流励磁机一样,自励交流励磁机的励磁电源也是从本机直接获得,所不同的是,直流励磁机为了调整电压需用一个磁场电阻,而自励交流励磁机使用了可控整流元件。

① 自励交流励磁机静止可控整流器励磁系统

如图3.7所示,发电机G的励磁电流由交流励磁机AE经晶闸管整流装置SCR1提供,采用电子励磁调节器及晶闸管整流装置,其时间常数很小,与图3.5的励磁方式相比,励磁调节的快速性较好。但本励磁方式中励磁机的容量比图3.5中的要大,因为它的额定工作电压必须满足强励顶值电压的要求。而在图 3.5 中,励磁机额定工作电压远小于顶值电压,只有在强励情况下才短时达到顶值电压。因此,晶闸管励磁机的容量要比硅整流励磁的容量大得多。

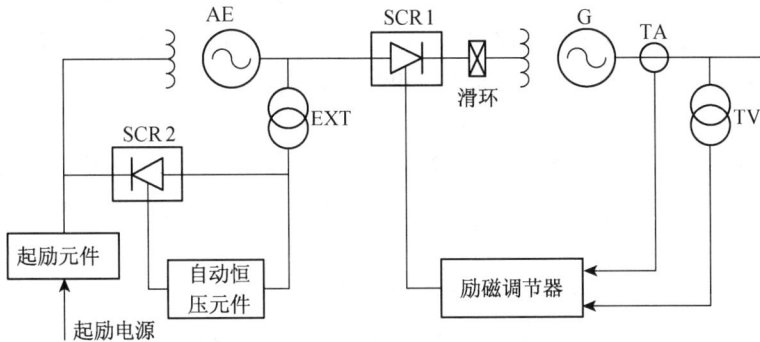

图 3.7　自励交流励磁机静止可控整流器励磁系统原理接线图

② 自励交流励磁机静止整流器励磁系统

如图 3.8 所示,发电机 G 的励磁电流由交流励磁机 AE 经硅整流装置 SR 供给,电子型励磁调节器控制晶闸管整流装置 SCR,以达到调节发电机励磁的目的。这种励磁方式与图 3.7 励磁方式相比,其响应速度较慢。因为在这里还增加了交流励磁机自励回路环节,使动态响应速度受到影响。交流励磁机自并励方式使励磁系统结构大为简化,是汽轮发电机常用的励磁方式。

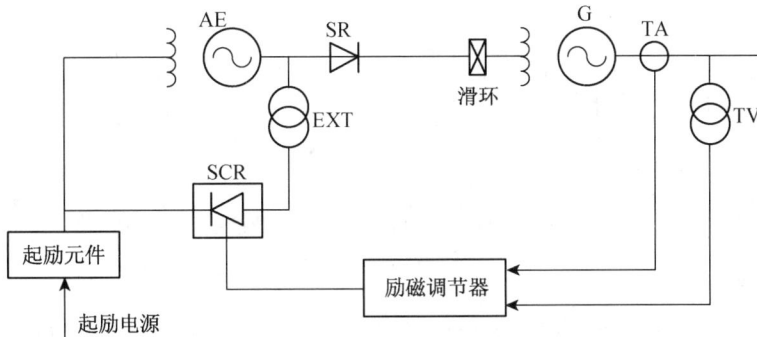

图 3.8　自励交流励磁机静止整流器励磁系统原理接线图

3) 静止励磁系统

静止励磁系统取消了励磁机,采用变压器作为交流励磁电源,励磁变压器接在发电机出口或厂用母线上,后者的优点是厂用电上装有备用电源,供电可靠,而且不需要启动设备,缺点是易遭受厂用电的扰动和故障的影响;而前者遭受外部网络扰动和故障的影响小,但需要专用启动装置。实用中采用机端变压器居多。因励磁电源取自发电机自身或是发电机所在的电力系统,故这种励磁方式称为自励系统。在自励系统中,励磁变压器、整流器等都是静止元件,故自励系统又称为静止励磁系统。

静止励磁系统也有几种不同的励磁方式。如果只用一台励磁变压器并联在机端,则称为自并励方式。如果除了并联的励磁变压器外还有与发电机定子电流回路串联的励磁变压器(或串联变压器),二者结合起来,则构成所谓自复励方式。

(1) 自并励方式

这是自励系统中接线最简单的一种励磁方式,其原理接线如图 3.9 所示。只用一台接在发电机机端的励磁变压器作为励磁电源,通过受励磁调节器控制的晶闸管整流装置直接控制发电机的励磁,这种励磁方式又称为简单自励方式。

此种励磁方式的优点是:机组长度缩短,励磁系统结构简单,降低了造价;调整容易,维护方便,提高了可靠性和机组轴系的稳定性。因为晶闸管整流器设在发电机励磁绕组回路内,所以励磁响应快,调压性能好,并可实现逆变快速灭磁。但对采用这种励磁方式,人们曾有过两点疑虑:第一,发电机近端短路时能否满足强励要求,机组是否失磁;第二,由于短路电流的迅速衰减,带时限的继电保护可能会拒绝动作。国内外的分析研究和试验表明,对于大、中容量机组,由于其转子时间常数较大,转子电流要在短路 0.5 s 后才显著衰减。因此,在短路刚开始的 0.5 s 之内自励方式与他励方式的励磁电流是很接近的,只是在短路 0.5 s 后才有明显差异。考虑到高压电网中重要设备的主保护动作时间都在 0.1 s 之内,且都设双重保护,因此没有必要担心。至于接在地区网络的发电机,由于短路电流衰减快,继电保护的配合较复杂,要采取一定的技术措施以保证其正确动作。

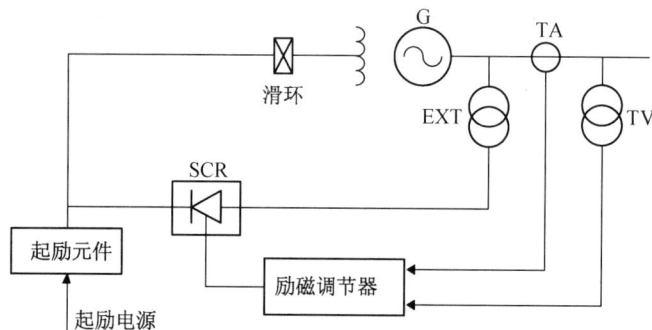

图 3.9　机端自并励励磁系统原理接线图

(2) 自复励方式

以交流侧复合的自复励方式为例,交流侧复合,即励磁变压器的输出与励磁变流器的输出,先叠加,再经过整流供给发电机励磁。注意,这时励磁变流器原边电流要转换成副边电压信号。其原理接线图如图 3.10 所示,励磁变压器 EXT1 的副边电压与励磁变压器 EXT2 的副边电压相联(相量相加),然后加在可控硅整流桥 SCR 上,经整流后供给发电机的励磁。当发电机负载情况变化时,例如电流增大或功率因数降低,则加到可控硅整流桥上的阳极电压增大,故这种励磁方式具有相复励作用。交流侧叠加的自复励方式,由于反映发电机的电压、电流及功率因数,故又称为相补偿自复励方式。

4) 谐波励磁系统

除了上述几种励磁方式外,还有一种谐波励磁系统。在主发电机定子槽中嵌有单独的附加谐波绕组。利用发电机合成磁场中的谐波分量,通常是利用三次谐波分量,在附加绕组中感应出的谐波电势,作为励磁装置的电源,经半导体整流后供给发电机本身的励磁。谐波

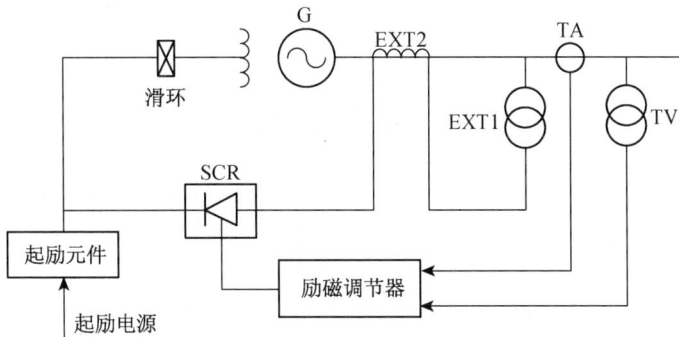

图 3.10　交流侧叠加的自复励系统原理接线图

励磁方式有一个重要的特性,即谐波绕组电势随发电机负载变动而改变。当发电机负载增加或功率因数降低时,谐波绕组电势随之增高;反之,谐波绕组电势随之降低。因此,这种谐波励磁系统具有自调节特性,与发电机具有复励的作用相似。当电力系统中发生短路时,谐波绕组电势增大,对发电机进行强励。这种励磁方式的特点是简单、可靠、快速。国内一些制造单位曾分别在 25 MW 及以下的小容量机组上进行研究试验。有些问题还待进一步研究,例如不同的发电机三次谐波绕组及发电机参数应如何合理选择等。谐波励磁方式在我国一些小容量发电机上已经采用。

3.2　励磁调节器

励磁调节器是励磁系统的智能部件,它检测发电机的输出电压、电流或其他状态量,并由电压、电流或其他状态量的变化根据指定的调节准则对机组励磁进行调节,有了它才能实现正常和事故情况下对发电机励磁的自动调节。对励磁调节器除了要求可靠性高和便于维护外,还要求它必须是连续作用的比例系统,即它产生的校正作用的大小与输出电压偏离要求值的大小(亦称误差)成正比。这就要求它反应灵敏,没有死区,响应速度快,时滞尽可能小,满足正常运行和事故情况下的要求。

3.2.1　励磁调节器的发展及分类

如图 3.11 所示,20 世纪 30 年代以前的同步发电机采用的是机电型励磁调节器。到 50 年代初,主要元件采用磁性材料构成的电磁型励磁调节器。由于具有较好的静动态特性、高可靠性和寿命长等优点,至今还在中小容量发电机组中应用。60 年代以来,由于半导体和电子技术的飞跃发展,特别是大功率晶闸管和集成电路的广泛应用,半导体励磁调节器自然成为现代励磁系统的发展主流。但是,电子模拟式励磁调节器也有诸多不足,特别是在实现自检测功能以及修改硬件功能方面有很多困难,为此,需设置多种专用功能组件以满足不同控制要求。上述情况一直延续到 20 世纪 80 年代中期,由于数字化微处理机技术的飞速发展,使得采用模拟技术的传统励磁调节器逐步开始向数字化方向转变。

按调节原理来划分,励磁调节器可分为反馈型励磁调节器和补偿型励磁调节器。反馈型,即按被调量与给定量的偏差进行调节。由于是闭环反馈调节,因此能较好地维持电压水

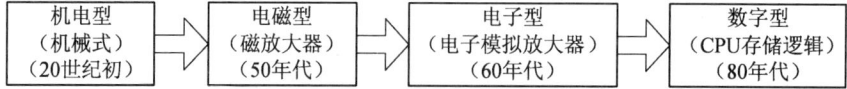

图 3.11　励磁调节器发展走向图

平,其调节性能优于补偿型,如图 3.12(a)所示。补偿型,即补偿某些因素所引起被调量的变动,只能使被调量维持在所要求的定值附近,如图 3.12(b)所示。

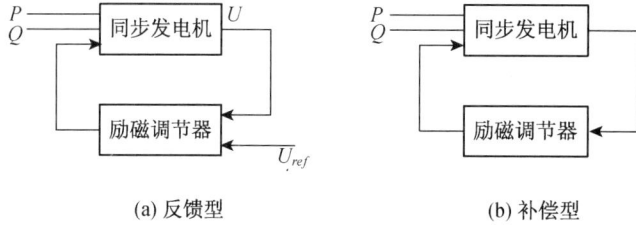

(a) 反馈型　　　　　　　　　　(b) 补偿型

图 3.12　励磁调节器类型图

3.2.2　励磁调节器的构成

以反馈型励磁调节器为例,随着励磁调节器功能和构成元件不同,调节器的组成有简有繁,但基本上可划分为以下三种:

(1) 量测环节。感受各类信息偏差量。

(2) 综合放大环节。放大及综合各类信息。

(3) 执行环节。实现移相和可控触发。

如图 3.13 所示,发电机端电压经电压互感器降压后输入到测量单元,电压信号在比较单元中与给定电压比较后,将电压偏差量输入到综合单元,后至放大单元放大,并作为移相单元的控制电压以相应改变触发单元的触发脉冲相位角,从而改变了自动可控硅的控制角和交流励磁机励磁电压值,相应地改变了主发电机的励磁。当发电机负载增大而使发电机电压下降时,调节器使自动可控硅整流器的控制角减小,以增大发电机的励磁。当发电机减少负荷时,其操作与上述相反,减少励磁来维持发电机端电压为给定值。

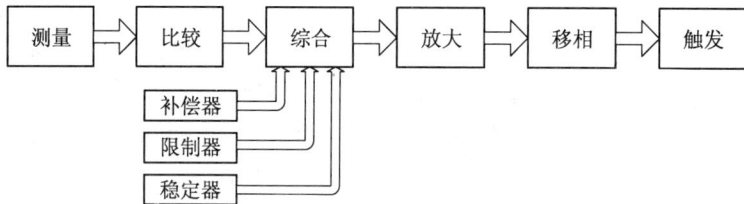

图 3.13　反馈型励磁调节器简化构成图

适用于大型发电机的新型励磁调节器的型式很多,但它们的原理方框图是大同小异的,下面仅就自动的可控硅励磁系统的原理方框图作一些说明,如图 3.14。

比较器与基准和电压检测器两方框起测量比较作用,将发电机输出电压的测量值与基准给定值进行比较,获得电压偏差信号。电压调整器方框是改变基准给定值用的。从电流

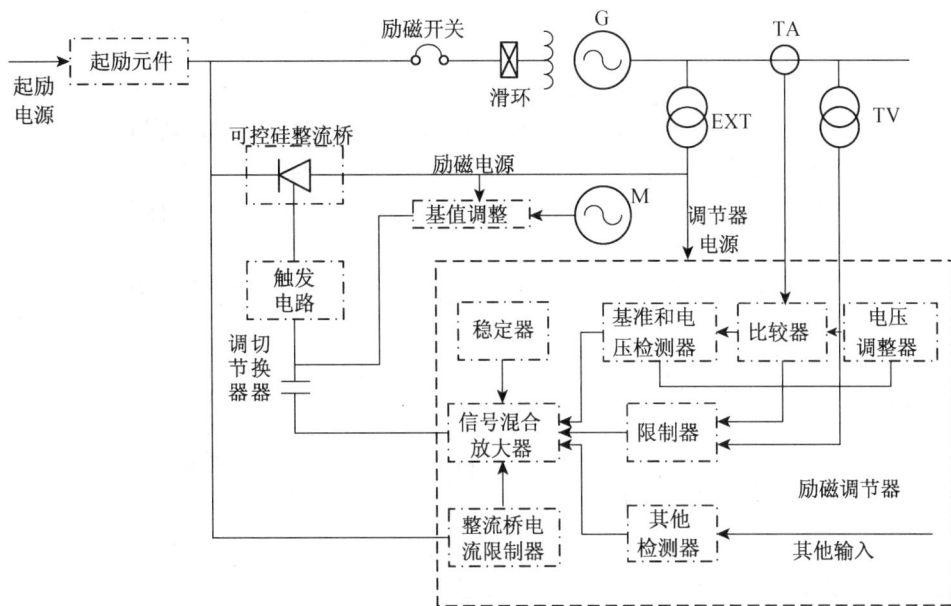

图 3.14   可控硅励磁系统的原理方框图

互感器向比较器方框引入电流信号起调差作用,以便获得需要的发电机调差特性。

信号混合放大器方框的作用是将电压偏差信号和其他信号进行综合放大。为了得到良好的静态和动态性能,除了从基准和电压检测器来的电压偏差信号外,有时还需根据来自其他装置的信号,如稳定信号、低励过励限制信号、整流桥电流限制信号、补偿信号等多种信号,将这些信号进行综合放大后,送入可控硅的移相触发电路,控制可控硅的触发脉冲,达到控制发电机励磁电流的目的。

限制器方框是由励磁调节器最小励磁电流限制电路和最大励磁电流限制电路构成。最小励磁电流限制电路的作用是防止励磁电流输出降低到最小允许值以下,以免危及发电机并列的稳定性。限制器是瞬时动作的,当励磁电流降低到整定值时,限制器动作,把励磁电流控制在允许的最小水平上。当由基本调节电路决定的励磁大于整定的最小励磁时,限制电路自动终止,恢复基本调节回路的调节作用。最大励磁电流限制回路是延时动作的,它的作用是防止可控硅整流桥和转子绕组过负荷。励磁电流大于整定最大允许励磁电流时,该回路延时动作,经过整定时限后,把励磁降低到允许值以内,也可按超越整定值差值的反时限特性来决定延时时限。这一限制电路和短路故障时的强励相配合,可获得强行励磁持续时间为限制值的强励结果。一般采用变压器的自励可控硅励磁方式时必须设置这一限制回路,以防机端电压较高时,实际值大过允许值。

大容量发电机不允许无励磁调节器运行,所以大容量发电机一般都还装有手动调节器,手动给定的整定值提供固定励磁,也可构成输出电压的负反馈。按实际电压和手动给定值的差值进行调节,这样做可以改进手动调节励磁的稳定性。手动励磁应该装设最大励磁电流限制,防止发电机励磁回路和可控硅桥过负荷。图 3.14 中的稳定器方框,在机端整流变压器的励磁系统一般不采用,但在交流励磁机和无刷系统中应该有这一环节。它检测发电机励磁电压,构成与励磁电压变化速度成正比的负反馈,亦称软反馈,它可以减少超调量并

改进发电机励磁系统调节的稳定性。对大型发电机的励磁系统,可靠性要求高,因此还需对调节器附加如下要求:

(1)当自动调节器回路以及输入信号回路故障时,能自动切换到手动调节器。为此必须设置自动跟踪回路,使在备用状态下的手动调节器给定值经常自动跟踪自动调节器,避免由自动切换到手动运行时,因给定值的差别而出现机组无功的巨大变化。

(2)手动调节器和自动调节器可以有各自的独立的直流电源、移相触发电路和各自的同步电压信号源。

(3)励磁系统要有完善的监视、测量、保护和信号回路,以便及时发现故障并处理故障,提高发电机运行的可靠性。

3.2.3 典型微机励磁调节器

目前,国内外普遍采用的是 PID＋PSS 控制方式的微处理机励磁调节器。下面以一典型微机励磁调节器为例说明其工作原理。

图 3.15 为该微机励磁调节器在自并励励磁系统中的典型应用。发电机励磁调节器的主要任务是控制发电机机端电压稳定,同时根据发电机定子及转子侧各电气量进行限制和保护处理,励磁调节器还要对自身进行不断的自检和自诊断,发现异常和故障,及时报警并切换到备用通道。为此,发电机励磁调节器需完成的工作如下:

(1)模拟量采集

采集发电机机端交流电压 U_a、U_b、U_c,定子交流电流 I_a、I_b、I_c,转子电流等模拟量,计算出发电机定子电压、定子电流、有功功率、无功功率、转子电流。具体如下:调节装置通过模拟信号板(ANA)将高电压(100 V)、大电流(5 A)信号进行隔离并调制为±5 V 等级电压信号,然后传输到主机板(CPU)上的 A/D 转换器,将模拟信号转换为数字信号。一个周波内(20 ms)采样 36 个点,进行实时直角坐标转换,计算出机端电压基波的幅值、频率、有功、无功、转子电流。

(2)闭环调节

励磁控制的目标是被控制量等于对应的给定量。软件的计算模块根据控制调节方式,从而选择调节器测量值与给定值的偏差进行 PID 计算,最终获得整流桥的触发角度。

(3)脉冲输出

将 PID 计算得到的控制角度数据送至脉冲形成环节,以同步电压 U_T 为参考,产生对应触发角度的触发脉冲(SW),经脉冲输出回路输出至可控硅整流装置。

(4)限制和保护

调节装置将采样及计算得到的机组参数值,与调节装置预先整定的限制保护值相比较,分析发电机组的工况,限制发电机组运行在正常安全的范围内,保证发电机组安全可靠地运行。

(5)逻辑判断

在正常运行时,逻辑控制软件模块不断地根据现场输入的操作信号进行逻辑判断,判别是否进入励磁运行、是否进行逆变灭磁、是空载工况运行还是负载工况运行等。

(6)给定值设定

正常运行时,软件不断地检测增磁、减磁控制信号,并根据增磁、减磁的控制命令修改给定值。

（7）双机通讯

备用通道自动跟踪主通道的电压给定值和触发角。正常运行中，一个自动通道为主通道，另一个自动通道为从通道，只有主通道触发脉冲输出控制可控硅整流装置。为保证两通道切换时发电机电气量无扰动，从通道需要自动跟踪主通道的控制信息，即主通道通过双机通讯（COM）将本通道控制信息输出，从通道通过双机通讯读入主通道来的控制信息，从而保证两通道在任何情况下控制输出一致。

（8）自检和自诊断

调节装置在运行中，对电源、硬件、软件进行自动不间断检测，并能自动对异常或故障进行判断和处理，以防止励磁系统的异常和事故的发生。

（9）人机界面

发电机励磁调节器设置了中文人机界面实现人机对话，该人机对话界面提供数据读取、故障判断、维护指导、整定参数修改、试验操作、自动或手动录波等功能。

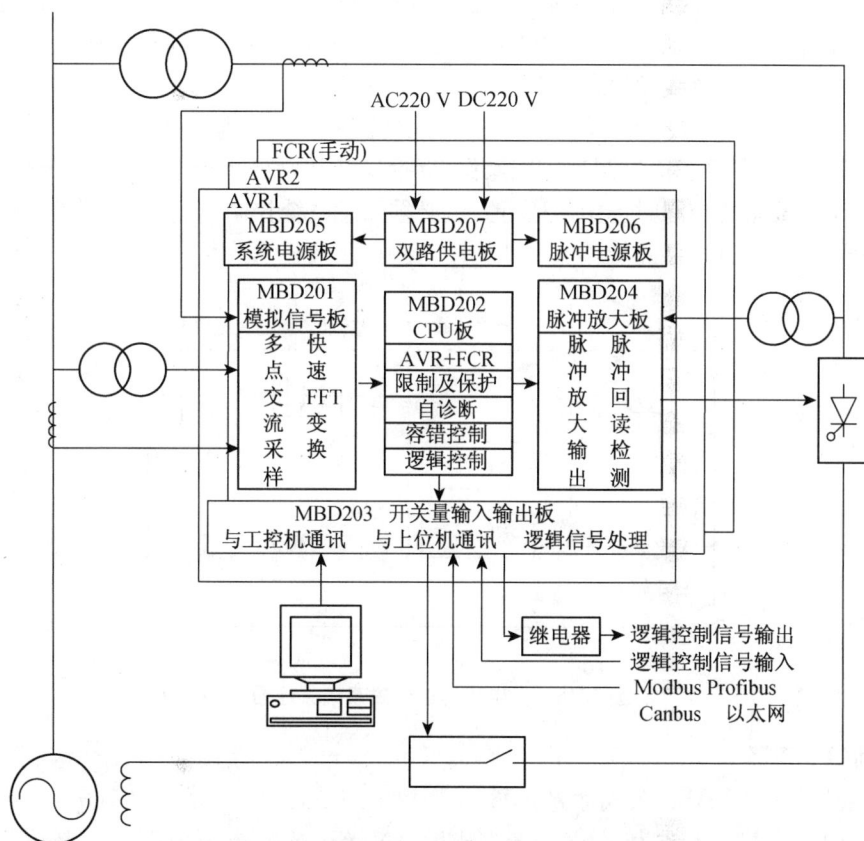

图 3.15 典型微机励磁调节器自并励系统原理图

3.3 典型电厂 1 000 MW 机组励磁系统

典型电厂发电机励磁系统采用的是机端自并励静止励磁系统，全套进口 ABB 公司原装产品,型号为 UNITROL 6000,是 ABB 公司 UNITROL 系列产品的第六代励磁调节器,用于同步发电机静止励磁系统。发电机的励磁由 UNITROL 6000 励磁系统从发电机机端取得能量而实现。UNITROL 6000 是用于同步发电机和同步调相机的静止励磁系统,它同样适用于水力发电厂、火力发电厂、核能电厂发电机和变电站同步调相机的旋转整流器。同步电机的励磁由带电子型电压调节器的可控硅整流器直接控制,即整流器直接给同步电机的转子提供励磁电流,无需任何旋转励磁机。励磁变压器接在发电机机端和断路器之间的母线上。

各柜排列情况如表 3.1 所示(从柜体的正面看)。

表 3.1　UNITROL 6000 励磁系统柜体布置情况表

AVR 调节屏	灭磁屏	直流出线柜	整流屏	整流屏	整流屏	整流屏	整流屏	交流励磁进线柜

UNITROL 6000 励磁系统主要有以下几种控制方法:

(1) 从控制室用键盘命令进行远方控制,此命令是通过励磁系统以二进制信号发出;

(2) 从控制室用屏幕监视器控制命令进行远方控制,此命令是通过励磁系统以二进制信号或通过 Field bus 总线发出;

(3) 使用集成在励磁系统中的就地控制单元(就地控制屏)进行就地控制。

正常情况下励磁系统由控制室远控操作,直接安装在励磁系统前面板上的就地控制屏仅在调试、试验或紧急控制时选用。运行人员必须熟悉系统控制和显示元件的设计,必须熟悉励磁系统各命令的作用,并能够熟练地使用这些控制及显示单元。

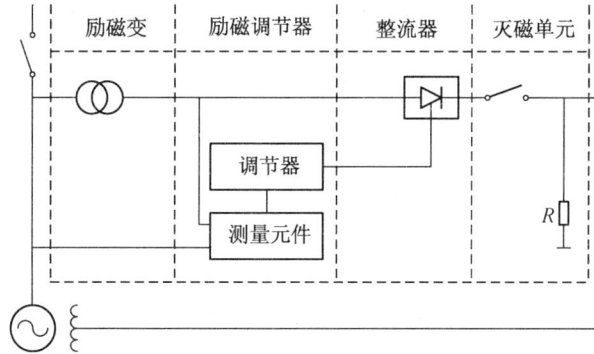

图 3.16　发电机静态励磁系统原理图

1) 励磁变压器

励磁变压器采用 ABB 公司生产的 3 台单相干式变压器,容量为 2 700 kVA,变比为 27 kV/0.961 kV,接线形式为 Y/d,冷却方式为 AN/AF,阻抗电压为 11%。高压侧每相提供 3 组套管 TA,两组用于保护,一组用于测量。低压侧每相亦提供 2 组 TA 用于保护。

2) 励磁调节器

励磁调节器(AVR)采用数字微机型,性能可靠,具有微调节和提高发电机暂态稳定的特性。励磁调节器设有过励磁限制、过励磁保护、低励磁限制、电力系统稳定器、V/Hz 限制器、转子过电压保护和 TV 断线闭锁保护等单元;其附加功能包括转子接地保护、转子温度测量、串口通讯模块、跨接器(CROWBAR)、DSP 智能均流、轴电压毛刺吸收装置等。

AVR 采用两路完全相同且独立的自动励磁调节器并联运行,两路通道间能相互自动跟踪,当一路调节器通道出现故障时,能自动无扰切换到另一通道运行,并发出报警。单路调节器独立运行时,完全能满足发电机各种工况下正常运行,手动、自动电路能相互自动跟踪;当自动回路故障时,能自动无扰切换到手动。

AVR 中装设无功功率、功率因数等自动调节功能。自动励磁调节装置能在－10℃～＋40℃ 环境温度下连续运行,也能在月平均最大相对湿度为 90%,同时该月平均最低温度为 25℃ 的环境下连续运行。采用风冷的硅整流装置能在－10℃～＋40℃ 环境温度下连续运行。AVR 柜采用自然通风或强迫通风,风机故障时能保证 AVR 正常运行。

(1) 励磁调节器说明

① 励磁调节器的调节方式

a. 自动电压调节(AVR);

b. 励磁电流调节(FCR);

c. 无功调节(Q 模式)。

② 励磁调节器的控制功能

a. 机组开停机时励磁系统的顺序控制;

b. 机组的起励控制;

c. 机组的灭磁控制;

d. 励磁绕组温度计算;

e. AVR/FCR 跟踪功能实现 AVR 和 FCR 间的无扰动切换;

f. 在系统发生故障时,可控硅励磁系统可快速提供 2.0 倍额定电流强励能力;

g. 输出模拟量、状态量及报警信号的显示。

③ 励磁系统的限制功能

a. 过励磁限制;

b. 顶值电流限制;

c. V/F 限制;

d. 定子电流限制;

e. 欠励限制;

f. 最大励磁电流限制器具有反时限特性,用于防止转子回路过热;

g. 最小励磁电流限制器主要用于防止失磁;

h. 定子电流限制器用于防止发电机定子过热,在过励和欠励侧均有效,如果发电机的有功电流分量高于定子电流限制器的限制值,限制器会自动将发电机无功功率调整为零;

i. P/Q 限制器本质上是一个欠励限制器,用于防止发电机进入不稳定运行区。

④ 励磁系统保护

a. 过流保护:分反时限过流保护和瞬时过流保护,特性曲线高于最大励磁电流限制器的特性曲线,动作于跳闸。

b. 失励保护(P/Q 保护):特性与 P/Q 限制器的限制曲线相似,发电机运行点在超出其稳定极限时,保护动作于跳闸。

c. 过激磁保护:用于防止发电机和变压器过磁通,定时限动作于减励磁,反时限动作于跳闸。

d. 励磁变压器温度保护:检测当前励磁变压器的温度,超出 1 段定值动作于报警,超出 2 段定值动作于跳闸。

e. 转子接地保护:转子接地保护装置 UNS3020 是一个独立的保护继电器,反映发电机整个转子回路(包括功率可控硅和励磁变压器二次侧)的接地故障。1 段报警,2 段跳闸。

f. TV 故障检测:通过比较机端电压与励磁变副边电压,相差超过机端电压额定值的 15%时,判断为 TV 故障,动作于通道切换。

⑤ 钥匙开关 S701 置于"远方控制"时可以实现的功能

a. 增减励磁;

b. 无功功率调节投退;

c. PSS 投退;

d. 机端电压设定高/低限值;

e. 无功功率设定高/低限值。

⑥ 钥匙开关 S701 置于"就地控制"位置时具有的功能

a. 给定值调整(AVR、FCR);

b. 励磁投退;

c. 自动(AVR)/手动(FCR)模式切换;

d. 通道 1 和通道 2 相互切换;

e. 增减相应参数的给定值。

(2) 励磁调节器投退条件

① 在中控室和就地控制励磁调节器投入条件

a. 无整组报警;

b. 转速大于 90%;

c. 外部无跳闸命令或闭锁脉冲;

d. 发变组开关断开;

e. 有励磁投入命令(外部或就地命令均可)。

② 在就地调试模式励磁调节器投入条件

a. 无励磁跳闸信号;

b. 外部无跳闸命令或闭锁脉冲;

c. 发变组开关断开;

d. 调试运行模式投入;

e. 就地投入励磁。

③ 励磁调节器退出条件

a. 外部有退出命令且发变组开关跳闸;

b. 就地退出励磁命令且发变组开关跳闸;

c. 外部跳闸或调节器有闭锁脉冲信号;

d. 机组空载时,转速小于 90%持续 6 s 且不是调试模式;

e. 电压给定超出 70%~110%范围内且调节器不在调试模式;

f. 起励失败。

④ 出现下列情况调节器通道将进行通道切换

a. 主用通道的实际值检测故障；

b. 主用通道的机端电压检测开关跳闸(TV 断线)；

c. 主用通道的顶值电压监视器动作；

d. 励磁电压检测回路保险 F101 或 F102 熔断；

e. 主用通道的模拟量插头未插好；

f. 与通道相关的信号电源开关跳闸；

g. 主用通道的触发装置故障；

h. 同步电压回路故障(保险 F501 或 F502 熔断)。

⑤ 两个通道 AVR 均故障时紧急切至当前主通道 FCR 运行

⑥ 机端电压给定值和励磁电流给定值可修改的三种方式

a. DCS 监控系统增减命令；

b. 操作面板增减命令；

c. 同期装置增减命令。

(3) 励磁系统运行规定

① 机组正常运行时励磁调节器钥匙开关 S701 应在"远方"位置。

② 机组正常运行时,制动开关汇控柜就地/远控选择开关 S2 应在"远控"位置。

③ 机组正常运行时,调节器工作在 AVR 调节方式下。正常运行时励磁调节器 AVR1 和 AVR2 均投入运行,其中一套处于热备用状态。

④ 机组正常运行时,运行人员禁止打开励磁柜各柜柜门。

⑤ 机组并网后,应投入电力系统稳定器 PSS 单元。

⑥ 发变组零起升压时,S701 应切至"就地"位置,调节器应切至 FCR 方式。

⑦ 机组单元控制室内禁止使用移动电话。

⑧ 机组正常运行时,单元控制室、励磁变室的空调系统应投入运行。

(4) 运行操作、安全措施

① 就地增减无功操作

a. 励磁系统投入正常(EXC=ON 1)；

b. 将励磁系统控制方式切换开关切就地；

c. 查励磁调节器 AVR 调节投入(AVR=ON 1)；

d. 在励磁调节器的操作面板,按触摸屏"》"或"《"翻页,进入 VALUES 界面；

e. 在 VALUES 界面通过触摸屏输入给定电压或增、减磁操作；

f. 按 ↑ 和 ↓ 键来改变 U_{G-ref} 的大小,观察 Q_ACT 的值达到要求(亦可在触摸屏上输入相应的 U_{G-ref} 值)；

g. 若励磁调节器为 FCR 调节方式,则可改变给定励磁电流 I_{f-ref} 的值来调节无功,方法同上；

h. 将励磁系统控制方式切换开关——钥匙开关 S701 切换至"远方"方式。

② 就地通道 1/通道 2 切换操作

a. 将励磁系统控制方式切换开关——钥匙开关 S701 切换至"就地"方式；

b. 查看励磁调节器操作面板上 K4 A100 Master 或 K9 灯亮；

c. 查看励磁调节器正常,无故障信息；

d. 在励磁调节器操作面板上,按亮带灯按键 K9 A200 Master 或 K4;

e. 检查调节器通道切换正常,励磁调节器工作正常;

f. 将励磁系统控制方式切换开关——钥匙开关 S701 切换至"远方"方式。

③ 就地 AVR/FCR 切换操作

a. 系统控制方式切换开关——将励磁钥匙开关 S701 切换至"就地"方式;

b. 查看主用励磁调节器工作在 AVR 调节方式;

c. 若 A100 为主,A200 为从,按"K13 Manual ON";

d. 检查 AVR 方式已切换为 FCR;

e. 若 A200 为主,A100 为从,按"K16 Manual ON";

f. 检查 AVR 方式已切换为 FCR;

g. 查看主、备用励磁调节器均工作在 FCR 调节方式(面板上 AVR=ON 0);

h. 将励磁系统控制方式切换开关——钥匙开关 S701 切换至"远方"方式。

注:由 FCR 切回 AVR 操作方法类似。

④ 就地投入励磁系统操作

a. 检查机组转速>90%;

b. 检查励磁系统无报警信号;

c. 检查发变组出口开关在分闸位置;

d. 将励磁系统控制方式切换开关——钥匙开关 S701 切换至"就地"方式;

e. 查看励磁调节器工作在自动方式;

f. 按"F1 EXC ON"或"F2 EXC ON";

g. 按面板上↑和↓键,选中 C_EX_ON;

h. 检查机组起励正常,机端电压升至额定值正常;

i. 将励磁系统控制方式切换开关——钥匙开关 S701 切换至"远方"方式。

⑤ 就地灭磁操作

a. 检查机组确已解列,发变组出口开关在断开位置;

b. 将励磁系统控制方式切换开关——钥匙开关 S701 切换至"就地"方式;

c. 按"F3 EXC OFF"或"F4 EXC OFF";

d. 检查 S101 断开,K409 合上;

e. 检查励磁电流降为 0;

f. 将励磁系统控制方式切换开关——钥匙开关 S701 切换至"远方"方式。

(4) 励磁调节器性能

① 当发电机的励磁电压和电流不超过其额定励磁电流和电压的 1.1 倍时,励磁系统保证连续运行。

② 励磁系统具有短时过载能力,励磁系统的短时过负荷能力大于发电机转子绕组的短时过负荷能力。

③ 励磁系统强励倍数不小于 2,允许强励时间为 20 s。

④ 励磁系统具备高起始响应特性,在 0.1 s 内,励磁电压增长值达到顶值电压和额定电压值的 95%。

⑤ 励磁系统响应比即电压上升速度,不低于 3.58 倍/s。

⑥ 励磁系统稳态增益保证发电机电压静差率达到±1%。

⑦ 励磁系统动态增益保证发电机电压突降时,可控桥开放至允许最大值。

⑧ 自动励磁调节器的调压范围,发电机空载时能在70%～110%额定电压范围内稳定平滑调节,整定电压的分辨率不大于额定电压的0.2%。发电机空载时手动调压范围为20%～130%。

⑨ 电压频率特性,当发电机空载频率变化±1%,采用可控硅调节器时,其端电压变化不大于0.25%额定值。

⑩ 在发电机空载运行状态下,自动励磁调节器调压速度可整定,出厂设置不大于1%额定电压/s,也不小于0.3%额定电压/s。

⑪ 发电机转子回路装设有过电压保护,其动作电压的分散性不大于±10%,励磁装置的硅元件或可控硅元件以及其他设备能承受直流侧短路故障、发电机异步运行等工况而不损坏。

⑫ 因励磁系统故障引起的发电机强迫停运率不大于0.25次/年,励磁系统强行切除率不大于0.1%。

⑬ 自动电压调节器(包括PSS)投入率不低于99.9%。

⑭ 励磁系统能满足汽轮发电机短路、空载试验时125%额定机端电压的要求。

(5)操作注意事项

① 励磁系统就地柜除监视和保护柜正常运行中可以打开以外,其他高压柜在励磁系统正常运行期间禁止打开,否则跳机。

② 励磁系统正常运行期间应注意监视功率柜内冷却风机风压,风压低会导致该功率柜退出运行,影响机组稳定性,风机有两组,每次启动一组,自动间隔启动。

③ 保护柜内配备的熔断器有一相(2个并联)熔断时,功率柜可缺相长期运行。若有2个熔断器发生故障时,励磁系统不满足强励动作。每个功率柜额定输出2 000 A,6个共12 000 A。发电机额定5 887 A,1.8倍的强励需要将近10 000 A的电流输出。

④ 励磁系统配备交流380 V接移相变压器整流提供起励电流。

⑤ 励磁控制方式"远方/就地"切换只能在就地控制柜通过钥匙开关实现。

⑥ 励磁柜内所有小空开应按检查卡依次投入,缺项则励磁系统自检不允许投运。

⑦ 励磁系统非故障停运后各柜内加热装置不允许停运。

⑧ 功率柜正常运行为6组。若1组功率柜退出运行可满足机组运行励磁要求,若2组功率柜退出运行则励磁系统不满足强励的要求。

⑨ 灭磁回路动作时,从录波的情况来看为自动先合灭磁电阻开关,后分灭磁开关动作相间20 ms。

⑩ 灭磁开关动作次数寿命管理为10 000次(带流开断)。

3)可控硅整流器

在静态励磁系统(通常称为自并励或机端励磁系统)中,励磁电源取自发电机机端。同步发电机的励磁电流经由励磁变压器、磁场开关和可控硅整流桥供给。一般情况下,起励开始时,发电机的起励能量来自发电机残压。当可控硅的输入电压升到10～20 V时,可控硅整流桥和励磁调节器就能够投入正常工作,由AVR控制完成软起励过程。如果因长期停机等原因造成发电机的残压不能满足起励要求时,则可以采用220 V DC电源起励方式。

当发电机电压上升到规定值时,起励回路自动脱开。然后可控硅整流桥和励磁调节器投入正常工作,由 AVR 控制完成软起励过程。励磁系统软起励的过程曲线如图 3.17 所示。

并网后,励磁系统工作于 AVR 方式,调节发电机的端电压和无功功率,或工作于叠加调节方式(包括恒功率因数调节、恒无功调节以及可以接受调度指令的成组调节等)。灭磁设备的作用是将磁场回路断开并尽可能快地将磁场能量释放,灭磁回路主要由磁场开关、灭磁电阻、晶闸管跨接器及其相关的触发元件组成。

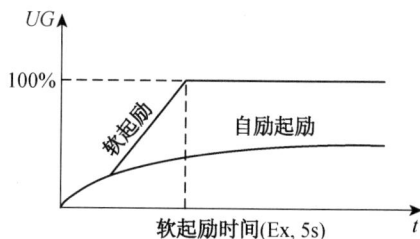

图 3.17 UN6000 励磁系统软起励过程曲线

4) 控制和显示元件

表 3.2 列出了可用的远控或就地控制命令。右边的一列(反馈指示)表示反馈指示是否在控制室显示。

表 3.2 可用的远控或就地控制命令列表

命令	远控	就地控制	反馈指示
励磁回路开关合上	√	√	√
励磁回路开关断开	√	√	√
励磁投入	√	√	√
励磁退出	√	√	√
通道 1 运行	√	√	√
通道 2 运行	√		√
运行方式—自动		√	√
运行方式—手动		√	√
工作调节器给定点升高	√		最大位置
工作调节器给定点降低	√		最小位置
无功功率调节器运行	√	√	√
无功功率调节器退出	√	√	√
PSS 投入	√		√
PSS 退出	√		√
控制方式—就地		√	√
控制方式—远方		√	
指示灯测试		√	
释放		√	
起励开关合上	√		√
起励开关断开	√		√

表 3.2 中带灰色的就地控制命令,表示只有同时在就地控制盘按下解锁键才有效。在励磁系统投入之前,必须保证所需要的全部电源已经送电,保证能安全启动,且必须进行下述检查。

① 系统的维护工作已完成；

② 控制和电源柜已准备好待运行并且适当地被锁定；

③ 发电机输出空载，临时接地线拆除；

④ 灭磁开关的控制电源及调节器电源已送电；

⑤ 没有报警信号和故障信息；

⑥ 励磁系统切换到远方控制方式；

⑦ 励磁系统切换到自动运行方式；

⑧ 发电机达到额定转速（检查显示仪表上的转速）。

（1）远方控制

许多控制命令和反馈指示可以实现在控制室对励磁系统进行有效的远方控制。当励磁系统开关置于 REMOTE 方式，从控制室发出的命令就是有效的。励磁系统和发电机的命令以及它们的作用详述如下：

① 励磁开关合上/断开

只要没有跳闸信号，命令 ON 就可以闭合励磁开关。开关一旦闭合，励磁就接通。命令 OFF 可以断开励磁开关，同时励磁退出，并将灭磁电阻切换到与转子绕组串联，使发电机通过整流器和灭磁电阻迅速灭磁。当发电机主开关已经断开（发电机空载条件下运行），励磁开关才能由远控来切断。

② 励磁投入/退出

命令 EXCITATION OFF 用来立即切断发电机励磁。此时，励磁系统整流器转换为交流逆变运行（磁场能量反馈），同时将灭磁电阻切换到与转子绕组串联，以使发电机通过整流器逆变和灭磁电阻迅速放电。在断开励磁命令的同时，励磁开关也断开。60 s 以后，加到整流器上的触发脉冲被闭锁，整个励磁系统被完全闭锁和切断。

命令 EXCITATION ON 是用来使发电机的励磁投入运行。励磁系统向发电机转子馈电，所以发电机电压能迅速建立到额定值。只要跳闸命令 TRIP 在作用，励磁接通命令就无效。当励磁接通命令发出时，如果励磁开关仍在断开位置，它将自动闭合，只是在灭磁开关闭合以后才能励磁，励磁电流才开始流动。

③ 起励成功必须保证的前提

a. 励磁开关必须已经在接通 ON 位置；

b. 没有断开命令和跳闸信号；

c. 发电机转速应当大于额定转速的 90%；

d. 如果励磁变压器直接由发电机机端供电，就必须有建立励磁的辅助电源。

（2）就地控制

调节器柜上的就地控制面板布置情况如图 3.18 所示，它包括 16 个带 LED 的特殊系统显示及控制键、10 个运行方式及内部功能控制键，以及一个具有 8 行，每行 40 个字符的 LCD 显示屏。励磁系统的基本控制可以使用具有状态信息的 16 个键来进行。报警信息及模拟量可以在 LCD 液晶显示屏上显示，它具有良好的人机界面，用于对励磁系统进行就地操作和监视。

① 可同时显示 8 个模拟量信号，或者以棒图的形式同时显示 4 个模拟量信号（显示量程为 $0\%\sim120\%$）。选点显示信号多达 32 点，显示模式可通过功能键设置，显示信号可通过滚动键或翻页键查找，用光标键选中。

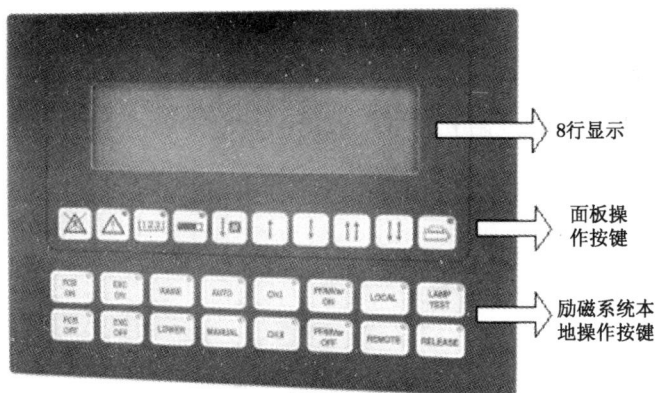

图 3.18　UN6000 励磁系统就地控制面板

② 在励磁系统发生报警时,报警显示先于测量信号显示。报警内容包括报警序号和 40 个字符的文字报警说明。可按报警的时间顺序同时显示 8 个报警信息,如果报警信息超过 8 个,其余的部分可以通过滚动键显示。报警信息的显示容量为 80 个。报警指示灯在报警显示键的右上角,每次发生报警时都会闪烁。按下确认键后,如果报警还存在,指示灯由闪烁转为常亮,报警消失后指示灯自动熄灭。

③ 有 16 个带 LED 状态指示灯的薄膜按键,用于励磁系统就地控制。数字式显示和矩形条显示:初始化运行以后,显示 8 个预定义的模拟量。

	当按下此键时,8 个带有通道编号、信号名称、数值和单位的模拟信号出现,并且黄色发光二极管 LED 点亮。使用滚动键可以显示更多的模拟信号。
	当按下此键时,首先出现 4 个带有通道编号、信号名称、数值和单位以及组合矩形显示条的模拟信号。同时,黄色发光二极管 LED 点亮。使用滚动键可以显示更多的模拟信号。

这 8 个模拟量列表见表 3.3。

表 3.3　发电机励磁系统模拟量列表

通 道 号	数 值	单 位
数值 1	发电机电压	kV
数值 2	发电机电流	kA
数值 3	有功功率	MW
数值 4	无功功率	Mvar
数值 5	励磁电流	A-dc
数值 6	自动通道的设定点	kV
数值 7	手动通道的设定点	A-dc
数值 8	发电机电压的实际值	%

故障显示:有各种报警及跳闸信号,它们说明励磁系统的故障。

当按下此键时,如果故障存在(红色 LED 发光二极管点亮),可出现一直到 8 个故障信息。第一个故障总是出现在第一行,而随后的故障随着故障序号依次出现在下面的行。使用滚动键可以显示更多的依次发生的故障。

这些故障信息可以分组为励磁报警、保护切换以及跳机。关于第一个故障信息,控制盘自动切换到显示相应的故障信息。发生的第一个故障出现在第一行,随后的故障显示在下面的行。此外,当报告第一个故障时,复位键 RESET 上的发光二极管(LED)闪光。

消除故障信息:

全部报警存储在控制盘内。此外,特殊指定的报警也存储在微处理器内;这些只能靠按下复位键并持续一段时间来复位。

当短时轻按下复位 RESET 按钮,如果存储在微处理器内的报警动作,LED 会从闪光变为连续发光。如果产生新的故障报警,LED 会再次开始闪光。这可以消除存储在控制盘内的故障显示。如果没有报警动作,按键上的发光二极管(LED)会熄灭。

当按下复位 RESET 按钮超过 1 s,如果仍有报警动作,LED 会从闪光变为连续发光。如果产生新的故障报警,LED 会再次开始闪光。这可以复位存储在控制盘内的报警,也可以复位存储在微处理器内的报警。如果没有报警动作,按键上的发光二极管(LED)会熄灭。

显示和打印控制:

光标键

按此光标键,可以选择显示屏上的 1~8 行或者 1~4 行的位置。当前行是高亮度的并带有反向对比度表示的通道编号。当显示达到最后一行时,就跳回到第一行。光标键仅在模拟信号显示时有效(数字显示或矩形条显示)。

滚动键

当显示模拟信号(数字显示或矩形条显示)时按下滚动键,显示的(反向对比度表示的)通道编号及其模拟量数值随之改变。
当显示故障信息时按下滚动键,处在第 2~8 行的所有故障信息,由某一位置向上或向下移动。第一行显示的第一个故障总是保持在原来位置。

换页键

当按下换页键时,通道号变化 10 个位置或者故障号变化 6 个位置。除此之外,其他功能类似于滚动键。

打印键

当按下打印键时,第 1~8 行的模拟量值通过 RS-232 串行接口传送到打印机(如果已连接)。如果故障信息已经激活,这些信息也被传送到打印机。如果正在传送数据且打印机已经接收到它们,则 LED 黄色发光二极管点亮。如果 LED 黄色发光二极管闪烁,则是打印机的缓冲器暂时充满。

为了延长液晶显示器 LCD 的使用寿命,液晶显示器的显示及背景光不需要按任何键,在 60 min 后被关掉和消失。之后,如果按下就地控制盘上的 10 个功能键之一,或者如果产生一个故障信息,则就地控制盘上的液晶显示器将再次被接通工作。

5)励磁系统投运

表 3.4　发电机励磁系统投运序列表

	动　作	显　示	控　制
1	励磁开关合上	指示灯 ON 亮	励磁开关已合上
2	励磁系统投入	指示灯 ON 亮	在 5～20 s 内建压
	发电机空载运行		
3	励磁系统准备低负载运行。使用上升/下降键可以将发电机电压调整到电网电压		发电机电压调整到设定点
4	当电网电压与发电机电压同步时,闭合发电机的主电路开关		发电机的无功功率接近于零
	发电机低负载运行		
5	使用上升/下降键设定发电机的无功功率到期望的运行极限以内		调整发电机的电压,发电机产生一定的无功功率

6)励磁系统停运

表 3.5　发电机励磁系统停运序列表

	动　作	显　示	控　制
1	发电机与电网解列:通过发电机电压设定点来减小无功功率。通过透平调节器减小有功功率。断开发电机主电路开关		
2	励磁系统退出,励磁开关断开	指示灯 OFF 亮	发电机电压在几秒钟内下降到零。

3.4　电力系统稳定器(PSS)

电力系统的可靠性很大程度上取决于发电厂的稳定性,以及连接各发电厂的电网电力传送能力,负荷通过电力网进行电能的分配。采用高起始响应的同步发电机励磁系统已经在电网中得到广泛的应用,对电网的安全稳定运行和供电可靠性发挥了重要作用。大区域电网的联网运行对电网的安全供电和经济运行带来了好处,同时也对电网的稳定性提出了更高的要求。使用励磁调节装置可以控制电压,提高电网电压的运行质量和稳定水平,但也带来负阻尼效应,在一定情况下将产生系统的低频振荡。为此,大型发电机机组一般都装有 PSS,即电力系统稳定器。

电力系统稳定性简单定义为系统受扰后,维持电压、频率恒定以及保持发电机同步运行的能力。稳定性一般分为两种,一种称为"小扰动稳定性",也称为"静态稳定性",描述系统纠正各种微小的变化的能力,一般为日常负荷变化;另一种称为"大干扰稳定",也称为"暂态稳定性",反映系统受到大的干扰后恢复到稳定状态的能力,如切机、切线路等。

由于采用高增益和快速响应的静态励磁系统有助于暂态稳定性提高(同步转矩),但却降低了小扰动的稳定性(阻尼扭矩)。设置电力系统稳定器的目的,是在励磁系统中利用附加控制,产生附加阻尼转矩,抑制低频振荡,提高电力系统的小干扰稳定性。

PSS用于阻尼发电机转子或电网的低频振荡。当发电机有功功率超过预置的设定值,以及发电机电压在预先设定的范围内(例如在 $90\% \sim 110\% U_{GN}$)时,可人为投入电力系统稳定器。PSS可以随时人为退出,如果发电机的有功功率或电压超出设定值或者发电机从电网解列,PSS会自动退出。

3.4.1 PSS 抑制低频振荡的机理

原动机产生机械转矩,发电机电磁转矩。稳定运行时,原动机和发电机组之间转矩是平衡的。电磁转矩存在同步转矩分量和阻尼转矩分量。同步转矩随着转子角度的变化($\Delta\delta$)而变化,而阻尼转矩则随着电机速度的变化($\Delta\omega$)而变化。

任何原因打破这些转矩的平衡状态都将引起系统的稳定性问题。当发生扰动时,由定子电流产生的磁通量将发生改变,导致电磁功率和机械功率之间的不平衡,两者的差值将导致转子的转速波动。如果同步转矩不足,将发生失步;如果阻尼转矩不足,将发生振荡。

采用 Phillips-Heffron 模型,可以有效分析发电机的同步转矩和阻尼转矩,从物理角度理解励磁系统的作用,进而更好地分析 PSS 抑制低频振荡的机理。对单机—无穷大系统模型(如图 3.19 所示)进行一系列简化处理:略去同步机的定子电阻、电流的直流分量;不考虑阻尼绕组;略去发电机的转速变化(小扰动过程中该值很小)。

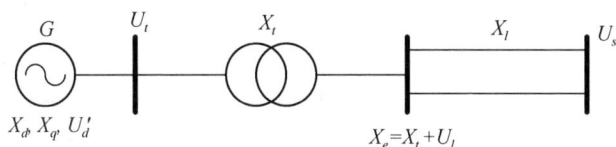

图 3.19　单机—无穷大系统模型图

模型简化后,经过线性化处理并对相关等式进行推导,就可以得到同步机的数学模型,表示为派克方程,如式(3.1)~式(3.5)所示。

$$\Delta_{Me} = K_1\Delta\delta + K_2\Delta E_q' \tag{3.1}$$

$$\Delta E_q' = \frac{K_3}{1 + K_3 T_{d0S}'}\Delta E_{fd} - \frac{K_3 K_4}{1 + K_3 T_{d0S}'}\Delta\delta \tag{3.2}$$

$$\Delta U_t = K_5\Delta\delta + K_6\Delta E_q' \tag{3.3}$$

$$\Delta\omega = \frac{\Delta M_m - \Delta M_e}{T_{js}} \tag{3.4}$$

$$\Delta\delta = \frac{\omega_0}{s}\Delta\omega \tag{3.5}$$

式(3.1)~式(3.5)组成如图 3.20 所示的小信号模型。

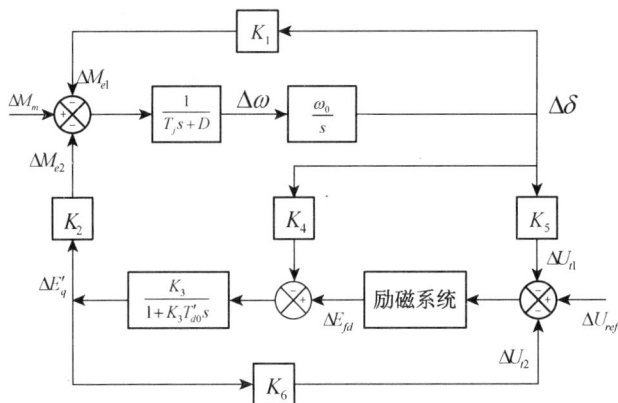

图 3.20　单机—无穷大系统小信号模型传递函数框图

上述模型中，$K_1 \sim K_6$ 是与发电机和网络参数以及发电机运行点有关的参数，可以根据给定初值以及网络参数求得，求解方法为式(3.6)～式(3.11)所示，变量的下标 0 表示对应量的初值。

$$K_1 = U_s i_{q0} \sin \delta_0 \frac{X_q - X'_d}{X'_d + X_e} + E_{Q0} \frac{U_s \cos \delta_0}{X_q + X_e} \tag{3.6}$$

$$K_2 = I_{q0} \frac{X_q + X_e}{X'_d + X_e} \tag{3.7}$$

$$K_3 = \frac{X'_d + X_e}{X_d + X_e} \tag{3.8}$$

$$K_4 = U_s \sin \delta_0 \frac{X_d + X'_d}{X'_d + X_e} \tag{3.9}$$

$$K_5 = \frac{U_{td0}}{U_{t0}} \frac{X_q}{X_q + X_e} U_s \cos \delta_0 - \frac{U_{tq0}}{U_{t0}} \frac{X'_d}{X'_d + X_e} U_s \sin\delta_0 \tag{3.10}$$

$$K_6 = \frac{U_{tq0}}{U_{t0}} \frac{X_e}{X'_d + X_e} \tag{3.11}$$

由式(3.7)可知系数 K_2 的变化规律：当系统的结构不发生变化时，K_2 与负荷电流成正比，即 K_2 将随负荷的增加而增大；由于 $X_q > X'_d$，所以当系统结构增强时，即 X_e 减小时，K_2 将增大，即 K_2 与系统电抗成负相关。当发电机远距离送电时，系数 K_6 将随负荷的增加而减小；由式(3.11)可知，K_6 与系统电抗 X_e 成正相关。

结合无穷大系统 Phillips-Heffron 模型，接下来从物理角度分析发电机各量之间的相位关系。设励磁系统(不包含 PSS)产生的附加转矩为 ΔM_{e_2}，则有 $\Delta M_{e_2} = K_2 \Delta E'_q$。$\Delta E'_q$ 由两个分量构成，其中一个分量为 $\frac{K_3}{1 + K_3 T'_{d0S}} \Delta E_{fd}$，其中 ΔE_{fd} 表示励磁电压偏差。可见，当励磁电压变化时，由此引起的转子磁链的变化需要经过一个惯性环节，且该环节的惯性时间常数为 $K_3 T'_{d0}$。$\Delta E'_q$ 的另一个分量为 $-\frac{K_3 K_4}{1 + K_3 T'_{d0S}} \Delta \delta$，该分量前面的负号表示该分量会减小

$\Delta E'_q$，即反映定子电流的去磁效应。此分量中也包含一个惯性，惯性时间常数也为 $K_3 T'_{d0}$。

通过以上分析，可知励磁系统具有滞后特性，如图 3.21 所示，即励磁系统产生的附加转矩 ΔM_{e2} 落后 $\Delta\delta$ 的相位为 ϕ。将附加转矩 ΔM_{e2} 投影到两个坐标轴上，这样就可以将励磁系统的作用等效成与 $\Delta\omega$ 成正比的阻尼转矩（设为 $\Delta M_D \Delta\omega$）和与 $\Delta\delta$ 成正比的同步转矩（设为 $\Delta M_s \Delta\delta$）两个分量。显然，阻尼转矩 $\Delta M_D \Delta\omega$ 相位上与转速变化（即 $\Delta\omega$）相反，电压快速调节时将产生振荡。

图 3.21 中，ΔM_p 是一个假想的足够大的正阻尼转矩。ΔM_p 与 ΔM_{e2} 合成转矩设为 ΔM_e，显然 ΔM_e 位于第一象限，即转矩 ΔM_e 在 $\Delta\delta$ 轴和 $\Delta\omega$ 轴的两个分量都为正值，同步转矩及阻尼转矩都大于零，此时系统既不会发生滑行失步，也不会发生振荡失步。上述正阻尼转矩 ΔM_p，可以通过在电压叠加点增加一个附加输入信号 Δu_s 来获得，这也是 PSS 的作用。

由于 Δu_s 的输入点与 ΔU_{t1}（$\Delta U_{t1} = K_5 \Delta\delta$）的输入点在同一叠加点处，因此要使 Δu_s 产生相位上与 $\Delta\omega$ 同方向的阻尼转矩，即纯粹的正阻尼，Δu_s 的相位必须领先 $\Delta\omega$ 轴 ϕ 角。这样 Δu_s 信号经过励磁系统的滞后特性，就可恰好产生纯粹正阻尼的转矩 ΔM_p，这就是 PSS 相位补偿的概念。

PSS 的首要功能是对电源振荡增加补偿，基本控制理论指出，选择任何可探测到电源振荡的信号作为输入信号都是合适的。因此，PSS 控制程序可以有不同的机理，一些容易获得的信号是转子转速测量值、母线频率和电功率。由于在大多数参与这些摆动模式的装置中采用了 PSS，因此，可显著改善局部模式阻尼，经改善的阻尼可消除系统工作中的操作限制，并增加电力传输范围。

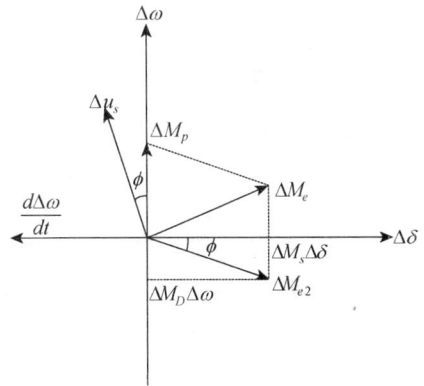

图 3.21　阻尼转矩相量图

PSS 的性能常采用局部模式的阻尼，发电机相对系统的摆动进行评价。一般局部振荡模式的频率范围通常在 $0.7\sim2.0$ Hz 之间。较强的系统馈电线和较轻负载趋向于较高局部模式频率，较弱的系统馈电线和较重负载趋向于较低局部模式频率。PSS 控制必须正确调整，以使可能受不同工作条件（如运行有故障的线路或变更负载水平的线路）影响的范围内的系统条件均具有合格的性能。

综上所述，PSS 对调节器提供一个补充输入信号以改善电力系统的动态特性。有许多不同参数可用作 PSS 的输入信号，如转子转速、频率、同步机的电功率、功率增量或以上参数的组合。PSS 是采用由同步机械电功率和固有频率（近似于转子速度）两参数组合的多路输入，以得到一个与转子速度（功率增量的积分）成正比的信号。输入信号全部来源于发电机的终端参量，无需采用旋转轴速度传感器，不要求增加外部硬件。

4

电 力 变 压 器

4.1　变压器概述

4.1.1　变压器基本原理及参数

1) 变压器的工作原理

变压器是利用电磁感应原理工作的电气设备。如图 4.1 所示,单相变压器由两个绕组(又称线圈)、一个铁芯组成。两个绕组套在同一铁芯上,两个绕组之间通过磁场而耦合,在电的方面没有直接联系,能量转换以磁场为介质。通常,一个绕组接电源,称为一次绕组(或原绕组、一次侧、原边);另一个绕组接负荷,称为二次绕组(或副绕组、二次侧、副边)。一、二次绕组匝数分别用 N_1 和 N_2 表示。

当一次侧接上电压为 u_1 的交流电源时,一次绕组将通过交流电流,并在铁芯中产生交变磁通 Φ,该磁通同时交链一次绕组和二次绕组。根据电磁感应定律,将在一次绕组和二次绕组中分别感应出同频率的电动势。

1——一次绕组;2—二次绕组

图 4.1　变压器原理图

感应电动势瞬时值表达式分别为:

$$e_1 = -N_1 \frac{\mathrm{d}\Phi}{\mathrm{d}t} \tag{4.1}$$

$$e_2 = -N_2 \frac{\mathrm{d}\Phi}{\mathrm{d}t} \tag{4.2}$$

感应电动势相量表达式分别为:

$$\dot{E}_1 = -j4.44fN_1\Phi_{\mathrm{m}} \tag{4.3}$$

$$\dot{E}2 = -j4.44fN_2\Phi_{\mathrm{m}} \tag{4.4}$$

式中: $\Phi = \Phi_{\mathrm{m}}\sin \omega t$。

如果二次侧接上负荷 Z_2,则在二次侧产生二次电流,并输出功率。

由于一、二次绕组均在同一铁芯上,绕组中的磁通变化率都一样,所以一、二次绕组匝数

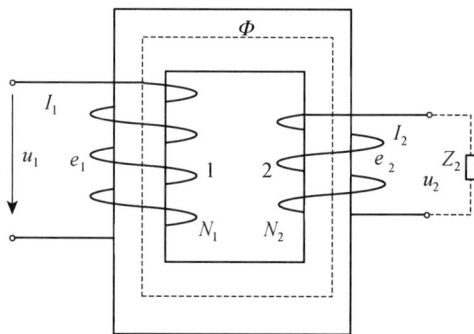

不同便可得到不同的电压,其关系为:

$$k = \frac{E_1}{E_2} \approx \frac{U_1}{U_2} = \frac{N_1}{N_2} = \frac{I_2}{I_1} \qquad (4.5)$$

式中:k 为变压器变比;E_1、E_2 为原边、副边感应电动势;U_1 为变压器输入电压;U_2 为变压器输出电压;N_1、N_2 为原边、副边线圈匝数;I_1、I_2 为原边、副边电流。

变压器既有变压作用,又起了传递功率的作用,其关键是一次绕组和二次绕组匝数不等;变压器一次、二次侧没有电的直接联系,只有磁的耦合,穿过一次、二次绕组的磁通 Φ 起到联系一次、二次侧的桥梁作用;适当选择两个绕组的匝数比,就可以达到升压或降压的目的。

4.1.2 变压器的分类

变压器有不同的使用条件、安装场所,有不同电压等级和容量级别,有不同的结构形式和冷却方式,所以应按不同原则进行分类。

1) 按用途分

① 电力变压器;②测量变压器(TV、TA);③试验变压器;④调压变压器;⑤各种小型电源变压器;⑥各种特殊用途变压器,如整流变压器、电炉变压器、焊接变压器、控制变压器等。

2) 按冷却方式分

① 干式(自冷)变压器;②油浸自冷变压器;③油浸风冷或油浸水冷变压器;④强迫油循环风冷或强迫油循环水冷变压器;⑤充气式变压器。

3) 按相数分

① 单相变压器;②三相变压器;③多相变压器。

4) 按绕组结构分

① 单绕组变压器;②双绕组变压器;③三绕组变压器;④多绕组变压器。

5) 按铁芯结构分

① 芯式铁芯变压器;②壳式铁芯变压器;③C 形、T 形及环形铁芯变压器。

6) 按防潮方式分

① 开启式变压器;②密封式变压器;③全密封式变压器。

7) 按调压方式分

① 无载调压变压器;②有载调压变压器。

4.1.3 变压器技术参数

1) 变压器的型号及说明

变压器的型号是由字母和数字两个部分组成的,一般表示如下:

12 — 34

1—变压器的分类型号,由多个字母组成;2—设计序号;3—额定容量(kVA);4—高压绕组电压等级(kV)

其中:变压器分类型号的一般形式如下:

$$\boxed{123456}$$

1—绕组耦合方式；2—相数；3—冷却方式,可用一个或多个字母表示；4—绕组数；5—绕组导线材质；6—调压方式。

电力变压器的分类和型号,如表 4.1 所示。

表 4.1　电力变压器的分类和型号

型号中代表符号排列顺序	分类	类别	代表符号
1	绕组耦合方式	自耦	O
2	相数	单相	D
		三相	S
3	冷却方式	油浸自冷	—
		干式空气自冷	G
		干式浇注绝缘	C
		油浸风冷	F
		油浸水冷	W
		强迫油循环风冷	FP
		强迫油循环水冷	WP
4	绕组数	双绕组	—
		三绕组	S
5	绕组导线材质	铜	—
		铝	L
6	调压方式	无励磁调压	—
		有载调压	Z

如 1 000 MW 级机组主变常用的 DFP10—370000/500 型变压器,其型号表示单相强迫油循环风冷式电力变压器,设计序号为 10,额定容量 370 000 kVA,电压等级 500 kV。又如 1 000 MW 级机组高厂变常用的 SFF—68000/27 型号变压器,其型号表示三相油浸风冷式无载调压分裂绕组电力变压器,额定容量 68 000 kVA,电压等级 27 kV。再如,低厂变常用的 SCB10—2000/6.3 型号变压器,其型号表示三相干式浇注绝缘式变压器,额定容量为 2 000 kVA,电压等级 6.3 kV。

2) 变压器的额定数据

变压器的主要技术参数有额定容量 S_N、额定电压 U_N、额定电流 I_N、额定温升 τ_N、短路电压百分数 U_d,都标在变压器的铭牌上。此外,在铭牌上还标有相数、接线组别、额定运行的效率等参数或要求。要正确使用变压器,必须弄清楚额定数据的含义。主要额定数据如下：

(1) 额定容量

在额定使用条件下,变压器施加的是额定电压、额定频率,输出的是额定电流,温升不超过极限值时,变压器的容量称为额定容量,用 S_N 来表示。对三相变压器而言,额定容量为三相额定容量之和。额定容量单位为 kVA。

对于双绕组变压器,一般一、二次侧的容量是相同的。对于三绕组变压器,当各绕组的容量不同时,变压器容量是指变压器容量最大的一个容量,但是在技术规范上都写明三侧的容量。

（2）额定电压

在三相变压器中,如没有特殊说明,额定电压是指线电压,而单相变压器是指相电压。根据变压器绝缘程度、铁芯饱和的限制和允许温升所规定的原边电压值称为原边额定电压,用 U_{1N} 表示,单位 kV。变压器在空载(调压开关接在额定分接头上)时副边电压称为副边额定电压,用 U_{2N} 来表示,单位 kV。为了适应电网电压变化的需要,高压侧一般都安装有供调压用的抽头,即分接头,抽头的电压都是用额定电压的百分数表示。如高压侧 10 kV 的变压器,当具有 ±5% 的抽头时,说明变压器可运行在三种电压下,即 10.5(+5%)、10(额定)、9.5(−5%)。有励磁调压的变压器抽头较多。

（3）额定电流

变压器各侧的额定电流是由相应侧的额定容量除以相应绕组的额定电压计算出来的电流值,单位为 A 或 kA。

对于单相双绕组变压器

一次侧额定电流

$$I_{1N} = \frac{S_N}{U_{1N}} \tag{4.6}$$

二次侧额定电流

$$I_{2N} = \frac{S_N}{U_{2N}} \tag{4.7}$$

对于三相变压器,如不作特殊说明,铭牌上标的额定电流是线电流,即有(对于三绕组变压器)

$$I_{1N} = \frac{S_N}{\sqrt{3}U_{1N}} \tag{4.8}$$

$$I_{2N} = \frac{S_N}{\sqrt{3}U_{2N}} \tag{4.9}$$

$$I_{3N} = \frac{S_N}{\sqrt{3}U_{3N}} \tag{4.10}$$

（4）额定频率

我国标准工业频率为 50 Hz,因此电力变压器额定频率也为 50 Hz。

（5）变压器温升

变压器顶部油温与外部冷却介质温度之差为变压器油的温升。变压器绕组以电阻法确定平均温度与外部冷却介质温度之差为变压器绕组温升。

（6）短路电压百分数

短路电压百分数表明变压器内阻抗的大小。对双绕组变压器来说,当副边人为接地短路,原边施加一个降低了的电压,待原边与副边的电流都达到额定值时,这个原边施加的电压数值称为短路电压。把这个数值与额定电压相比用百分数来表示,即为该台双绕组变压器短路电压百分数。短路电压百分数是计算短路电流的依据,它表明了变压器在额定负荷运行时变压器本身的阻抗压降大小。它对于变压器二次侧发生突然短路,将会产生多大的短路电流将有决定性的意义,对于变压器的并联运行也有重要的意义。我国生产的电力变压器,短路电压百分数一般在 $4\%\sim24\%$ 之间。

(7) 空载电流和空载损耗

变压器的一个绕组施加额定电压,其他绕组开路时,流进该绕组的电流为空载电流。通常以变压器额定容量下绕组的额定电流的百分数表示。此时变压器从电网吸取的功率定义空载损耗。

(8) 短路阻抗和负载损耗

在额定电压及参考温度下,给变压器的一对绕组施加一短路电压,将另一个绕组短路,其他绕组开路,此时求得的该绕组端子之间的等效阻抗就是变压器的短路阻抗。此时变压器从电网汲取的功率就是变压器的负载损耗。

(9) 变压器效率

在变压器转换电能的过程中产生损耗,致使输出功率小于输入功率。输出功率与输入功率之比,称为变压器效率。

(10) 连接组别

代表变压器各相绕组的连接法和相量关系的符号称为变压器的连接组别,如 Y/yn0、Y/d11。标号中,Y、y 表示星形连接,d 表示三角形连接,n 表示有中性点引线。各符号中由左至右代表高、低压侧绕组连接方式,数字代表低压侧与高压侧电压的相角位移。

4.1.4 变压器的参数测定

1) 变压器的参数主要用空载试验和短路试验测定

(1) 空载试验

空载试验一般都在低压侧施加电压,而将高压侧开路。这主要是从试验安全和选择仪表方便考虑的,这样所加电压较低,操作较方便,而且所测的是低压侧的空载电流,数值较大,准确性较高。试验时,在低压侧施加额定电压,高压侧开路,可测得高低压侧的电压、低压侧的空载电流和空载损耗。略去空载电流在漏阻抗的压降,可计算出变压器的变比,即高、低压侧电压之比。可计算出低压侧励磁阻抗,即低压侧端电压与低压侧空载电流之比。铁损是空载损耗的主要成分,略去铜损不计,可计算出低压侧励磁电阻,即低压侧空载损耗与低压侧空载电流平方之比。随之就可算出低压侧的励磁电抗,即低压侧励磁阻抗的平方减去低压侧励磁电阻的平方之平方根。以上所得各阻抗类参数是低压侧的,分别乘以变比的平方,可得高压侧数值。

(2) 短路试验

短路试验一般在高压侧施加电压,而将低压侧短路,这样,试验电流较小,为高压侧额定电流,电压较高,是高压侧的阻抗电压,准确性较好。根据变压器的简化等值电路,可测得阻抗电压、短路损耗。在短路试验时,高压侧电压为测得的阻抗电压,测得的电流为短路电流,一般等于额定电流,负载阻抗为零,可知短路电压等于短路电流在短路阻抗上的压降,从而可计算出短路阻抗,即短路电压与短路电流之比。也因短路电流等于额定电流,所以短路损耗与变压器在额定状态下的损耗相当,所以也叫负载损耗。因为短路试验时,所加电压较低,主磁通较小,故铁耗可忽略不计,短路损耗就等于变压器的铜损,从而可计算出变压器的短路电阻,即短路损耗与短路电流的平方值之比。随之可用阻抗三角形,算出短路电抗。如所算阻抗类参数需按原、副边分开,可平均分配,只是所得低压侧值是折算值。由于绕组电阻随着温度变化,为了便于比较,应将所测的数值换算到75℃。在短路试验时,使短路电流恰为额定电流值,而加于原边的电压值称为阻抗电压,也称为短路电压,它等于额定电流在短路阻抗上的压降,通常以额定电压的百分数表示。阻抗电压有两个分量,一个是电阻电压,一个是电抗电压,也都用额定电压的百分数表示。计算时短路电阻与短路阻抗都是换算到75℃时的数值。阻抗电压是变压器的主要参数之一,标示在变压器的铭牌上,大小反映了变压器负载时内部压降的大小,取决于变压器的结构。从运行角度看,希望它小一些,这样可使运行中输出端的电压变动和内部容量损耗小一些;从限制短路电流的角度看,则要求短路阻抗大一些。因此它应有一个适当的值。阻抗电压的两个分量都与变压器的容量有关,电阻分量随容量的增大而减小,电抗分量随容量的增大而增大,整体来看电抗分量占的比重大。

2) 变压器的标幺值

在变压器和电机的工程计算中,常以额定值为基值,各物理量对额定值的比值称为各量的标幺值,用各量原来符号右上角加星号表示。标幺值实际上是将额定值标为1,各物理量与其的比值。同理,将额定值标为100,各物理量与其的比值为百分值,标幺值和百分值都是与基值相比所得的相对值。

(1) 空载电流的标幺值:不论从原边还是副边进行计算,空载电流用标幺值表示,其值都相等。所以不必指出是原边的还是副边的值。

(2) 阻抗电压的标幺值:不论从原边还是副边,其值都是一样的。

(3) 短路阻抗的标幺值:用标幺值表示阻抗时,常用额定阻抗,即变压器的额定相电压与额定相电流的比值作为基值,不难推算出,短路阻抗的标幺值等于阻抗电压的标幺值,两者是同性质的物理量。

实际计算中应注意,变比、参数、功率的计算均用相值,用实际值表示阻抗的大小,必须指出是在哪一边电压基础上的,否则没有意义。用标幺值表示,则从哪边看进去的阻抗标幺值都相等,因为两边的阻抗只差变比的平方倍,而两边阻抗的基值也只差变比的平方倍。

4.2 变压器结构

4.2.1 油浸式变压器的结构

油浸式变压器的结构主要由铁芯、绕组、油箱、绝缘套管等部分组成。铁芯和绕组进行电磁能量转换的有效部分,称为变压器的器身。油箱是油浸式变压器的外壳,箱内灌满了变压器油,变压器油起着绝缘和散热作用。

1) 铁芯

铁芯是电力变压器的基本部件,由铁芯叠片、绝缘件和铁芯结构件等组成。铁芯本体是由磁导率很高的磁性钢带组成,为了使不同绕组能感应出和匝数成正比的电压,需要两个绕组链合的磁通量相等,这就需要绕组内有磁导率很高的材料制造铁芯,尽量使全部磁通在铁芯内和两个绕组链合,并且使只和一个绕组链合的漏磁通尽量少。

铁芯由铁芯柱和铁轭两部分组成。铁芯柱上套绕组,铁轭将铁芯柱连接起来,使之成为闭合回路。

变压器的基本铁芯结构分为芯式和壳式两种。芯式变压器结构比较简单,高压绕组与铁芯距离较远,绝缘较易处理,故电力变压器铁芯一般都制造成芯式结构。壳式变压器的结构比较坚固,制造工艺较复杂,高压绕组与铁芯柱的距离较近,绝缘处理较困难。壳式结构易于加强对绕组的机械支撑,使其能承受较大的电磁力,特别适用于通过大电流的变压器。

(1) 铁芯结构

芯式单相变压器,如图 4.2 所示,它有两个铁芯柱1,用上下两个铁轭(2,3)将铁芯柱连接起来,构成闭合磁路。两个铁芯柱上都套有高压绕组 5 和低压绕组4。通常将低压绕组放在内侧,即靠近铁芯,而把高压绕组放在外侧,即远离铁芯,这样易于符合绝缘等级要求。1 000 MW 级发电机组使用的主变一般采用这种结构的单相变压器。

三相芯式变压器有三相三铁芯柱和三相五铁芯柱。三相三铁芯柱如图 4.3 所示,它是将 A、B、C 三相的三个绕组,分别放在三个铁芯柱上,三个铁芯柱由

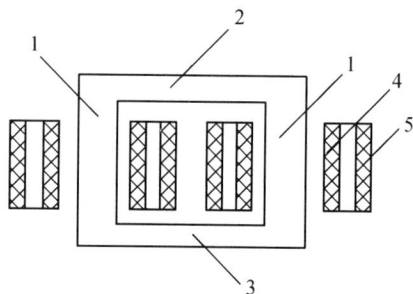

1—铁芯柱;2—上铁轭;3—下铁轭;
4—低压绕组;5—高压绕组
图 4.2　单相芯式变压器铁芯和绕组

上、下两个铁轭连接起来,构成磁回路,绕组的布置方式也同单相一样,将低压绕组放在内侧,而把高压绕组放在外侧。三相五铁芯柱如图 4.4 所示,它与图 4.3 中的三相三铁芯柱相比较,在铁芯柱的左右两个尽头端,多了两个分支铁芯柱4,称为旁轭,各电压级的绕组分别按相套在中间三个铁芯柱上,而旁轭是空的铁芯柱,没有绕组,这样就构成了三相五铁芯柱变压器。

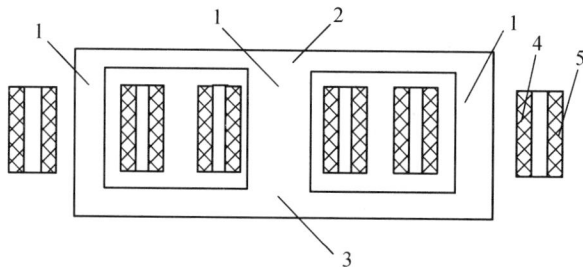

1—铁芯柱;2—上铁轭;3—下铁轭;4—低压绕组;5—高压绕组
图 4.3　三相三铁芯柱变压器的铁芯和绕组

随着电力变压器单台制造容量不断地增大,其体积也相应地增大。外形尺寸很大的变压器,给运输带来了新的问题。如当高度过高时,将会妨碍车辆穿越隧道(山洞)。所以变压器的制造高度是受到运输条件的限制的,不允许超过国家规定的数字。当单台制造容量增大时,就会发生困难。为了解决这一矛盾,方法之一就是采用五铁芯柱的铁芯。它是将变压器上、下铁轭几乎各减去了一半,这样就整个变压器而言,降低了一个铁轭的高度。但是,降低后铁轭中的磁感应强度必须保持原来的数值,不能超过设计所能允许的数值。为此,把

上、下铁轭中减去一半的铁磁物质，置于 A、C 两相芯柱的两旁，称之为旁轭，就成了图 4.4 所示的外形了。旁轭仅起着磁路闭合作用，其功能与上、下铁轭相同，是没有绕组的。

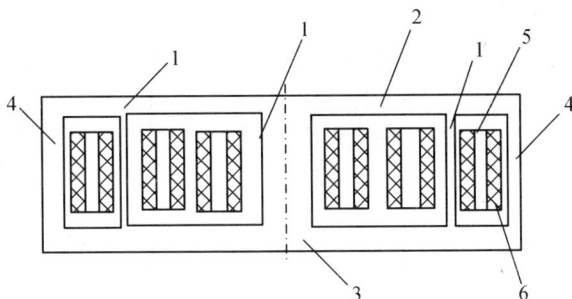

1—铁芯柱；2—上铁轭；3—下铁轭；4—旁轭；5—低压绕组；6—高压绕组

图 4.4　三相五铁芯柱变压器的铁芯和绕组

由于三相五柱式铁芯各相磁通可经旁轭闭合，故三相磁通可看作是彼此独立的，而不像普通三相三柱式变压器各磁通互相关联，因此当有不对称负载时，各相零序电流产生的零序磁通可经旁轭而闭合，故其零序励磁阻抗与对称运行时励磁阻抗（正序）相等。

中小容量的三相变压器都采用三相三铁芯柱式。大容量三相变压器，受运输高度限制，故多采用三相五柱式。

（2）铁芯的材料

变压器铁芯由硅钢片组成，为了降低铁芯中的发热损耗，铁芯由厚度为 0.35～0.5 mm 的硅钢片叠装而成。变压器用的硅钢片含硅量比较高。硅钢片的两面均涂以绝缘漆，这样可使叠装在一起的硅钢片相互之间绝缘，绝缘漆的厚度仅几个微米。

作为电力变压器用硅钢片，技术要求有：

① 有高的导磁率 μ。因为在一定的磁场强度 H 下，导磁率 μ 越高，要传递等量的磁通 Φ，所需要的硅钢片材料就越少，铁芯的体积越小，产品重量就轻。或者说因为体积减小了，可节约导线和降低导线电阻所引起的发热损耗。

② 要求在一定的频率和磁感应强度下，具有低的铁损，单位重量的硅钢片，所引起的损耗（磁滞损耗和涡流损耗）要低，则可降低产品的总损耗，可提高产品的效率。

为了达到上述目的，可采用单取向冷轧钢片，并加入少量的硅，从而成为硅钢片。硅的渗入，使钢片的性能起了根本性的变化。硅与铁形成合金，提高了电阻率，同时将有害的杂质分离出来。所以渗入了硅，反而能提高导磁率，降低铁损。目前广泛采用磁导系数高的冷轧晶粒取向硅钢片。

（3）铁芯的截面

在大容量的变压器中，为了使铁芯中发出来的热量能被绝缘油在循环时充分地带走，从而达到良好的冷却效果，因此除将铁芯柱的截面做成阶梯形外，还设有散热沟（油道），如图 4.5 所示。散热沟的方向与钢片的平面可以做成平行的，如图 4.5(a)所示，也可以做成垂直的，如图 4.5(b)所示。铁芯的装配有直接接缝、半直半斜接缝和全斜接缝等方式。在大容量变压器中，铁芯损耗的绝对值很大，实现全斜接缝的经济意义巨大，目前，已全力推广生产全斜接缝低损耗的电力变压器，全斜接缝的硅钢片叠积图如图 4.6 所示。

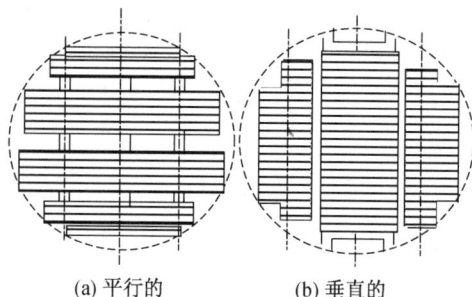

(a) 平行的　　　　(b) 垂直的

图 4.5　有散热沟的铁芯柱截面图

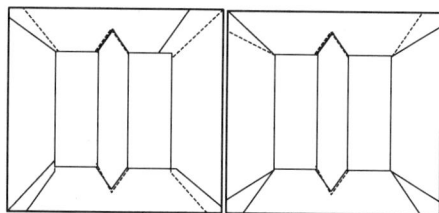

图 4.6　全斜接缝硅钢片叠积图

接缝都是斜接的,这样在磁力线改变方向时,损耗可降到最低,这种装配方式使芯柱和轭部无空心螺孔,从而减小了由于冲孔产生的铁损。由于硅钢片无孔,钢片的夹紧采用环氧玻璃黏带绑扎,减少了附加损耗。

(4)大型变压器铁芯的接地

由于匝电压高,当铁芯发生两点以上接地时,接地电流较大,故障点能量级别较高,这将引起较为严重的后果。为了能在运行中对大容量变压器进行监视,观察其接地回路内是否有电流流过,把通常在变压器内部直接固定接地的方式,改变为在变压器外部接地的方式。

图 4.7 为这种接地方式的原理图,从图中可以明了地看到,首先在变压器内部,上夹件与下夹件在电回路上是不相通的。在变压器上部,上夹件 4 与穿芯螺杆、穿芯螺杆与铁芯相互之间是绝缘的。铁芯与上夹件之间,则通过一片接地铜片 5 相接通,使铁芯只有一点与上夹件相连通,左右两侧的两个上夹件,通过导电排 6 连接起来。然后,导电排再与装在变压器箱盖上的接地套管 7 相连通,接地套管 7 则在外部进行接地,于是就实现了铁芯在外部接地。

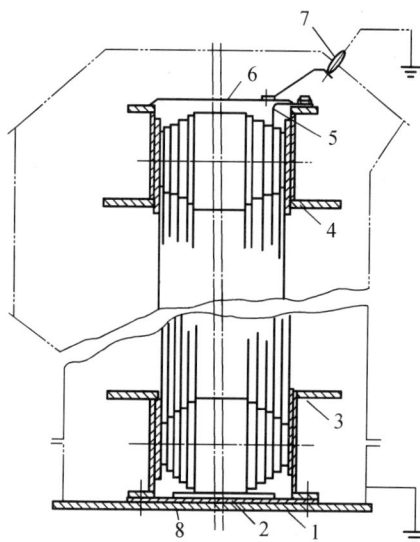

1—钢垫脚;2—垫脚绝缘;3—下夹件;
4—上夹件;5—接地铜片;6—导电排;
7—接地套管;8—箱壳底板

图 4.7　大型变压器铁芯在外部接地的原理图

2)绕组

(1)圆筒形绕组

圆筒形绕组是一个圆筒形螺旋体,其线匝是用扁线彼此紧靠着绕成的。圆筒形绕组可以绕成单层,也可以绕成双层。通常总是尽量避免用单层圆筒,而是绕成双层圆筒。因为绕成单层时,导线受到弹性变形的影响,线圈容易松开,使端部线匝彼此靠得不够紧;而绕成双层后,松开的倾向就小得多了。当电流较大时,也采用每一线匝由数根导线沿轴向并联起来绕成,但并联导线数通常不多于 4~5 根。

圆筒形绕组两端的两匝作为螺旋体的一部分,是处在一个与轴线成一定倾斜角的平面内,也就是说两端的两匝是斜的,为了使绕组能在平面上垂直竖立,在每层的起始一匝和最后一匝都放上一个用胶木或纸板条做成的端圈。圆筒形绕组与冷却介质的接触面积最大，因此冷却条件较好，但这种绕组的机械强度较弱，一般适用于小容量变压器的低压绕组。圆筒式绕组一般用于三相容量在 1 600 kVA 以下、电压不超过 15 kV 的电力变压器。

（2）螺旋形绕组

容量稍大些的变压器的低压绕组匝数很少（20～30 匝以下），但电流却很大，所以要求线匝的横截面很大，因此要用很多根导线（6 根或更多）并联起来绕。圆筒形绕组里不能用多根导线并联起来绕制，因为这些导线要在同一层里一根挨着一根排列绕，结果使线匝的螺距太大，这样的线圈很不稳固，而且它的高度也没有很好地利用，所以在并联导线的数目较多时，仍采用圆筒形绕组是不适宜的，于是就有螺旋形绕组出现。圆筒形绕组实际上也是螺旋形的，不过这里所讲的螺旋形绕组每匝并联导线的数量较多，而且是沿径向一根压着一根地叠起来绕。螺旋形绕组把多根并联的导线绕成一个螺旋，各个螺旋不是像圆筒形绕组那样彼此紧靠着，而是中间隔着一个空的沟道，可以构成绕组的盘间（匝间）散热油道。螺旋式绕组当并联导线太多时，就把并联导线分成两排，绕成双螺旋绕组。为了减小导线中附加损耗，绕制螺旋式绕组时，并联导线要进行换位。这种绕组一般用于三相容量在 800 kVA 以上、电压在 35 kV 以下的大电流的绕组。

（3）连续式绕组

连续式绕组是没有焊接头的，只能用扁线绕制。导线的匝间排列，是经过特殊的绕制工艺绕成的，从一个线饼（也称线段）到另一个线饼，其接头是交替地在线圈的内侧和外侧，这是连续式绕组的主要优点。由于这一优点，连续式绕组具有很高的机械强度和可靠性。连续式绕组应用范围较广，它的机械强度高，散热条件好，一般用于三相容量为 630 kVA 以上、电压为 3～110 kV 的绕组。

（4）纠结式绕组

图 4.8 为普通纠结式绕组绕制的次序，它是用两根导线进行并绕，两个线饼成对地绕，然后按照图中所示的次序将两个线饼串联起来，成为一个单回路线圈。图中编号 10 和 11 连接起来，称为纠位线；编号 5 和 6、15 和 16 在线圈的撑条附近连接起来，所以称为底位线；编号 20 作为与下一对线饼相连接用，称为连线。

纠结式绕组还有全纠结式和部分纠结式。全纠结是整个绕组从绕制开始，到最后绕完全部采用纠结式。部分纠结是采用纠结和连续相结合，通常在高压绕组的出线端和中性点（全绝缘结构）两处，将其中几个线饼绕成纠结式，而其他线饼则绕成连续式。纠结式绕组焊头多，绕制费时，一般用于三相容量为 6 300 kVA 以上、电压在 110 kV 以上绕组。

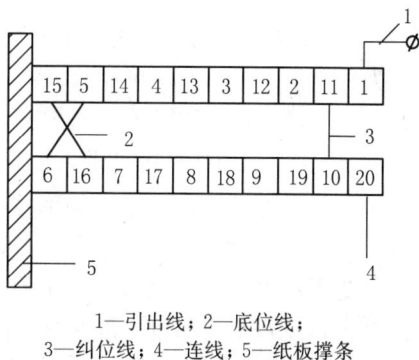

1—引出线；2—底位线；
3—纠位线；4—连线；5—纸板撑条

图 4.8 普通纠结式绕组绕制次序

为了减少大型电力变压器在采用多股导线并绕时所产生的附加损耗，绕组往往需要作换位处理，通常采用自黏式换位导线，采用自黏式可以使绕组适度加固，使器身形成坚固的整体，使其具有足够耐受短路的强度。所谓换位导线，就是将多股分散的并绕导线，在绕制前，先按照一定的规律，360°连续地进行换位。在应用时，把换位导线当做一根导线来绕制。

换位导线被广泛使用于大容量电力变压器。1 000 MW 级机组的高压变压器均采用这种自黏式换位导线方式。

3）绝缘结构

变压器的绝缘分主绝缘和纵绝缘两大部分。主绝缘是指绕组对地之间、相间和同一相而不同电压等级的绕组之间的绝缘;纵向绝缘是指同一电压等级的一个绕组,其不同部位之间,例如层间、匝间、绕组对静电屏之间的绝缘。主绝缘应承受工频试验电压和全波冲击电压试验的作用。因此,主绝缘结构应保证在相应电压级试验电压作用下,具有足够的绝缘强度,并保持一定的裕度。

在叙述变压器绝缘结构之前,先了解一下变压器内部所采用的一些主要绝缘材料。

（1）变压器内部的主要绝缘材料

① 变压器油。主要由环烷烃、烷烃和芳香烃构成,它的相对介电常数 ε 在 2.2～2.4 之间。纯净的变压器油的耐电强度是极高的,可达 4 000 kV/cm 以上,但是工程上用的净化的变压器油,只能达到 50～60 kV/2.5 mm,这主要是因为存在杂质,且运行中受电场和热的影响,油会分解出气体和聚合物。在高电场中,这些分解出来的气体,以及油中的水分和纤维等杂质,在电场作用下,顺着电场方向,排列成"小桥",成为泄露的通道,情况严重时,导致"小桥"击穿,使油的耐电强度降低。因此,变压器内部绝缘的结构,要考虑上述因素,采取必要的措施,防止形成"小桥"。

② 绝缘纸板。它是由硫酸盐纸浆压制而成,它与变压器油结合以后,绝缘性能良好,因为纤维板在油中起了隔板的作用,隔断了"小桥",而油又填充了纸板中的空隙,所以它的短时间耐电强度可达 100 kV/mm 以上。因此在变压器的内绝缘中,得到了极为广泛的应用。例如,作为绝缘纸筒、撑条、垫条、隔板、角环等。

③ 电缆纸。它是由硫酸盐纸浆压制而成,主要用作导线外表面包绕的绝缘和绕组中的层间绝缘。

④ 皱纹纸。它是由硫酸盐纸浆制成的电话纸再加工而成,在油中的电气性能很好,表现为平均击穿电压高,可达 40 kV/mm,介质损失角的正切值（$\tan \delta$）很小,20℃时小于0.3%。皱纹纸主要作为变压器出线等处包扎用,它的包扎工艺极好,有平滑、紧密、美观等优点,包扎后的引线还能弯曲,而其费用远比以往使用的黄漆带低。因此,目前已被广泛地应用在包扎裸导线和绕组端部绝缘等处。

（2）主绝缘结构

变压器内部的主绝缘结构主要为油-隔板绝缘结构,目前广泛采用薄纸筒小油隙结构。绕组之间设置多层厚度一般为 3～4 mm 的纸筒。铁芯包括芯柱和铁轭,靠近芯柱的绕组与芯柱之间,为绕组对地的主绝缘,用绝缘纸板围着圆柱形的铁芯构成,根据电压的高低决定纸板的张数。纸筒的外径与绕组的内径之间用撑条垫开,以形成一定厚度的油隙绝缘。电压较高时可以采用纸筒—撑条重复使用的办法构成。油隙同时又是绕组与芯柱之间、不同电压的绕组与绕组之间的散热油道。每相绕组的上、下两端,绕组与上部的钢压板、下部铁轭,存在着绕组端部的主绝缘,又称铁轭绝缘,采用纸圈—垫块交叉地放置数层构成。为改善绕组端部电场的分布,在 110 kV 以上的绕组端部都放置静电屏。同一相不同电压的绕组之间或不同相的各电压绕组之间的主绝缘采用薄纸筒小油隙结构,这种结构具有击穿电压值高的优点。最外层的绕组与油箱之间的主绝缘,电压在 110 kV 及以下时依靠绝缘油的厚度为主绝缘;电压在 220 kV 及以上时,增加纸板围屏来加强对地之间的主绝缘。

（3）纵向绝缘

纵向绝缘是指同一绕组的匝间、层间以及与静电屏之间的绝缘。在同一个线饼内,绕有数匝线圈,这时匝与匝之间需要有匝绝缘。对于不同形式的绕组,匝间电压数值亦不相同。当绕组的形式为纠结式时,其匝电压比一般连续式绕组时高。不同形式的纠结绕组,其匝电压数值也不一样,所以匝电压的具体数值要根据绕组的具体形式而定。匝间绝缘是由包在导线上的电缆纸构成,不同的电压等级,其匝间绝缘的厚度也不相同。

4) 变压器的附属设备

（1）油箱

油浸式变压器均要有一个油箱,以便将组装好的铁芯和绕组装入其中,并且要将变压器绝缘和散热用的油装入,以保证变压器正常工作。变压器油箱的重要作用是很明显的。正常情况下变压器油箱要承受铁芯、绕组和变压器油的重量和对箱壁的压力,还要承受变压器安装时真空热油干燥时外部大气压力。油浸式电力变压器外形如图 4.9 所示。

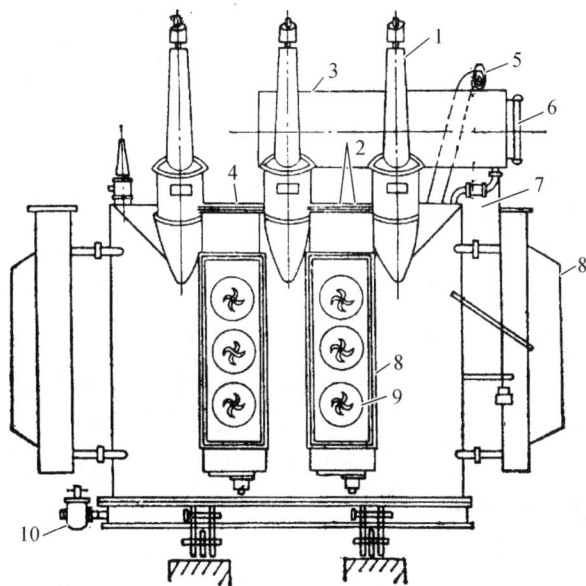

1—高压出线套管；2—低压出线套管；3—油枕；4—油箱；5—防爆筒；
6—油位指示器；7—瓦斯继电器；8—散热器；9—风扇；10—放油阀；

图 4.9 油浸式电力变压器外形示意图

在非正常情况下,例如变压器故障,变压器油分解产生气体,对油箱形成很大压力,变压器油箱应在一定压力范围内能够不产生变形破损等异常。现代化大型变压器强大的磁能,有时漏磁会使变压器油箱某些部位磁化,产生大量热能,所以,现在对变压器油箱要求比较高,要用质量好的钢板焊接而成,能承受一定压力和某些部位必须具有防磁化性能。为了方便检修变压器,可以把油箱做成钟罩式,在变压器检修时不用吊起沉重的铁芯和绕组,只要将油放掉,将钟罩油箱吊起就可以检修。现代大型变压器油箱均采用了钟罩式结构。

（2）气封油枕

变压器在运行中,随着油温的变化,油的体积会膨胀和收缩,油面的空气与外界大气交换时容易受潮和氧化。为了使变压器油箱中的油随着油温变化任意膨胀和收缩,同时减少外界空气的接触面积,减小变压器受潮和氧化的概率,通常在变压器上部安装一个储油容器(俗称油枕),使其与变压器本体油箱连通,由变压器容量来决定油枕的大小。随着变压器容量增大,油枕的重要性也越大,为了防止大型变压器由于油受潮和劣化造成故障,需要采取一些重要措施。

采用气封型油枕可以将变压器油与大气隔开,允许变压器主油箱的油随温度变化而自由膨胀和收缩而又不接触外面空气,避免了油接触大气中的水分、氧气、杂质等,减小了变压器箱内油受潮的机会,降低了油的劣化速度。在变压器的油枕内安放一个特殊的耐油橡皮的空气胶囊(一般用耐油氯丁橡胶制成),它通过呼吸孔连接的呼吸器与外界相通,空气胶囊阻止了油枕中变压器油与外界空气接触。气囊形状可以随油的膨胀和收缩而变化,油枕通过油管、瓦斯继电器与主油箱连通,这样保持了主油箱始终充满了油并且不与外界空气接触。

(3) 空气干燥器(呼吸器)

随着负荷和气温变化,变压器油温不断变化,油枕内的油位随着整个变压器油的膨胀和收缩而发生变化,有时将油枕内空气向外排出,有时外界空气要被油枕吸入。为了使潮气不能进入油枕使油劣化,将油枕用一根管子从上部连通到一个内装硅胶的干燥器(俗称呼吸器),因为空气经过干燥器有进有出好像呼吸一样,所以称为呼吸器。硅胶正常情况下为蓝色颗粒,对空气中水分具有很强的吸附作用,吸潮饱和后变为红色。

空气干燥器就是利用硅胶的吸湿性。将硅胶颗粒装在玻璃容器内,外面用金属容器保护,并留有适当窗口用以检查硅胶状况。用来填充干燥器的硅胶颗粒是化学提纯的氧化硅,具有极强的吸潮能力,根据变压器安装处的环境湿度、季节和变压器的负载等情况,每隔3~6个月更新一次硅胶填料。硅胶经过吸收潮气而会有特殊的颜色变化,可以根据其颜色变化情况来估计其饱和程度。蓝色:干燥状态;紫色:吸潮程度已达 20％~30％;粉红色:已经饱和。硅胶颗粒大小应为 3.5~6 粒度。硅胶可以反复使用,吸潮的硅胶可以再生:将换下的吸潮的硅胶加温到 120~200℃,加温时要搅拌,以使其均匀干燥,当所有的颗粒重新变成蓝色时,硅胶再生过程完毕,就可以使用了。

(4) 强迫油循环强迫风冷式冷却器

冷却器直接装配在变压器油箱壁上,电动泵从油箱顶部抽出热油送入散热器管簇中,这些管簇的外表受到来自风扇的冷空气吹拂,使热量散失到空气中去,经过冷却后的油从变压器油箱底部重新回到变压器油箱内。所有风扇及油泵电机的保护和控制设备装在冷却器底部的箱子内和变压器一侧的控制柜内。

(5) 绝缘套管

绝缘套管将变压器内部的高、低压引线引到油箱外部,不但作为引线对地的绝缘,而且担负着固定引线的作用。绝缘套管一般是瓷质的,其结构主要取决于电压等级,1 kV 以下的采用实心瓷套管,10~35 kV 采用空心充气或充油式套管,电压等级 110 kV 及以上时采用电容式套管。为了增加外表面放电距离,套管外形做成多级伞状裙边,电压越高,级数越多。

(6) 控制箱

当变压器投入运行时,使转换开关置工作状态的冷却器自动投入运行。运行中的变压器顶层油温或负荷达到规定值时,能使辅助冷却器自动投入工作以降低变压器的工作温度,并向中央控制室发出信号,同时点亮指示灯。当工作的冷却器组出现故障时,也可以使备用冷却器组自动投入工作,并向中央控制室发出信号,同时点亮指示灯。

控制箱配备有变压器风扇和变压器油泵的过载及短路保护装置。当备用冷却器投入后,备用变压器油泵发生故障时,时间继电器吸合,延时(0.4~30 s)中间继电器吸合,由中间继电器的常开触头向中央控制室发出故障信号,同时点亮指示灯。当打开控制箱门时箱内照明灯自动亮,当关闭控制箱门时箱内照明灯自动灭,前、后门分别控制箱内前、后两个照明灯。

(7) 瓦斯继电器

在油枕和油箱的连接管上装有瓦斯继电器,用于反映变压器的内部故障。是主要反映变压器内部铁芯局部过热烧损、绕组内部断线、绝缘逐渐劣化等故障所产生的气量或绝缘突发性故障、击穿故障所引起的高速油流的一种继电器。气体继电器又称瓦斯继电器,经常处于充油状态,其内部有两个浮子、两个水银接点和一个叶片,此叶片对朝油枕方向流动的油流很敏感。继电器上部的一对接点是报警用的,当变压器内部故障产生气体或者其他原因,气体从油箱上升进入油枕时,使瓦斯继电器上部油位降低,上部浮子下降接通上部接点,于是发出变压器异常的报警信号。继电器下部的一对接点是跳闸用的,当变压器发生严重故障时,主油箱的油流向油枕而冲动叶片或者油位继续下降,使瓦斯继电器的下部浮子接通下部接点,于是发出跳闸指令。其中高厂变和高备变均设有两个瓦斯继电器。一个装在主油箱和主油枕之间,此瓦斯继电器能产生两级信号——轻瓦斯信号和重瓦斯信号;另一个装在有载调压装置油箱和有载调压油枕间,它只能发出重瓦斯信号。在主油箱和主油枕之间的瓦斯继电器的顶部有一个瓦斯取样隔离阀,瓦斯继电器通过一段管道与瓦斯取样器相连。

(8) 瓦斯取样器

当轻瓦斯保护动作发出"信号"时,对变压器中产生的气体进行取样分析,用于判断变压器内部故障程度。

(9) 分接开关

变压器常采用改变绕组匝数的方法进行调压。为此,把绕组引出若干抽头,这些抽头叫分接头。用以切换分接头的装置,称为分接开关。分接开关又分无载分接开关和有载分接开关。前者,必须在变压器停电的情况下切换;后者,可以在不切断负荷电流的情况下切换。

(10) 快速压力释放器

当变压器内部发生故障时,快速压力释放器动作,将油箱内的油向外喷出,以降低箱内压力,即可以防止由于故障产生的内部压力骤增而造成的油箱爆炸。快速压力释放器安装在变压器的油箱盖上,它是利用一个可调节的弹簧压住阀片,正常时,内部压力作用到阀片上的总力是内部压力乘以阀片内密封环以内的面积,作用力越大,起座力越大,一旦起座,在2 ms之内可以达到全开。

(11) 监测装置

监测装置包括油温监测、气体监测、绕组温度监测、油位监测。油温监测装置为电阻型,它提供带电接点的油温指示器和进 DCS 的信号。油中气体监测装置在线监测油中气体含量,模拟量信号送 DCS,当气体含量超过标准时发出报警信号。绕组温度监测装置为反映变压器绕组温度的电阻型传感元件,它提供带电接点的绕组温度指示器和进 DCS 的信号。

油位监测装置用于监视油枕内的油位,当油位下降到规定值以下时,瞬时动作报警。油流监测装置是当油泵投入运行反映油流,当油流停止时,油流继电器动作。

(12) 电流互感器

主变高压侧每相安装着四只电流互感器,在中性点每相安装两只电流互感器,以便为主变的测量、保护提供电流信号。

4.2.2 分裂变压器和干式变压器

1) 分裂绕组变压器

(1) 分裂绕组变压器的用途

随着变压器容量的不断增大,当变压器副方发生短路时,短路电流数值很大。为了能有效地切除故障,必须在副边安装具有很大开断能力的断路器,从而增加了配电装置的投资。如果采用分裂绕组变压器,则能有效地限制短路电流,降低短路容量,从而可以采用轻型断路器以节省投资。

现在大型电厂的高压厂用启动变压器和高压厂用工作变压器一般均采用分裂绕组变压器。高压厂用

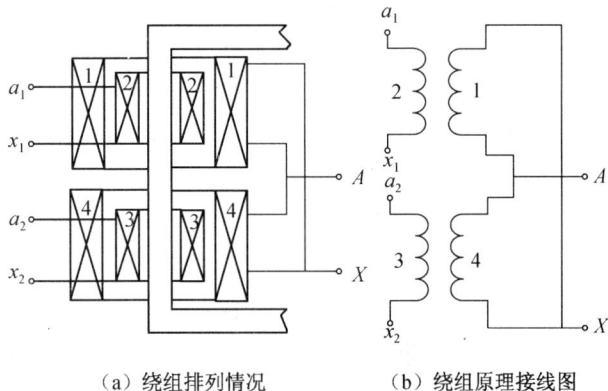

(a) 高压厂用变压器 　　(b) 两机一变扩大单元制升压变压器

1—发电机；2—升压变压器；3—分裂绕组变压器

图 4.10　分裂绕组变压器接线图

变压器采用分裂绕组变压器后,采用的接线如图 4.10(a)所示。分裂绕组变压器也可用作两机一变扩大单元制升压变压器,这种情况下的接线如图 4.10(b)所示。

(2) 分裂绕组变压器的结构原理

分裂绕组变压器将普通双绕组变压器的低压绕组在电磁参数上分裂成额定容量相等的两个完全对称的绕组,这两个绕组间仅有磁的联系,没有电的联系,为了获得良好的分裂效果,这种磁的联系是弱联系。由于低压侧两个绕组完全对称,所以它们与高压绕组之间所具有的短路电抗应相等。两个分裂绕组是相互独立供电的,但两个分裂绕组的容量相等,且为变压器额定容量的 1/2,或稍大于 1/2。

三相分裂绕组的结构布置形式有轴向式和径向式两种。在轴向式布置中,被分裂的两个绕组布置在同一个铁芯柱内侧的上、下部,不分裂的高压绕组也分成两个相等的并联绕组,并布置在同一铁芯柱外侧的上、下部。绕组排列和原理接线如图 4.11 所示。在径向式布置中,分裂的两个低压绕组和不分裂的高压绕组

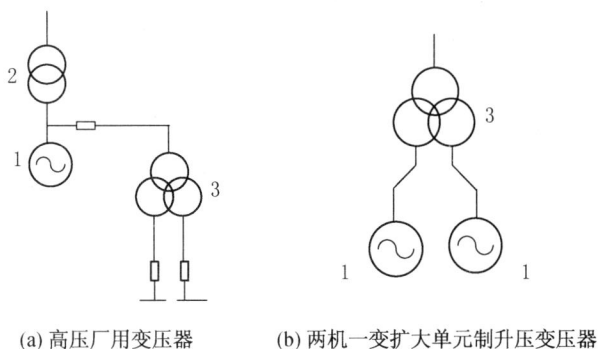

（a）绕组排列情况 　　（b）绕组原理接线图

图 4.11　三相铁芯柱轴向布置图

都以同心圆的方式布置在同一铁芯柱上,且高压绕组布置在中间,绕组排列和原理接线如图4.12所示。

(3) 分裂绕组变压器的运行方式

① 分裂运行

两个低压分裂绕组运行,低压绕组间有穿越功率,高压绕组开路,高低压绕组间无穿越功率。在这种运行方式下,两个低压分裂绕组间的阻抗称为分裂阻抗。由于两个低压绕组之间没有电联系,而绕组在空间的位置,使它们之间有较弱的磁耦合,所以在分裂运行时,漏磁通几乎都有各自的路径,互相干扰很少,这样它们具有较大的等效阻抗。

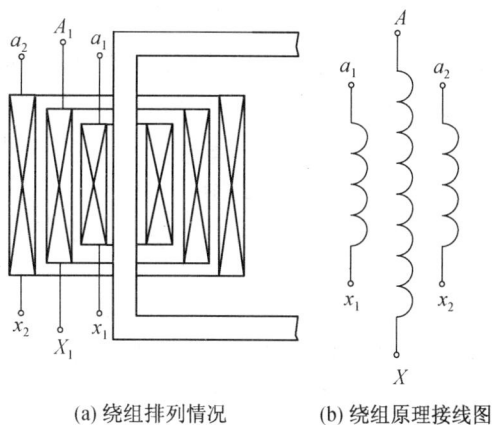

(a) 绕组排列情况　　(b) 绕组原理接线图

图 4.12　三相铁芯柱径向布置

② 穿越运行

两个低压绕组并联,高、低压绕组间有穿越功率,在这种运行方式下,高低压绕组间的阻抗称为穿越阻抗。穿越阻抗的物理现象是当该变压器不作分裂绕组运行,而改为普通的双绕组运行时,一、二次绕组之间所存在的等效阻抗。这个等效阻抗的百分比较小。

③ 半穿越运行

当任一低压绕组开路,另一低压绕组和高压绕组运行时,高低压绕组之间的阻抗称为半穿越阻抗,这一运行方式,是分裂绕组变压器的主要运行方式。由于分裂绕组2和3的等值阻抗与不分裂运行时,即普通双绕组变压器运行时相比大得多,所以半穿越阻抗的百分比也比较大,因此工程上用来有效地限制短路电流。

根据以上分析,可得分裂变压器的特点如下:

a. 能有效地限制低压侧的短路电流,因而可选用轻型开关设备,节省投资;

b. 在降压变电所,应用分裂变压器对一两段母线供电时,当一段母线发生短路时,除能有效地限制短路电流外,另一段母线电压仍能保持一定的水平,不致影响供电;

c. 当分裂绕组变压器对两段低压母线供电时,若两段负荷不相等,则母线上的电压不等,损耗增大,所以分裂变压器适用于两段负荷均衡又需限制短路电流的场所;

d. 分裂变压器在制造上比较复杂,例如当低压绕组发生接地故障时,很大的电流流向一侧绕组,在分裂变压器铁芯中失去磁的平衡,在轴向上由于强大的电流产生巨大的机械应力,必须采用结实的支撑机构,因此在相同容量下,分裂变压器约比普通变压器贵20%。

2) 干式变压器

(1) 干式变压器的用途和特点

干式变压器的铁芯和线圈都不浸在任何绝缘液体中,它一般用于安全防火要求较高的场合(厂用380 V中一些变压器)。小容量、低电压的特种变压器,为了便于制造和维护,也做成干式。干式变压器有下列几种类型:

① 开启式。是常用的型式,其器身与大气相连通,适用于比较干燥而洁净的室内环境(环境温度+20℃时,相对湿度不超过85%)。目前,电压在15 kV以下,空气自冷式容量可

达 1 000 kVA 左右,更大容量时一般用吹风冷却。由于空气的绝缘强度和散热性能都比油差,以空气作绝缘的干式变压器的有效材料消耗比油浸式为多,所以电力变压器只有在地下铁道、公共建筑物、车间内部等防火要求较高的场所才采用干式。以空气作绝缘的干式变压器承受冲击电压的能力较油浸式差,其使用条件一般限于不和架空线路相连,不会受到大气过电压作用的场合(否则应加特殊防雷保护,使大气过电压幅值不超过工频试验电压幅值)。因此,除工频耐压外,不再另外要求规定冲击强度。

②封闭式。与外部大气不相连通,可用于更为恶劣的环境。由于密封,散热条件差,目前主要用于矿用隔爆型变压器。也可充以绝缘强度和散热能力胜于空气的其他气体,如充以 2~3 个大气压下的六氟化硫,并加以强迫循环,则变压器的绝缘和散热能力可和油浸式相比拟,适用于高电压的产品。

③浇注式。用环氧树脂或其他树脂浇注作为主绝缘,结构简单,体积小,适用于较小容量产品。

(2)环氧树脂浇注式干式变压器

环氧变压器具有难燃、自熄、耐尘、耐潮、机械强度高、体积小、重量轻、损耗低、噪声小等特点,与油浸变压器相比具有安全、经济、可靠、方便等优点。

①难燃性、自熄性

由于变压器事故引起火灾,造成人身伤亡和重大经济损失事故时有发生。变压器的防火问题就显得特别重要。要求变压器本身具有难燃、自熄的特性。随着新型的环氧树脂、硬化剂、增韧剂、填料等化工材料的迅速发展和浇注工艺的不断改进和提高,高电压大容量变压器线圈采用环氧树脂浇注技术已成熟。

它具备的优异特性有:良好的耐潮性和自熄性;优良的工艺加工性能;优异的电气绝缘性能;高的机械强度;好的耐热性和导热性。

②损耗低

变压器是电力系统中重要的电器设备,提高变压器的效率对节约电能的消耗有重大的意义。环氧树脂浇注式干式变压器设计选用优质冷轧晶粒取向硅钢片,采用 45°全斜接缝铁芯、不上漆、不退火、钢带扎紧等一系列技术工艺措施,使铁芯损耗大幅度下降。

③机械强度高

正常运行的变压器由于二次侧突然短路,虽然短路的瞬变过程很短,但巨大的冲击电流所产生的电磁力以及线圈的急剧发热很可能使变压器损坏,因此变压器的结构必须具备承受短路电流冲击的能力。线圈由于采用环氧树脂浇注结构,机械强度高,能保证环氧树脂浇注变压器在各种恶劣的条件下正常运行。

④绝缘性能好

由于环氧树脂具有良好的耐湿性,且绕组经过浇注后,与空气无直接接触,特性稳定,电气绝缘性能好。

⑤噪声低

变压器噪声主要由硅钢片的磁势变化引起的,它由两倍电源频率基频和包括高次谐波分量叠加而成。环氧树脂浇注变压器线圈,定位采用硅橡胶缓冲结构,线圈在噪音发生体铁芯柱周围起到隔声壁的作用,从而使变压器的振动和噪声得到改善。

4.3 变压器运行

4.3.1 变压器运行分析

1）单相变压器空载运行

变压器原绕组接入额定频率、额定电压的交流电源,副绕组开路时的运行状态称为空载运行。

图 4.13 为单相变压器空载运行时的示意图。当原绕组接入交流电压为 $\dot{U}_1$ 的电源上时,原绕组便有空载电流 $\dot{I}_0$ 流过。$\dot{I}_0$ 建立空载磁动势 $\dot{F}_0 = \dot{I}_0 N_1$,该磁动势产生空载磁通。为便于研究问题,把磁通等效地分成两部分(如图 4.13 所示):一部分磁通 $\dot{\Phi}_m$ 沿铁芯闭合,同时交链原、副绕组,称为主磁通;另一部分磁通 $\dot{\Phi}_{1\sigma}$ 主要沿非铁磁性材料(变压器油、油箱壁等)闭合,仅与原绕组交链,称为原绕组漏磁通。根据电磁感应定律可知,交变的主磁通分别在原、副绕组感应出电动势 $\dot{E}_1$ 和 $\dot{E}_2$;漏磁通在原绕组感应出漏电动势 $\dot{E}_{1\sigma}$。此外,空载电流还在原绕组电阻 r_1 上形成一个很小的电阻压降 $\dot{I}_0 r_1$。

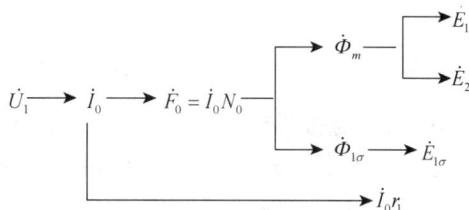

归纳起来,变压器空载时,各物理量之间的关系如图 4.14 所示。

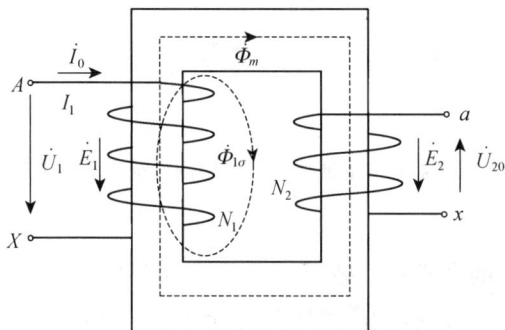

图 4.13　单相变压器空载运行的示意图　　　图 4.14　变压器空载时各物理量之间的关系

空载电流有两个作用:一是建立空载时的磁场,即主磁通 $\dot{\Phi}_m$ 和原绕组漏磁通 $\dot{\Phi}_{1\sigma}$;二是补偿空载时变压器内部的有功功率损耗。所以相应地可认为空载电流由无功分量和有功分量两部分组成,前者用来产生空载时的磁场,后者对应于有功功率损耗。在电力变压器中,空载电流的无功分量远大于有功分量,因此空载电流基本上属于无功性质的电流,通常称为励磁电流。空载电流的数值不大,变压器容量愈大,空载电流的百分数愈小。主变的空载电流大约为额定电流的 0.3%。

2）单相变压器的负载运行

变压器原绕组接入额定频率、额定电压的交流电源,副绕组接上负载,此时副边有电流流过的运行状态称为负载运行。变压器空载运行时,副边电流为零,原边只流过较小的空载电流 $\dot{I}_0$,它建立空载磁动势 $\dot{F}_0 = \dot{I}_0 N_1$,作用在铁芯磁路上产生主磁通 $\dot{\Phi}_m$,主磁通在原、副绕组分别感应出电动势 $\dot{E}_1$ 和 $\dot{E}_2$。电源电压 $\dot{U}_1$ 与原绕组的反电动势 $-\dot{E}_1$ 和原绕组漏阻抗压降 $\dot{I}_0 Z_1$ 相平衡,此时变压器处于空载运行时的电磁平衡状态。当副绕组接上负载,如图

4.15 所示。副边流过电流 $\dot{I}_2$，建立副边磁动势 $\dot{F}_2 = \dot{I}_2 N_2$，这个磁动势也作用在铁芯的主磁路上，并企图改变主磁通 $\dot{\Phi}_m$。如前所述，由于外加电源电压 $\dot{U}_1$ 不变，主磁通 $\dot{\Phi}_m$ 近似地保持不变，所以当副边磁动势 $\dot{F}_2$ 出现时，原边电流必须由 $\dot{I}_0$ 变为 $\dot{I}_1$，原边磁动势即从 $\dot{F}_0$ 变为 $\dot{F}_1 = \dot{I}_1 N_1$，其中所增加的那部分磁动势，用来平衡副边的作用，以维持主磁通不变，此时变压器处于负载运行时新的电磁平衡状态。

负载运行时，$\dot{F}_1$ 和 $\dot{F}_2$ 除了共同建立铁芯中的主磁通 $\dot{\Phi}_m$ 以外，还分别产生交链各自绕组的漏磁通 $\dot{\Phi}_{1\sigma}$ 和 $\dot{\Phi}_{2\sigma}$，并分别在原、副绕组感应出漏电动势 $\dot{E}_{1\sigma}$ 和 $\dot{E}_{2\sigma}$。同样可以用漏电抗压降的形式来表示原绕组漏电动势 $\dot{E}_{1\sigma} = -j\dot{I}_1 x_1$，副绕组漏电动势 $\dot{E}_{2\sigma} = -j\dot{I}_2 x_2$。其中，$x_2$ 称为副绕组漏电抗，对应于副边漏磁通 $\dot{\Phi}_{2\sigma}$；x_2 反映漏磁通的 $\dot{\Phi}_{2\sigma}$ 的作用，也是常数。此外，原、副绕组电流 I_1、I_2 还分别产生电阻压降 $\dot{I}_1 r_1$ 和 $\dot{I}_2 r_2$。

归纳起来，变压器负载时各物理量之间的关系可表示为图 4.16。

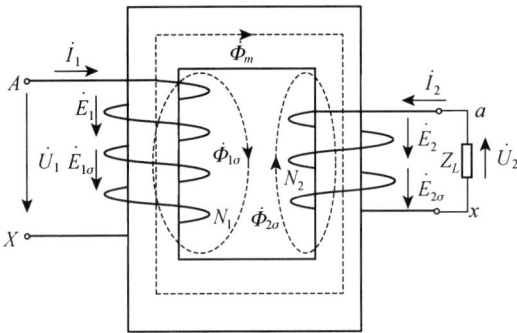

图 4.15 单相变压器负载运行的示意图

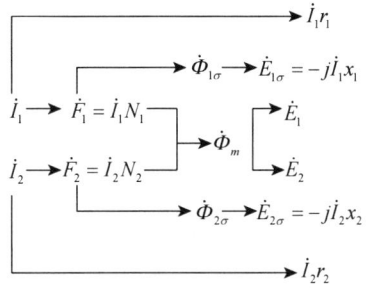

图 4.16 变压器负载时各物理量之间的关系

3) 磁动势方程式

从上面分析中得知，负载时作用在主磁路上的合成磁动势为 $\dot{F}_1 + \dot{F}_2$，这个合成磁动势建立了铁芯中的主磁通 $\dot{\Phi}_m$。由于变压器从空载到负载，变压器电源电压不变，则铁芯中的主磁通 $\dot{\Phi}_m$ 不变，而空载时产生这个主磁通 $\dot{\Phi}_m$ 所需的磁动势 $\dot{F}_0$，所以，$\dot{F}_1 + \dot{F}_2$ 应等于 $\dot{F}_0$，即

$$\left. \begin{array}{l} \dot{F}_1 + \dot{F}_2 = \dot{F}_0 \\ \dot{F}_1 = \dot{F}_0 + (-\dot{F}_2) \end{array} \right\} \tag{4.11}$$

上式可改写成电流的形式，即

$$\dot{I}_1 N_1 = \dot{I}_0 N_1 + (-\dot{I}_2 N_2) \tag{4.12}$$

两边同时除以 N_1，得

$$\dot{I}_1 = \dot{I}_0 + \left(-\frac{\dot{I}_2 N_2}{N_1}\right) = \dot{I}_0 + \dot{I}_{1L} \tag{4.13}$$

式中：$\dot{I}_{1L}$ 为原边电流的负载分量。

式(4.11)称为磁动势方程式，式(4.12)称为电流形式的磁动势方程式，两式的实质是一致的。磁动势方程式表示出原、副边电路的相互影响和依存关系，也能说明能量的传递关系。由式(4.11)可看出,原边磁动势 $\dot{F}_1$ 中包含两个分量:一个是 $\dot{F}_0$,用来产生主磁通 $\dot{\Phi}_m$;另一个是 $-\dot{F}_2$,即与副边磁动势大小相等,方向相反,用来平衡副边磁动势 $\dot{F}_2$ 的影响,从而维持主磁通不变。式(4.12)能说明原、副边能量传递关系,当变压器空载运行即 $\dot{I}_2 = 0$ 时,副边没有功率输出和功率消耗,此时 $\dot{I}_1 = \dot{I}_0$,说明变压器原边从电源吸取不大的空载电流,用于建立空载磁场和提供空载损耗所需的电能。如果变压器负载运行即 $\dot{I}_2 \neq 0$ 时,副边电流 $\dot{I}_2$ 的增加必然引起 $\dot{I}_1$ 相应地增加,此时原边除了从电源吸取 $\dot{I}_0$ 之外,还要再吸取一个负载分量电流 $\dot{I}_{1L}$。于是,副边对电能需求的变化,就由磁势平衡关系反映到原边。

4) 变压器基本方程式、等效电路和相量图

(1) 基本方程式

① 原、副边的电动势方程式

根据基尔霍夫第二定律,按图 4.15 中各物理量的正方向,可得:

$$\dot{U}_1 = -\dot{E}_1 - \dot{E}_{1\sigma} + \dot{I}_1 r_1 = -\dot{E}_1 + \dot{I}_1 r_1 + j\dot{I}_1 x_1 = -\dot{E}_1 - \dot{I}_1 Z_1 \qquad (4.14)$$

$$\dot{U}_2 = \dot{E}_2 + \dot{E}_{2\sigma} - \dot{I}_2 r_2 = \dot{E}_2 - \dot{I}_2 r_2 - j\dot{I}_2 x_2 = \dot{E}_2 - \dot{I}_2 Z_2 \qquad (4.15)$$

式中:Z_1 为原边绕组漏阻抗,$Z_1 = r_1 + jx_1$;Z_2 为副边绕组漏阻抗,$Z_2 = r_2 + jx_2$。

负载电流 $\dot{I}_1$ 在原绕组产生漏磁通 $\dot{\Phi}_{1\sigma}$ 感应出漏电动势 $\dot{E}_{1\sigma}$,在数值上可看作是空载电流在漏电抗 x_1 上的压降。同理,空载电流 $\dot{I}_0$ 产生主磁通 $\dot{\Phi}_m$ 在原绕组感应出电动势 $\dot{E}_1$ 的作用,也可类似地用一个电路参数来处理。考虑到主磁通 $\dot{\Phi}_m$ 在铁芯中将引起铁损耗,故不能单纯地引入一个电抗,而应引入一个阻抗 Z。这样便把 $\dot{E}_1$ 和 $\dot{I}_0$ 联系起来,这时 $\dot{E}_1$ 的作用看作是 $\dot{I}_0$ 在 Z_m 上的阻抗压降,即

$$\dot{E}_1 = \dot{I}_0 Z_m = \dot{I}_0 (r_m + jx_m) \qquad (4.16)$$

式中:Z_m 为励磁阻抗,$Z_m = r_m + jx_m$;x_m 为励磁电抗,对应于主磁通的电抗;r_m 为励磁电阻,对应于铁损耗的等值电阻。

② 主磁通与电源电压的关系

式(4.14)中,$\dot{I}_0 Z$ 很小,可忽略不计,这时 $\dot{U}_1 = -\dot{E}_1$,其有效值为

$$U_1 \approx E_1 = 4.44 f N_1 \Phi_m \qquad (4.17)$$

上式说明,在忽略原绕组漏阻抗压降的情况下,当 f、N_1 为常数时,铁芯中主磁通的最大值与电源电压成正比。当电源电压 $\dot{U}_1$ 一定时,$\dot{\Phi}_m$ 亦为常数,这一概念对分析变压器运行十分重要。

③ 折算

在变压器中,常把副绕组折算到原绕组,即把副绕组匝数变换成原绕组的匝数,此时变比等于 1。但是这种匝数变换不应改变变压器电磁关系的本质,这样可使计算大为简化,并便于导出等值电路和画出相量图。折算后副边各物理量的数值称为折算值,在原来副边各物理量符号的右上角加一撇"′"来表示。

变压器折算的原则:折算前后副边的磁动势以及副边各部分功率不能改变。只有这样才能使折算前、后变压器的主磁通、漏磁通的数量和空间分布保持不变,才能使原边仍从电源中吸取同样大小的功率并传递到副边,这样折算对原边各物理量将毫无影响,因而不改变变压器中电磁关系的本质。

根据折算原则,经推导可得副边各物理量折算到原边的规律为

$$
\begin{aligned}
\dot{E}_2' &= k\dot{E}_2; & r_2' &= k^2 r_2 \\
\dot{U}_2' &= k\dot{U}_2; & x_2' &= k^2 x_2 \\
\dot{I}_2' &= \frac{\dot{I}_2}{k}; & Z_L' &= k^2 Z_L
\end{aligned} \tag{4.18}
$$

综上所述,变压器的基本方程式为

$$
\left.
\begin{aligned}
\dot{U}_1 &= -\dot{E}_1 + \dot{I}_1 r_1 + j\dot{I}_1 x_1 = -\dot{E}_1 + \dot{I}_1 Z_1 \\
\dot{U}_2' &= \dot{E}_2' - \dot{I}_2' r_2' - j\dot{I}_2' x_2' = \dot{E}_2' - \dot{I}_2' Z_2' \\
\dot{I}_1 &= \dot{I}_0 + (-\dot{I}_2') \\
-\dot{E}_1 &= \dot{I}_0 (r_m + jx_m) = \dot{I}_0 Z_m \\
\dot{U}_2' &= \dot{I}_2' Z_L' \\
\dot{E}_1 &= \dot{E}_2'
\end{aligned}
\right\} \tag{4.19}
$$

（2）T 形等值电路

从电源的角度来看,变压器本身以及所接的负载是一个统一的元件,如果用一个等值阻抗接在电源上来代替变压器及其所接的负载,这时变压器负载运行时的分析和计算将带来很大的方便。根据式(4.19)可导出变压器负载运行时的等值电路如图 4.17 所示。

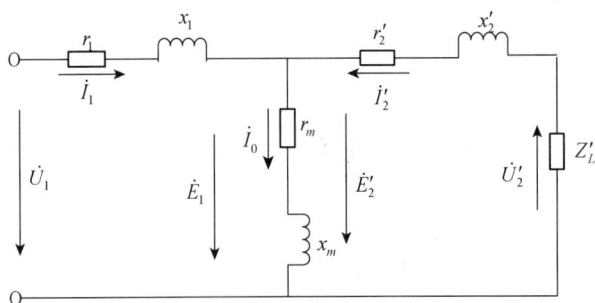

图 4.17　变压器 T 形等值电路图　　　　　图 4.18　变压器简化等值电路图

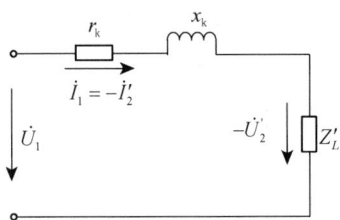

（3）简化等值电路和相量图

变压器的空载电流很小,可忽略不计,即在 T 形电路中去掉励磁阻抗 Z_m 支路,从而得到更为简单的串联电路,称为简化等值电路,如图 4.18 所示,图中 $r_k = r_1 + r_2'$ 称为短路电阻,$x_k = x_1 + x_2'$ 称为短路电抗,$Z_k = Z_1 + Z_2'$ 称为短路阻抗。可见,短路阻抗是原、副边漏阻抗之和,其数值较小,且为常数。

由简化等值电路可得相应的电压方程式

$$
\dot{U}_1 = -\dot{U}_2' + \dot{I}_1 r_k + j\dot{I}_1 x_k \tag{4.20}
$$

（4）阻抗电压

阻抗电压 U_k 是指额定电流在 $Z_{k\,(75℃)}$ 上的阻抗压降占额定电压的百分值,阻抗电压的两个分量分别是电阻电压和电抗电压,可按下式计算:

$$U_k = \frac{I_{1N}Z_{k(75℃)}}{U_{1N}} \times 100\%$$

$$U_{kr} = \frac{I_{1N}r_{k(75℃)}}{U_{1N}} \times 100\% \qquad (4.21)$$

$$U_{kx} = \frac{I_{1N}x_{k(75℃)}}{U_{1N}} \times 100\%$$

阻抗电压是变压器的重要参数之一,从正常运行角度来看,希望它小一些,即变压器的漏阻抗压降小一些,使副边电压随负载变化的波动程度小一些;而从限制短路电流的角度来看,则希望它大一些。一般中小型变压器的阻抗电压为 $4\%\sim10.5\%$,大型变压器为 $12.5\%\sim17.5\%$。

4.3.2 变压器运行性能及电压调整

1) 变压器运行性能

变压器带负载运行时,主要的性能有两个:一是副边电压随负载变化的关系,即外特性;二是效率随负载变化的关系,即效率特性。外特性通常用电压变化率来表示副边电压的变化程度,反映变压器供电电压的质量指标;用效率反映变压器运行时的经济指标。

(1) 电压变化率

电压变化率是指当变压器的原边接在额定频率和额定电压的电源上,副边额定电压与给定功率因数下带负载时副边实际电压之差的标么值,用 ΔU 表示,即

$$\Delta U = \frac{U_{2N} - U_2}{U_{2N}} = 1 - U_{2^*} \qquad (4.22)$$

工程上采用的计算公式,可由用标么值表示的变压器简化相量图导出。变压器额定负载时的电压调整率,称为额定电压调整率。它的大小标志着电压的稳定程度,是变压器运行性能的一个重要指标。如果变压器电压大小有偏差,就要进行调压。

(2) 变压器的损耗与效率

① 变压器损耗

变压器运行时将产生损耗,就是变压器输入功率与输出功率之间的差值。基本上可分为铜损 ΔP_{Cu} 和铁损 ΔP_{Fe} 两类。

$$\sum \Delta P = \Delta P_{Fe} + \Delta P_{Cu} \qquad (4.23)$$

铜损是负载电流流过绕组时所产生的直流电阻损耗和磁场引起的电流集肤效应产生的损耗,其大小可近似认为等于负载损耗,因此为可变损耗。工程上常用短路试验的方法测定。

铁损与变压器铁芯中的磁滞和涡流以及铁芯磁感应强度 B_m 的幅值有关,可近似看作与磁感应强度 B_m^2 成正比。由于变压器的铁芯磁感应强度 B_m 只与变压器的一次外施一次放励磁电压 U 有关,只要外施一次电压的大小一定,磁感应强度几乎与负载无关,故铁损的大小也与一次电压 U_1^2 成正比,并且基本保持不变,因此为不变损耗。工程上常用空载试验的方法测定。

② 变压器效率

变压器在传递电能的过程中,内部产生了铜损和铁损,致使输出功率小于输入功率。输出有功功率 P_2 与输入有功功率 P_1 之比称为变压器效率,用 η 表示。效率一般取百分值,即

$$\eta = \frac{P_2}{P_1} \times 100\% = \frac{P_2}{P_2 + \Delta P} \times 100\% \qquad (4.24)$$

式中:ΔP 为变压器内部铁损和铜损之和,即 $\Delta P = \Delta P_{Cu} + \Delta P_{Fe}$。

变压器负载较小时效率很低,负载增加时则负载效率随之增大。当负载增加到某一数值时效率达到最大值,而后随着负载的增加,效率反而降低。

通过数学分析和计算表明,当可变损耗(铜损)与不变损耗(铁损)相等时,变压器出现最高效率。由于变压器负载是变化的,一般不会长期在额定负载下运行,为了使变压器平均效率高,通常负载的大小在 0.5~0.6 倍的额定负载之间,这样变压器运行更经济。

2) 变压器的电压调整

(1) 电压调整的目的和原理

变压器一次侧接在电力网上,由于电网系统电压会因种种原因发生波动,因此,变压器的二次电压也要相应地波动,而影响用电设备的正常运行。接在变压器二次侧的负载,由于用电设备负荷的大小或负荷功率因数的不同,也会影响变压器二次电压的变化,给用电设备的正常运行带来影响。因此,需要变压器有一定的调压能力,以适应电力网运行及用电设备的需要。

变压器调压的工作原理是改变绕组线圈的匝数,也就是改变变压器一、二次侧的电压比。根据电压波动情况或负荷对电压的要求,调整线圈匝数使二次侧电压满足负荷的需要。一般调整线圈在线圈上抽分接头的办法。分接头一般都在高压侧线圈上,这是因为结构上高压线圈在低压线圈的外侧,抽头、引线方便,在绝缘处理上也简单些。另外,变压器高压侧电流小,引线和分接开关等导电部分的截面可以小一些,节省了金属材料。根据国家标准规定,供电给用户的电压变化范围一般不得超过额定值的 ±5%。

(2) 调压的方法

为了保证供电电压在一定范围之内必须进行电压调整,调整电压的方法较多,但改变变压器的变比来调整电压是一种行之有效的方法。改变变比来调压是通过改变绕组的匝数实现的。因此,可在高压绕组上引出几个分接抽头,以供改变该绕组的匝数,从而改变变比之用。中、小型变压器一般有三个分接头,中间有一个分接头相当于额定电压,上、下分接头各相当于额定电压改变 ±5%。大型变压器最多可有 17 个分接头。变压器的调压方式又分为无载调压与有载调压两种。

① 无载调压

所谓无载调压是指切换分接头时必须将变压器从电网中切除,在不带电的情况下进行切换的调压方式。连接与切换分接头的装置就称为无载分接开关。无载调压装置的原理接线图如图 4.19 所示。其中图 4.19(a)为中性点调压方式,这种方式适用于中、小型变压器。图 4.19(b)为三相中部调压方式,这种方式适合于大容量变压器。只要分别连 A3A2、A2A4、A4A1、A1A5、A5A0 即可获得 ±2×2.5% 的五个调压级。

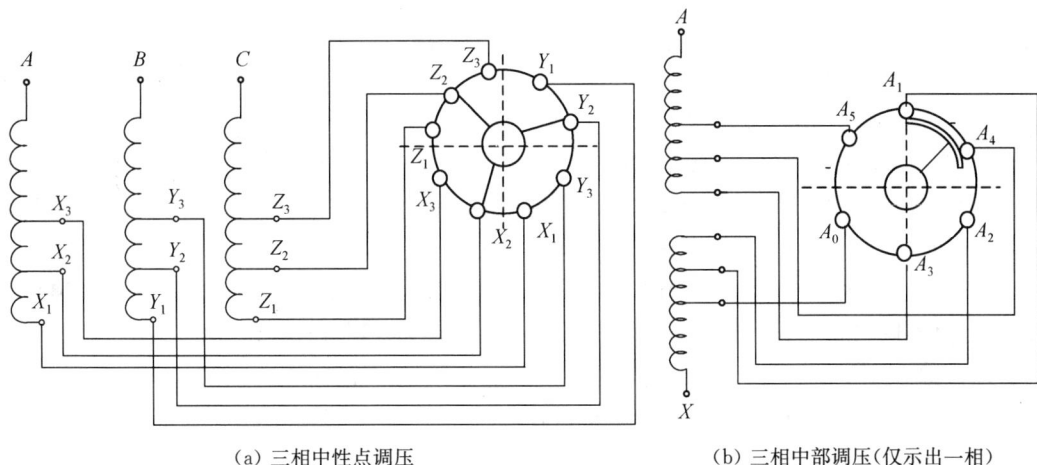

（a）三相中性点调压　　　　　　　　（b）三相中部调压（仅示出一相）

图 4.19　无励磁分接开关原理接线图

② 有载调压

随着生产和科学技术的不断发展，用户对电压质量的要求也越来越高。如仍采用停电改换分接头的无载压方式，则不能满足用户的要求，为此，就产生了一种可以在带负载的情况下改换分接头的有载调压装置。有载调压装置的基本原理就是将变压器引出头通过有载分接开关，在保证不切断负载电流的情况下，由一个分接头切换到另一个分接头以改变变比，从而实现调节电压，这种方式适合于各种容量的变压器。

有载调压变压器的关键部件是有载分接开关。有载调压的分接开关之所以能够在不停电的情况下由一个分接头切换到另一个分接头主要依靠过渡电路，如图 4.20 所示。

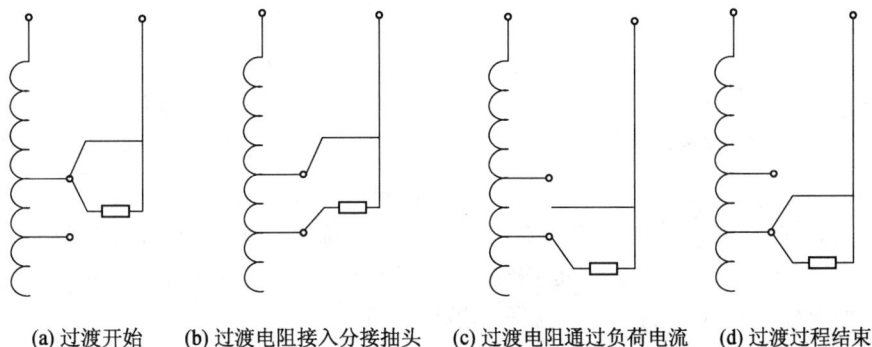

(a) 过渡开始　　(b) 过渡电阻接入分接抽头　　(c) 过渡电阻通过负荷电流　　(d) 过渡过程结束

图 4.20　单电阻接线过渡过程

有载调压分接头运行规定：

a. 严格遵守变压器有载调压装置的使用规定，调整前检查有载调压油箱油位是否正常，有载调压装置瓦斯保护应投入"跳闸"位置。

b. 分接开关经调整后，应在某一位置固定，不允许将分接开关长期停留在过渡位置，因为在过渡位置上，分接开关的接触电阻较大，长期运行会造成分解开关过热烧坏。正常运行时，分接位置不能在高低极限位置。

c. 有载调压变压器过载或系统故障时,禁止调整分接头。

d. 有载调压变压器运行时,禁止在变压器本体有载调压控制柜进行手动调整,使用主控室手动调节。

e. 调整分接头时,应逐级调压。在遥控操作过程中应注意切换装置运行情况,严密监视表计变化状况;每增加或降低一挡位后,必须监视分接位置及电压、电流的变化,如未达到正常值,还有偏差,再进行下一步操作。严禁连续调整分接头位置。切换完成,应检查分接头位置指示器指示正确,并就地进行核对。

f. 当切换过程中发生异常情况,如电动操作出现"连动"现象时,可按紧停按钮,使切换电动机电源开关跳闸,并立即到现场检查,必要时手动操作到符合要求的分接头位置。

g. 调整分接头时,变压器本体附近人员尽量撤离到安全地点,调整结束后再到本体检查和核对,检查分接头位置指示器指示是否正确。

h. 变压器有载调压分接头,每三个月由检修取油样做试验。若低于标准时应换油或过滤,当运行时间满一年或切换操作达 4 000 次时应换油,切换操作 5 000 次后应将切换部分吊出检查。

i. 变压器有载调压分接头新投运或经吊出检查、检修投运前,至少进行一轮升降压循环的操作,正常后方可正式带负荷运行。

4.3.3 变压器运行方式

1) 变压器运行通则

(1) 变压器在规定的冷却条件下可按铭牌规定的规范运行;

(2) 变压器事故情况下可按制造厂提供的过负荷曲线运行,但当变压器有较严重的缺陷(如冷却系统不正常、严重漏油、有局部过热现象、油中溶解气体超标或有绝缘薄弱点时),不得超额定电流运行;

(3) 变压器的运行电压一般不得高于额定分接头电压的 105%;

(4) 变压器运行时其冷却器应按设计规定投用或处于备用;除非制造厂规定允许,对于强油风冷变压器,低载或空载期间不得将所有的冷却器投用;当所有的冷却器均故障停运时,变压器继续运行允许的时间和负载,应严格按制造厂规定执行;

(5) 变压器运行中其允许温度因对上层油温、线圈温度进行监视,不得超过额定温升;

(6) 油浸式变压器运行期间,其主保护如差动保护、重瓦斯保护原则上不得退出运行;

(7) 变压器运行期间,各侧避雷器不得退出运行;

(8) 强油风冷变压器故障停运后,应确认冷却油泵自动停运,否则应手动停运;

(9) 变压器保护动作跳闸后,保护动作原因未查明前,变压器不得强行投用。

2) 变压器运行电压变动允许范围

(1) 变压器运行电压在其额定电压的 ±5% 范围内变动时,额定容量不变;

(2) 加于变压器各分接头上的电压,不得大于其相应分接头额定电压值的 105%;

(3) 按照运行情况如有必要将变压器运行电压提高到额定值的 105% 以上时,需经过专门试验或征得制造厂同意,并经公司主管生产的领导批准。

3) 变压器的允许过负荷运行方式

变压器可以在正常过负荷和事故过负荷情况下限时运行。正常过负荷可以经常使用,事故过负荷只允许在事故情况下使用,若变压器存在较大缺陷,不允许过负荷运行。变压器过负荷运行时,应投入全部冷却器。

(1) 变压器的正常过负荷

油浸自冷、风冷变压器正常过负荷不应超过 1.3 倍的额定值。强迫油循环风冷变压器的正常过负荷不应超过 1.3 倍的额定值。

当变压器过负荷时,应尽快转移负荷,使变压器负荷恢复到额定值以内,尽量缩短过负荷的时间。

(2) 变压器的事故过负荷

事故过负荷是在较短时间内,让变压器多承担一些负荷,以作急用,所以通常又叫急救负荷。变压器事故过负荷的允许值应遵守制造厂的规定。对于国产电力变压器,在事故过负荷运行时,应投入包括备用在内的所有冷却器并尽量减少负载,减少时间(一般不超过 0.5 h),具体如表 4.2。

表 4.2　允许变压器事故过负荷表

过负荷倍数	1.3	1.6	1.75	2.0	2.4	3.0
运行时间(min)	120	30	15	7.5	3.5	1.5

变压器事故过负荷时,其上层油温不得超过相应的规定值。变压器事故过负荷后,应及时记录事故过负荷的大小及运行时间。

4) 变压器允许温度与温升

油浸式电力变压器运行中的允许温度按上层油温来检验。上层油温的允许值应遵守制造厂的规定,对自然油循环自冷、风冷的变压器最高不得超过 95℃,防止变压器油劣化过速,上层油温不宜经常超过 85℃;对强迫油循环导向风冷式变压器上层油温最高不得超过 80℃;对强迫油循环水冷变压器上层油温不宜经常超过 75℃。为了真实地反映出绕组的温度,不但要规定上层油温的最高允许值,而且还要规定油的允许温升值。运行经验和研究结果表明,当变压器绕组的绝缘在 98℃ 以下使用时,变压器正常寿命约为 20~30 年。所以自然油循环自冷、风冷的变压器规定油的温升为 55℃,而对强迫油循环风冷变压器规定油的温升为 40℃。

高厂变运行中允许温度应按上层油温监视,上层油温允许值应遵守制造厂规定,最高不得超过 90℃。但为了防止变压器油劣化过速,上层油温不宜经常超过 85℃,上层油温升不得超过 50℃。高厂变线圈温度超过 100℃ 或上层油温大于 85℃ 时报警,线圈温度超过 140℃ 或上层油温大于 110℃ 时跳闸。

低压厂变(干式变压器)的绕组温度最高不得超过 155℃,各部分的温升不得超过 100℃ (F级绝缘)。低压厂变线圈温度超过 125℃ 时报警,线圈温度超过 150℃ 时要求停运变压器。

5) 变压器瓦斯保护运行规定

变压器运行时瓦斯保护应投入运行,其中轻瓦斯投入信号,重瓦斯投入跳闸。变压器的压力释放装置应完好投入运行。变压器在运行状态下打开放气或放油阀门,检查呼吸器;瓦斯保护电气回路时,应先将重瓦斯保护由跳闸改为信号,以防瓦斯保护动作,造成误跳闸。工作结束后,重瓦斯保护仍应投入跳闸。

运行中变压器进行注油、滤油、更换硅胶、投入散热器、开闭瓦斯继电器联通管道阀门等工作时(不包括取气体、油样、开停油泵),为防空气大量进入,引起保护动作,应先将重瓦斯保护由跳闸改为信号,待工作结束,带负荷运行 24 h,无瓦斯信号报警时,方可将重瓦斯保护投入跳闸。

变压器停电检修,影响油系统、瓦斯继电器等工作时,工作票终结前检修人员应采取措施,将变压器内空气排尽,运行值班员在变压器投运时应开启全部冷却器、风扇油泵,将重瓦斯保护改为信号,带负荷运行 24 h,无瓦斯信号报警后,方可重将瓦斯保护投入跳闸及按规定调整冷却器运行方式。

6) 变压器并联运行

并联运行是指两台或多台变压器的原边绕组接于某个电压等级的公共母线,副边绕组接于另一电压等级的公共母线,同时向负载供电的运行方式,如图 4.21 所示。

并联运行优点:

(1) 多台变压器并联运行时,当其中一台发生故障或需要检修时,其他变压器仍可继续供电,从而提高了供电的可靠性;

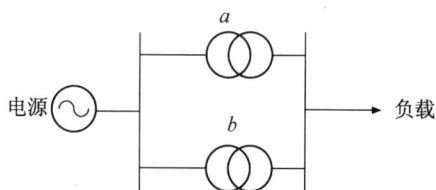

图 4.21　变压器的并联运行

(2) 可根据负载的大小变化,调整投入变压器并联运行的台数,以减少电能损耗,提高运行效率;

(3) 可随着用电量的增加,分批安装新增变压器,以减少初次投资。

并联运行条件:

变压器并联运行的理想情况是:空载时各变压器仅有原边的空载电流,各变压器原、副绕组回路中没有环流;负载时,各变压器的负载分配应与各自的额定容量成正比,使变压器设备容量能得到充分利用;负载时,各变压器的负载电流同相位。

要达到上述理想的并联情况,并联运行的变压器必须具备以下三个条件:

(1) 各变压器的原边额定电压和副边额定电压应分别相同,即各变压器变比应相等;

(2) 各变压器的副边线电压对原边线电压的相位差应相同,即各变压器连接组别相同;

(3) 各变压器的阻抗电压标幺值应相等,短路阻抗角应相等。

4.4　主变的冷却系统

油浸式电力变压器的冷却方式,按其容量的大小大致有油浸自冷式、油浸风冷式、强迫油循环水冷却及强迫油循环风冷却等方式。主变压器由于容量很大,均采用强迫油循环风冷却方式(ODFA)。强迫油循环风冷却方式(ODFA)的冷却装置由油泵和冷却器组成。

4.4.1　强迫油循环风冷却方式的冷却装置原理

ODAF/ONAF/ONAN 这种冷却系统是在油浸风冷式的基础上,在油箱主壳体与带风扇的散热器(也称冷却器)连接管道上装上潜油泵。油泵运转时,强制油箱体内的油从上部吸入散热器,在散热器内完成热量交换后,再从变压器的下部回入油箱,实现强迫油循环,冷却的效果与油循环的速度有关。该装置采用低噪声的风扇和低转速的油泵,运行中油泵发生故障时接通报警接点报警。在油泵附近的管道上装有油流指示器,它在油道内是一个可以随油流转动的叶片,通过磁性耦合带动外部的指针和可动接点,因此可以指示油流的方向和流量,主要用于监视油泵的运转情况,同时可参与冷却器控制。一般为了便于观察,油流指示器装在冷却器的下部位置。油泵和油浸式电动机是整体制造在一个全封闭金属外壳内,消除了空气的吸入以及漏油等不安全因素。冷却装置进出油管装有蝶阀。风扇电机和油泵电机供电电源为三相 400 V,有过载、短路和断相保护。

变压器的冷却装置按负载和温度情况,可以自动逐台投切相应数量的风扇,并且该装置可在变压器旁就地手动操作。当切除故障冷却装置时,备用冷却装置自动投入运行。冷却装置设置两组相互备用的电源,彼此可实现自动切换。当冷却装置工作电源发生故障或电压降低时,备用电源自动投入。当投入备用电源和备用冷却装置、切除冷却器和电动机损坏时,均可向控制室发出信号。当需要时,备用冷却装置也可投入运行,即全部冷却装置(包括备用)投入运行。正常运行时,冷却装置的总容量(不包括备用冷却器)不小于变压器总损耗的 1.3 倍。

4.4.2 冷却系统组成

1) 油泵及油流继电器

(1) 变压器油泵

油泵的作用是给变压器冷却器输油,强迫变压器油循环。油泵在运行中发现声音异常或噪声过大、电源电压与额定值的偏差超过 ±5%、额定电流增大或温升过高、电机绝缘电阻过低,以及流量达不到额定值等情况,应立即停机检查,排除故障后才可以投入运行。

油泵检修解体后,重新装配时应注意以下几点:

① 定子表面应无灰尘、杂质及导电物质,以保证绝缘介质强度;

② 需进行绝缘介质强度试验,绕组重绕时,其试验电压为 2 000 V,原绕组重复试验时为 1 600 V,时间为 1 min;

③ 密封橡胶件要保证回弹良好,不老化,表面光滑无伤痕;

④ 壳体、底座及接线盒等密封止口处应无磕碰、划伤、锈蚀等质量缺陷,否则应修整平滑,防止渗漏;

⑤ 叶轮与轴承磨损严重时应更换新部件;

⑥ 总装后,油泵内注入变压器油,须保证经过 0.5 MPa 压力,历时 6 h 的渗透试验无泄漏。

(2) 油流继电器

油流继电器是显示变压器强迫油循环冷却系统内油流量变化的装置,用来监视强迫油循环冷却系统的油泵运行情况,如油泵转向是否正确、阀门是否开启、管路是否堵塞等情况,当油流量达到动作或降低到返回油流量时均发出警报信号。

2) 冷却器

冷却器由本体和风机组成,冷却器本体挂在低压侧变压器本体上,通过扩管机拉动圆锥形扩管头,使镀锌翅片插在冷却管上,使冷却管与翅片紧密地结合在一起,保证了良好的导热性。变压器上部的热油经过油泵从变压器油箱上部导入冷却器的冷却管内,在冷却管流动时与空气进行热交换,再从下部经油泵压入变压器油箱内。冷却用空气由风机从冷却器本体送至风扇箱一侧,吸取的变压器油的热量,在冷却器前面释放。

4.4.3 典型电厂冷却装置

典型电厂主变采用强迫导向油循环风冷。

1) 冷却装置运行方式

(1) 变压器满载运行时,当全部冷却器退出运行时,允许继续时间为 20 min,当油面温度不超过 75℃时,变压器允许继续运行 1 h。

(2) 在不同环境温度下,投入不同数量的冷却器时,变压器允许满载运行时间及持续运行的负载系数见表 4.3。

表 4.3 不同温度,投入不同冷却器时,满载运行时间及持续运行的负载系数

投入冷却器数	满负荷运行时间(min)				持续运行的负荷系数(%)			
	10℃	20℃	30℃	40℃	10℃	20℃	30℃	40℃
1	65	60	55	50	30	30	30	30
2	85	80	75	70	55	55	55	55
3	300	200	120	90	75	75	75	75
4	连续	连续	连续	连续	100	100	100	100

(3) 当变压器满载运行时,全部冷却器风扇退出运行时,变压器允许工作时间见表 4.4。

表 4.4 冷却器风扇退出运行时,变压器允许运行时间

负荷(%)	最小负荷(0)	50	75	100
时间(min)	连续	200	130	80

(4) 全部冷却器退出运行后,变压器允许工作时间(投运前变压器温升为零)见表 4.5。

表 4.5 冷却器退出运行时,变压器允许运行时间

	最热点温度 110℃	最热点温度 120℃
100%负载(环境温度 15℃)	15 min	60 min

2) 冷却方式

(1) ODAF(油导向强迫风冷)。

(2) 冷却器数量 9。

(3) 油泵数量 9。

3) 温升极限

温升极限(周围环境温度 40℃)。

(1) 绕组:65 K(用电阻测量)。

(2) 油面:50 K(用温度计测量)。

(3) 油箱、铁芯和金属结构件的温升 78 K。

4) 冷却系统的控制、保护和监测

（1）变压器应配备冷却控制箱

冷却控制箱的电源由控制柜供给,每台冷却油泵和冷却风扇的电动机应有独立的馈电回路。

① 每个冷却器应配有足够数量和足够容量的风扇。冷却油泵和冷却风扇的电动机为三相感应式。潜油泵的转速应不大于 1 000 r/min,潜油泵的轴承应采用 E 级或 D 级。每台电机带一个电气操作接触器和控制装置,由手动及由高压绕组温度(和油温)检测装置的接点来启动控制装置,使电机运转和停止。

② 每台电动机均应具有良好的保护装置,这些保护装置应能避免电机在短路、过载、非全相的状态下运行。

③ 当冷却装置故障、自动控制装置故障、冷却器退出运行时,保护装置应能检测出并发出报警信号。当冷却系统电源消失时,应及时发出信号,并按主变冷却方式要求,在必要时经一定时限自动切除变压器。

（2）变压器冷却控制柜(采用 PLC 控制)

① 强迫油循环冷却系统应有两个电源,互为备用,如果两个电源全部停止供电,切除全部冷却器时,在额定负载下允许继续运行 20 min(如铭牌上有具体规定的,则以铭牌上规定的时间为准);

② 变压器退出运行后,再断开冷却器电源;

③ 为防止油流静电对变压器绝缘的损害,冷却器启用时,不应同时启动所有冷却器组,而应逐组启动,尤其对停运一段时间后再投入的冷却器;

④ 投入冷却器组的台数应根据负荷和温度来确定。

表 4.6 冷却装置常见故障及其排除方法

冷却装置	有不正常的噪音和振动	检查冷却风扇和油泵的运行条件是否正常(在启动备用设备时应特别注意)	当排除其他原因,确认噪音是由冷却风扇和油泵发出的,请更换轴承
	漏油	检查冷却器阀门、油泵等是否漏油	若油从密封处漏出,则重新紧固密封件,否则更换密封件
	运转不正常	检查冷却风扇和油泵是否在运转,检查油流指示器运转是否正常	如果冷却风扇和油泵不运转,重点检查可能发生的原因
	脏污附着	检查冷却器上脏污附着位置	特别脏时要进行清洗,否则会影响冷却效果

表 4.7 冷却器维护安排

冷却器组	1 年	油泵和冷却风扇运行时,检查轴承发出的噪音	对轴承按规定进行检查更换
	1 年或 3 年	检查冷却管和支架等的脏污、锈蚀情况	每年至少用热水清洁冷却管一次,每 3 年用热水彻底清洁冷却管并重新油漆支架、外壳等

4.5 变压器维护及事故处理

4.5.1 变压器的维护检查

按规定定期巡视检查变压器的运行情况,遇到天气变化、过负荷、设备缺陷、新装或大修后初投时,应适当增加检查次数。

1) 变压器在投运前的检查项目

变压器本体及周围应清洁,顶部及母线无遗物,各部无渗漏油;套管及支柱瓷瓶无裂纹破损,各套管、引线头应紧固;油枕及套管的油位在标准线内;油枕、外壳接地线、中性点接地均应良好牢固;呼吸器内干燥剂无潮解变色,呼吸畅通;对于室内变压器,变压器无渗漏水,通风系统完好,室内照明充足,门应上锁,并挂警告牌;变压器各阀门的位置应在正常方式。对于长期停用或大修后的变压器,还应检查接地线是否拆除,核对分接开关位置和所测的绝缘电阻值。

2) 变压器运行中的检查维护

变压器在运行中除按投运前的项目检查之外,还应进行下列检查:变压器运行声音正常,油温、绕组温度在允许范围内;套管和瓷瓶无放电和闪络痕迹,各部引线接头、铁芯无过热、变色、异味现象;防火装置控制箱无异常信号,水箱水位、CO_2瓶重量正常,其他消防器材完好;雷雨后,应查避雷器运行情况,记录放电次数,套管的火花间隙无放电痕迹;户外各变压器控制箱门应关好。

3) 变压器风扇组态切换及定期试运

每周检查各组风扇运行是否正常或处于良好备用状态。

4.5.2 变压器的投运与停运

1) 投运前的准备工作

新投入或大修后的变压器应有试验合格验收报告;测量变压器绝缘合格;保护正确投入;投入变压器冷却器;变压器分接头(挡位)接规定位置;投入变压器防火保护;投入变压器中性点刀闸;必要时应做保护试验及定相工作。

2) 变压器投运的有关事项

新装或大修后的变压器应进行相位测定,在第一次投入时应进行三次冲击合闸试验;变压器全压充电应在装有保护的电源侧进行,停运时应在装有保护的电源侧最后断开;变压器在充电时注意表计变化,如电流异常升高,三相电流不平衡超过规定值,充电后不恢复时,应立即断开关;发现变压器内部有放电声或异常现象或油温、线圈温度突然升高,均应立即停用,查明原因;正常拉合空载变压器时,中性点接地刀闸应合上;变压器在备用时,防火保护不得退出。

3) 变压器停运操作

查变压器所带负荷已全部转移;断开变压器低压侧开关;将低压侧开关退出工作位置;断开低压侧开关控制电源;断开变压器高压侧开关;断开高压侧开关控制电源;断开开关的储能电源开关;将高压侧开关退出热备用;断开变压器的工作冷却器电源空气开关。

4.5.3 变压器的常见故障及处理

1) 变压器异常运行及事故处理

（1）变压器异常运行现象

变压器声音比正常大、声音异常；变压器油温、线圈温度异常升高；变压器油位过高或过低；瓦斯继电器内有气体，或轻瓦斯信号发生；冷却装置发生故障；干式变压器线圈、铁芯、接头、抽头过热。

（2）变压器异常运行的处理

① 变压器温度高。对变压器各部温度、温升情况进行观察、比较、确认，查证变压器负荷是否过重、可转移负荷；检查冷却系统是否正常工作，阀门是否全开，油位计是否有指示，风扇、油泵是否正常运转，冷却器是否全投；温度计及二次回路是否良好。若温度升高不是以上原因造成的，则应取油样做色谱分析。

② 变压器轻瓦斯动作。轻瓦斯动作可能因变压器大修后空气进入或滤油、加油致使空气进入变压器或因漏油使油面低落；鉴定瓦斯继电器内的气体颜色，鉴别可燃性，若产生气体的原因不明，则应取气、取油样作色谱分析，来判断变压器的故障性质；若气体为空气，可继续运行，但须分析空气的原因，并记录每次信号时间及每次排气量；变压器轻瓦斯信号发出，应对变压器本体进行全面检查，特别注意油温、油色、声音等有无异常，若有备用变压器时，应切为备用变运行。

③ 变压器油位低。查变压器油箱、抽头油箱各引油管路；查是否因油位计或二次回路故障引起误发信号；如发现阀门或冷却器漏油，应立即采取措施（注意带电距离），关闭有关阀门，如漏油已造成油位降至最低值，及轻瓦斯信号动作，应立即停止运行，进行处理。

④ 冷却系统故障。应注意变压器温度是否在升高；检查潜油泵、风扇是否全停，是否有冷却器或风扇故障，应尽快设法恢复，以及启用备用冷却器或风扇运行。否则，应按变压器无冷却设备的允许持续时间执行。

（3）变压器异常事故处理

① 变压器有下列情况之一者，必须立即停止运行：

a. 变压器内部声音很大，很不正常，有爆裂声；

b. 变压器在正常冷却条件下，温度不正常且温度不断升高；

c. 油枕或防爆门（安全气道）喷油；

d. 油色变化过甚，油内出现碳质等；

e. 严重漏油，油面低于液位计的指示值或轻瓦斯信号发生；

f. 套管有严重的破损和放电闪络现象；

g. 套管接头、引线熔断、熔化、烧红等；

h. 瓦斯继电器中出现可燃气体；

i. 变压器着火。

② 变压器自动跳闸处理

a. 变压器跳闸，如有备用变压器，应迅速将其投运，并立即检查保护动作情况，如确认越级跳闸或保护回路故障引起，可立即投入变压器运行；

b. 变压器在一经开关合闸充电时，保护就动作跳闸，决不允许再强送，应查明原因；

c. 当变压器差动、瓦斯、温度、速断保护动作跳闸后,不准强送,应将变压器停电,检查在保护范围内的设备有无故障,并做好记录,酌情处理。

③ 重瓦斯动作处理

a. 检查油位计指示位置;

b. 核定变压器油温、线圈温度及温升情况,以及内部异响;

c. 防爆门、呼吸器和套管有无破裂和喷油;收集瓦斯内气体进行鉴别,取油样进行化验,无试验合格报告不许投入运行。

④ 分接开关(抽头)瓦斯动作

测量直流电阻,检查抽头接触情况(注意:如是分接开关损坏,有时差动、过流保护也要动作)。

⑤ 变压器防爆门(压力释放阀)动作

a. 变压器内部发生严重故障,如匝间、相间短路等引起;

b. 变压器加油过多,温度过高引起;

c. 二次回路不良引起误发信号;

d. 如果变压器防爆门喷油,开关未断开,应人工打跳开关,并做好防火工作。

⑥ 变压器着火处理

a. 发现变压器着火时,立即断开各侧电源开关、刀闸,停用冷却装置、抽头装置电源,并迅速组织灭火;

b. 变压器的灭火装置应自动启动,若未启动,应人为开启(打碎应急防火开关玻璃罩,启动灭火装置灭火);

c. 若变压器油溢在变压器顶盖上着火,应打开变压器下部放油门,将油放至适当位置;

d. 变压器内部故障引起着火,则不准放油,以防变压器发生爆炸;

e. 变压器油着火,应用1211(二氟一氯一溴甲烷)、二氧化碳、四氯化碳、泡沫灭火器或干燥的砂子灭火,干式变压器不准使用泡沫灭火器或砂子灭火;

f. 在灭火时必须设法隔离火源,不让火蔓延到邻近设备上,特别要注意电缆着火。

2) 变压器油的气相色谱分析

国内外的实践显示,应用气相色谱分析来检查变压器油中气体的组成和含量,是发现变压器早期故障征兆(如:局部过热或放电)和掌握故障发展情况的一种有效方法,也是判断故障的重要手段之一,对变压器的可靠运行有重要意义。

正常运行时,变压器油及固体有机绝缘材料在热的作用下,分解出少量的氢、低分子碳化氢(烃)、一氧化碳和二氧化碳,这些气体大部分溶解在油中。当变压器存在缺陷或发生故障时,这些气体产生的速率增加。如果产生气体数量大于溶解于油中的数量时,便会有一部分气体进入瓦斯继电器中。

溶解于油中气体的种类和含量,与故障类型和严重程度密切相关。不同性质的故障,油及绝缘材料将产生不同的气体。对于同一性质的故障,如果故障程度不同,产生气体的数量就不同。因此,根据油中气体的种类和含量,可以判别缺陷或故障的性质及其严重程度。

(1) 油中气体成分与故障的关系

当变压器存在缺陷或发生故障时,油中气体的种类和数量将发生变化。当出现局部过热时,随着温度的升高,烃的各种分量明显增加,假若固体绝缘损坏,一氧化碳和二氧化碳将增加。出现高能量放电(它将导致绝缘击穿,产生电弧放电)时,附近的油几乎完全热分解,产气剧增,除了碳的微粒均匀散布在油中外,主要气体是氢(H_2)和乙炔(C_2H_2)。出现低能量放电(又称火花放电,是一种间歇性的放电)时,主要气体仍是 H_2 和 C_2H_2,但数量比高能量放电少得多。出现局部放电时,将使油的自由分子游离,产生的主要气体是 H_2,也有少量 C_2H_2 和 CH_4(甲烷)。不论哪一种放电,只要有固体绝缘介入,就总会产生 CO 和 CO_2。表 4.8 列出了各种缺陷及故障下分解气体的详细情况。

表 4.8　不同故障下油中气体成分

气体名称	放　　电			局部过热(℃)		
	弧光放电	火花放电	局部放电	高于 1 000	300~1 000	低于 300
H_2	a	a	a	c	d	d
CH_4	b	c	c	b	c	c
C_2H_6	d	d	d	d	d	a
C_2H_4	b	c	d	a	a	c
C_2H_2	a	a	c, e	c	d	—
C_3H_8	d	—	d	d	d	b
C_3H_6	c	d	—	c	b	d

注:a—本故障的主要气体;b—特征气体(高含量);c—特征气体(低含量);d—非特征气体;e—只在高能量密度时才产生的气体。

(2) 色谱分析的判别方法

用气相色谱分析判别故障时,首先是将色谱分析结果中几项主要指标(总烃、乙炔、氢)与正常值比较,同时也检查一氧化碳和二氧化碳的情况,然后运用特征气体法、特征气体比值法等,对故障类型作初步判断。当瓦斯继电器中出现气体时,应将瓦斯继电器内气体分析结果与油中取出气体的分析结果相比较。最后参照其他检查性试验(如绝缘试验、电阻测量等),结合设备的结构、运行、检修情况及外观检查,判断故障的性质和部位。

① 特征气体法

变压器运行时,油中气体含量正常值如表 4.9 所示。在出现缺陷或故障时,油中气体成分增加,含量变大。利用不同缺陷和故障时气体成分和含量的不同来判别故障的方法,称为特征气体法。表 4.10 列出了我国采用的不同故障下特征气体的成分和含量。

仅仅根据气体含量的绝对值很难对故障作出正确判断,还必须研究故障的发展趋势,它与故障点的产气速率密切相关。在判别故障时需要知道某一时间间隔内的产气速率。

表 4.9　油中溶解气体正常值

气　体　名　称	含量(ppm)
总烃	100
乙炔(C_2H_2)	5
氢(H_2)	100

表 4.10   不同故障下特征气体的成分和含量

故障性质	气体特征
一般过热	总烃较高,$C_2H_2<5$ ppm
严重过热	总烃高,$C_2H_2>5$ ppm,但 C_2H_2 未构成总烃的主要成分,H_2 含量较高
局部放电	总烃不高,$H_2>100$ ppm,CH_4 为总烃的主要成分
火花放电	总烃不高,$C_2H_2>10$ ppm,H_2 较高
弧光放电	总烃高,C_2H_2 高,并构成总烃中主要成分,H_2 含量高

② 特征气体比值法

特征气体比值法是利用特征气体间的比值来判断变压器故障的性质。此法将相同比值范围内的各对气体比值用不同编号表示,将色谱分析得到的各对气体比值按上述编号填写,然后用来综合判别故障性质。我国用得较多的是三比值法,它是用四种特征气体的三对比值来判别故障的。表 4.11 列出了三比值法的编码规则,表 4.12 则列出了三比值法的运用。

表 4.11   三比值法的编码规则

特征气体比值	比值范围编码			说　明
	$\dfrac{C_2H_2}{C_2H_4}$	$\dfrac{CH_4}{H_2}$	$\dfrac{C_2H_4}{C_2H_6}$	
<0.1	0	1	0	例如:$\dfrac{C_2H_2}{C_2H_4}=0.1\sim1$ 时,编码为 1
$0.1\sim1$	1	0	0	$\dfrac{CH_4}{H_2}=0.1\sim1$ 时,编码为 0
$1\sim3$	1	2	1	$\dfrac{C_2H_4}{C_2H_6}=0.1\sim1$ 时,编码为 0
>3	2	2	2	

表 4.12   三比值法的运用

序号	故障性质	比值范围编码			典型例子
		$\dfrac{C_2H_2}{C_2H_4}$	$\dfrac{CH_4}{H_2}$	$\dfrac{C_2H_4}{C_2H_6}$	
0	无故障	0	0	0	正常老化
1	低能量密度的局部放电	0	1	0	由于不完全浸渍引起含气孔穴中的放电,或气体过饱和或高湿度引起的孔穴中的放电
2	高能量密度的局部放电	1	1	0	与上例相同,但已导致固体绝缘材料出现放电痕迹或穿孔
3	低能量放电[a]	$1\sim2$	0	$1\sim2$	不同电位间的油的连续火花放电或对悬浮电位不良的连续火花放电。固体材料之间油的击穿
4	高能量放电	1	0	2	有工频连续放电。绕组之间或线圈之间,或线圈对地之间油的电弧击穿。选择开关切断电流
5	低于150℃的热故障[b]	0	0	1	一般性绝缘导线过热

序号	故障性质	比值范围编码			典 型 例 子
		$\dfrac{C_2H_2}{C_2H_4}$	$\dfrac{CH_4}{H_2}$	$\dfrac{C_2H_4}{C_2H_6}$	
6	150～300℃低温范围内的过热故障[c]	0	2	0	由于磁通集中引起的铁芯局部过热,热点温度增加,从铁芯中的小热点发展到铁芯短路。由于涡流引起的过热,或接触不良,形成焦炭,以及铁芯和外壳的环流等
7	300～700℃中温范围内的过热故障	0	2	1	
8	高于700℃高温范围的过热故障[d]	0	2	2	

a. 随着火花放电强度的增加,特征气体有如下增加的趋势:C_2H_2/C_2H_4 从 0.1～3 增加到 3 以上。

b. 在此情况下,气体主要来自固体绝缘分解,这说明了 C_2H_2/C_2H_4 比值的变化。

c. 这种故障情况通常由气体浓度不断增加来反映。CH_4/H_2 的比值大约为 1。实际值大于或小于 1 与很多因素有关,如油保护系统的方式、实际的温度水平和油的质量等。

d. C_2H_2 含量的增加表明热点温度可能高于 1 000℃。

4.5.4 典型电厂变压器故障及处理

1) 变压器的异常运行及处理

(1) 值班人员在变压器运行中发现有任何异常现象(漏油、油位过高或过低、温度突变、声音不正常、冷却系统不正常等),应报告值长,及时分析和处理,必要时联系检修人员。经过情况应详细记录。

(2) 变压器紧急停运条件

① 危及人身或设备安全;

② 变压器冒烟、着火;

③ 变压器内部声音很大且不均匀,有爆裂声;

④ 在正常负荷及冷却条件下,变压器上层油温超过允许值且不断上升;

⑤ 严重漏油且无法控制,低于油位计的指示限度;

⑥ 压力释放装置动作不返回,向外大量喷油;

⑦ 油质变化过甚,油内出现碳质等;

⑧ 套管严重破损,有放电现象;

⑨ 接线柱发热严重;

⑩ 达到保护动作值而保护拒动。

(3) 变压器过负荷

① 现象

预告信号发出,"变压器过负荷"光字牌闪亮。

② 原因

系统电压下降或负荷增加。

③ 处理

a. 变压器允许正常过负荷、事故过负荷运行,严格按过负荷倍率控制运行时间,严密监视变压器的运行温度;

b. 变压器过负荷时,应投入全部冷却器运行;

c. 变压器在过负荷运行时,应监视变压器的温度,并调整变压器的负荷到允许范围;

d. 存在缺陷或冷却系统有故障的变压器不允许过负荷;

e. 全天满负荷运行变压器不允许过负荷;

f. 变压器经事故过负荷后,应对变压器进行全面检查,并将事故过负荷的大小、持续时间记入变压器的技术档案内。

(4) 变压器温度和油位异常处理

① 温度处理

a. 变压器的上层油温、线圈温度超过允许值。

b. 如果是由变压器过负荷引起,应加强各部温度监视,投入所有冷却器运行。

c. 因冷却器未能自动投入所致,应手动投入;若工作电源故障而备用电源未能自投,应切换到备用电源运行。

d. 联系检修检查测温回路是否正常,核对远方与就地温度计的指示值。

e. 若不能判断为温度表指示错误时,应适当降低变压器的负荷,以限制温度的上升,并使之逐步降低到允许范围之内。如发现变压器的温度较平时同样负荷和冷却条件下高出10℃以上,或变压器负荷不变,温度却不断上升,而检查结果证明冷却装置和温度表正常,则认为变压器内部有故障,应停用变压器,进行检查。

② 变压器油位过低

a. 原因

变压器漏油;

负荷或环境温度突降。

b. 处理

少量漏油应加强检查次数,注意油位变化;

油位明显降低时,汇报值长,通知检修人员及时消除漏点;

若油位明显降低且无法恢复正常时,应将变压器退出运行;

油位明显降低时,禁止退出重瓦斯保护。

③ 变压器油位过高

a. 原因

负荷升高或冷却器故障,变压器温度上升致使油位过高;

过量充油。

b. 处理

调整负荷或恢复冷却器运行;

通知检修人员放油。

2) 变压器的事故及处理

(1) 轻瓦斯保护动作

① 对变压器进行外部检查,有无漏油,油位是否过低,油温是否升高,继电器内是否有

气体,二次回路是否有故障及二次回路是否有人工作等;

② 变压器因检修、补油、滤油工作投运后,出现的轻瓦斯动作,经瓦斯继电器排气可继续运行;

③ 若轻瓦斯保护频繁动作时,应转移负荷,进行色谱分析,停用变压器进行检查;

表 4.13 气体色谱分析及处理表

气体性质	可能原因	处理原则
无色,无臭,不可燃气体	侵入空气或油中析出的空气	可继续运行,要加强监视
淡灰色,可燃,有臭味	纸板绝缘物损坏产生的气体	应停电检修
黄色,不可燃	内部木质材损坏产生的气体	应停电检修
灰黑色,易燃	局部过热或放电造成油炭化分解出来的气体	立即停电检修

④ 瓦斯保护报警、跳闸同时动作,且有电气故障或经检查有可燃气体,则变压器未经鉴定试验合格前,禁止再投入运行。

(2)重瓦斯保护动作

① 现象

事故信号发出"重瓦斯保护动作"或其他保护动作光字牌闪亮,电压、电流波形有冲击,相应开关跳闸,现场可能有漏油或喷油现象。

② 原因

变压器内部故障,本体严重漏油及保护误动等。

③ 处理

a. 检查各侧开关是否跳闸,若有拒跳开关应手动将其分闸;

b. 检查厂用 6 kV 母线自动切换正常,否则应进行手动切换,检查、调整保安电源正常;

c. 根据保护动作情况及事故录波器所录得的数据,分析、判断故障性质;

d. 检查变压器本体有无漏油、喷油现象;油位、油温、油色是否正常;若瓦斯继电器有气体聚集时,应通知化学人员进行取样、化验分析;

e. 数据分析及现场检查,表明故障明显存在时,应将变压器隔离,交由检修处理;

f. 现场无明显故障象征,且无差动保护或其他保护同时动作,测变压器绝缘合格后,可进行试送电;

g. 因保护误动、直流系统接地或人为误碰造成的,退出误动保护,排除故障,经变压器外部检查正常后,重新投入运行;

h. 当重瓦斯保护与其他保护同时动作或瓦斯继电器内有可燃气体时,在未查明原因及消除故障前,不得将变压器投入运行。

(3)变压器差动保护动作

① 现象

事故信号发出"差动保护动作"或其他保护动作光字牌闪亮,电压、电流波形有冲击,相应开关跳闸,保护范围内有弧光、冒烟或绝缘焦味。

② 原因

保护范围内发生相间或相间对地短路故障及保护误动。

③ 处理

a. 检查各侧开关是否跳闸,若有拒跳开关应手动将其分闸;

b. 检查厂用 6 kV 母线自动切换正常,否则应进行手动切换,检查、调整保安电源正常;

c. 根据保护动作情况及事故录波器所录得的数据,分析、判断故障性质;

d. 检查差动保护范围内有无弧光、冒烟着火、绝缘击穿等短路现象;变压器有无喷油、油质炭化和温度剧升等故障现象;

e. 数据分析及现场检查,表明故障明显存在时,应将变压器隔离,交由检修处理;

f. 现场无明显故障象征,且无瓦斯保护或其他保护同时动作,测变压器绝缘合格后,经值长同意可进行试送电;

g. 因保护误动、直流系统接地或人为误碰造成的,退出误动保护,排除故障,经外部检查正常后,重新投入运行;

h. 当差动保护与其他保护同时动作时,在未查明原因及消除故障前,不得将变压器投入运行。

(4) 变压器自动跳闸

① 现象

事故信号发出,有关保护动作光字牌闪亮,电压、电流有冲击,相应开关跳闸,保护范围内有弧光、冒烟或绝缘焦味等。

② 原因

系统发生故障、负荷发生故障而保护或开关拒动,二次回路两点接地,保护误动或人为误碰等。

③ 处理

a. 检查各侧开关是否跳闸并将其复位,若有开关拒跳,应手动将其分闸;

b. 检查厂用 6 kV 母线自动切换正常,确保保安电源的正常运行;

c. 检查、记录保护的动作情况,结合事故录波器所录得的故障参数,分析、判断变压器自动跳闸的原因;

d. 当主保护动作跳闸时,应对现场设备进行检查,在故障隔离及经必要的试验后,方能进行试送电;

e. 当后备保护动作跳闸时,应在系统故障消除或越级故障隔离,经外部检查设备无异常后,即可以投入运行;

f. 因保护误动、直流系统接地或人为误碰造成的,退出误动保护,排除故障,经外部检查正常后,重新投入运行;

g. 当有两个及以上保护同时动作时,在未查明原因及消除故障前,不得将变压器投入运行。

(5) 变压器着火

① 应立即断开变压器各侧开关,断开冷却器及有关控制、保护电源,然后进行灭火,同时汇报值长、消防部门,严禁在未断开电源之前进行灭火;

② 主变、高厂变着火时,机组应解列停机;

③ 检查消防装置已喷水灭火,否则,应迅速使用灭火装置灭火;

④ 若油溢在变压器顶盖上着火时,则应打开下部油门放油至适当油位;若是变压器内部故障引起着火时,则禁止放油,以防变压器发生严重爆炸;

⑤ 当变压器附近的设备着火、爆炸或发生其他情况,对变压器构成严重威胁,必要时,值班人员应将变压器停运。

（6）变压器冷却装置故障

① 当变压器上层油温或负荷达到规定值,投自动方式的冷却装置应自动投入;若无自动投入,应手动投入并通知检修检查自动回路;

② 当工作电源故障跳闸,备用电源自动投入,此时应到现场将备用电源打至工作位置;若备用电源未能自动投入,应手动将其打至工作位置,并检查冷却装置是否运行正常;尽快处理原工作电源故障,恢复备用;

③ 冷却装置不能投入时,变压器能带60%额定负荷运行,此时应加强各部温度的监视;

④ 在冷却器异常的情况下,应加强各部温度的监视,尽可能地减少负荷,控制温度的上升。

（7）压力释放装置动作处理

① 检查压力释放装置动作后是否返回,是否大量喷油;

② 检查并注意变压器喷油后是否着火;

③ 压力释放装置动作后报警接头要手动复归;

④ 通知相关人员进行气相色谱分析。

4.6 典型电厂主变、高厂变和高备变规范

对于1 000 MW机组通常采用的发电机-变压器组接线,发电机发出的电能经过变压器升压后并入电力网。其中的变压器即称为主变,容量一般在1 140 MVA左右,多采用分相变压器。目前1 000 MW级机组电能均通过500 kV线路送出,因此主变高压侧为500 kV。变压器高压侧中性点接地方式一般为直接接地。而对于大容量机组的厂用电系统,当只采用6 kV一级厂用高压时,为安全起见,主要厂用负荷需由两路供电而设置两段母线,通常采用分裂低压绕组变压器,简称分裂变压器。它有一个高压绕组和两个低压绕组,两个低压绕组称为分裂绕组。典型电厂使用的主变压器全部为分相式,主变为常州东芝变压器有限公司生产的 SFP-1140000/500 kV。高厂变为中山ABB变压器有限公司生产的 SF-49000/27。启/备变为中山ABB变压器有限公司生产的 SFFZ-49000/500。

4.6.1 主变压器

1）主变压器技术数据

表 4.14　典型电厂主变压器技术数据

项　目	技 术 参 数
制造厂	常州东芝变压器有限公司
型号	SFP-1140000/500
额定容量（MVA）	1 140

项　目		技 术 参 数
相数		3
额定频率(Hz)		50
额定电压(kV)	高压侧	530±2×2.5%
	低压侧	27
调压方式		无载调压
冷却方式		ODAF
绕组连接方式		Y_Nd11(三相组)
中性点接地方式	高压侧	直接接地
	低压侧	不接地
温升限值(K)	顶层油	55
	调压方式	65
	冷却方式	65
主分接:阻抗电压(%)		联接组标号
绕组电阻(Ω，75℃)	高压绕组 主分接	约0.41/2
	最大分接	约0.43/2
	最小分接	约0.39/2
	低压绕组	约0.002 5/2
额定频率、额定电压时空载损耗(kW)		≤120
额定频率1.1倍额定电压时空载损耗(kW)		约200
负载损耗(kW，75℃)		≤754
空载电流(%)	100%额定电压	0.2
	110%额定电压	约0.5
噪声水平(dB)	自然冷却	78
	100%强迫风冷	78
冷却器型式		YF-380
冷却器数量		9组
冷却器风扇数量		9×4＝36只
总的风扇功率(kW)		额定输出功率:约3.0
总的油泵功率(kW)		额定输出功率:约3.0

2）损耗与效率

（1）额定电压和频率下,空载损耗不大于 130 kW;

（2）额定容量、额定电压下,在 75℃,不含附属设备损耗时的负载损耗不大于 690 kW;

（3）高压侧空载电流(在额定电压和频率下)不大于 1.9 A,在 110%额定电压与频率时不大于 6.3 A;

（4）附属设备损耗不大于 28 kW;

（5）在额定电压及频率下,不同负载及功率因数时的损耗及效率应等于或优于表 4.15

和表 4.16 所示数值。

表 4.15 主变压器损耗技术数据(75℃, 额定电压与频率)

加载	25%	50%	75%	100%
负载损耗(kW)	约 45	约 175	约 390	≤690
空载损耗(kW)	≤130	≤130	≤130	≤130
附加损失(kW)	约 7	约 14	约 21	约 28
总损失(不含附加损失)(kW)	约 175	约 305	约 520	约 820

表 4.16 主变压器效率技术数据(不包括附加损耗)

加载(%)	效率(%)	
	功率因数 1	功率因数 0.9
100	99.784 2	99.760 2
75	99.817 5	99.797 2
50	99.839 4	99.821 6
25	99.815 7	99.795 3

3) 绝缘水平和实验电压

(1) 高压

1 min 工频耐压:680 kV(有效值)

雷电冲击全波(1.2/50 μs):1 550 kV(峰值)

雷电冲击截波:1 675 kV(峰值)

操作冲击耐压:1 175 kV(峰值)

(2) 高压中性点

1 min 工频耐压:85 kV(有效值)

雷电冲击全波:185 kV(峰值)

(3) 低压

1 min 工频耐压:85 kV(有效值)

雷电冲击全波:200 kV(峰值)

雷电冲击截波:220 kV(峰值)

4) 局部放电水平

在 500 kV 线端、1.5 倍最高相电压下,局部放电量≤100 PC。

5) 电晕和无线电干扰水平

在 $1.1 \times 550/\sqrt{3}$ kV 电压下运行,户外晴天、夜晚无可见电晕。在 $1.1 \times 550/\sqrt{3}$ kV 电压下,按 IEC694 进行测量,无线电干扰电压应小于 500 μV。

6) 过负荷能力

变压器的过载能力应符合 IEC354 中"油浸变压器加载指南"的规定。事故过载能力(环境温度 40℃,满载启动)见表 4.17、表 4.18。

表 4.17　油浸式强迫油循环风冷变压器事故过负荷所允许的时间

过电流(%)	120	130	145	160	175	200
允许运行时间(min)	480	120	60	45	20	10

表 4.18　在空载和满载下工频电压升高允许持续运行时间

工频过电压倍数(相—地)	1.05	1.1	1.2	1.3	1.4
空载持续时间	连续	连续	30 min	60 s	12 s
满载持续时间	连续	连续	20 min	20 s	5 s

7) 过激磁能力

过激磁能力(在额定频率下,以最高运行电压为基准)。

表 4.19　满载时过激磁运行时间

过激磁倍数	140%	130%	120%	110%	105%
允许时间	10 s	60 s	120 s	连续	连续

表 4.20　空载时过激磁运行时间

过激磁倍数	140%	130%	120%	110%	105%
允许时间	10 s	60 s	120 s	连续	连续

8) 承受故障的能力

(1) 在无限大电源时,变压器任一侧出口处发生三相短路时,变压器能耐受 3 s 不应有变形和损坏,线圈温度应低于 250℃,并能承受重合于短路上的能力;

(2) 在发电机甩负荷时,变压器应能承受 1.4 倍额定电压,历时 5 s 而不出现异常;

(3) 整台变压器应能承受储油柜油面上施加 30 kPa 静压力持续 24 h 而无渗漏及损失,变压器应能在 ≤133 Pa 的状态下进行真空注油。

9) 绝缘油

(1) 牌号:♯25 变压器油;出厂厂家:新疆克拉玛依炼油厂。

(2) 应按 IEC296 标准采用 IA 级新油,注入变压器前,具有以下主要特性:

① 绝缘强度≥60 kV/2.5 mm(注明电极形状);

② $\tan\delta < 0.5\%$(在 90℃时);

③ 气体含量≤1%;

④ 含水量≤10 μL/L;

⑤ 闪点≥140℃;

⑥ 应不含 PCB 成分。

(3) 随变压器供应备用油量为总油量的 10%。

10) 变压器控制保护和监测要求

(1) 变压器本体控制保护和监测要求

变压器本体保护和监测装置应能检测变压器内部的所有故障,并应在最短时间内隔离设备,并发出报警信号。变压器本体的保护装置、检测装置、压力释放装置的接入线必须直接接到端子箱,没有中间接头。

① 保护装置

变压器本体应装设重瓦斯和轻瓦斯断电器,还应装设突发压力继电器。当油泵启动和停止操作时,瓦斯继电器和突发压力继电器不应误动作。瓦斯继电器取气装置设在变压器下部人手易操作的地方。连接瓦斯继电器油管与水平面应有 2% 的坡度,变压器外壳靠近瓦斯继电器处应有攀登爬梯。

② 监测装置

随变压器提供油温监测并配有记录装置、绕组温度监测、油位计和油流指示器、高压套管介损监测装置、油中气体在线监测装置。油温监测装置应为电阻型,反映变压器油温最高温度。绕组温度监测装置为反映变压器绕组温度的电阻型传感元件。油位监测装置用于监视油枕内的油位,当油位下降到规定值以下时,应瞬时报警。六台主变的W-PD2高压套管介损监测装置、油中故障气体在线监测装置共用一台后台管理用PC机(还需另接高厂变、备变油中气体在线监测装置的通信控制器),应具有就地实时数据监测、通信、储存、报警、远方趋势预测、报警及打印等功能。卖方提供主变高压套管介损监测装置、油中故障气体在线监测装置至后台管理用PC机的通信电缆,以及高厂变、备变油中故障气体在线监测装置的通信控制器至后台管理用PC机的通信电缆。VAA型铁芯及绕组紧固力监测装置,装置能实现当变压器发生突发冲击后,通过振动监测仪在线评估变压器铁芯、绕组及两者之间的紧固力程度。当油泵投入运行而油流停止时,油流监测装置应动作。

③ 压力释放装置

变压器应设有两个压力释放装置,每套装置应配备一对跳闸接点。

(2) 变压器的报警和跳闸保护接点

表 4.21　变压器至少具有表中所列报警和跳闸接点

序号	接点名称	报警或跳闸	电源电压(VDC)	接点容量(A)
1	主油箱气体继电器	轻故障报警,重故障跳闸	110	2
2	主油箱油位计	报警、跳闸	110	0.4
3	主油箱压力释放装置	跳闸	110	0.5
4	突发压力继电器	跳闸	110	0.5
5	油温测量装置	报警、跳闸	110	0.6
6	冷却器故障(有冷却器控制柜)	报警	110	2
7	油流继电器故障(有冷却器控制柜)	报警	110	0.4
8	冷却器交流电源故障	报警	110	2
9	绕组测温装置	报警、跳闸	110	0.6

11) 变压器和其他设备的连接

变压器高压侧采用架空出线;低压侧与离相封闭母线连接。

12) 主变压器附件

表 4.22　变压器附件列表

无载调压开关
高压套管(德国 HSP)
低压套管
中性点套管
与封母连接用的升高座和接线端子(镀银)及连接法兰
铁芯接地套管
高压侧套管电流互感器
高压中性点套管电流互感器
主油箱储油柜(包括油位计、胶囊(进口)等)
气体继电器(用于主油箱,加防雨罩)
油流控制继电器
压力释放装置(带导向管并引至箱底约 1 m 高处)
温度计
油温测量装置
绕组测温装置
冷却装置(含冷却控制箱)
控制柜
变压器端子箱
用于变压器本体与端子箱冷却控制箱、控制柜之间的全部耐油、阻燃、屏蔽电缆
阀门
铁芯接地引下线
密封垫
变压器油(应有 10%裕度)
铭牌、标识牌和警示牌

4.6.2　高厂变和启/备变

高压厂用变压器有工作变压器、公用变压器、备用变压器和检修变压器等几种,简称高厂变。工作变高压侧一般接自发电机出口,供汽轮发电机组正常工作时使用。如果发电机出口设 GCB,则接自主变低压侧。每台 1 000 MW 级汽轮发电机组配用一台(或两台)工作变,两台汽轮发电机组设一台(或两台)高压厂用备用变压器。由于备用变还承担机组启动时的用电负荷,因此又称为启动/备用变压器,简称启/备变。启/备变大多采用有载调压的分裂绕组变压器。工作变和启备变的中性点经过低电阻或中电阻接地。高备变正常运行方式,高备变在机组正常期间应处于空载运行方式,其高压侧 500 kV 电源开关在合闸状态,低压侧 6 kV 电源开关处于联动备用状态;高备变在正常情况下只能供一台机组的安全停机负荷,运行中应适当控制负荷,避免高备变超容量运行;高备变在带载运行时,退出另外三台机组的 6 kV 高压厂用电备自投;有的电厂不设启/备变,而设停机/检修变压器供机组在事故状态下安全停机,以及停机后检修用。检修变和启备变的高压侧一般接自高压系统母线,或单独从其他电源引接。有的电厂的公用负荷容量比较大,有时需要专门设公用变压器。公用变压器的高压侧也从发电机出口或主变低压侧连接,公用变压器一般均采用双圈变压器。公用变压器在 600 MW 机组中比较常见,在 1 000 MW 级机组中,由于工作变容量比较充分,很少设公用变。

由于 1 000 MW 汽轮发电机组的厂用电容量较大,其厂用电系统有的采用一级高压,有的采用两级高压。一级高压可以采用 10 kV 系统或者 6 kV 系统两种类型;两级高压也有两种类型,一种是 10 kV、6 kV 系统,另一种是 10 kV、3 kV 系统。高厂变的低压侧电压可能有 10 kV、6 kV 和 3 kV 三种类型。因此,厂用电系统比较复杂。

典型电厂的高厂变和启/备变技术参数如表 4.23 所示。

表 4.23 典型电厂高厂变和启/备变技术数据

项　目			高厂变	启/备变
制造厂			中山 ABB 变压器有限公司	中山 ABB 变压器有限公司
型号			SF-49000/27	SFFZ-49000/500
额定容量(MVA)			49/29-29	49/29-29
相数			3	3
额定频率(Hz)			50	50
额定电压(kV)	高压侧		$27\pm2\times2.5\%$	$525\pm8\times1.25\%$
	低压侧		6.3-6.3	6.3-6.3
调压方式			无载调压	有载调压
冷却方式			ONAN	ONAF
联接组标号			$Dy_{n1}-y_{n1}$	$Y_Ny_{n0}-y_{n0}d$
中性点接地方式	高压侧		不接地	直接接地
	低压侧		经 18.2 Ω 接地	经 18.2 Ω 接地
温升限值(K)	顶层油		55	55
	高压绕组		65	65
	低压绕组		65	65
主分接:阻抗电压(%)			20%	20%
绕组电阻(Ω,75℃)	高压绕组	主分接	约 0.05	约 1.8
		最大分接	约 0.053	约 1.83
		最小分接	约 0.048	约 1.77
	低压绕组		约 0.002	约 0.002 5
额定频率、额定电压时空载损耗(kW)			22.69	≤50
额定频率 1.1 倍额定电压时空载损耗(kW)			约 60	约 85
负载损耗(kW,75℃)			≤245	≤230
空载电流(%)	100%额定电压		0.4	0.4
	110%额定电压		1	1

项 目		高厂变	启/备变
噪声水平(dB)	自然冷却	≤75	≤75
	100%强迫风冷	≤75	≤75
冷却器型式			PC
冷却器数量			约 14
冷却器风扇数量			约 7
总的风扇功率(kW)			约 4(额定输出)
总的油泵功率(kW)			/
套管的有效爬距(mm)	高压	1 256	7 812
	中性点	372	372
	低压	372	1 256
分接开关	型号	DWX	MIII
	制造厂	保定天威集团	德国 MR 公司
	额定电流	1 000 A	350
	分接级数	5	17
	无需检修的操作次数和运行时间	随变压器本体检修	10 万次,6 年
	电气寿命	/	20 万次
	机械寿命	10 000 次	80 万次
压力释放装置	制造厂		
	规范及台数		
	释放压力(MPa)		
瓦斯继电器厂家、参数			
全部冷却器退出运行后,满载运行所允许的时间			60 min
一组冷却器退出运行允许长期运行的负载			约 100%额定负载
两组冷却器退出运行允许长期运行的负载			约 92%额定负载
三组冷却器退出运行,变压器允许长期运行的负载			约 67%额定负载
温度计产地/厂家及型号(不同型号温度计分别列出)			
变压器油产地/厂家、规范及主要指标			

5

电 气 设 备

5.1 高压断路器

据统计,在发电厂和变电所中,每 10 000 kW 发电设备需 100～120 台高压断路器,400～500 台隔离开关和其他相应的高压电器配套设备。可见,高压断路器是主系统的重要设备之一。高压断路器的主要功能是:正常运行时,倒换运行方式,把设备或线路接入电路或退出运行,起着控制作用;当设备或线路发生故障时,能快速切除回路,保证无故障部分正常运行,起保护作用。

高压断路器是开关电器中最为完善的一种工作设备,其最大特点是能断开电路中负荷电流和短路电流。因此,在运行中其开断能力是标志性能的基本指标。所谓开断能力,就是指断路器在切断电流时熄灭电弧的能力,以保证顺利地分合电路。

5.1.1 高压断路器的基本技术参数

1) 额定电压(U_N)

额定电压是指断路器长期工作的标准电压。产品铭牌上标明的额定电压是指正常工作的线电压。我国采用的额定电压等级有:3、6、10、35、110、220、330、500、1 000 kV 等。额定电压的高低影响断路器的外形尺寸和绝缘水平,电压越高,要求绝缘水平越高,外形尺寸越大。

2) 额定电流(I_N)

额定电流是指断路器长期允许通过的最大工作电流。长期通过 I_N 时,其发热温度不会超过国家标准规定值。实际上,由于每一类高压电器工作条件的不同,它们具体采用的额定电流等级也不一样。对于高压断路器,我国采用的额定电流的等级为:200、400、630、(1 000)、1 250、(1 500)、1 600、2 000、3 150、4 000、5 000、6 300、8 000、10 000、12 500、16 000、20 000 A。

额定电流的大小决定断路器导电部分和触头的尺寸及结构,在相同的允许温升下,电流越大,则要求导电部分和触头的截面越大,以便减小损耗和增大散热面积。

3) 额定开断电流(I_{brN})

开断电流是指断路器在开断操作时,首先起弧的某相电流。额定开断电流是指断路器在额定电压上能保证正常开断的最大短路电流。它是标志断路器开断能力的一个重要参数。我国规定高压断路器额定开断电流为:1.6、3.15、6.3、8、10、12.5、16、20、25、31.5、40、50、63、80、100 kA 等。

开断电流和电压有关,在低于额定电压下,断路器开断电流可以提高。但由于灭弧装置机械强度的限制,开断电流仍有一极限值,此极限值称为极限开断电流,即高压断路器开断电流不能超过极限开断电流。

4) 额定短路关合电流(I_{clh})

当线路上存在短路故障时,断路器一合闸就会有短路电流流过,这种故障称为"预伏故障"。当断路器关合有预伏故障的设备或线路时,在动、静触头接触前几毫米就发生预击穿,随之流过短路电流,给断路器关合造成阻力,影响动触头合闸速度及触头的接触压力,甚至出现触头弹跳、熔化、焊接以至断路器爆炸等事故。表征高压断路器关合短路故障能力的参数为额定短路关合电流 I_{clh},其数值以关合操作时瞬态电流第一个半周波峰值来表示,制造部门对高压断路器关合电流一般取其额定短路开断电流的 $1.8\sqrt{2}$ 倍,即:

$$I_{clh} = 1.8\sqrt{2}I_{brN} \tag{5.1}$$

式中:I_{brN} 为额定短路开断电流。

高压断路器关合短路电流的能力除与灭弧装置性能有关外,还与高压断路器操动机构合闸能源的大小有关。因此,在选择高压断路器的同时,应选择合适的操动机构,方能保证足够的关合能力。

5) t 秒热稳定电流(I_{th})

当短路电流通过高压断路器时,不仅会产生很大的电动力,而且还会产生很多的热量。短路电流所产生的热量与电流的平方成正比,而热量的散发与时间成反比。由于短路时电流很大,该电流在短时间内将产生大量的热量不能及时散发,因而高压断路器的温度将显著上升,严重时会使高压断路器的触头焊住,损坏高压断路器,甚至引起高压断路器爆炸。因此,高压断路器铭牌上规定了一定时间(规定标准时间为 2 s,需要大于 2 s 时可用 4 s)的热稳定电流。在 4 s 内,能够保证高压断路器不损坏的条件下允许通过的短路电流值,称为 4 s 热稳定电流。在铭牌上热稳定电流以额定短时耐受电流(短路电流有效值)表示。由于热稳定电流通过的时间很短,在计算时一般不考虑散热现象。因此,可利用发热量相等的原则对不同时间的热稳定电流进行换算,计算式为:

$$I_{tht} = I_{th}\sqrt{4/t} \tag{5.2}$$

式中:I_{th} 为 4 s 热稳定电流;I_{tht} 为通过 t 的热稳定电流;t 为通过 I_{tht} 电流时允许作用时间。

6) 动稳定电流(I_{es})

动稳定电流是指高压断路器在闭合位置时所能通过的最大短路电流,又称为极限通过电流。它表明断路器承受短路电流电动力效应的能力。当断路器通过这一电流时,不会因电动力作用而发生任何机械上的损坏。动稳定电流一般是指短路电流第一个周波的峰值电流。在高压断路器铭牌上动稳定电流有额定峰值耐受电流(冲击电流)和额定有效值耐受电流两种表示法。动稳定电流决定于导体部分及支持绝缘部分的机械强度,并与触头的结构形式有关。I_{es} 的数值约为额定开断电流 I_{brN} 的 2.5 倍。

7) 全开断(分闸)时间(t_{kd})

开断时间是表明高压断路器开断过程快慢的参数。高压断路器从得到分闸命令起到触头分开直至电弧熄灭为止的时间称为全开断(全分闸)时间。全开断时间等于固有分闸时间和燃弧时间之和。固有分闸时间为高压断路器接到分闸命令到触头分离这一段的时间。燃弧时间是从触头分离到各相电弧熄灭的时间。从电力系统对开断短路电流的要求来看,希望分闸速度越快越好,即固有分闸时间和燃弧时间都必须尽量缩短,这样全分闸时间就短,计算式为:

$$t_{kd} = t_{gf} + t_h \tag{5.3}$$

式中:t_{gf} 为断路器固有分闸时间;t_h 为燃弧时间。

断路器开断电路的各个时间如图 5.1 所示。一般分闸时间小于 0.06～0.12 s。分闸时间小于 0.06 s 的断路器,称为快速断路器。

8) 合闸时间

高压断路器从接收到合闸命令起到主触头刚接触为止的时间称为合闸时间。电力系统对断路器合闸时间一般要求不高,但希望合闸稳定性能好。

9) 自动重合闸性能

t_0—继电保护动作时间;t_1—高压断路器固有分闸时间;t_2—燃弧时间;t_3—高压断路器全分闸时间

图 5.1　高压断路器开断电路时的有关时间

架空输电线路的短路故障大多是雷击、鸟害等暂时性故障,一旦短路故障被切断后,故障原因就会迅速消除。因此,为了提高供电可靠性和保持电力系统的稳定性,输电线路多装有自动重合闸装置。在短路故障发生时,根据继电保护发出的信息,高压断路器立即开断电路,然后,经过很短时间又自动重合。高压断路器重合后,如果故障并未消除,高压断路器必须再次分闸,断开短路故障,这种情况称为不成功自动重合闸。此后,有些情况下,当高压断路器断开一定时间后,由运行人员再行合闸,称为强送电。强送电后,如果故障仍未消除,高压断路器立即再分闸一次。上述动作程序称为自动重合闸操作循环。操作循环也是表征断路操作性能的指标。我国规定断路器的操作循环如下:

(1) 自动重合闸操作循环

分-θ-合分-t-合分

(2) 非自动重合闸操作循环

分-t-合分-t-合分

上两式中"分"表示高压断路器分闸;"合"表示高压断路器合闸;"θ"为无电流间隔时间,标准值为 0.3 s 或 0.5 s;"合分"表示高压断路器自开断位置关合电路后,没有人为延时地立即开断;t 为强送电时间,标准时间为 180 s。高压断路器自动重合闸操作循环有关时间如图 5.2 所示。

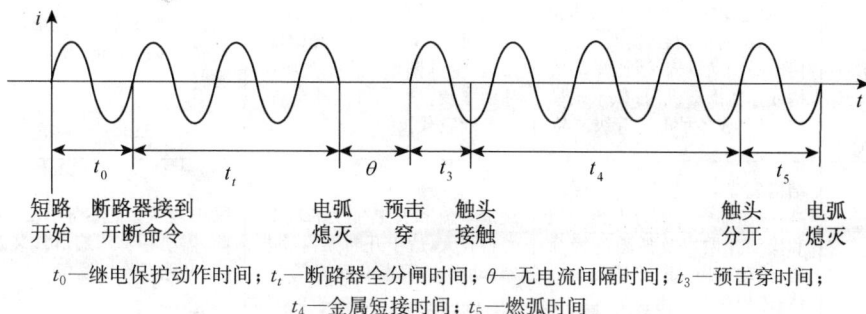

t_0—继电保护动作时间;t_1—断路器全分闸时间;θ—无电流间隔时间;t_3—预击穿时间;t_4—金属短接时间;t_5—燃弧时间

图 5.2　自动重合闸操作循环有关时间

全分闸时间加上无电流间隔时间($t_t + \theta$)称为自动重合闸时间。从高压断路器重合操作触头闭合到第二次触头分开为止的时间(t_4)称为金属短接时间。因为重合操作是在线路可能仍处于故障情况下的合闸,所以为提高电力系统稳定性,要求所使用的高压断路器具有较高的动作速度,除了缩短全分闸时间外,金属短接时间也必须短。

高压断路器所允许的无电流间隔时间取决于第一次开断后,高压断路器恢复熄弧能力所需要的时间。如果间隔时间太短,则当高压断路器重合后再次分闸时,会因其熄弧能力尚未恢复,而使高压断路器在第二次分闸时的开断能力有所降低。

随着对断路器少维护、免维护要求的发展,也可将断路器分为一般(A 级)断路器和少维护(B 级)断路器(一种设计在预期使用寿命内,主回路开断用的零件不需要维护,而其他零件只需少量维护的断路器,现在只适用于额定电压不大于 52 kV)。

5.1.2　高压断路器的分类

1) 高压断路器的型号含义

国产高压断路器的型号是由字母和数字两部分组成的,表示如下:

$$\boxed{1}\boxed{2}\boxed{3}-\boxed{4}\boxed{5}/\boxed{6}-\boxed{7}$$

$\boxed{1}$:产品名称:S—少油断路器;D—多油断路器;L—六氟化硫(SF_6)断路器;Z—真空断路器;K—压缩空气断路器;Q—自产断路器;C—磁吹断路器

$\boxed{2}$:安装地点:N—户内型;W—户外型

$\boxed{3}$:设计序号

$\boxed{4}$:额定电压(或最高工作电压)(kV)

$\boxed{5}$:补充特性:C—手车式;G—改进式;W—防污型;Q—防震型

$\boxed{6}$:额定电流(A)

$\boxed{7}$:额定开断电流(kA)

2) 高压断路器的类型

表 5.1　高压断路器分类及其主要特点

类别	结构特点	技术性能特点	运行维护特点
少油式断路器	油量少,油主要用作灭弧介质,对地绝缘主要依靠固体介质,结构简单,制造方便,可配用电磁操动机构、液压操动机构或弹簧操动机构;积木式结构,可制成各种电压等级产品	开断电流大,对 35 kV 以下可采用加油并联回路以提高额定电流;35 kV 以上为积木式结构;全开断时间短;增加压油活塞装置加强机械油吹后,可开断空载长线	运行经验丰富,易于维护,噪声低,油量少;易劣化,需要一套油处理装置
压缩空气断路器	结构复杂,工艺和材料要求高;以压缩空气作为灭弧介质和操动介质以及弧隙绝缘介质;操动机构与断路器合为一体;体积和重量比较小	额定电流和开断能力都可以做得较大,适于开断大容量电器;动作快,开断时间短	噪声较大;维修周期长,无火灾危险,需要一套压缩空气装置作为气源;断路器价格较高

类别	结构特点	技术性能特点	运行维护特点
SF$_6$断路器	结构简单,但工艺密封要求严格,对材料要求高;体积小,重量轻;有屋外敞开式及屋内落地罐式之别,更多用于 GIS 封闭式组合电器	额定电流和开断电流可以做得很大;开断性能好,可适于各种工况开断;SF$_6$气体灭弧、绝缘性能好,所以断口电压可做得较高;断口开距小	噪声低,维护工作量小;不检修间隔长,断路器价格较高;运行稳定,安全可靠,寿命长
真空断路器	体积小,重量轻;灭弧室工艺材料要求高;以真空作为绝缘和灭弧介质;角头不易氧化	可连续多次操作,开断性能好,灭弧迅速,动作时间短;开断电流及断口电压不高,目前只生产 35 kV 以下级;真空,是指绝对压力表低于 101.3 kPa 的空间,断路器中要求的真空为 133.3×10^{-4} Pa(即 10^{-4} mmHg)以下	运行维护简单,灭弧室不需检修,无火灾及爆炸危险,噪声低

表 5.2 断路器安装使用场所选型参考表

安装场所	电压等级	可选择的主要型式
机组		专用 FS 断路器
		专用空气断路器
配电装置	35 kV 及以下	少油断路器
		真空断路器
		SF$_6$断路器
	110~330 kV	少油断路器
		空气断路器
		SF$_6$断路器
	500 kV	SF$_6$断路器

5.1.3 SF$_6$断路器

1955 年开始使用 SF$_6$断路器的灭弧介质,20 世纪 70 年代获得迅速发展。我国于 1967 年开始研制 SF$_6$断路器,1979 年开始引进 500 kV 及以下 SF$_6$断路器及 SF$_6$全封闭组合电器技术。近年来,在额定电压为 72.5 kV 及以上的高压及超高压系统中,SF$_6$断路器已成为主导产品;在 12~40.5 kV 的中高压领域中也得到较多的应用。

SF$_6$断路器可分为两大类:

第一类,为绝缘子式 SF$_6$断路器。如 LW(SFM)系列产品,可用于 110~500 kV 的电力系统中。该系列产品除 110 kV 断路器三相共用一个机构外,其他均为三相分装式结构;110~220 kV 断路器每相一个断口,整体呈 I 形布置。330~500 V 断路器每相两个断口,整体呈 T 形布置。每个断口由灭弧室、支柱、机构箱组成,其中 330~500 kV 断路器还带有均压电容器、合闸电阻等。

第二类,是把断路器装入一个外壳接地的金属罐中,称为落地罐式。如 LW13(SFMT)

系列罐式高压 SF_6 断路器。该产品除 110 kV 及部分 220 kV 级产品的三相分装在一个公用底架上并采用三相联动操作外,其余各电压等级及部分 220 kV 产品均为三相安装结构,每相由接地的金属罐、充气套管、电流互感器、操动机构和底架等部件组成。

1) SF_6 气体性能

(1) 物理化学性质

① SF_6 分子是以硫原子为中心,六个氟原子对称地分布在周围形成的呈正八面体结构。其氟原子有很强的吸附外界电子的能力,SF_6 分子在捕捉电子后成为低活动性的负离子,对去游离有利;另外,SF_6 分子的直径较大(0.456 nm),使得电子的自由行程减少,从而减少碰撞游离的发生。

② SF_6 为无色、无味、无毒、不助燃的非金属化合物;在常温常压下,其密度约为空气的 5 倍,常温下,压力不超过 2 MPa 时仍为气态,总的热传导能力远比空气好。

③ SF_6 的化学性质非常稳定。在干燥情况下,温度低于 110℃ 时,与铜、铝、钢等材料都不发生作用;温度高于 150℃ 时,与钢、硅钢开始缓慢作用;温度高于 200℃ 时,与铜、铝才发生轻微作用;温度达 500~600℃ 时,与银也不发生作用。

④ SF_6 的热稳定极好,但在有金属存在的情况下,热稳定则大为降低。它开始分解的温度为 150~200℃,其分解随温度升高而加剧。当温度达到 1 227℃,分解物基本上是 SF_4(有剧毒);在 1 227~1 727℃ 时,分解物主要是 SF_4 和 SF_3;超过 1 727℃ 时,分解为 SF_2 和 SF。在电弧或电晕放电中,SF_6 将分解,由于金属蒸汽参与反应,生成金属氟化物和硫的低氟化物。当 SF_6 气体含有水分时,还可能生成 HF(氟化氢)或 SO_2,对绝缘材料、金属材料都有很强的腐蚀性。

(2) 绝缘和灭弧性能

基于 SF_6 的上述物理化学性质,SF_6 具有极为良好的绝缘性能和灭弧能力。SF_6 气体的绝缘性能稳定,不会老化变质。当气压增大时,其绝缘能力也随之提高。在 0.1 MPa 下,SF_6 的绝缘能力超过空气的 2 倍;在 0.3 MPa 时,其绝缘能力和变压器油相当。SF_6 在电弧作用下接受电能而分解为低氟化合物,但需要的分解能却比空气高得多。因此,SF_6 分子在分解时吸收的能量多,对电弧的冷却作用强。当电弧电流过零时,低氟化合物则急速再结合成 SF_6,故弧隙介质强度恢复过程快。另外,SF_6 中电弧的电压梯度比空气中的约小 3 倍,因此,SF_6 气体中电弧电压也较低,即燃弧时的电弧能量较小,对灭弧有利。总体上 SF_6 的灭弧能力相当于同等条件下空气的 100 倍。

2) SF_6 断路器的灭弧室结构

SF_6 断路器的灭弧室可以按压气活塞原理制成单压式,其气流是直接在开断过程中产生的,其压力一般在 3.5~7 MPa 范围内。国产的 SF_6 断路器均为单压式。目前,单压式灭弧室有两种结构,即定开距和变开距结构。

(1) 定开距灭弧室

图 5.3 为定开距灭弧室的结构示意图。断路器的触头由两个带喷嘴的空心静触头

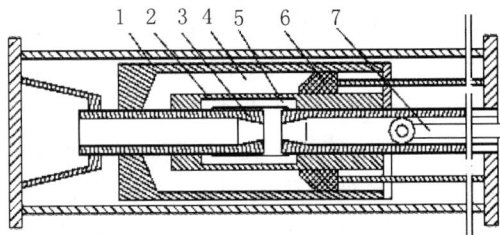

1—压气缸;2—动触头;3、5—静触头;
4—压气室;6—固定活塞;7—拉杆

图 5.3　定开距灭弧室的结构示意图

3、5 和动触头 2 组成。断路器的弧隙由两个静触头保持固定的开距,故称为定开距。由于 SF_6 的灭弧和绝缘能力强,所以开距一般不会很大。动触头和压气缸 1 连成一体,并与拉杆 7 连接,操动机构可通过拉杆带动动触头和压气缸左右运动。固定活塞由绝缘材料制成,它与动触头、压气缸之间围成压气室。

定开距灭弧室动作过程示意图如图 5.4 所示。图 5.4(a)为断路器处于合闸位置,这时动触头跨接于两个静触头之间,构成电流通路;分闸时,操动机构通过拉杆带着动触头和压气缸向右运动,使压气室内的 SF_6 气体被压缩,压力提高 1 倍左右,这一过程称为压气过程或预压缩过程,如图 5.4(b)所示;当动触头离开静触头时,产生电弧,同时将原来被动触头所封闭的压气缸打开,高压 SF_6 气体迅速向两静触头内腔喷射,对电弧进行强烈的双向吹弧,如图 5.4(c)所示;当电弧熄灭后,触头处在分闸位置,如图 5.4(d)所示。

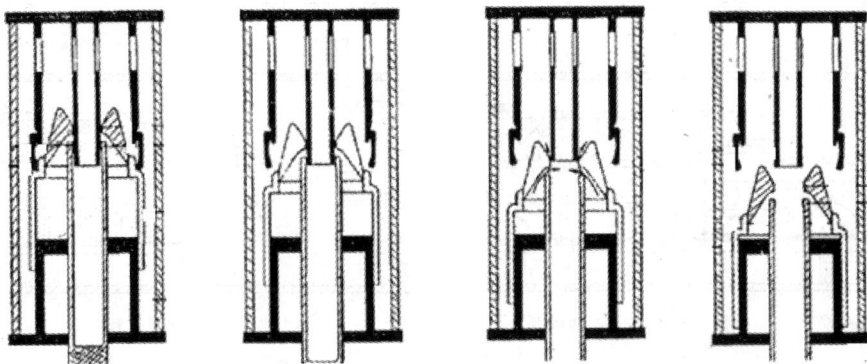

(a)断路器在合闸位置;(b)压气室内的 SF_6 气体被压缩;(c)产生的气流向喷口吹弧;(d)熄弧后的开断位置

图 5.4 定开距灭弧室结构示意图

(2)变开距灭弧室

变开距灭弧室的结构示意图如图 5.5 所示。触头系统有主触头、弧触头和中间触头。主触头的中间触头放在外侧,以改善散热条件,提高断路器的热稳定性。灭弧室的可动部分由动触头、喷嘴和压气缸组成。为了在分闸过程中使压气室的气体集中向喷嘴吹弧,而在合闸过程中不致在压气室形成真空,故设有逆止阀 7。合闸时,逆止阀打开,使压气室与活塞内腔相通,SF_6 气体从活塞的小孔冲入压气室;分闸时,逆止阀堵住小孔,让 SF_6 气流集中向喷嘴吹弧。

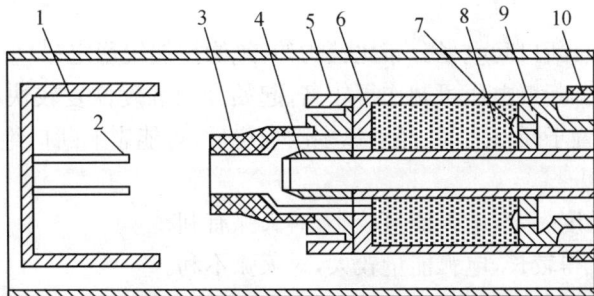

1—主静触头;2—动触头;3—喷嘴;4—弧动触头;5—主动触头;6—压气缸;
7—逆止阀;8—压气室;9—固定活塞;10—中间触头

图 5.5 变开距灭弧室的结构示意图

变开距灭弧室的灭弧过程如图 5.6 所示。图 5.6(a)为合闸位置。分闸时,可动部分向右运动,此时,压气室内的 SF_6 气体被压缩并提高压力,如图 5.6(b)所示;主触头首先分离,然后,弧触头分离产生电弧,同时也产生气流,向喷嘴吹弧,如图 5.6(c)所示;熄弧后的分闸位置如图 5.6(d)所示。

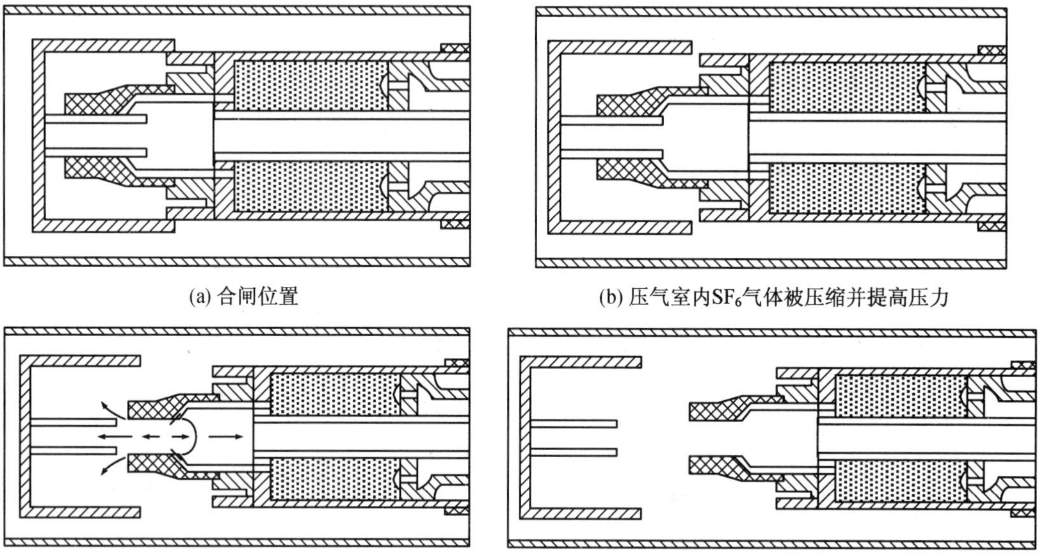

(a) 合闸位置   (b) 压气室内 SF_6 气体被压缩并提高压力

(c) 触头分离,产生电弧、气流,向喷嘴吹弧   (d) 熄弧后的分闸位置

图 5.6　变开距灭弧室的灭弧过程示意图

从上述动作过程可以看出,变开距灭弧室在灭弧时,触头的开距在分闸过程中是变化的。其结构特点是:触头开距在分闸过程中不断增大,最终开距较大,故断口电压可以做得较高,起始介质强度恢复速度快。喷嘴与触头分开,喷嘴的形状不受限制,可以设计得比较合理,有利于改善吹弧效果,提高开断能力。但绝缘喷嘴易被电弧烧损。

(3) 定开距与变开距灭弧室的比较

① 气吹情况

定开距吹弧时间短促,压气室内的气体利用稍差;

变开距的气吹时间比较富裕,压气室内的气体利用比较充分。

② 端口情况

定开距的开距短,断口间电场分布比较均匀,绝缘性能较稳定;

变开距的开距大,断口电压可制作得较高,起始介质强度恢复较快,但断口间的电场均匀度较差,绝缘喷嘴置于断口之间,经电弧多次灼烧后,可能影响断口绝缘能力。

③ 电弧能量

定开距的电弧长度一定,电弧能量较小,对灭弧有利;

变开距的电弧拉得较长,电弧能量较大,对灭弧不利。

④ 行程与金属短接时间

定开距动触头的行程及金属短接时间较长;

变开距可动部分的行程及金属短接时间较短,对缩短断路器的动作时间有利。

3）气体的泄漏和排放对健康及环境的影响

纯净的 SF_6 气体是无毒的,但由于热效应(包括燃弧、放电等)在开关设备和控制设备中产生的 SF_6 副产物可能具有毒性。SF_6 分解物的毒性是以氟化亚硫醚 SOF_2 气体为主体,能对皮肤、眼睛和呼吸道黏膜产生刺激。同温层的臭氧减少主要是由氯化氮碳化合物(CFC族)所引起,其机理是紫外线辐射断开 CFC 分子键时释放出的自由氯原子(Cl)起了催化作用。而在临界臭氧破坏高度范围内,SF_6 不发生光解作用,来自 SF_6 的原子氟非常少,并且还不发生催化作用。显然,SF_6 对同温层的臭氧不起破坏作用。与其他气体的作用相比,SF_6 的影响可忽略不计。IEC1634 认为"长期经验证明,只要建立和遵守某些基本的预防措施和程序,关于 SF_6 的使用就无大的问题"和"SF_6 被用在密闭的或密封的压力系统中,可能泄露到大气中的少量 SF_6 不会减少臭氧层,并且对温室效应几乎没有影响"。

4）SF_6 组合电器

（1）总体结构

六氟化硫组合电器又称为气体绝缘全封闭组合电器(Gas-Insulator Switchgear),简称 GIS。500 kV 等级 3/2 断路器配电装置发展方向为全封闭式,它将断路器、隔离开关、母线、接地隔离开关、互感器、出线套管或电缆终端头等分别装在各自密封间中,制成不同型式的标准独立结构,集中组成一个整体外壳,并充以 $(3.039 \sim 5.065) \times 10^5$ Pa(3~5 个大气压)的六氟化硫气体作为绝缘介质,再辅以一些过渡元件,便可适应不同主接线的要求,组成成套配电装置。近年来,为了减少占地面积,六氟化硫全封闭组合电器得到了广泛应用。目前,我国的 GIS 使用的起始电压为 110 kV 以上,主要在以下场合使用:

① 占地面积较小的地区,如市区变电站;

② 高海拔地区或高烈度地震区;

③ 外界环境较恶劣的地区。

一般情况下,断路器和母线筒的结构形式对布置影响最大。对于户内式全封闭组合电器:若选用水平布置的断路器,则将母线筒布置在下面,断路器布置在最上面;若断路器选用垂直断口时,则断路器一般落地布置在侧面。对于户外 SF_6 气体全封闭组合电器,断路器一般布置在下部,母线布置在上部,用支架托起。目前多采用屋内式。

（2）GIS 的设备布置

① GIS 的断路器的布置

GIS 断路器采用分相式,每台断路器由 3 台单相断路器组成。采用分相液压操动机构。500 kV 系统采用 3/2 断路器接线方式,每一台断路器由 3 台单相断路器组成,电气主接线为 3 串,整个设备平面布置分 3 个间隔,每个间隔布置 3 台断路器,同串、同相的 3 台断路器则靠近布置。该布置方案的优点是结构紧凑、可靠,避免充有 SF_6 气体的管道环绕,利于运行巡视和操作。单相断路器各拥有自己的分相液压保护机构,通过电气控制回路及各单相断路器动作特性的调整,加上断路器三相保护不一致的设置,确保每一串的任意三相断路器所对应的 3 只断路器都能同步动作。

② GIS 的结构

GIS 由多个成套组合件组合而成。制造厂已将隔离开关、接地开关、互感器、断路器等组装成运输单元。各组合件的导电元件用圆锥形隔板绝缘子固定在铝外壳内。各组合件的导体部分连接采用具有梅花触指的插入式结构,外壳间有法兰,用螺钉连接。

③ 隔仓与密度开关

GIS 各隔仓之间的密封性由实心式的隔板绝缘子的分隔来保证,隔仓的设置对 GIS 运行的可靠性和检修、消缺均带来一定的方便。气体密度开关用于检查 GIS 各隔仓内气体密度。高度可靠的密度检测对保持 GIS 中的高度绝缘能力是必需的。

④ 防爆膜

为避免外壳不致因 GIS 内部故障使气压升高造成爆炸,在 GIS 各气室设置了由石墨制成的防爆膜。断路器防爆膜工作压力为 1.2(1±10%) MPa,其他防爆膜压力为 0.7(1±10%) MPa 时,防爆膜动作。

(3) 由 GIS 构成的室内配电装置的特点

① 节省占地面积及空间。GIS 是以 SF_6 气体为绝缘和灭弧介质,以优质环氧树脂绝缘子作支撑的一种新型成套配电装置,节省了大量的占地面积和空间。

② 运行可靠性高。GIS 由于带电部分封闭在金属外壳中,因此不受污秽、潮湿和各种恶劣气候的影响,也不会钻入小动物引起的短路或接地事故。

③ 维护工作量小,检修间隔时间长。由于是全封闭断路器,且采用 SF_6 作为灭弧介质,对触头损坏很小。SF_6 气体全封闭断路器的日常维护量小,仅需定期(1～5 年)进行操动机构的检查、故障诊断、SF_6 气体微水量测定、操作回路、油回路及油压小开关的检查。

④ GIS 的铝合金外壳。质量轻,铝合金是非磁性材料,可减少涡流发热;铝合金表面形成一层氧化膜,抗腐蚀能力强。

⑤ 抗震性能好。GIS 装置 SF_6 全封闭电器,很少有磁套管之类的脆性元件,设备的高度和中心较敞开式电器要低得多,且本身的金属结构具有足够的抗受外力强度,抗震性能好。

⑥ 抗干扰性能好。由于金属外壳接地的屏蔽作用,能消除无线电干扰、静电感应,同时没有触及带电体的危险,有利于高压配电装置设备和人身安全。

5.1.4 真空断路器

1) 真空断路器概述

真空断路器是指以真空作为灭弧和绝缘介质,在真空容器中进行电流开断与关合的断路器。自 20 世纪 60 年代初真空断路器问世以来,随着各项关键工艺的改进和新型灭弧室与操动机构的研制,真空断路器的各项技术参数不断提高,以其卓越的性能和突出的优点得到迅速的发展。目前,我国 10 kV 电压等级的真空断路器已基本取代油断路器;在 35 kV 电压等级,真空断路器的利用率也占据主导地位。真空断路器已成为 35 kV 等级以下中压领域中应用最广泛的断路器。

所谓真空是相对而言的,是指绝对压力低于正常大气压的气体稀薄的空间。真空的程度即真空度,用气体的绝对压力值来表示,绝对压力值越低表示真空度越高。气体间隙的击穿电压与气体压力有关。击穿电压随着气体压力的提高而降低,当气体压力高于 10^{-2} Pa 以上时击穿强度迅速降低。真空间隙气体稀薄,气体分子的自由行程大,发生碰撞游离的机会少,击穿电压高,所以,高真空度间隙的绝缘强度比灭弧介质的绝缘强度高得多。要满足真空灭弧室的绝缘强度的要求,真空度一般要求在 $1.33×10^{-3}～1.33×10^{-7}$ Pa 之间。由于真空的气体十分稀薄,这些气体的游离不可能维持电弧的燃烧,所以真空间隙被击穿而产生电弧不是气体碰撞游离的结果。实际上,真空间隙击穿产生的电弧,是在触头电极蒸发出来的金属蒸汽中形成的。

（1）影响真空间隙击穿的主要因素

① 电极材料。真空间隙的击穿电压随着电极材料的不同而差别很大。用硬度和机械强度较高的材料作电极，真空间隙的击穿电压一般较高。当采用合金材料作电极时，绝缘破坏的情况复杂，没有一定的规律。

② 电极表面状况。电极表面状况对真空间隙的击穿电压影响甚大。当表面存在氧化物、杂质、灰尘及金属微粒时，击穿电压便可能大大降低。对电极采用火花处理，进行严格清洗，可使间隙的绝缘耐压提高。

③ 真空间隙的长度。试验表明，当间隙很小时，击穿电压大小差不多与真空间隙的长度成正比，但当间隙长度增大超过 10 mm 时，击穿电压上升陡度缓慢，这时击穿电压约与间隙长度的 0.4～0.7 次方成正比。在真空中采用长间隙来提高绝缘耐压值是比较困难的。因此，当额定电压较高时，宜采用两个较短的间隙串联而不宜采用一个较长的间隙。

④ 真空度（或气压）。真空度下降，粒子的自由行程减少，当粒子的自由行程比间隙长度高很多时，真空度或压力则发生变化，绝缘击穿电压不变；如果电子的自由行程与间隙长度处在相同的数量级而可比拟时，则绝缘耐压要受影响。例如，间隙长度为 1 mm 时，在 1.33×10^{-6}～1.33×10^{-2} Pa 的气压时，绝缘耐压实质上没有什么变化；在压力为 1.33×10^{-2}～1.33×10^{-1} Pa 时，绝缘耐压有下降的倾向；在压力为几百帕时，绝缘耐压达到最低值。在压力为 1.33～1.33×10^{3} Pa 区段内，容易发生辉光放电。在 1.33×10^{3} Pa 以上时，压力增加，绝缘耐压又成比例地增加，进入汤生放电区域，真空断路器灭弧管内的气压在 1.33×10^{-2} Pa 以下。

⑤ 电压波形。不同波形的电压，由于加压的时间不同，发生绝缘破坏的主要机理亦不相同。在雷电冲击波电压作用时，作用时间短，击穿电压值较高，主要是阴极加热场发射，击穿时延小于 1 μs。在操作冲击波电压作用时，作用时间较长，击穿电压较雷电冲击波时为低，绝缘破坏的机理主要是阳极发热，击穿时延在 1 μs 以上。在工频电压作用时，因为电压作用时间更长，击穿电压更低，微块破坏的机理起着较大的作用。

（2）真空断路器的特点

与其他断路器相比较，真空断路器具有以下优点：

① 熄弧过程是在密封的灭弧室中完成的，电弧和炽热的电离气体不会向外界喷溅，不会对周围的绝缘间隙造成闪络或击穿，因此可以在强腐蚀性及可燃性的环境中使用，可以在较高（+200℃）及较低的（-70℃）环境温度下使用。

② 利用真空灭弧，不需要外界供给气体或液体。真空灭弧室即使开断失败，也不会发生爆炸事故。

③ 燃弧时间短，电弧电压低，电弧能量小，触头的电磨损率低，使用寿命长，不需要维护，适于频繁操作。

④ 真空的灭弧能力强，间隙短，触头的行程短，开断速度很低（额定电压为 10 kV 时约为 1 ms）。因此，对操动机构要求的操作功小，对传动机构的强度要求亦低。加上真空灭弧装置的体积小，就使得整个真空断路器的体积较小，质量轻，耗能低。

⑤ 真空断路器的开断能力强，灭弧后介质强度恢复得快，开断近区故障及高频电流能力较其他类型的断路器强。

⑥ 真空断路器的自动灭弧能力强。在一定的触头间隙下,如果受到过电压的作用而击穿,能自动地开断由于间隙击穿所引起的短路电流,能抗击多次雷电击穿和其他过电压击穿所形成的发展性故障。

（3）真空断路器限制过电压的措施

当真空电弧电流很小时,提供的金属蒸汽不够充分和稳定,难以维持真空电弧的稳定燃烧,真空电弧通常不在电流过零时熄灭,而是在过零前的某一电流值突然熄灭。随着电弧的熄灭,电流也突然降至零,这一现象称为截流,该电流称作截断电流。截断电流与电弧电流、负载特性、触头材料及磁场方向等因素有关。在感性电路中,截流容易引起操作过电压,因此,应尽可能地减小截断电流,并采取限制过电压的措施。在电容器组并联金属氧化物避雷器(MOA),可以限制工频过电压的幅值,但不能限制过电压的波头陡度。另外,并联电容器或 RC 阻容吸收装置以降低高频过电压的陡度和幅值。利用 RC 吸收装置改变电路的工作状态,将振荡电路改为非振荡电路,从而抑制过电压。它可以降低截流过电压幅值的陡度,并对高频振荡进行阻尼,降低重燃的可能性。其中,电容的作用是使切除后回路中的电磁能量有相当大的部分转变为电容的电场能量,并加长电流的突变时间,削弱高频电压的陡度;电阻则对高频振荡起阻尼作用,进一步抑制过电压。

2) 真空灭弧室灭弧原理

真空灭弧室就像一支大型电子管,所有的灭弧零件都密封在一个绝缘的玻璃外壳内,如图 5.7 所示。动触杆与动触头的密封靠金属波纹管来实现,波纹管一般采用不锈钢制成。在动触头外面四周装有金属屏蔽罩,此罩通常由无氧铜板制成。屏蔽罩的作用是为了防止触头间隙燃弧时飞出电弧生成物(如金属离子、金属蒸汽、炽热的金属液滴等)沾污玻璃外壳内壁而破坏其绝缘性能。屏蔽罩固定在玻璃外壳的腰部,燃弧时,屏蔽罩吸收的热量容易通过传导的方式散发,有利于提高灭弧室的开断能力。

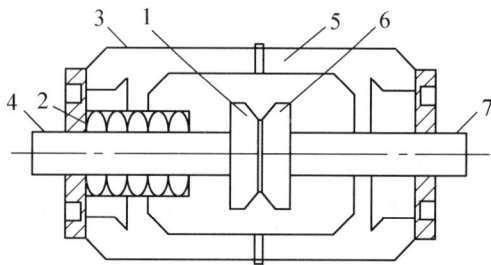

1—动触杆；2—波纹管；3—外壳；4—动触头；
5—屏蔽罩；6—静触头；7—静触杆
图 5.7 真空灭弧室的原理结构图

真空断路器的触头结构示意图如图 5.8 所示,触头的中部是一圆环状的接触面,接触面的周围是开有螺旋槽的吹弧面,触头闭合时,只有接触面相接触。当开断电流时,最初在接触面上产生电弧,电流回路呈Ⅱ形,在流过触头中的电流所形成的磁场作用下,电弧沿径向向外缘快速移动,即从位置 a 向外移动到 b 位。电流在触头中的流动路径受螺旋线的限制,因此,通过电极内的电流路径是螺旋形的,如图 5.8(b)中的虚线所示。

电流可分解为切向分量 i_2 和径向分量 i_1。其中切向分量电流 i_2 在弧柱上产生沿触头方向的磁感应强度 B_2,它与电弧电流形成的电动力是沿切线方向的,在此力的作用下,可使电弧沿触头作圆周运动,在触头的外缘上不断旋转,于是可避免电弧固定在触头某处而烧坏触头,同时能提高真空断路器的开断能力。一般真空断路器灭弧室的静态压力极低($10^{-5} \sim 10^{-3}$ Pa),所以只需很小的触头间隙就可以达到很高的电介质强度。

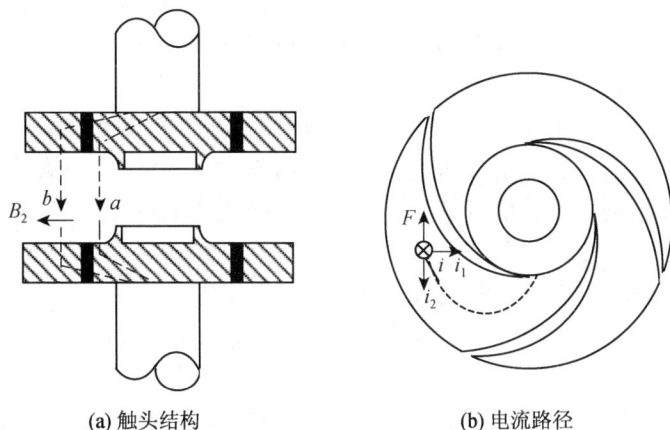

(a) 触头结构　　　　　　　　　(b) 电流路径

图 5.8　真空断路器的触头结构示意图

分闸过程中高温产生了金属蒸汽离子和电子组成的电弧等离子体,使电流将持续一段很短的时间,由于触头上开有螺旋槽,电流曲折路径效应形成的磁场使电弧产生旋转运动,由于阳极区的电弧收缩,即使切断很大的电流时,也可避免触头表面的局部过热与不均匀的烧灼。

电弧在电流第一次自然过零时就熄灭,残留的离子、电子和金属蒸汽只需在几分之一毫秒的时间内就可复合或凝聚在触头表面屏蔽罩上,因此,灭弧室断口的电介质强度恢复极快。对真空灭弧室而言,由于触头间隙小,由金属蒸汽形成的电弧等离子体的电导率高,电弧电压低。另外,由于燃弧时间短,伴生的电弧能量极小,有利于触头寿命的增加,也有利于真空灭弧室性能的提高。

3) 真空断路器的使用

(1) 检查和维护

真空断路器通常采用整体安装,在安装前一般不需要进行拆卸和调整。真空断路器安装完毕,应按要求进行工频耐压试验、机械特性的测试和操动机构的动作试验。在验收时检查:断路器安装应固定牢靠,外表清洁完整;电气连接应可靠且接触良好;真空断路器与其操动机构的联动应正常,无卡阻;分、合闸指示正确,辅助开关动作应准确可靠,触点无电弧烧损;灭弧室的真空度应符合产品的技术规定;绝缘部件、瓷件应完整无损;并联电阻、电容值应符合产品的技术规定;油漆应完整,相色标志正确,接地良好。

真空断路器投入运行后要进行维护检查和调整:应定期检查真空断路器的绝缘子、绝缘杆及灭弧室外壳,应经常保持清洁;操动机构和其他传动部分应保持有干净的润滑油,动作灵活;对变形、磨损严重的零部件应及时更换;定期检查紧固件,防止松动、断裂和脱落;定期检查真空灭弧室的真空度,有异常现象应立即更换;检查触头的开距及超行程,小于规定值时,必须按要求进行调整;检查真空灭弧室动导电杆在合、分过程中有无阻滞现象,断路器在储能状态时限位是否可靠;检查辅助开关、中间继电器和微动开关的触头接触是否正常,其烧灼部分应整修或调换,辅助开关的触头超行程应保持合格范围。

(2) 检修

真空断路器本体不需要检修,真空灭弧室损坏或寿命终止时只能更换。更换灭弧室应该注意：灭弧室的安装质量，以保证动导电杆与灭弧室轴线的同轴；波纹管在做开断与关合操作时，不受扭力，不应与任何部件相摩擦；动导电杆的运动轨迹平直，任何时候也不会在波纹管周围产生电火花；在安装和调整时须特别注意对波纹管的保护，波纹管的压缩拉伸量不得超过触头允许的极限开距；灭弧室端面上的压环各个方向上的受力要均匀。

由于真空灭弧室漏气和真空灭弧室内部金属材料含气释放，真空灭弧室的真空度会降低。当其真空度降低到一定数值时将会影响它的开断能力和耐压水平，因此必须定期检查真空灭弧室管内的真空度。目前采用的检测方法有火花检漏计法、观察法、交流耐压法、放电电流检测法、中间电位变化检测法、真空度测试仪测定等。

真空断路器的检修周期没有统一的规定，主要取决于操动机构。检修的主要任务是进行以下有关调整：

① 行程开距调整。真空断路器的触头开距可通过调节分闸限位螺钉的高度或缓冲垫的厚度，调节导电杆连接件长度，可以使导电杆的总行程达到规定值。

② 接触行程调整。接触行程通常通过调节绝缘拉杆连接头与真空灭弧室动导电杆的螺纹实现。为调节方便，各种型号的灭弧室端连接头都设计成标准细螺纹。

③ 三相同步性调整。调节方法同接触行程调整，用三相同步指示灯或其他仪器检查。

④ 分合闸速度调整。操动机构的分合闸速度一般不需要调整。分合闸速度用分闸弹簧来调整，分闸弹簧力越大，分闸速度越快，同时，合闸速度相应变慢；反之，分闸弹簧力小，分闸速度减慢，而合闸速度加快。

4) 典型真空断路器介绍

VD4 系列真空断路器适用于以空气为绝缘的户内式开关系统中。只要在正常的使用条件及断路器的技术参数范围内，VD4 系列真空断路器就可满足电网在正常或事故状态下的各种操作，包括关合和开断短路电流。真空断路器在需进行频繁操作或需要开断短路电流的场合下具有极为优良的性能。VD4 系列真空断路器完全满足自动重合闸的要求，并具有极高的操作可靠性与使用寿命。

VD4 系列真空断路器在开关柜内的安装形式上既可以是固定式，也可以安装于手车底盘上的可抽出式，还可以安装于框架上使用。对于抽出式 VD4 系列，可根据需要增设电动机驱动装置，实现断路器手车在开关柜内移进/移出的电动操作。

（1）VD4 系列断路器的技术数据如表 5.3 所示。

（2）VD4 系列真空断路器动作时间的规定值：

① 合闸时间为 55～67 ms；

② 开断时间小于或等于 60 ms，如果是发电机断路器或 63 kV 断路器，开断时间小于或等于 90 ms；

③ 分闸时间为 63～45 ms，如果是发电机断路器或 63 kV 断路器，分闸时间小于或等于 75 ms；

④ 在二次回路额定电压下，最小的合闸指令持续时间为 20 ms，如果继电器触点不能开断脱扣线圈动作电流，最小的合闸指令持续时间为 120 ms；

⑤ 在二次回路额定电压下，最小的分闸指令持续时间为 20 ms，如果继电器触点不能开断脱扣线圈动作电流，最小的合闸指令持续时间为 80 ms；

⑥ 燃弧时间小于等于 15 ms。

表 5.3　VD4 系列真空断路器技术数据

型号	额定电流 (kA)	对称短路 开断电流(kA)	非对称短路 开断电流(kA)	额定短路 关合电流(kA)	额定短路电流 耐受时间(s)	极间距 (mm)
1206-25	630					150/210
1212-25	1 250					150/210
1216-25	1 600					210/275
1220-25	2 000	25	27.3	63	4	210/275
1225-25	2 500					275
1231-25	3 150					275
1240-25	4 000					275
1206-31	630					150/210
1212-31	1 250					150/210
1216-31	1 600					210/275
1220-31	2 000	31.5	34.3	80	4	210/275
1225-31	2 500					275
1231-31	3 150					275
1240-31	4 000					275
1212-40	1 250					210
1216-40	1 600					210/275
1220-40	2 000	40	43.6	100	3	210/275
1225-40	2 500					275
1231-40	3 150					275
1240-40	4 000					275
1212-50	1 250					210/275
1216-50	1 600					210/275
1220-50	2 000					210/275
1225-60	2 500	50	54.4	125	3	275
1231-60	3 150					275
1240-50	4 000					275
1212-63	1 250					275
1216-63	1 600	63	63.5	158	1	275
1220-63	2 000					275

5.1.5　发电机出口断路器

近年来,在大容量发电机组的发电机出口装设断路器(简称 GCB),以提高机组运行的安全可靠性、简化厂用电的操作、提高发电厂的可用率、保护主变压器等,给发电厂带来的优越性和经济效益,已逐渐成为电力系统技术、管理部门的共识。GCB 已不仅仅是一台断路器,而是集成了电压互感器、电流互感器、隔离开关、接地开关等发电机与主变压器之间的设备,成为具有多种功能的组合电器。

GCB 与一般的输配电高压断路器相比,主要的区别是在电网中所处的位置与保护对象不一样,因此,在许多方面要满足发电机出口断路器的特殊要求。这些要求大致可分为 3 个方面。

（1）额定值方面的要求

从额定值方面来看，发电机断路器需要具有很大的额定短路电流开断和关合能力，需要具备很大的额定电流承受能力等。这些额定值远远大于同级别的输配电断路器。对于容量为 1 000 MW、出口电压为 27 kV 的发电机组，发电机出口断路器的额定电流达到 28 kA，而开断电流高达 160 kA，约为发电机定子额定电流的 6 倍。

（2）性能方面的要求

从断开性能方面来看，对发电机断路器有开断非对称短路电流的要求，其直流分量衰减时间达到 133 ms。另外，还要求其具有关合额定短路关合电流（其峰值为额定短路开断电流交流分量有效值的 2.74 倍）及开断失步电流等能力。

（3）固有恢复电压方面的要求

从固有恢复电压方面来看，因为发电机断路器的瞬态恢复电压由发电机和升压变压器参数决定，而不是由系统决定，所以其瞬态恢复电压上升率（RRRV）取决于发电机和变压器的容量等级，等级越高，RRRV 值越大，其数量级为 kV/μs。

1）装设 GCB 的优点

如图 5.9 所示，对带发电机出口开关（GCB）的接线方式与不带 GCB 的接线方式进行比较，归纳起来有以下优点：

（1）机组正常启、停不需切换厂用电，只需操作发电机出口开关，厂用电可靠性高。

（2）机组在发电机开关以内发生故障时（如发电机、汽机、锅炉故障），只需跳开发电机开关，减少机组事故时的操作量。

（3）对保护主变压器、高压厂用工作变压器有利。对于主变压器、高压厂用工作变压器发生内部故障时，由于发电机励磁电流衰减需要一定时间，在发电机—变压器组保护动作切除主变压器高压侧开关后，发电机在励磁电流衰减阶段仍向故障点供电，而装设发电机开关后由于能快速切开发电机开关，而使主变压器受到更好的保护，这一点对于大型机组非常有利。另一个更有利的作用是：避免或减少了由于高压开关的非全相操作而造成的对发电机的危害。对于发电机变压器组接线，其高压开关由于额定电压较

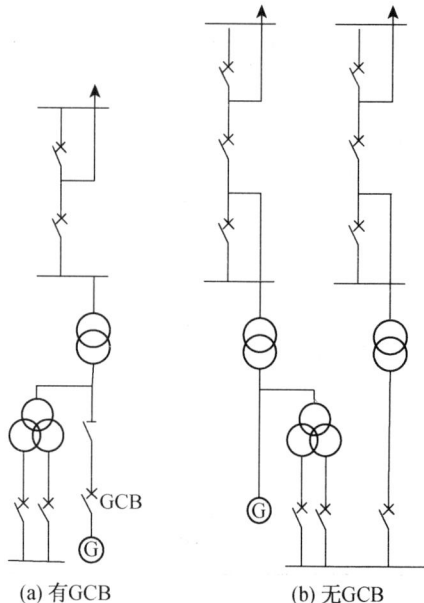

(a) 有 GCB   (b) 无 GCB

图 5.9　有无 GCB 的接线方式比较

高（500 kV），敞开式开关相间距离较大，不能做成三相机械连动，高压开关的非全相工况即使在正常操作时也时有发生，高压开关的非全相运行会在发电机定子上产生负序电流，而发电机转子承受负序磁场的能力是非常有限的，严重时会导致转子损坏。而目前的发电机出口开关在设计和制造中都考虑了三相机械连动，有效防止了非全相操作的发生。

（4）发电机开关以内故障只需跳开发电机开关，不需跳主变压器高压侧 500 kV 开关，对系统的电网结构影响较小，对电网有利。

（5）虽然初期投资大，但便于检修、调试，缩短故障恢复时间，提高了机组可用率，同时

每年可节约大量的运行费用。

2) GCB 结构

（1）GCB 结构特点

① GCB 的每相都安装在各自独立的分相防护罩内，防护罩是自支持、严密的焊接铝框架型式，能耐受通过 GCB 的持续额定电流和额定短路电流。

② GCB 排气孔设置在排气操作时不会导致电气故障的地方，也不冲着有人出没和任何附属设备布置的地方，以避免人身和设备损伤。

③ GCB 便于维护，每相 GCB 都提供提升吊钩或吊环。

④ 带有可移开式盖板的人孔布置在防护罩上弧光控制装置的位置，以便于维护所有的部件。接点位置监视窗口也这样布置，不会危害人身安全。

⑤ 每相 GCB 防护罩的两侧都采用专门挠性连接件与离相封闭母线相连。

⑥ 在 GCB 两侧都有电容器，其主要功能是限制切断短路电流时所导致恢复电压升高，以保证 GCB 的短路切断容量。电容器的对地绝缘水平和 GCB 是相同的，电容器安装在 GCB 的防护外罩内。

（2）灭弧室

发电机出口开关采用三相合一 SF_6 气体系统。每相都提供吸收剂，吸收潮气和 SF_6 气体在电弧作用下所产生的有害成分。SF_6 气体系统有排气阀、充气阀、采样阀和可调节的压力指示器，并带有辅助触点，用于 GCB 的报警、联锁和控制。SF_6 气体系统都提供一个压力释放膜、两组气体操作设备、一组气体浓度监视继电器（温度补偿型），继电器带有两对电气上各自独立的可调辅助接点。SF_6 气体每年的泄漏率不超过 1%。任何新制 SF_6 气体在 $200℃$ 时的含水量不超过 150 ppm，含油量不超过 10 ppm。

（3）操作机构

操作机构采用液压弹簧机构，可远方和就地操作，且三相联动。液压系统的油泵采用 220 V 直流供电。每个 GCB 配备两个单独的跳闸线圈和必要的压力开关，用于主保护和后备保护。跳闸线圈各由独立的电源供电，控制电源采用 110 V 直流，取自厂用直流系统。

操作机构具有防跳功能。在充气和放气条件下压力过低时，操作机构能避免 GCB 的慢合和慢分操作。操作机构的机械耐受寿命允许 GCB 关合 5 000 次而不需要任何维修和更换部件。有与可移动接点系统联结在一起的机械开/合位置指示器（指示接点的实际位置）。液压操作机构具有下列功能：

① 液压报警装置在压力达到最低和最高界限时发出报警信号，当压力达到最低值时闭锁操作机构；

② 额定液压下的容量满足 CO-180s-CO 循环周期操作和 CO 速度的要求；

③ 具有各种操作压力阀，如释放操作压力阀、泵停压力阀、泵起压力阀、低压关闭锁压力阀和低压开闭锁压力阀；

④ 每套操作机构提供压力释放阀和滤网；

⑤ 每套操作机构提供 1 套独立的液压系统，每台液压泵的电动机带有热保护元件的全压启动器。

（4）控制柜

采用防尘、防潮、防水和防外物侵入的控制柜，防护等级为 IP54。每个 GCB 控制柜有两个独立的操作回路，对应于 GCB 的两组独立的跳闸线圈，其从保护装置获得跳闸命令，从电厂控制室获得其他控制指令。每个控制回路有小开关或两个熔断器保护，这样的小开关或熔断器提供 3 对独立的干接点，作用于报警继电器。控制柜内还装有辅助继电器和其他 GCB 的操作装置。

GCB、刀闸和接地开关允许通过就地控制柜内安装的控制装置来就地操作。刀闸能防止带负荷操作。只有当"远方操作/就地操作"切换开关切换到"就地操作"点位置时，才允许通过就地控制柜进行 GCB 合闸操作。GCB 的电气防跳功能也并入控制柜中。GCB 操作机构有用于保持其压力到正常水平的压缩空气系统的控制器，包括继电器、计时器、压力开关和其他装置。该控制器安装在各自的控制柜内，并提供操作机构故障时需要的合适报警接点。

3）GCB 辅助设备

（1）刀闸

刀闸主要用于在有电压、无负荷电流的情况下，分、合电路。刀闸与 GCB 配合使用，有机械的或电气的连锁，以保证动作的次序：在 GCB 开断电流之后，刀闸才分闸；在刀闸合闸之后，GCB 再合闸。刀闸上装有接地刀闸时，主刀闸与接地刀闸间有机械的或电气的连锁，以保证动作次序：在主刀闸没有分开时，接地刀闸不能合闸；在接地刀闸没有分闸时，主刀闸不能合闸。

刀闸的结构特点：刀闸的每相都安装在各自独立的分相防护罩内，防护罩是自支持、严密的焊接铝框架型式，能耐受通过刀闸的持续额定电流和额定短路电流；提供机械联锁装置以防止刀闸的误操作；每相刀闸防护罩的两侧都采用专门挠性连接件与离相封闭母线相连；提供机械合/分位置指示器（指示主接点的实际位置），和移动式接点系统相连接；每个刀闸提供 15 对常开、常闭辅助触点以用于电气联锁和远方位置指示。所有必要的控制装置和联锁回路都放在 GCB 的就地控制柜内。

刀闸的操作机构：采用电动机操作，操作机构的额定操作电压为 AC 400 V，控制电源为 DC 110 V。刀闸既可远方操作又可就地操作，操作回路自动联锁，就地有关合位置指示器，并将开合位置信号进行远传。

（2）接地开关

接地开关采用户内、三相连接型式，布置在发电机出口开关的两侧。接地开关与 GCB、刀闸布置在同一防护罩内部，在就地有接点位置监视窗口和机械位置指示器。接地开关允许远方和就地电动机操作，操作机构能将接地开关锁定在全开或全关位置。额定操作电压：动力电源 AC 400 V，控制电源 DC 110 V。每个接地开关有 10 对辅助触点以指示电气联锁和远方位置。所有控制装置和联锁回路都布置在 GCB 的就地控制柜内。接地开关配有铜的接地端子。

5.2　电压互感器

随着电力系统输电电压的提高，电磁式电压互感器的体积越来越大，制造成本也越来越高。因此,电容式电压互感器(CVT)的运用越来越普遍。在我国,110 kV 及以上电压等级的电力网,均使用电容分压式互感器,特别是在 500 kV 及以上电压等级,我国只生产电容式的电压互感器。

5.2.1 电容式电压互感器的工作原理

电容分压式互感器(CVT)利用电容的分压原理,如图 5.10 所示。图中,U_1 为电网电压;Z_2 表示仪表、继电器等线圈负荷。因此 Z_2、C_2 上的电压为:

$$\dot{U}_2 = \dot{U}_{C2} = \frac{C_1}{C_1 + C_2} \times \dot{U}_1 = K_u \dot{U}_1 \qquad (5.4)$$

式中:$K_u = \dfrac{C_1}{C_1 + C_2}$,称为分压比。

从上式可以看出,$\dot{U}_2$ 与 $\dot{U}_1$ 成比例变化,所以可以用 $\dot{U}_2$ 来代表 $\dot{U}_1$,即可以通过分压测出相对地电压 $\dot{U}_1$。为了分析电压互感器带上负荷 Z_2 后的误差,可利用等

图 5.10 电容式电压互感器(CVT)电容分压原理

效电源原理,将图 5.10 改画为图 5.11 所示的电容式电压互感器等值电路。从图 5.11 可看出,等值内阻抗为:

$$Z = 1/[j\omega(C_1 + C_2)] \qquad (5.5)$$

当负荷电流流过时,在内阻抗上将产生压降,从而使 $\dot{U}_2$ 与 $\dot{U}_1 C_1/(C_1 + C_2)$ 不仅在数值上而且在相位上有误差,负荷越大,误差越大。要获得一定的准确级,必须采用大容量的电容,这是很不经济的。合理的减少误差的措施,可在图 5.11 中串联一补偿电抗 L,如图 5.12 所示。则有:

$$Z_i = j\omega L + \frac{1}{j\omega(C_1 + C_2)} = j\left[\omega L - \frac{1}{\omega(C_1 + C_2)}\right] \qquad (5.6)$$

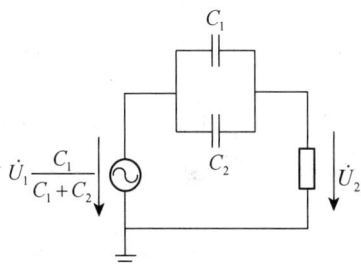

图 5.11 电容式电压互感器等值电路图

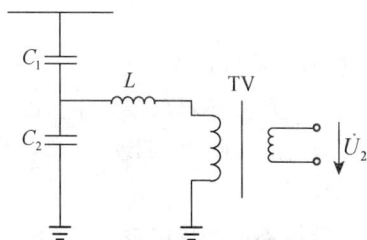

图 5.12 电容式电压互感器串联电感电路

当 $\omega L = \dfrac{1}{\omega(C_1 + C_2)}$,即 $L = \dfrac{1}{\omega^2(C_1 + C_2)}$ 时,$Z_i = 0$,即输出电压 $\dot{U}_2$ 与负荷无关,误差最小。但实际上由于电容器有损耗,电抗器也有电阻,不可能使内阻抗为零,负荷变大,误差也将增加,而且将会出现谐振现象,谐振过电压将会造成严重的危害,应尽力设法避免。

为了进一步减小负荷电流所产生误差的影响,将测量电器仪表经中间电磁式电压互感器(TV)升压后与分压器相连。

5.2.2 电容式电压互感器的结构

1) 电容式电压互感器(CVT)的结构原理

电容式电压互感器基本结构原理如图 5.13 所示。其主要元件是:电容 (C_1、C_2)、非线性电感 L_2 和中间电磁式电压互感器(TV)。为了减少杂散电容和电感的有害影响,增设一个高频阻断线圈 (L_1),它和 L_2 及中间电压互感器一次绕组串联在一起,L_1、L_2 上并联放电间隙 E_1、E_2,以资保护。

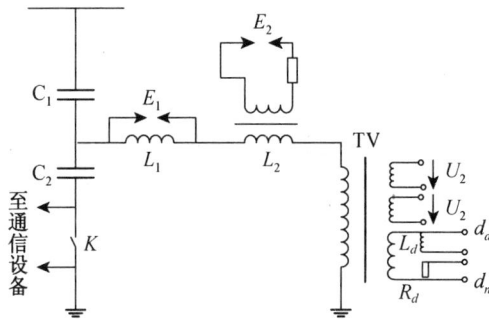

C_1、C_2—电容;L_2—非线性电感(补偿电感线圈);TV—中间电磁式互感器;L_1—高频阻断线圈;
E_1、E_2—放电间隙;d_a、d_n—剩余电压绕组;L_d—阻尼电抗器;R_d—阻尼电阻

图 5.13 电容式电压互感器的结构原理图

电容 (C_1、C_2) 和非线性电感 L_2 与 TV 的一次绕组组成的回路,当受到二次侧短路或断路等冲击时,由于非线性电抗的饱和,可能激发产生次谐波(常见的是次谐波)铁磁谐振过电压和大电流,对互感器、仪表和继电器造成危害,并引起保护装置误动作(电压互感器开口三角形绕组会出现零序电压)。为了抑制次谐波的产生,常在互感器二次绕组上设阻尼电阻 R_d 和阻尼电抗器 L_d,阻尼部分有经常接入和谐振时自动投入两种方式。在 $500 \sim 700$ kV 级的电容式互感器中,采用谐振阻尼器,它由一只电感和一只电容并联而后与一只阻尼电阻串联构成。

2) 典型结构原理图

电容式电压互感器(CVT)包括一个电容分压器和一个电磁单元。CVT 的典型结构原理图如图 5.14 所示。CVT 的典型电气连接原理图如图 5.15 所示。

(1) 电容分压器

电容分压器由高压电容 (C_1) 和中压电容 (C_2) 组成,位于瓷套内并充满绝缘油。

(2) 电磁单元

电磁单元由中压变压器、谐振电抗器、阻尼器和避雷器组成位于油箱内。二次绕组端子、CVT 低压端、接地端等位于端子箱内。

(3) 油密封

电容分压器的电容元件密封于瓷套内,经加热、抽真空干燥后注以已脱气、脱水的绝缘油并保持真空。由温度变化而引起的油量变化可通过位于瓷套上部的外置金属膨胀器进行调节,使瓷套内部油压始终保持在 0.5～5 kPa。电磁单元内的各组成元件密封于箱体后经加热、抽真空干燥后注以已脱气、脱水的绝缘油(变压器油)并密封。温度变化而引起的油量变化可通过油箱顶部的空气层进行压力调节。

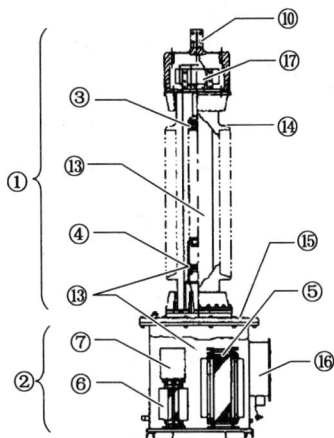

①—电容分压器;②—电磁单元;③—高压电容(C_1);④—中压电容(C_2);⑤—中间电压互感器(TV);
⑥—谐振电抗器(L);⑦—阻尼器(Z_d);⑧—电容分压器低压端对地保护间隙;⑨—阻尼器连接片;
⑩—一次侧接线端子;⑪—二次绕组输出端子;⑫—接地端;⑬—绝缘油;⑭—瓷套管;⑮—油箱;
⑯—端子箱;⑰—外置式金属膨胀器

图 5.14 CVT 典型结构原理图　　　**图 5.15 CVT 典型电气连接原理图**

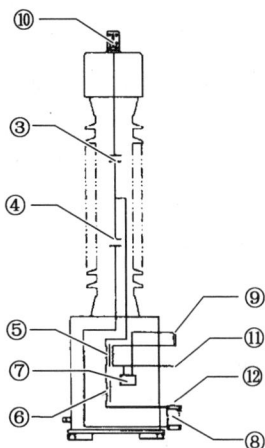

5.2.3　电容式电压互感器误差及准确等级

1) 电容式电压互感器误差

电容式电压互感器的误差是由空载误差 f_0、δ_0,负载误差 f_L、δ_L,以及阻尼器负载电流产生的误差 f_D 和 δ_D 等部分组成,即:

$$f_u = f_0 + f_L + f_D \tag{5.7}$$

$$\delta_u = \delta_0 + \delta_L + \delta_D \tag{5.8}$$

对采用谐振时自动投入阻尼器的,其 f_D 和 δ_D 可略而不计。电容式电压互感器的误差除受一次电压、二次负荷和功率因素的影响外,还与电源频率有关。当系统频率与互感器设计的额定频率有偏差时,由于 $\omega L \neq \dfrac{1}{\omega(C_1 + C_2)}$,因而会产生附加误差。

电容式电压互感器由于结构简单、质量轻、体积小、占地小、成本低,且电压越高效果越显著,分压电容还可兼作载波通信耦合电容。因此它广泛应用于 110～500 kV 中性点直接接地系统。电容式电压互感器的缺点是输出容量小,误差较大,暂态特性不如电磁式电压互感器。

2) 电压互感器的准确级

长期运行,在 $1.5U_N$ 下可运行 30s(中性点有效接地)或 $1.9U_N$ 下可运行 8 h(中性点非有效接地系统)。电容分压器的电容允许偏差为 -5%～$+5\%$。介质损失角正切值 $\tan\delta \leqslant 0.10\%$,局部放电量不超过 5 PC,整体局部放电量不超过 10 PC,杂散电导不超过

50 pF。

电压互感器的准确级：准确级是根据测量时电压误差的大小来划分的。准确级是指在规定的一次电压和二次负荷变化范围内，负荷功率因数为额定时，电压误差的最大值。电压互感器应能准确地将一次电压变换为二次电压，才能保证测量精确和保护装置正确动作，因此电压互感器必须保证一定的准确度。如果电压互感器的二次负荷超过规定值，则二次电压就会降低，其结果是不能保证准确，使得测量误差增大。

测量用电压互感器的准确度等级有 0.1、0.2、0.5、1、3 级，保护用电压互感器的准确度等级规定有 3P 和 6P 两种。我国电压互感器准确级和误差极限标准见表 5.4。

表 5.4　电压互感器准确级和误差极限标准

准确级	误差极限		一次电压变化范围	二次负荷变化范围
	电压误差±10%	相位差±(°)		
0.2	0.2	10		
0.5	0.5	20	(0.85~1.2)	在额定频率下，二次负荷在 (0.25~1)；功率因数为 0.8
1	1.0	40		
3	3.0	不规定		
3P	3.0	120	(0.05~1)	
6P	6.0	240		

3）电压互感器的额定容量

因为准确级是用误差极限表示，并随二次负荷的增加而增加，亦即准确级随二次负荷的增加而降低。或者说，同一电压互感器使用在不同的准确级时，二次侧允许接的负荷（容量）也不同，较低的准确级对应较高的容量值。通常所说的额定容量是指对应于最高准确级的容量。电压互感器按照在最高工作电压下长期工作的允许发热条件，还规定有最大（极限）容量。只有供给对误差无严格要求的仪表和继电器或信号灯之类的负载时，才允许将电压互感器用于最大容量。

5.2.4　电压互感器的有关问题及注意事项

1）电压互感器二次侧接地原因

电压互感器二次侧接地是为了人身和设备的安全，以防绝缘损坏导致高压窜入低压，对在二次回路工作的继电保护人员及运行人员带来危险。另外，因二次回路绝缘水平低，若没有接地点，也会击穿，使绝缘损坏严重。一般电压互感器的二次接地都在配电装置端子箱内经端子排接地，对于变电所的电压互感器二次侧一般采用中性点接地（也叫零序接地），对于发电厂的电压互感器，一般采用二次侧 B 相接地，也有 B 相和零相接地共存的。

2）采用 B 相接地的原因

（1）习惯问题。为了节省电压互感器台数，部分地方选用 V/V 接线。为了安全，二次侧要有个接地点，这个接地点一般选在二次侧线圈的公共点。而为了接线对称，习惯上总把一次侧两个线圈的首端一个接在 A 相上，一个接在 C 相上，二次侧对应的公共点就是 B 相，于是，B 相接地。从理论上讲，二次侧哪一相端头接地都可以，一次侧哪一相作为公共端的连接相都可以，只要一、二次各相对应就行。

（2）可以简化同期系统。主要针对星形接线的电压互感器,因为一个电厂可能有星形接线和 V 形接线的两种电压互感器,它们所在的系统进行同期并列时,若让星形接法的电压互感器采用 B 相接地,则使 V 形接线的电压互感器都可以用于同期系统。凡采用 B 相接地的电压互感器二次侧中性点都接一个击穿保险器,这是考虑到 B 相二次保险熔断的情况下,即使高压窜入低压,仍能击穿保险器而使互感器二次有保护接地。

5.2.5　500 kV 电压互感器的主要技术特点

典型电厂 500 kV 电压互感器是由日新电机有限公司生产的,型式为:电容式电压互感器,单相油浸户外支柱式;型号为:TYD-550/$\sqrt{3}$-0.005H(WVB500-5H)。

主要技术特点如下:

（1）绝缘裕度大,运行可靠性高。最高耐受电压达到工频 820 kV,雷电冲击 1 890 kV。

（2）精度高,输出容量大。

（3）机械强度高,采用了高强度的电磁套管及浇注法兰,使整体机械强度得到很大提高。

（4）暂态响应特性好。在一次侧短路后一个周波内,二次侧剩余电压可降至 5％ 以下,能很好地满足快速继电保护的要求。

（5）使用速饱和电抗器型阻尼器,能有效阻尼 CVT 内部铁磁谐振,确保在任何运行电压下不会出现内部铁磁谐振现象。

（6）爬电距离大,满足各种污秽等级的要求。外绝缘爬电比距为 31 mm/kV。

（7）产品介质损耗小。由于使用了聚丙烯薄膜与电容器纸复合介质,其芯子在超净化间生产,加上先进的真空浸渍处理工艺,使产品在额定电压和 10 kV 下的介损均可达到 0.001 以下。

（8）局部放电性能可达到 3 PC 以下。

（9）实际使用温升不超过 30℃,使用寿命长。

（10）密封性能好,不易泄漏。

典型电厂 500 kV 电压互感器的技术规范如表 5.5 所示。

表 5.5　500 kV 电压互感器参数

序号	项　目	规　范
1	型式或型号	WVB500-5H
2	额定频率	50 Hz
3	额定一次电压	500/$\sqrt{3}$ kV
4	系统最高电压	550 kV
5	额定二次电压	100 V
a	二次绕组	0.1/$\sqrt{3}$ kV
b	剩余电压绕组	0.1 kV
6	电压比	$\dfrac{500}{\sqrt{3}}$、$\dfrac{0.1}{\sqrt{3}}$、$\dfrac{0.1}{\sqrt{3}}$、$\dfrac{0.1}{\sqrt{3}}$、$\dfrac{0.1}{\sqrt{3}}$ kV
7	中间变压器绕组连接组(线路式及主变高压侧)	单相:I/I/I/I-0-0-0-0;三相:Y/Y/Y/Y/△

序号	项　目	规　范
8	电容分压器	
a	总电容额定值 允许误差	5 000 pF −2%～+3%
b	线路端至电压互感器结线点(高压电容 C1) 允许误差	5 339 pF −2%～+3%
c	电压互感器结线点对地(中压电容 C2) 允许误差	78 750 pF −2%～+3%
9	耦合电容器的电容温度系数($\lvert\alpha\rvert$)	$<1\times10^{-4}$
10	电容式电压互感器低压端对地杂散电容	
a	电容	$\leqslant$550 pF
b	电容式电压互感器低压端对地杂散电导	$\leqslant$50 μS
11	额定输出标准值	
a	1 号线圈(二次绕组)	100 VA
b	2 号线圈(二次绕组)	100 VA
c	3 号线圈(二次绕组)	100 VA
d	4 号线圈(剩余电压绕组)	50 VA
12	准确级	0.2、0.5、3 P、3 P； 0.2、3 P、3 P
13	从二次侧绕组测短路阻抗	0.1、0.2、0.2、0.5
14	额定内绝缘水平	
a	电容分压器高压端全波冲击耐压(1.2/50 μs)	1 675 kV(峰值)
b	电容分压器高压端操作波耐压(250/2 500 μs)	1 175 kV(峰值)
c	工频耐压(1 min)	
	(a)电容分压器高压端	790 kV(有效值)
	(b)电容分压器低压端和接地端之间	10 kV(有效值)
	(c)中间变压器	
	一次绕组高压端	$1.05\times740\times\dfrac{C_1}{C_1+C_2}$ kV=54 kV(有效值)
	一次绕组低压端	10 kV(有效值)
	二次绕组之间	3 kV(有效值)
	二次绕组对地	3 kV(有效值)
	(d)补偿电抗器接地端子对地	10 kV(有效值)
15	瓷套绝缘水平	
a	全波冲击耐压(1.2/50 μs)	1 890 kV(峰值)
b	操作波冲击耐压(250/2 500 μs,干和湿)	1 300 kV(峰值)
c	工频耐压(干和湿,1 min)	800 kV(有效值)
16	电容分压器的介质损耗因数 tan δ(15～25℃)	

序号	项　　目	规　　范
	在电压为 $500/\sqrt{3}$ kV下,对膜纸绝缘	$\leqslant 0.1\%$
17	允许工频过电压时间	
a	$1.2\times 500/\sqrt{3}$ kV	连续
b	$1.5\times 500/\sqrt{3}$ kV	30s
18	局部放电水平($1.1\times 550/\sqrt{3}$ kV下)	$\leqslant 5$PC
19	无线电干扰水平($1.1\times 550/\sqrt{3}$ kV下)	$\leqslant 250\ \mu$V
20	在 $1.1\times 550/\sqrt{3}$ kV下,户外晴天夜晚有无可见电晕	无
21	当阻波器频率为 48~500 kHz 范围时,高频阻塞阻抗有效分量	30 kΩ
22	一次端子板允许静态机械负荷	
a	水平纵向(N)	2 000
b	垂直方向(N)	1 500
c	水平横向(N)	1 500
d	不变形允许的弯矩(N·m)	400
e	静态安全系数	2.75
23	组装好的每台电容式电压互感器的机械强度	
a	持续组合荷载作用时(N)	2.5(安全系数)
b	短时组合荷载作用时(N)	1.67(安全系数)
24	重量	
a	组装好的每台电容式电压互感器总重量(kg)	1 980
b	运输重量(kg)	2 380
25	外形尺寸	
a	组装好的每台电容式电压互感器总高度(m)	6.550
b	组装好的每台电容式电压互感器总宽度(m)	0.845
c	运输尺寸(长×宽×高,m)	1.15×1.10×2.815 1.33×0.66×2.23
26	外绝缘最小爬电距离(mm)	15 125
27	瓷套干弧距离(mm)	4 260

5.3　电流互感器

电流互感器是一次回路与二次回路之间的接口,它把处于高电位下的大电流变换为处于低电位下的小电流(相位不变),向测量仪表、继电保护和自动装置提供一次电流的信息。电流互感器一次侧额定电流是标准化的,二次额定电流为 5 A(或 1 A、0.5 A)。这样不仅使二次回路上的元件与高电压部分在电气方面隔开,保证工作人员和低压电气设备的安全,而且实现了这些元件的标准化和小型化。

5.3.1 电流互感器的原理

电力系统中广泛使用电磁式电流互感器(用 TA 表示),它的工作原理与变压器相似。原理接线如图 5.16 所示。

其特点是:

(1) 一次绕组串联在被测电路中,匝数很少。一次绕组中的电流完全取决于被测电路中的电流,而与二次电流无关。

(2) 二次绕组匝数多,且所串联的仪表或继电器的电流线圈阻抗很小,所以正常运行时,电流互感器接近于在短路情况下工作。

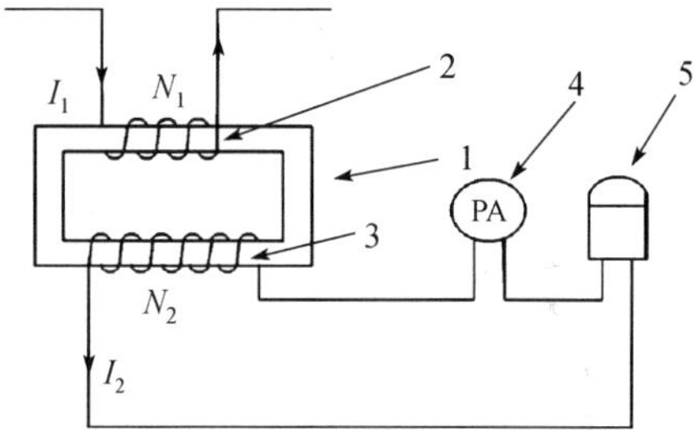

1—电流互感器铁芯;2——一次绕组;
3—二次绕组;4—电流表;5—电流继电器
图 5.16　电流互感器原理接线图

5.3.2 电流互感器的分类和结构

1) 电流互感器的分类

(1) 按安装地点可分为户内式和户外式。一般 35 kV 以上均为户外式。

(2) 按安装方式可分为穿墙式、支持式和装入式。穿墙式装在墙壁或金属结构的孔中,可节省穿墙套管;支持式安装在平面或支柱上;装入式套在 35 kV 及以上变压器或多油断路器油箱内的套管上,故也称为套管式。

(3) 按绝缘可分为干式、浇注式、油浸式和气体绝缘式。干式适合于低压户内使用;浇注式用于环氧树脂作绝缘,适合于 35 kV 及以下电压等级户内用;油浸式多用于户外型设备;气体绝缘式通常用空气、SF_6 气体作绝缘,特别是 SF_6 气体绝缘适用于高电压等级。

(4) 按一次绕组匝数可分为单匝式和多匝式。单匝式又分为本身没有一次绕组(如母线型、套管型或钳型)和有一次绕组做成 U 形或杆形);多匝式可分为线圈型、8 字型等。

2) 电流互感器的结构

电流互感器通常由铁芯,一、二次绕组及相应的绝缘、瓷套、二次接线盒等组成。额定电流在 400 A 以下通常采用多匝式;单匝式"U"字形绕组的电流互感器,由于采用圆筒式电容串结构绝缘,电场分布均匀,在 110 kV 及以上电压等级得到广泛应用。对于 110 kV 及以上电压等级的电流互感器,为了适应一次电流的变化和减少产品的规格,常将一次绕组分成几组,通过绕组的串、并联,以获得 2～3 种变比。

5.3.3 电流互感器的误差及准确等级

1) 电流互感器的误差

电流互感器一、二次额定电流之比,称为电流互感器的额定变比 K_i,可表示为:

$$K_i = \frac{I_{N1}}{I_{N2}} \approx \frac{N_2}{N_1} \approx \frac{I_1}{I_2} \tag{5.9}$$

式中:N_1、N_2 为一、二次绕组匝数;I_1、I_2 分别为电流互感器一次实际电流和二次电流测量值。

电流互感器的等值电路和简化相量图如图 5.17 所示。

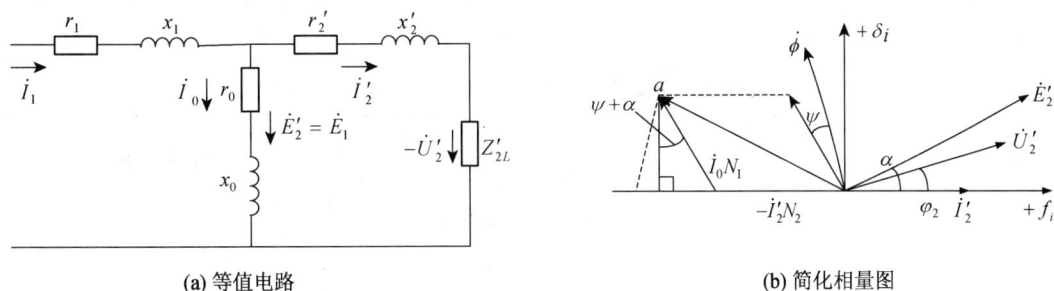

(a) 等值电路   (b) 简化相量图

φ_2—Z'_{2L} 功率因数角；α—二次总阻抗角；$\dot\phi$—铁芯合成磁通,超前 E'_2 90°；ψ—铁芯损耗角；$\dot I_0 N_1$—励磁通势

图 5.17　电流互感器

根据磁通势平衡原理

$$\dot I_1 N_1 + \dot I'_2 N_2 = \dot I_0 N_1 \tag{5.10}$$

可看出,由于铁芯中产生磁通,铁芯的发热、交变励磁以及二次回路导线的发热等影响,使一次电流 $\dot I_1$ 与 $-\dot I'_2$ 在数值和相位上都有差异,即测量结果有误差。这种误差通常用电流误差和相位误差表示。

电流误差,由二次绕组测得的一次电流近似值 $K_i I_2$ 与一侧电流实际值 I_1 之差,对一次电流实际值的百分比,称为电流误差,用 f_i 表示,即:

$$f_i = \left[(K_i I_2 - I_1)/I_1 \right] \times 100\% \tag{5.11}$$

并规定 $K_i I_2 > I_1$ 时,电流误差为正,反之为负。

相位误差,二次电流 $\dot I_2$ 旋转 180°后与一次电流 $\dot I_1$ 的夹角 δ_i 称为角误差,并规定 $-\dot I_2$ 超前 $\dot I_1$ 时,δ_i 为正值,反之为负值。

将式(5.9)带入式(5.11),则有:

$$f_i = \left[(I_2 N_2 - I_1 N_1)/I_1 N_1 \right] \times 100\% \tag{5.12}$$

式(5.12)中 $I_2 N_2$ 及 $I_1 N_1$ 只表示其绝对值的大小,当 $I_1 N_1$ 大于 $I_2 N_2$ 时,电流误差为负,反之为正。从图 5.17(b)可知 $I_2 N_2 - I_1 N_1 = Ob - Od = -bd$,当 δ_i 很小时,$bd \approx bc$,则有:

$$f_i \approx (-I_0 N_1/I_1 N_1) \sin(\psi + \alpha) \times 100\% \tag{5.13}$$

$$\delta_i \approx \sin\delta_i = (I_0 N_1/I_1 N_1) \cos(\psi + \alpha) \times 100\% \tag{5.14}$$

式(5.13)和式(5.14)表明电流互感器的误差可用励磁磁通 $I_0 N_1$ 表示。$I_0 N_1$ 为电流互感器绝对误差,$I_0 N_1/I_1 N_1$ 表示的是相对误差。当相量图中的 $I_0 N_1$ 用 $I_0 N_1/I_1 N_1$ 表示时,则 $I_0 N_1/I_1 N_1$ 在横轴上的投影就是电流误差,$I_0 N_1/I_1 N_1$ 在纵轴上的投影就是相位误差。

2) 电流互感器准确等级

电流互感器的误差大小,集中反映在互感器的励磁电流 I_0 上,而 I_0 的大小除与电流互感器的铁芯材料、结构有关外,还与一次电流及二次负荷有关。一般给出电流互感器准确级的定义为:在规定的二次负荷范围内,一次电流在额定值附近时的最大误差百分数。

保护用电流互感器主要在系统短路时工作,因此,在额定一次电流范围内的准确级不如测量级高,但为保证保护装置正确动作,要求保护用电流互感器在可能出现的短路电流范围内,最大误差极限不超过 10%。我国电流互感器准确级和误差极限值见表 5.6。

表 5.6　测量用电流互感器准确级和误差极限

准确级次	一次电流为额定电流的百分数(%)	误差限值		二次负荷变化范围
		电流误差($\pm$%)	相位误差($\pm$%)	
0.2	10	0.5	20	额定负荷的(0.25~1)
	20	0.35	15	
	100~121	0.2	10	
0.5	10	1	60	
	20	0.75	45	
	100~120	0.5	30	
1	10	2	120	
	20	1.5	90	
	100~120	1	60	
3	50~120	3	不规定	额定负荷的(0.5~1)
5	50~120	5		

保护用的电流互感器按用途可分为稳态保护用(P)和暂态保护用(TP)两类。一般情况下,继电保护动作时间相对来说较长,短路电流已达稳态,电流互感器只要满足稳态下的误差要求,这种互感器称为稳态保护用电流互感器;如果继电保护动作时间短,短路电流尚未达稳态,电流互感器则需保证暂态误差要求,这种互感器则需保证暂态误差要求。稳态保护用电流互感器的准确等级常用的有 5 P 和 10 P。保护互感器准确级是以额定准确限值一次电流下的最大复合误差来标称的。所谓额定准确限值一次电流为额定一次电流的倍数,也称为额定准确限值系数。稳态保护电流互感器的准确级和误差值见表 5.7。

表 5.7　稳态保护电流互感器准确级和误差极限

准确级次	电流误差($\pm$%)	相位误差($\pm$%)	在额定准确限值一次电流下的复合误差(%)
	在额定一次电流下		
5 P	1.0	60	5.0
10 P	3.0	无规定	10.0

随着电力系统电压等级的提高,系统短路时间常数大为增加。与此同时,500 kV 线路的负载很大,又要求快速切除故障。此外,重合闸的使用,都要求互感器在暂态过程中有足够的准确级(误差不大于 10%),且能不受短路电流直流分量的影响。满足这一要求的电流互感器又称为暂态保护型电流互感器,其准确等级分为 TPX、TPY、TPZ 三个等级。

(1) TPX 是一种在其环形铁芯中不带气隙的暂态保护型电流互感器。在额定电流和负载下,其比值误差不大于$\pm$5%,相位差不大于$\pm$30%。在额定准确限值的短路全过程中,其瞬间最大电流误差不得大于额定二次对称短路电流峰值的 5%,电流过零时相位差不大于 3°。

（2）TPY 是一种在铁芯中带有小气隙的暂态保护型电流互感器。它的气隙长度约为磁路平均长度的 0.05%。由于小气隙的存在，铁芯不易饱和，剩磁系数小，二次时间常数 T_2 较小，有利于直流分量的快速衰减。TPY 型在额定负载下允许的最大比值误差为 ±1%，最大相位误差为 1°。

（3）TPZ 是一种在铁芯中带有较大气隙的暂态保护型电流互感器，气隙的长度约为磁路平均长度的 0.1%。由于铁芯中的气隙较大，一般不易饱和，因此特别适合于在有快速重合闸（无电流时间间隙不大于 0.3 s）的线路上使用。

3）额定容量 S_{N2}

电流互感器的额定容量 S_{N2} 是指在额定二次电流 I_{N2} 和额定二次负荷阻抗 Z_{N2} 下运行时，二次绕组输出容量，即：

$$S_{N2} = I_{N2}^2 Z_{N2} \tag{5.15}$$

Z_{N2} 包括二次侧全部阻抗（测量仪表、继电器的电阻和电抗，连接导线的电阻，接触电阻等）。由于 I_{N2} 等于 5A 或 1A，因而，$S_{N2} = 25Z_{N2}$ 或 $S_{N2} = Z_{N2}$，所以，厂家通常提供 Z_{N2} 值。因为准确级与二次负荷阻抗 Z_{2L} 有关，所以，同一电流互感器使用在不同的准确级时，对应不同的 Z_{N2}（即不同的 S_{N2}），较低的准确级对应较高的 Z_{N2} 值。

5.3.4 电流互感器的极性及接线方式

1）电流互感器的极性

电流互感器的极性按减极性原则标准，如图 5.18 所示。当一次侧电流 I_1 由 L_1 流向 L_2，二次侧电流 I_2，在二次绕组内部从 K_2 流向 K_1，在二次负荷中从 K_1 流向 K_2 时，规定 L_1 和 K_1 为同极性端（L_2 和 K_2 亦为同极性端）。

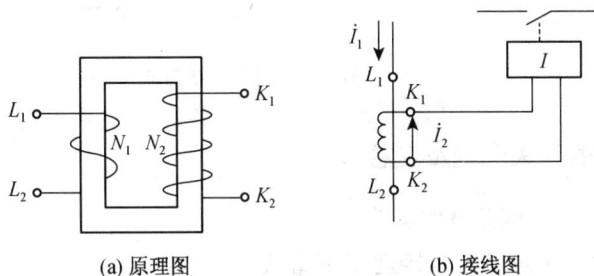

(a) 原理图　　　(b) 接线图

图 5.18　电流互感器同极性端

2）电流互感器的接线方式

电气测量仪表接入电流互感器的常用接线方式如图 5.19 所示。

（1）单相接线。单相接线如图 5.19(a) 所示。这种接线用于测量对称三相负荷中的一相电流。

（2）两相 V 形接线，也称为不完全星形接线，如图 5.19(b) 所示。公共线中流过的电流为两相电流之和，所以这种接线又称为两相电流和接线。由 $\dot{I}_a + \dot{I}_c = -\dot{I}_b$ 可知，二次侧公共线中的电流，恰为未接互感器的 B 相的二次电流，因此这种接线可接 3 只电流表，分别测量三相电流,所以广泛应用于三相三线制中性点不接地系统中,供测量或保护使用。

(3) 两相电流差接线方式,如图 5.19(c)所示。这种接线方式二次侧公共线中流过的电流为 I_a、I_c 两个相电流之差($\dot{I}_a - \dot{I}_c$),其数值等于一相电流的 $\sqrt{3}$ 倍,多用于三相三线制电路的继电保护装置中。

(4) 三相 Y 形接线,如图 5.19(d)所示。三只电流互感器分别反映三相电流和各类型的短路故障电流,广泛用于三相三线制电路和低压三相四线制电路中,供测量和保护使用。

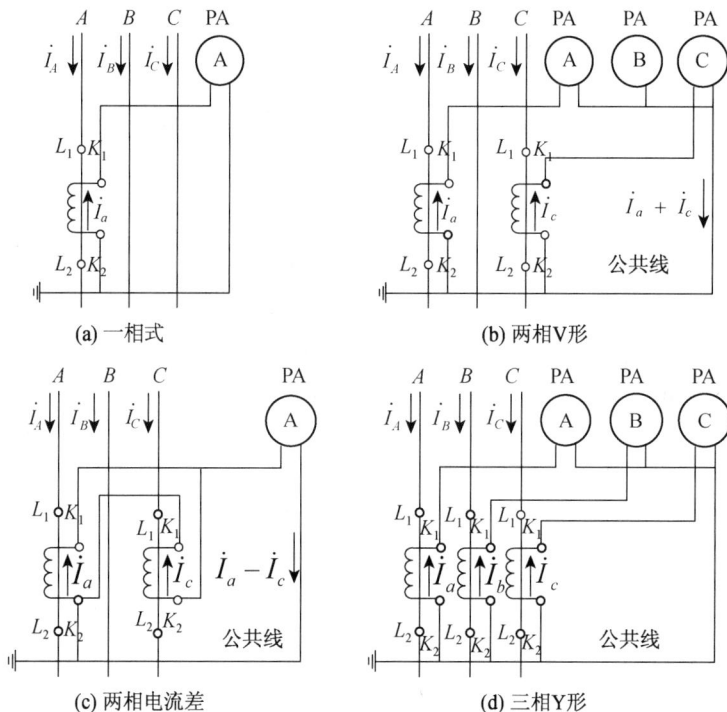

(a) 一相式   (b) 两相V形

(c) 两相电流差   (d) 三相Y形

图 5.19 电流互感器的接线方式

5.3.5 电流互感器的有关问题及注意事项

1) 电流互感器的二次侧开路的影响

电流互感器正常工作时二次侧接近于短路状态。当 $Z_{2L} = \infty$,即二次绕组开路,电流互感器由正常短路工作状态变为开路工作状态,$I_2 = 0$,励磁磁通势由正常的 $I_0 N_1$ 骤增为 $I_1 N_1$。由于二次绕组感应电动势是与磁通的变化率 $\mathrm{d}\phi/\mathrm{d}t$ 成正比的,因此,二次绕组将在磁通过零前后,感应产生很高的尖顶波电势,如图 5.20 所示,其值可达数千伏甚至上万伏(与电流互感器的额定变比及开路时一次侧电流值有关),严重威胁工作人员的人身安全,损坏仪表和继电器的绝缘,引起互感器铁

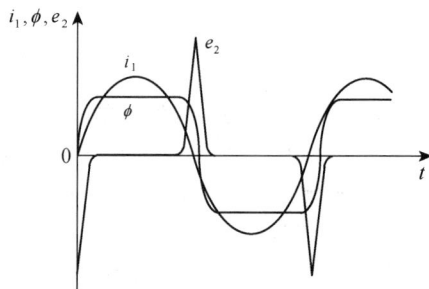

图 5.20 电流互感器二次侧开路时,
i_1、ϕ 和 e_2 的变化曲线

芯和绕组过热。此外,在铁芯中还会产生剩磁,使互感器准确级变低。因此,在电流互感器一次绕组流过电流时,二次绕组是严禁开路的。

2) 电流互感器的注意事项

(1) 电流互感器二次侧不准开路。为防止电流互感器二次侧在运行和试验中开路,规定电流互感器二次侧不允许装设熔断器,如需拆除二次设备时,必须先用导线或短路压板将二次回路短接。

(2) 电流互感器二次侧必须一点接地。电流互感器二次侧一点接地,是为了防止一、二次绕组绝缘击穿时,一次侧的高压窜入二次侧,危及工作人员和二次设备的安全。

(3) 电流互感器在接线时要注意其端子的极性。在安装和使用电流互感器时,一定要注意端子的极性,否则二次仪表、继电器中流过的电流就不是预期的电流,可能引起保护的误动作、测量不准确或烧坏仪表。

(4) 电流互感器必须保证一定的准确度,才能保证测量精确和保护装置正确地动作。电流互感器的负载阻抗不得大于与准确度等级相对应的额定阻抗。因为若负载阻抗过大,则电流互感器的准确度不能满足要求。电流互感器一次侧的额定电流应小于或等于一次回路的负载电流,且不宜小得太多,否则,电流互感器的准确度也不能满足要求。

5.4 隔离开关

隔离开关主要用来将高压配电装置中需停电的部分与带电部分可靠地隔离,以保证检修工作安全。它在分闸状态有明显的间隙,并具有可靠的绝缘,在合闸状态能可靠地通过正常工作电流和短路电流。由于隔离开关没有灭弧装置,因此不能用来切断负荷电流和短路电流,否则断开点将在高电压作用下产生强烈电弧,且很难自行熄灭,严重时可能产生飞弧,造成相对地或相间短路,从而烧坏设备,造成人身安全事故,形成"带负荷拉隔离开关"的严重事故。隔离开关也是发电厂和变电所常用的电器,它需与断路器配套使用。

5.4.1 隔离开关的主要用途和技术参数

1) 主要用途

(1) 隔离电源。在电气设备检修时,用断路器开断电流以后,再用隔离开关将需要检修的电气设备与带电的电网隔离,形成明显可见的断开点,以保证检修人员和设备安全。

(2) 倒换线路或母线。利用等电位间没有电流通过的原理,用隔离开关将电气设备或线路从一组母线切换到另一组母线上。

(3) 关合与开断小电流电路。可以用隔离开关关合和开断正常工作的电压互感器、避雷器电路;关合和开断母线和直接与母线相连接的电容电流;关合和开断电容电流不超过 5A 的空载输电线路;关合和开断励磁电流不超过 2A 的空载变压器等。

2) 基本要求与技术参数

(1) 按所担负的工作任务,隔离开关应满足的基本要求

① 应具有明显可见的断开点,使检修、运行人员能清楚地观察隔离开关的分、合状态;

② 断开点应具有可靠的绝缘,即使在恶劣的气候条件下,也不能发生漏电或闪络现象,以确保检修、运行人员的人身安全;

③ 应具有足够的短路稳定性;

④ 结构简单,动作可靠;

⑤ 隔离开关装有接地刀闸,必须采用先断开隔离开关,后闭合接地刀闸,及先断开接地刀闸,后闭合隔离开关的操作顺序。

(2) 隔离开关的技术参数

① 额定电压(kV)。是指隔离开关长期运行时承受的工作电压。

② 最高工作电压(kV)。是指由于电网电压的波动,隔离开关所能承受的超过额定电压的电压。它不仅决定了隔离开关的绝缘要求,而且在相当程度上决定了隔离开关的外部尺寸。

③ 额定电流(A)。是指隔离开关可以长期通过的工作电流,即长期通过该电流,隔离开关各部分的发热不超过允许值。

④ 热稳定电流(kA)。是指隔离开关在规定的时间内,允许通过的最大电流,它表明了隔离开关承受短路电流热稳定的能力。

⑤ 极限通过电流峰值(kA)。是指隔离开关所能承受的瞬时冲击短路电流。这个值与隔离开关各部分的机械强度有关。

5.4.2 隔离开关的种类和型式

1) 隔离开关分类和型号

隔离开关的类型很多,可根据装设地点、电压等级、极数和构造进行分类,主要有以下几种分类方式。

(1) 按装设地点可分为户内式和户外式;

(2) 按极数可分为单极和三极;

(3) 按支柱绝缘子数目可分为单柱、双柱式和三柱式;

(4) 按隔离开关的动作方式可分为闸刀式、旋转式和插入式;

(5) 按有无接地方式(刀闸)可分为带接地开关和不带接地开关;

(6) 按所配操动机构可分为手动式、电动式、气动式和液压式;

(7) 按用途可分为一般用、快分用和变压器中性点接地用。

2) 隔离开关的型号含义

我国的隔离开关的型号、规格一般由文字符号和数字按以下方式表示。

$$\boxed{123}—\boxed{45}/\boxed{6}$$

$\boxed{1}$—产品字母代号,隔离开关用 G;

$\boxed{2}$—安装场所代号,户内用 N,户外用 W;

$\boxed{3}$—设计序列顺序号,以数字 1, 2, 3,…表示;

$\boxed{4}$—额定电压,kV;

$\boxed{5}$—其他标志,如带接地闸刀时用 D,改进型产品用 G;

$\boxed{6}$—额定电流,A。

例如 GW5-110D/1000 型,即指额定电压 110 kV、额定电流 1 000 A、带接地刀闸、5 型户外隔离开关。

3) 隔离开关的型式

(1) 户内式隔离开关

户内式隔离开关由导电部分、支持绝缘子、操作绝缘子(或称拉杆绝缘子)及底座组成。导电部分包括可由操作绝缘子带动而转动的动触头,以及固定在支持绝缘子上的静触头。动触头及静触头采用铜导体制成,一般额定电流为 3 000 A 及以下的隔离开关采用矩形截面铜导体,额定电流为 3 000 A 以上则采用槽形截面铜导体。动触头由两片平行刀片组成,电流平均流过两刀片且方向相同,产生相互吸引的电动力,使接触压力增加。支持绝缘子固定在角钢底座上,承担导电部分的对地绝缘。操作绝缘子与动触头及轴上对应的拐臂铰接,操动机构则与轴端拐臂连接,各拐臂均与轴硬性连接。当操动机构动作时,带动转轴转动,从而驱动动触头转动而实现分、合闸。常用的 GN2、GN8、GN11、GN18、GN19、GN22 系列隔离开关为三极式结构;GN1、GN3、GN5、GN14 系列隔离开关为单极式结构。

(2) 户外式隔离开关

户外式隔离开关的工作条件比较复杂,其绝缘应能保证承受冰、雨、风、严寒和酷热等气象变化,因而应有较高的机械强度,在触头上结冰时能进行操作,并且支持绝缘子不损坏。户外式隔离开关一般均制成单极式。户外隔离按其绝缘支柱结构的不同可分为单柱式、双柱式和三柱式,如图 5.21 所示。

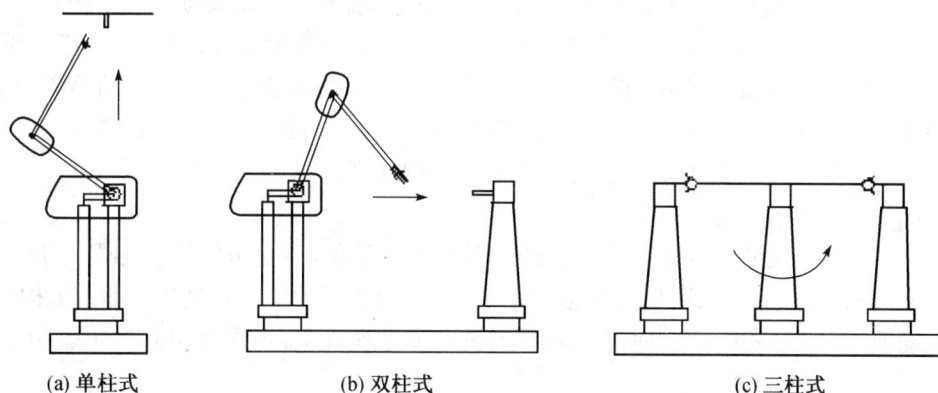

(a) 单柱式   (b) 双柱式   (c) 三柱式

图 5.21 隔离开关结构外形图

典型的户外隔离开关有 GW4-110、GW5-110D 型等。GW4-110 隔离开关可配用手动、电动和气动操动机构,三相联动操作,电动和气动操作可实现远方控制。根据需要还可配装接地开关。该型隔离开关结构简单紧凑,尺寸小,质量轻,广泛用于 10～110 kV 配电装置中,由于其闸刀在水平面内转动,因而对相间距离要求大。GW5-110D 型隔离开关是由双柱隔离开关改进而成,开关由底座、棒式支柱绝缘子、导电闸刀、左右触头和传动部分等组成。隔离开关每相的两个棒式支柱绝缘子成 V 形布置,交角 50°,固定在一个底座上,故也称为 V 形隔离开关。棒式支柱绝缘子上装有闸刀,可动触头成楔形连接。GW5-110D 型隔离开关单极外形,操动机构可配用手动、电动或气动操动机构。进行操作时,两个棒式支柱绝缘子以相同速度作相反方向(一个顺时针,另一个逆时针)的转动,两半闸刀同时绕绝缘子轴线转动 90°,使隔离开关接通或断开。V 形隔离开关广泛用于 35～110 kV 电压等级中。其主要特点是结构简单,尺寸小,质量轻;闸刀分成两半,以减少闸刀导电杆长度,操作时闸刀水平等速运动,使冰层受到很大剪力,易于破除;合闸时支柱绝缘子受弯折力,因而要求绝缘子具有较高强度;因闸刀水平转动,极间距离要求较大。

5.4.3　500 kV 隔离开关

1) 主要特点

(1) 断口间的 SF_6 气体绝缘具有很高的可靠性;

(2) 在合闸位置具有很高的全负荷电流和短时电流的承载能力;

(3) 对于小电容电流和母线转移电流,有可靠的操作能力;

(4) 对于持续电流和开关操作,设有不同的触头系统;

(5) 慢速移动的管状触头由电机驱动(手动操作亦可);

(6) 具有机械耦合的辅助接点和位置指示器;

(7) 操作安全方面,标准配置备有钥匙;

(8) 控制电磁联锁,并可根据要求提供钥匙控制机械闭锁;

(9) 有观察窗可检查触头的位置(通过内窥镜)。

2) 隔离开关的操动机构

(1) 手动操动机构

采用手动操动机构时,必须在隔离开关安装点就地操作。手动操动机构结构简单,价格低廉,维护工作量少,而且在合闸操作后能及时检查触头的接触情况,因此被广泛应用。手动操动机构有杠杆式和涡轮式两种,前者一般适用于额定电流小于 3 000 A 的隔离开关,后者一般适用于额定电流大于 3 000 A 的隔离开关。手动杠杆式主要有 CS6 型操动机构,主要用于户内式高压隔离开关。手动涡轮式主要有 CS9 型。

(2) 动力式操动机构

动力式操动机构结构复杂,价格贵,维护工作量大,但可实现远方操作,主要用于户内式重型隔离开关和户外式 110 kV 及以上的隔离开关。动力式操动机构有电动机操动机构(CJ 系列)、电动液压操动机构(CY 系列)及气动操动机构(CQ 系列),主要是采用电动机操动机构。

3) 隔离开关的使用知识

(1) 检查和维护

隔离开关在交接验收时应检查:操动机构、传动装置、辅助切换开关及闭锁装置,应安装牢固,动作灵活可靠,位置指示正确;三相不同期值应符合产品的技术规定;相间距离及分闸时触点打开角度和距离应符合产品的技术规定;触点应接触紧密良好;油漆应完整,相色标志正确,接地良好。

隔离开关在运行中应检查:绝缘子完整,无裂纹、放电现象;操作连杆及机械各部分无损伤、不锈蚀,各机件紧固,位置正确,无歪斜、松动、脱落等不正常现象;刀片和刀嘴的消弧角度应无烧伤、过热、变形、锈蚀、倾斜,触头接触应良好,接头和触点不应有过热现象,其温度不应超过 70℃;刀片和刀嘴应无脏污、烧伤痕迹,弹簧片、弹簧及铜辫子应无断股、折断现象,接地开关接地应良好,特别是易损坏的可绕部分应无异常。

(2) 操作注意事项

操作隔离开关前应注意检查断路器的分、合位置,严防带负荷操作隔离开关。在手动合上隔离开关时应迅速果断,但在合闸行程终了时,不能用力过猛,以防损坏支柱绝缘子或合闸过头。使用隔离开关切断小容量变压器的空载电流、切断一定长度的架空线路和电缆线路的充电电流、解环操作等,均会产生一定长度的电弧,此时应迅速拉开隔离开关,以便尽快灭弧。操作中若发生带负荷误合隔离开关时,即使合错,甚至在合闸时发生电弧,也不准将隔离开关再拉开,因为带负荷拉隔离开关,将造成三相弧光短路事故。若发现错拉隔离开关时,在刀片刚离开固定触点时应立即合上,可以消灭电弧,避免事故。但如隔离开关刀片已离开固定触点,则不得将误拉的隔离开关再合上。合闸操作后,应检查接触是否紧密;拉闸操作后,应检查每相是否均已在断开位置。操作完毕后,应将隔离开关的操作把手锁住。

(3)检修

隔离开关每年进行一次小修,污秽严重的地区适当缩短周期,小修的项目包括:

① 清除隔离开关绝缘表面的灰尘、污垢,检查有无机械损伤,更换损伤严重的部件;

② 清除传动和操动机构裸露部分的灰尘和污垢,对主要活动环节加润滑油;

③ 检修接线端、接地端的连接情况,拧紧松动的螺栓,检查触头有无烧伤;

④ 进行 3~5 次分、合闸试验,观察其动作是否灵活、准确,机械联锁、电气联锁、辅助开关的触点应无卡滞或传动不到位的现象;

⑤ 清除个别部件的缺陷,清理触点的接触面,涂凡士林油等。

隔离开关每 3~5 年或操作达 1 000 次以上时进行一次大修。大修的项目包括:

① 导电系统的检修。触点部分要用汽油或煤油清洗掉污垢;用纱布清除接触表面的氧化膜,用锉刀修整烧斑;检查所有的弹簧、螺丝、垫圈、开口销、屏蔽罩、软连接、轴承等应完全无缺陷;修整或更换损坏的元件,最后分别加凡士林或润滑油装好。

② 传动机构与操动机构。清扫掉其外露部分的灰尘与油垢;其拉杆、拐臂轴、涡轮、传动轴等部分应无机械变形或损伤,动作应灵活,销钉应齐全、牢固;各活动部分的轴承、涡轮等处要用汽油或煤油清洗掉油垢后加钙基脂或注入适量的润滑油;动作部分对带电部分的绝缘距离应符合要求;限位器、制动装置应安装牢固,动作准确。

③ 检查并旋紧支持底座或构架的固定螺丝;接地端应紧固,接地线应完整无损。

④ 根据厂家说明书或有关工艺标准的要求,调整闸刀的张开角度或开距;调整合闸的同期性、接触压力、备用行程等。

⑤ 机械联锁与电磁联锁装置应正确可靠,有缺陷应处理调试好。

⑥ 清除辅助开关上的灰尘与油垢,检查并调整其小拐臂、传动杆、小弹簧及触片的压力,打磨接触点,活动关节处点润滑油,以使其正确动作、接触良好。

⑦ 按规定进行绝缘子(或绝缘拉杆)的绝缘试验;对工作电流接近于额定电流的刀闸或因过热而更换的新触点、导电系统拆动较大的刀闸,还应进行接触电阻试验;对电动或气动刀闸操作部分的二次回路各元件以及电磁锁、辅助开关的绝缘,用 500 V 或 1 000 V 兆欧表测量其绝缘电阻,应不小于 1 MΩ;进行 1 000 V 的交流耐压试验。

⑧ 对隔离开关的支持底座(构架)、传动机构、操动机构的金属外露部分除锈刷漆;对导电系统的法兰盘、屏蔽罩等部分根据需要涂相色漆等。

检修后的隔离开关应达到绝缘良好、操作灵活、分闸顺利、合闸接触可靠四点基本要求;同时,在操作中,各部件不能发生变形、失调、振动等异常情况;接线端、接地端连接牢固。为此应对隔离开关进行以下调整:

① 调整触头间的相对位置,备用行程、闸刀的张开角度和开距等符合技术要求;

② 调整闸刀的分、合闸限位止钉,满足防止分、合闸等操作时越位的要求;

③ 调整隔离开关三相分、合闸同期性、接触压力等符合技术要求;

④ 进行 3~5 次分、合闸试验,观察其动作是否灵活、准确,机械联锁、电气联锁、辅助开关的触点应无卡滞或传动不到位的现象。

隔离开关的机械调整先在手动状态下进行,再以电动或气动操作进行校核。当隔离开关和电动机操机构动作正常、二次回路触点正确切换、联锁可靠、电气试验合格时,方可投入正常运行。

4) 典型电厂 500 kV GIS 隔离开关技术性能

500 kV GIS 中的隔离开关和接地开关符合规范 DL486 和 DL405。隔离开关与断路器之间有机械或电气闭锁,在重力、地震或操动机构与隔离开关之间的连杆被偶然撞击时,隔离开关应能防止从合闸位置脱开或从分闸位置合闸。

(1) 隔离开关和接地开关应能承受额定电流和故障电流,不应由于运行中可能出现的作用力(包括短路引起的)而引起误分和误合。

(2) 隔离开关应具有开、合小电流(包括感性小电流和容性小电流)和母线转移电流(即环流)的能力;快速接地开关应具有开、合感应电流的能力。

(3) 所有的隔离开关和接地开关均设就地控制和遥控,遥控必需的连接终端应引至就地控制柜的端子排。

(4) 隔离开关和接地开关的位置就地有可靠的指示设备指示,并提供 15NC(常闭)、15NO(常开)备用触点。备用触点均应引接到就地控制柜的端子排。触点的断开能力:220 V、3 A;110 V、5 A。

(5) 隔离开关和接地开关应有表示其分、合闸位置的可靠和便于巡视的指示装置。

(6) 把手柄塞入驱动机构中时,不能电动控制。在不满足操作条件时,闭锁装置使手柄不能插入驱动机构中,但在特殊情况下可强行打开闭锁装置。

(7) 隔离开关应为三相机械联动式,可实现就地和远方电动操作,也可实现手动操作,操作回路应能自动闭锁,操作用电动机应为免维护型。

(8) 隔离开关的操作机构为电动弹簧型,可手动操作,并提供操作手柄,就地控制柜上有三相同步控制开关和就地/遥控选择开关。操作机构的电源:电机电源:AC380/220 V;控制电压:直流 110 V。

(9) 所有快速开关的操作机构为电动弹簧型,可手动操作,并提供操作手柄,快速接地开关应能承受最大短路电流,部件无损伤,接点不熔化,温升不超过允许值,允许开断短路电流次数不少于 2 次,其他接地开关也应为电动型,可手动操作,并提供操作手柄。操作机构的电源:电机电源:AC380/220 V;控制电压:直流 110 V;隔离开关和接地开关的机械寿命:1 000 次(三相)或 3 000 次(单相)不需维修和更换部件。

5.5 发电机封闭母线

在发电厂中,发电机至变压器的连接母线如采用敞露式母线,会导致绝缘子表面易被灰尘污染,尤其是母线布置在屋外时,受气候变化和污染更为严重,很容易造成绝缘子闪络以及由于外物所致造成母线短路故障。随着机组容量的增大,对出口母线的可靠性要求越来越高,而采用封闭母线是一种较好的解决方法。

5.5.1 封闭母线的分类

用外壳加以封闭保护的带电母线,称为封闭母线。按外壳结构、所用材料以及冷却方式的不同,封闭母线可进行如下分类。

1) 共箱封闭母线和离相封闭母线

三相共用一个金属外壳,相间没有金属板隔开或相间有金属隔板的封闭母线称为共箱封闭母线,其示意图如图 5.22(a)、(b)所示。每相都有一个金属外壳的称为离相封闭母线,如图 5.22(c)。

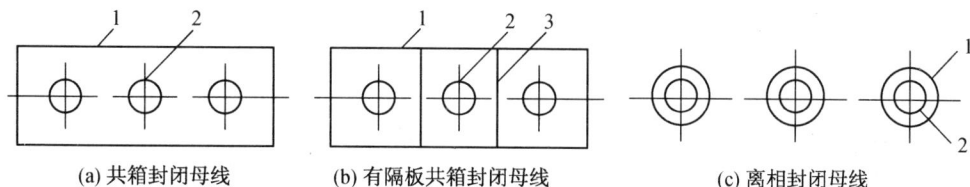

(a) 共箱封闭母线　　(b) 有隔板共箱封闭母线　　(c) 离相封闭母线

1—外壳;2—母线;3—金属隔板

图 5.22　封闭母线示意图

(1) 离相封闭母线(即分相封闭母线)

离相封闭母线是广泛用于 50 MW 及以上发电机引出线回路及厂用分支回路的一种大电流传输装置,离相封闭母线导体和外壳均采用铝板卷制焊接而成。离相封闭母线又可分为以下四种:

① 不全连离相封闭母线。每相外壳相邻段在电气上相互绝缘,以防止轴向电流流过外壳连接处,每段外壳中只有外壳涡流。为了避免短路时在外壳上感应出对人身有危害的电压,把外壳每 3~4 m 分成一段,每段一点接地,如图 5.23 所示。

② 全连离相封闭母线。除每相外壳各段在电气上相连接外,又在各相外壳两端通过短路板相互连接并接地,如图 5.24 所示。全连离相封闭母线的外壳中,除母线电流在外壳上

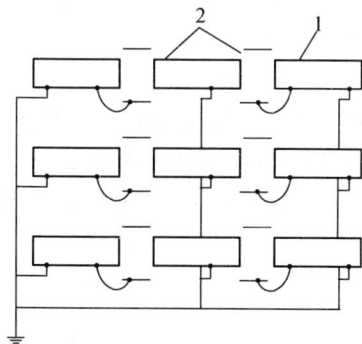

1—外壳;2—绝缘

图 5.23　不全连离相封闭母线示意图

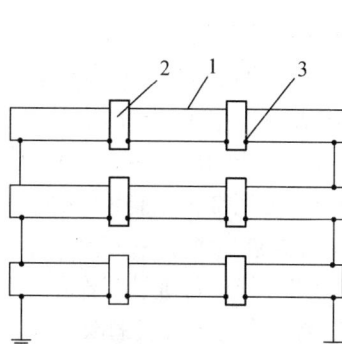

1—外壳;2—短路板;3—焊接处

图 5.24　全连离相封闭母线示意图

感应出的大小与母线电流几乎相等、方向相反的轴向环流外,还有邻相剩余磁场在外壳上感应出的涡流,但该剩余磁场在周围钢构件上感应出的涡流和功率损耗很小,可以忽略不计。

③ 经电抗器接地的全连离相封闭母线。这种封闭母线的外壳是全连外壳,外壳的一端经三相短路板接地,另一端各相经电抗器接地,如图 5.25 所示。电抗器的作用是增加外壳回路阻抗,以减少外壳内的感应电流,使外壳损耗降低。在正常情况下,外壳不能完全屏蔽母线的磁场,将会引起邻近钢构件的发热,这点与不全连离相封闭母线相似。但在短路情况下,电抗器铁芯饱和不起作用,相当于短路,这时与全连离相封闭母线一样。

④ 分段全连离相封闭母线。由于母线回路装设抽插式隔离开关或断路器等原因,使母线外壳不能从头至尾全连,而在抽插式隔离开关或断路器的两端装设三相短路板,将母线分成两个全连离相封闭母线和抽插式隔离开关或断路器的不全连离相封闭母线的混合式,称为分段全连离相封闭母线,如图 5.26 所示。

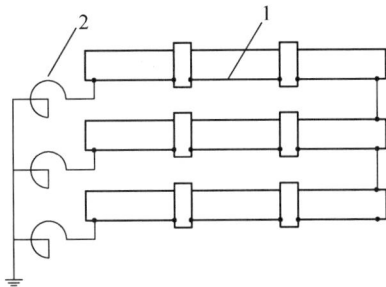

1—外壳;2—电抗器

图 5.25 经电抗器接地的全连离相封闭母线示意图

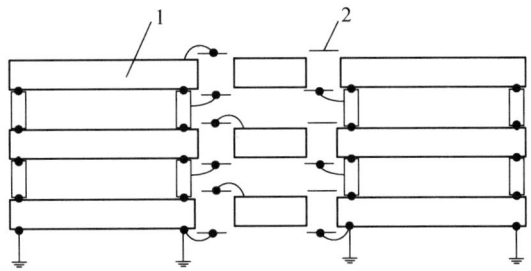

1—外壳;2—绝缘

图 5.26 分段全连离相封闭母线示意图

典型电厂发电机出口采用全连离相式封闭母线,采用该种母线的优点是:

a. 减少接地故障,避免相间短路。可基本消除外界的潮气、灰尘以及外物引起的接地故障,提高发电机运行的可靠性。

b. 消除周围钢结构的发热。敞露的大电流母线使得周围的钢构和钢筋在电磁感应下产生涡流和磁滞损耗,发热温度高,损耗大,会降低建筑物的强度。封闭母线采用外壳屏蔽,可从根本上解决钢结构的感应发热。

c. 大大减小相间短路的电动力。当区外发生相间短路,很大的短路电流流过母线时,由于外壳的屏蔽作用,使相间导体所受的短路电动力大为减小,一般只有敞开式的10%。

d. 母线配用微正压装置,可防止绝缘子结露,提高运行安全可靠性,并为母线采用强迫通风冷却方式创造了条件。

e. 封闭母线运行维护工作量小,结构简单。

全连离相式封闭母线的缺点如下:

a. 有色金属消耗约增加一倍;

b. 母线功率损耗约增加一倍;

c. 母线导体的散热条件较差,相同截面下母线的载流量减小。

（2）共箱封闭母线

共箱封闭母线广泛用于 100 MW 以下发电机引出线与主变压器低压侧或 75 MW 及以上机组厂用变压器低压侧与高压侧配电装置之间的电流传输。共箱封闭母线也可用于发电机交直流励磁回路、变电所用电引入母线或其他工业民用设施的电源引线。典型的共箱封闭母线有 BGFM 型。

① 母线型号

BGFM-10 型共箱封闭母线的型号为 BGFM-10,其意义如下:BGFM 为不隔相共箱封闭,母线中"不、共、封、母"四个汉字拼音的首字母;10 表示母线的额定电压,单位为 kV;最后一项是数字,表示母线的额定电流,单位为 A。BGFM-10 型共箱封闭母线主要用于发电厂及变电站的三相 10 kV 以下回路。

② 主要技术参数

BGFM-10 型共箱封闭母线主要技术参数如表 5.8 所示。

表 5.8　BGFM-10 型共箱封闭母线主要技术参数

序号	项　　目	单位	技术参数
1	额定电压	kV	10
2	额定电流	A	1 000~6 300
3	动稳定电流(峰值)	kA	40~160
4	热稳定电流 2 s(有效值)	kA	16~63
5	频率	Hz	50
6	正常运行时母线导体的最高允许温度	℃	≤90
7	正常运行时外壳的最高允许温度	℃	≤70
8	正常运行时母线导体镀银头的最高允许温度	℃	≤105
9	工频耐压 1 min	kV	42
10	冲击耐压 1.2/50 μs	kV	75
11	海拔高度	m	≤1 000
12	地震强度	度	≤8
13	冷却方式		自然冷却

2）塑料外壳和金属外壳封闭母线

按封闭母线外壳所用材料的不同,封闭母线分为塑料外壳和金属外壳。塑料外壳对电磁场不起屏蔽作用,故从电磁性能上来说,相当于普通的敞露母线,既不能减少母线短路时产生的电动力,也不能减少母线附近钢构件感应发热问题,只能防止人身触及带电母线及防止金属物落到母线上产生的相间短路,故塑料外壳不适于大容量机组。大容量机组的封闭母线均采用金属铝外壳。

3）自然冷却和人工冷却封闭母线

按冷却方式的不同,封闭母线可分为自然冷却封闭母线和人工冷却封闭母线两种方式。自然冷却封闭母线可分为普通自然冷却封闭母线和微正压充气自然冷却封闭母线两种。人工冷却封闭母线又可分为通风冷却封闭母线和通水冷却封闭母线两种。

（1）自然冷却封闭母线。母线及外壳的发热完全靠辐射及对流散发至周围环境。这种冷却方式简单、工作可靠、运行维护容易,但金属消耗量大。

(2) 微正压充气封闭母线。微正压充气封闭母线与自然冷却封闭母线的冷却方式相同,不同的是微正压充气封闭母线还在母线外壳内充以微正压气体以提高其绝缘强度。

(3) 通风封闭母线。用母线或封闭母线外壳作通风道,以强迫通风的办法将母线及外壳热量带走散出。

(4) 通水冷却封闭母线。在母线内通水将母线热量带走,这种冷却方式结构复杂,附属设备多,造价高。

5.5.2 封闭母线的结构

1) 离相封闭母线结构

离相封闭母线主要由母线导体、支持绝缘子和防护屏蔽外壳组成,导体和外壳均采用铝管结构。沿母线全长度方向的外壳在同一相内全部各段间通过焊接连通。在封闭母线的各个终端,通过短路板将各相的外壳接成电气通路。

(1) 外壳

离相母线外壳是一个用导电铝制成的连续圆筒,用螺栓固定到钢支撑结构上。外壳在回路的首末端装设短路板,以构成三相外壳间的闭合回路。外壳上的电流绝对值几乎与导线电流绝对值相等,但方向相反,因此外壳周围的磁场会降到很小,使母线区内的电感应加热效应很小。连续外壳还大大减少了与短路电流有关的机械力,从而可以减少绝缘体的数量。全连式离相封闭母线的外壳可采用一点或多点接地方式。在与设备连接处,采用外壳带密封套的活动套筒或带橡胶波纹管的可拆伸缩装置,并在发电机出线与封闭母线 A、B、C 相和中性点的连接处共预留四个氢气检漏测点安装位置(与发电机氢气在线检测装置合用)。

(2) 导线

导线采用圆筒形的高导电率铝线。筒形导线具有热量分布和电场分布几乎稳定不变的优点和导线对外壳放电距离稳定不变的优点。

母线在同一断面上用三个支柱绝缘子支撑,每个绝缘子之间相差 120°。由一系列的绝缘体支撑在外罩的正中心上。母线带电体对外壳(地)空气净距不小于 240 mm。

(3) 支柱绝缘子

支柱绝缘子绝缘水平短时工频耐压不低于 75 kV,雷电冲击耐受电压不低于 150 kV,绝缘子的沿面泄漏距离不小于 600 mm,并在封闭母线每组支柱绝缘子底部设电加热装置 1 只,防止绝缘子结露。

(4) 电压互感器

电压互感器柜为移开式金属铠装结构,间隔设计成从操作位置不会碰到带电部件,电压互感器柜内抽屉和高压母线间设隔板,当抽屉拉出后插头孔处按 IEC 标准有挡板自动落下,保证在检测电压互感器时与高压母线带电部分完全隔开,其一次和二次侧均用插头连接。

2) 共箱封闭母线结构

共箱封闭母线主要由导体、外壳、绝缘子(绝缘支架)、金具、外壳支吊钢架、伸缩补偿装置、穿墙密封结构,以及与变压器和开关柜的连接结构等部分组成。由于母线总体较长,一般在制造厂制成每段 6 m 左右的若干分段,到现场后将各分段用螺栓连接或焊接而成。

共箱封闭母线导体使用电导率较高的矩形铜或铝管制成,采用支柱绝缘子或绝缘支架支持,对于矩形导体,在两组支柱绝缘子之间装有间隔垫,三相导体被封闭在同一金属外壳内,外壳上部有检修孔。户外的外壳连接部分装有密封垫,检修孔盖做成中间凸起的防水型结构,共箱封闭母线与变压器连接处设置可拆螺栓补偿装置,母线导体与变压器出线端子间用镀锡铜编织线伸缩节或薄铜片伸缩节进行连接,其连接导电接触面均镀银,外壳采用铝波纹管伸缩套连接。各分段两端外壳内均焊有连接端子,现场安装时,将各相邻分段连接端子间用连接导体进行电气连接后,再按外壳指定接地位置(有接地标牌处),将接地端子与接地网相连,使外壳可靠接地。

5.5.3 典型电厂封闭母线技术要求

1) 离相封闭母线的基本技术参数

表 5.9 离相封闭母线技术参数

项 目	单位	技 术 参 数
离相封闭母线型式及基本技术数据		
制造商		
型号		
型式		全连、自冷、微正压充气式离相封闭母线
使用标准		GB/T 8349—2000
额定电压	kV	27
最高工作电压	kV	30
额定电流	A	28 000/18 000/4 000/400
额定频率	Hz	50
绝缘等级		F
接头型式		镀银螺接
2 s 热稳定电流(有效值) 主回路 分支回路	kA	200 315
动稳定电流(峰值) 主回路 分支回路	kA	500 800
工频试验电压	kV	出厂:100 现场:75
额定雷电冲击耐受电压(峰值)	kV	185
额定短时工频耐受电压(有效值)	kV	100
泄漏比距	mm/kV	≥31
保护等级		
主回路和分支回路		IP65
辅助柜		IP43

项　　目	单位	技 术 参 数
外壳内空气压力	PSI	0.04～0.33(300～2 500 Pa)
离相封闭母线导体对外壳单位长度电容	pF/相	主回路:113.59 pF/m 三角回路:79.8 pF/m 分支回路:34.2 pF/m
允许温度和允许温升(环境温度40℃)		
铝导体允许温度	℃	90
铝导体允许温升	K	50
螺栓紧固连接的镀银接触面允许温度	℃	105
螺栓紧固连接的镀银接触面允许温升	K	65
铝外壳允许温度	℃	70
铝外壳允许温升	K	30
封闭母线材料及外形尺寸		
主回路母线材料成分		1 060(L2)
分支回路母线材料成分		1 060(L2)
主回路外壳材料成分		1 060(L2)
分支回路外壳材料成分		1 060(L2)
主回路母线直径	mm	⌀950
主回路母线厚度	mm	16
主变回路母线直径	mm	⌀600
主变回路母线厚度	mm	15
分支回路母线直径	mm	⌀150
分支回路母线厚度	mm	10
主回路外壳直径	mm	⌀1 570
主回路外壳厚度	mm	10
主变回路外壳直径	mm	⌀1 220
主变回路外壳厚度	mm	8
分支回路外壳直径	mm	⌀770
分支回路外壳厚度	mm	5
每相母线单位长度总损耗 母线导体损耗 外壳的损耗	kW/m	$I=28\ 000$ A 主回路总损耗:1.246 kW/m 导体:0.716 kW/m 外壳:0.53 kW/m $I=18\ 000$ A 三角回路总损耗:0.815 kW/m 导体:0.465 kW/m 外壳:0.35 kW/m $I=4\ 000$ A 厂变回路总损耗:0.174 kW/m 导体:0.132 kW/m 外壳:0.042 kW/m

项 目	单位	技 术 参 数
每相母线单位长度重量	kg/m	主回路:316 三角回路:198 分支回路:95
相间距离	mm	主回路:≥1 800 三角回路:≥1 500 分支回路:≥1 000
电压互感器		
型式		单相、环氧树脂浇注、全绝缘
使用标准		GB 1207—2006
相数		单相
额定电压	kV	27
最高工作电压	kV	30
变比	kV	
额定容量	VA	
额定频率	Hz	50
额定雷电冲击耐受电压(峰值)	kV	100
额定短时工频耐受电压(有效值)	kV	185
局部放电	pC	≤50(1.2倍最高工作电压时)
绝缘等级		F
电压互感器用熔断器		
型式		户内式
额定电压	kV	35
额定电流	A	0.5
断流容量	MVA	18 000
避雷器		
制造商/国家		西安电瓷厂/中国 上海电瓷厂/中国
型式		无串联间隙氧化锌避雷器(硅橡胶外套)
使用标准		GB 11032—2010
每相个数		1
等级(轻载或重载)		根据用户要求
使用环境温度		—40～+40℃
额定电压	kV	32.5
持续运行电压	kV	28.35
陡波冲击电流残压(峰值)	kV	≤75
雷电冲击电流残压(峰值)	kV	≤63

续表 5.9

项　　目	单位	技　术　参　数
操作冲击电流残压(峰值)	kV	≤52.8
2 ms 方波通流容量 20 次	A	400
中性点接地变压器		
制造商/国家		杭州特种变压器厂/中国 抚顺电气有限公司/中国
型式		单相、干式、自冷
使用标准		GB 6450—1986
相数		单相
额定电压	kV	高压侧:27；低压侧:0.22
额定容量	kVA	150
变比	kV	27/0.22
额定雷电冲击耐受电压(峰值)	kV	100
额定短时工频耐受电压(有效值)	kV	185
绝缘等级		F
接地变压器二次侧电阻		
制造商/国家		上海起重电器厂/中国
型式		ZX-22
使用标准		GB/T 1234—1995
电阻材料		不锈钢
额定电压	V	400
绝缘等级		F
60 s 额定通流能力	A	950
外壳材料		Q235
外壳厚度	mm	3
3 s 热稳定电流	kA	4.25
环境温度 40℃时最大温升(包括正常运行及最大运行方式)	℃	155
额定电阻	Ω	0.182
工频试验电压	V, 60 s	4 200
最大工作电压	V	220
微正压装置		
产地		北京兴通电信设备公司
额定输入空气压力	Pa	700 000
母线壳内空气压力	Pa	300~2 500
额定充气量	m³/h	40
漏气率	%/h	≤2

2) 附属设备技术参数

(1) 发电机两侧出口电流互感器

根据设计要求,由发电机制造厂成套供货。

(2) 高压厂用工作变压器高压侧电流互感器及励磁变高压侧电流互感器

根据设计要求,由变压器制造厂成套供货。

(3) 电压互感器

型式和数量:JDZX-27(半全绝缘)6只,JDZX-27(全绝缘)3只;

额定电压:27 kV;

最高工作电压:32.4 kV;

变比:$27/\sqrt{3}$,$0.1/\sqrt{3}$,$0.1/\sqrt{3}$,$0.1/3$ kV;

准确级及额定容量:0.5/6P/6P　120 VA;

额定短时工频耐受电压(有效值):85 kV;

额定雷电冲击耐受电压(峰值):200 kV。

(4) 电压互感器用熔断器

型式和数量:RN2-35,9只;

额定电压:27 kV;

额定电流:0.5 A;

开断电流:300 kA;

熔断特性:熔断器 $I-t$ 特性应与发电机定子接地保护特性相配合,以保证在电压互感器回路发生接地短路时,熔断器先熔断。

(5) 避雷器

型式:Y5W1-32.5/53.5;

额定电压:30 kV;

持续运行电压:27 kV;

1 mA 直流参考电压≥35.4 kV;

陡波冲击电流残压(峰值)≤59.8 kV;

雷电冲击电流残压(2.5 kA,峰值)≤53.5 kV;

操作冲击电流残压(峰值)≤42.8 kV;

2 ms 方波通流容量20次,400 A。

(6) 中性点接地变压器(发电机中性点采用高电阻接地)

型式:单相干式变压器(厂家为保定天威恒通电气有限公司或北京一二科技有限公司,电阻柜加装智能控制单元);

额定容量:100 kVA;

额定电压:高压侧 27 kV,低压侧 0.24 kV;

变比:27/0.24 kV;

额定短时工频耐受电压(有效值):85 kV;

额定雷电冲击耐受电压(峰值):200 kV。

(7) 防潮系统

① 气体循环干燥系统装置

装置出口处空气湿度范围:0~20％RH;

循环空气量:≥45 m³/h;

母线壳内空气压力:常压;

装置设计寿命:30 年。

② 现场环境漏氢在线检测装置(GHM)

在线检测物理量:含氢量、压力、温度、湿度;

监测氢气浓度范围:0.1％~0.2％;

氢气测点:发电机出线与封闭母线在 A、B、C 相和中性点的连接处(与发电机制造厂协调,与发电机、回油管、内冷水箱的氢气在线检测统一合并设置);

就地监测:在线检测装置就地设置监测仪表;

远方监视:在线检测装置设置远方报警开关量和遥测量输出。

(8) 封闭母线整体绝缘缺陷在线监测装置(W-PD)

在线监测物理量:局部放电、电弧、母线内部湿度及温度;

局部放电监测对象:封闭母线高压绝缘子绝缘缺陷,接头松动,电流互感器绝缘缺陷;

传感器安装要求:每段母线需安装一套局放传感器,应选用耦合电容型传感器;设专用噪声源局放传感器,识别来自发电机励磁系统及电刷的噪声信号;

监测及通信要求:设就地监测模块及远方工程师站(PC 机、打印机一套),现场监测模块采集温度、湿度、电流量和噪声量等必要的环境参数量,以防止误报警,并在 W-PD 后台工程师站安装绝缘缺陷位置分析软件,2 台机组共用一套管理系统,并预留 6 kV 母线的接口。

(9) 红外热成像仪(PRC)

两台机组配置一台红外线热成像仪,用于运行中检查发热情况,及时发现和消除事故隐患。

(10) 性能要求

① 封闭母线支持结构的金属部分可靠接地;

② 全连式离相封闭母线的外壳可采用一点或多点接地方式,外壳短路板处设可靠接地点,接地导体有足够的截面,以保证具有通过短路电流的能力;

③ 当母线通过短路电流时,外壳感应电压不超过 24 V;

④ 自然冷却的封闭母线,应防止灰尘、潮气及雨水进入外壳内部,外壳防护等级为 IP65;

⑤ 封闭母线外壳采取各种密封措施;

⑥ 金属封闭母线避免共振;

⑦ 封闭母线整体寿命不少于 30 年。

(11) 结构要求

① 封闭母线的主回路和各分支回路为全连式,同相外壳各段有良好的电气连接,并分别在回路的首末端装设短路板,以构成三相外壳间的闭合回路,主回路和各分支回路末端的短路板,尽量靠近该处所连设备;

② 封闭母线的结构,能布置在楼板的支架上,能悬挂在梁或其他构筑物上,由制造厂成套供货的外壳支持钢梁,应做防腐热镀锌处理;

③ 封闭母线的导体,在同一断面上用三个支柱绝缘子支撑,每个绝缘子之间相差120°,支持跨距避开共振区,绝缘子的装设便于拆卸和更换,绝缘子采用DMC(不饱和聚酯玻璃纤维增强模塑料)绝缘子;

④ 外壳能够承受封闭母线发生故障时所产生的电弧影响,而不致造成变形、损坏,外壳支持构件采用抱箍加支座的支撑装置,并允许适量调整,以适应建筑公差;

⑤ 设置伸缩补偿装置;

⑥ 与设备连接处采用外壳带密封套的活动套筒或带橡胶波纹管的可拆伸缩装置,在发电机机座与同层建筑平台相连处、封闭母线直线段每隔20 m处、穿过A排墙处等,外壳设不可拆的铝波纹管;

⑦ 导体采用螺栓连接的部分或有温度测点处,外壳设观察窗;

⑧ 封闭母线制成不同长度的标准直线段、90°转弯段、T接段和各种不同长度的配合段,以最大限度减少现场安装工作;

⑨ 封闭母线在适当位置设检修孔,以便进入壳内进行检查和维护,发电机和变压器的套管、母线支柱绝缘子、母线接头以及断开装置,均可通过手孔或人孔方便地进行维护、试验和装卸;

⑩ 封闭母线在轴向和辐向,应能满足支架或基础在30 mm以内的沉降和位移;

⑪ 圆形横截面的导体和外壳的不圆程度不大于其直径的1.5%,直线误差不超过本身长度的0.1%,带有转弯母线分段的端部中心与所规定的轴线偏差不大于2 mm,外壳表面无明显锤痕、划伤等机械缺陷,所有零件的边缘及开孔均平整光滑、无毛刺;

⑫ 导体外表面及外壳内表面均涂无光泽黑色漆,外壳外表面涂银灰色漆,在导体和外壳的适当位置标志黄、绿、红相序标记和接地标记;

⑬ 对于氢冷发电机,需要在发电机引出端子与封闭母线连接处装设隔氢、排氢装置,并装设在线漏氢检测设备;

⑭ 在封闭母线布置最低点的适当位置设置排水阀,以便定期排放壳内凝结水;

⑮ 自然冷却离相封闭母线,应在户内、外穿墙处设置密封绝缘套管或采取其他措施,防止外壳中户内、外空气对流产生结露;

⑯ 母线在350%发电机额定电压时无电晕,以减小任何点燃积聚氢气的可能性;

⑰ 与封闭母线成套供货的电压互感器柜、避雷柜是封闭防尘的分相插头式结构,中性点接地变压器柜是封闭防尘结构;

⑱ 电压互感器柜内抽屉和高压母线间应设隔板,当抽屉拉出后插头孔处按IEC标准有挡板自动落下,保证在检测电压互感器时与高压母线带电部分完全隔开。

(12) 附属设备的结构要求

① 所有设备柜均是防尘、防滴、分相式,防护等级均为IP32,并有带锁的活动门;

② 设备与母线的连接便于拆卸;

③ 电压互感器柜采用移开式金属铠装结构,其一次和二次侧均用插头连接,二次侧应经熔断器接至端子排盒,安装在独立的小室内,相间的一次侧应采用阻燃绝缘导线连接,所有端子的绝缘材料应是阻燃的;

④ 发电机中性点侧电流互感器装设于出线套管上,设置中性点出线箱,接于中性点设备的引出线从出线箱引出;

⑤ 在封闭母线的适当位置,就地设置三相短路的试验设备,容量不小于 28 000 A,并配置可拆卸的连接附件。

(13) 安装连接要求

① 导体和外壳的焊接,应采用惰性气体保护电弧焊接(氩弧焊)。焊缝截面应不小于被焊截面的 1.25 倍。焊缝宽度以大于坡口宽度 2 mm 为宜,深度不超过被焊金属厚度的 5%,未焊透长度不超过焊缝长度的 10%,焊缝无裂纹、烧穿、焊坑、焊瘤等。焊缝应经 X 射线或超声波探伤检验合格,导体及伸缩节抽样探伤长度不少于焊缝长度的 25%,外壳不少于焊缝长度的 10%。

② 母线导体连接的紧固件,额定电流小于 3 000 A 时,可采用普通的碳素钢;大于 3 000 A 时,应采用非磁性材料。

③ 所有挠性连接的载流量,不小于所连母线的载流量,挠性连接体的对地距离以及在可拆挠性连接体拆下后,导体两端之间的距离均不应小于 220 mm。

④ 导体与发电机出线端子和中性点端子的连接装置便于拆卸,以便对发电机进行干燥和试验,封闭母线与设备间的连接,采用镀锡铜编织带,其母线侧用铜铝过渡接头,母线导体间的可拆接头,可采用镀锡铜编织带或多层铝薄片挠性连接,接触面应镀银,其镀层厚度至少为 0.025 mm,电流密度以 0.1~0.12 A/mm^2 为宜。

⑤ 封闭母线与主变压器低压侧出线套管和高压厂用变压器高压出线套管的连接为垂直安装。其相间距离应与封闭母线主回路距离相对应,变压器的出线端子应设于变压器箱盖的升高座上。

⑥ 封闭母线的外壳与设备的外壳应相互绝缘并隔振,以防止外壳环流流入设备,其连接金属部件均采用非磁性材料,或采用其他措施以免产生感应电流过热。

⑦ 封闭母线与设备柜的连接端,应装有密封隔离套管或盆式绝缘子,防止柜内故障波及母线。

5.6 避雷器

5.6.1 电力系统过电压

电力系统运行中,由于雷击、雷电感应、故障、操作或系统参数配合不当等原因,引起电网中的电压升高,这种超过正常运行电压的电压值称为过电压。按其产生的原因,可分为雷电过电压和内部过电压两大类。

1) 雷电过电压

由雷电现象所产生的过电压称为雷电过电压(也称大气过电压)。它包括直击雷过电压和感应雷过电压。

(1) 直击雷过电压

雷电是雷云之间或雷云对大地的放电现象,雷云对大地之间的放电称为雷击。雷云对地面上的建筑物、输电线、电气设备或其他物体直接放电,称为直接雷击,简称直击雷。由于直击雷产生过电压极高,可达数百万到数千万伏,电流可达几十万安,这样强大的雷电流通过这些物体入地,从而产生破坏性很强的热效应和机械效应,往往引起火灾、人畜伤亡、建筑物倒塌、电气设备的绝缘破坏等。利用避雷针和避雷线,可使各种建筑物、输电线路和电气设备免遭直击雷的危害。

（2）感应雷过电压

除直击雷外,另一种是雷电的静电感应或电磁感应所引起的过电压,称为雷电感应过电压,简称感应雷。当雷云靠近建筑物、输电线或电气设备时,由于静电感应,在建筑物、输电线或电气设备上便会有与雷云电荷异性的电荷,在雷云向其他地方放电后,被束缚的异性电荷形成感应雷过电压。输电线上受到直击雷或感应雷后,电荷沿着输电线进入发电厂或变电所,这种由雷电流形成的电流称为雷电波。直击雷、感应雷及其形成的雷电波均对电气设备的绝缘构成严重威胁。利用保护间隙和避雷器,可保护电气设备免遭沿线入侵的雷电波的袭击。

2）内部过电压

在电力系统中,由于断路器的操作、运行中出现故障、系统参数发生变化等原因,均会引起系统的内部电场能量和磁场能量的转换和传递。在能量的转换、传递过程中可能使系统内部出现过电压。这种由于系统内部原因产生的过电压称为内部过电压。按其产生的原因,又可分为工频过电压、操作过电压和谐振过电压。

（1）工频过电压

在电力系统中,由于系统的接线方式、设备参数、故障性质以及操作方式等因素,产生的持续时间长、频率为工频的过电压,称为工频过电压或工频电压升高。工频过电压包括输电线路电容效应引起的电压升高、不对称短路时引起正常相上的工频电压升高和甩负荷引起发电机加速而产生的电压升高等。工频过电压一般来说对系统中正常绝缘的电气设备是没有危险的,故不需要采取特殊措施来限制工频过电压。但为了防止工频过电压和其他过电压同时出现,威胁电气设备的绝缘,需采取并联电抗器补偿和速断保护等措施将工频过电压限制在允许范围内。

（2）操作过电压

操作过电压是电力系统中由断路器操作或事故状态而引起的过电压。它包括开断感性负载（空载变压器、电抗器、电动机等）过电压、合上容性负载（空载线路、电容器组等）过电压、空载线路合闸（或重合闸）过电压、系统解列过电压和中性点不接地系统中的间歇型电弧接地过电压等。操作过电压持续时间较短（小于 0.1 s）,过电压数值与电网结构和断路器性能等因素有关,可采用灭弧能力强的断路器,采用带并联电阻的断路器、装设避雷器和在中性点装设消弧线圈等措施,将操作过电压限制在允许范围内。

（3）谐振过电压

电力系统中存在大量感性和容性元件。当系统进行操作或发生故障时,会引起高次谐波,这些元件可能构成各种振荡回路,有时会产生串联谐振现象,导致系统中的某些部分（或元件）出现严重的谐振过电压。谐振过电压的危害性既取决于其振幅大小,又取决于持续时间的长短。谐振过电压可在各种等级的系统中产生,尤其是在 35 kV 及以下系统中造成的事故较多。可采取装设阻尼电阻、避免空载或轻载运行、避免形成串联谐振的操作等措施来防止谐振过电压的发生。

5.6.2 避雷器的分类及特点

1) 避雷器的分类

围绕防止沿线路传播的感应雷过电压以及内部过电压带来的危害,将过电压限制在允许范围内,通常采用装设避雷器达到保护设备的目的。目前使用的避雷器主要有保护间隙、管型避雷器、阀型避雷器和金属氧化物避雷器等。

（1）保护间隙

保护间隙可看成是一种最简单的避雷器,它与被保护电气设备并联,一旦出现危及电气设备的过电压时,保护间隙就会击穿放电,从而使电气设备得到保护。

（2）管型避雷器

管型避雷器实质上是一个具有灭弧能力的保护间隙,主要由内部和外部两个火花间隙及灭弧管组成。内部间隙又叫灭弧间隙,当受到过电压作用时,内外间隙均被击穿,冲击电流经间隙流入大地。过电压消失后,间隙中仍有由工作电压产生的工频电弧电流(称为工频续流)流过。工频续流电弧产生的高温使灭弧管内产气材料(纤维、塑料)分解出大量气体,管内压力升高,气体在高压力作用下以环形电极的开口孔喷出,形成强烈的纵吹作用,从而使工频续流在第一次过零时就被切断。

管型避雷器的缺点有:

① 伏秒特性太陡,难以和被保护物体理想地配合;

② 避雷器动作后,工作母线直接接地形成截波,对变压器绝缘不利;

③ 管型避雷器的放电特性易受大气条件的影响,因此,管型避雷器只用于线路保护和变电所的进线段保护。

（3）阀型避雷器

阀型避雷器由装在密封套中的火花间隙和非线性电阻(阀片)串联组成,阀型避雷器的火花间隙采用多个平板电极单间隙串联,每单个间隙由上下两个铜片电极中间夹 0.5～1.0 mm厚的云母垫圈制成。阀型避雷器串联的火花间隙和阀片电阻的数目,随着电压的升高而增加。

阀型避雷器分普通型和磁吹型两类。普通阀型避雷器有强迫熄弧措施,且阀片的热容量有限,不能承受持续时间较长的内部过电压冲击电流。因此,这类避雷器只适用于 220 kV 及以下系统作为限制大气过电压用。磁吹型避雷器利用磁吹电弧强迫熄弧,其单个间隙的熄弧能力较强,能在较高恢复电压下切断较大的工频续流。因此,这类避雷器既可以限制大气过电压也可以限制内部过电压,一般用于 35～330 kV 的电网中。

（4）金属氧化物避雷器

金属氧化物避雷器(MOA)是 20 世纪 70 年代发展起来的一种新型过电压保护设备,它由封装在瓷套(或硅橡胶等合成材料护套)内的若干非线性电阻阀片串联组成。其阀片以氧化锌为主要原料,并配以其他金属氧化物,所以又称为氧化锌(ZnO)避雷器。

金属氧化物避雷器的主要优点有:

① 金属氧化物避雷器由于不用串联火花间隙,因此其结构简单、体积小,并且完全避免了由于污秽、气压变化等造成的串联火花间隙放电电压不稳定的缺点,使其动作可靠性高。

② 陡坡响应特性好。不存在因间隙的伏秒特性曲线陡翘,而不易与被保护设备配合的

问题。

③ 可承受多重雷击。由于没有工频续流问题,所以冲击波过后,通过阀片的能量大为减少,不影响再次导通。

④ 可降低电气设备所承受的过电压。金属氧化物避雷器在整个过电压作用过程中都有电流流过,因此,它降低了加在被保护电气设备上的过电压幅值。

⑤ 通流容量大。金属氧化物避雷器的通流能力很大(必要时可并联两柱或三柱阀片),因此可以用来限制内部过电压。

⑥ 易于制成直流避雷器。由于金属氧化物避雷无间隙,也无灭弧问题,所以恢复到绝缘状态不需电流自然过零,只要电压下降到截止电压以下就可以了。

⑦ 金属氧化避雷器还是 SF_6 组合电器中的理想保护设备。其不存在因 SF_6 气压变化引起避雷器动作电压改变和间隙电弧相 SF_6 分解的问题。

由于金属氧化物避雷器具有的优点,在电力系统各种电压等级下得到了广泛应用,并逐步替代其他避雷器。应该指出的是,由于金属氧化物避雷器的氧化锌阀片长期受工频电压的作用,在运行中会出现老化现象,需要定期或在线监测其泄漏电流等参数,以保证安全。

5.6.3　典型电厂氧化锌避雷器

1) 典型电厂氧化锌避雷器特点

(1) 氧化锌电阻片具有十分优异的非线性伏安特性、陡坡响应好、通流能力强的特点,可以做到陡波冲击残压、雷电冲击残压、操作冲击残压的保护裕度接近一致,大大提高可靠性;

(2) 无间隙结构氧化锌避雷器,具有良好的耐污秽性能;

(3) 具有压力释放装置,能及时排除内部故障压力,使电弧从内部很快转移到外部,在瓷套外部形成电弧短接;

(4) 氧化锌电阻片通过了 $115℃$、$1\,000$ h 荷电率为 $85\% \sim 95\%$ 的老化试验,试验结果证明具有优良的抗老化性能;

(5) 采用气密性好、老化性能好的优质橡胶作为密封材料,采用控制密封圈压缩量和增涂密封胶等措施,确保可靠密封,在避雷器元件内部充以微正压高纯干燥氮气,使避雷器的性能稳定。

2) 典型电厂 500 kV 避雷器

典型电厂选用两种类型 500 kV 氧化锌避雷器,Y20W5—444/1063W 和 Y20W5—420/1006W,分别安装在 500 kV 升压站(室外)出线侧和主变、启备变高压侧。

(1) 型号说明

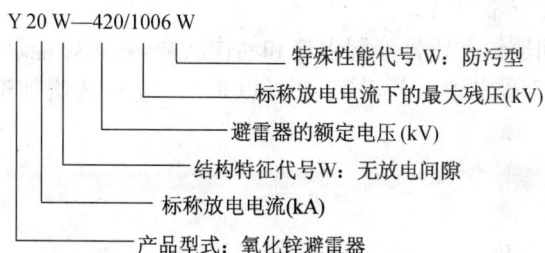

（2）技术参数

表 5.10　两种避雷器技术参数

序号	技术参数	Y20W5—420/1006	Y20W5—444/1063
1	额定电压(kV)(有效值)	420	444
2	持续运行电压(kV)(有效值)	335	355
3	额定频率(Hz)	50	50
4	直流 1 mA 下的参考电压(kV)	≥565	≥597
5	标称放电电流(8/20 μs)(kA)	20	20
6	操作冲击电流峰值(A)	2 000	2 000
7	工频参考电压(kV)(峰值/$\sqrt{2}$)	≥420	≥444
8	标称放电电流下残压(kV)	≤1 006	≤1 063
9	操作冲击电流(30/60 μs)下残压(kV)	≤816	≤901
10	陡波冲击电流(波前<1 μs)下残压(kV)	≤1 075	≤1 137
11	爬电距离(mm)	≥18 755	≥18 755
12	接线端子允许水平拉力(N)	2 000	2 000
13	雷电冲击耐受电压(1.2/50 μs)(kV)	1 800	1 800
14	1 min 工频耐压(kV)	790	790
15	2 ms 方波通流能力(A)	2 000	2 000
16	大电流压力释放能力(kA)	63	63
17	小电流压力释放能力(kA)	0.8	0.8
18	4/10 μs 大电流冲击电流值(kA)	100	100
19	密封泄漏率(Pa/s)	≤4.43×10^{-7}	≤4.43×10^{-7}

5.6.4　避雷器运行中的检查项目

新装或检修后的避雷器投入运行前,应有试验人员做有关试验,包括测量绝缘电阻合格,并向运行人员作出书面交代。雷电时不得靠近避雷器,并禁止在避雷器外壳及接地线上进行任何工作。运行中,避雷器的检查项目主要有:

（1）引线连接是否牢固,接地线是否良好;

（2）瓷套及法兰是否清洁完整,无破损及放电痕迹;

（3）架构牢固有无破损,均压环是否端正;

（4）每次雷雨后、系统故障及操作后及时查看;

（5）避雷器内部无异常声音;

（6）每天白班中间巡检避雷器泄漏电流和动作次数,并做好记录;

（7）当避雷器泄漏电流较以前升高 10% 以上时,应对其增加巡检次数,并汇报有关领导。

6

电气主接线及厂用电系统

6.1 电气主接线

6.1.1 概述

电气系统中装设了大量的电气设备,主要分为一次设备和二次设备。

一次设备是指直接生产和输配电能的设备。主要包括:

(1) 发、输、变、配、用电设备,如发电机、变压器、电缆、电动机等;

(2) 汇集和分配电能的设备,如母线;

(3) 开关设备,如断路器、隔离开关以及各种低压开关电器;

(4) 限制短路电流和防雷设备,如限流电抗器、避雷器等;

(5) 联系一、二次电路的设备,如互感器。

二次设备是指对一次设备的工作进行监测、控制、调节、保护以及为运行、维护人员提供运行工况或生产指挥信号所需的电气设备。主要包括:

(1) 仪表和信号装置;

(2) 继电保护和自动装置;

(3) 远动装置和控制装置。

上述各种电气设备,在发电厂中必须依照相应的技术要求连接起来。将一次设备按一定顺序连接起来的电路图称为电气主接线,它表明电能送入和分配的关系以及各种运行方式。由于三相交流电路中,三相的设备绝大部分是按照三相对称连接的,所以主接线通常按规定的图形符号画成单线图(即以一条线代表三相电路),使接线图简单、清晰明了。

电厂容量越大,在系统中的地位越重要,其影响也越大。因此,发电厂电气主接线的设计应综合考虑电厂所在电力系统的特点,电厂的性质、规模和在系统中的地位,电厂所供负荷的范围、性质和出线回路数等因素,并满足安全可靠、运行灵活、检修方便、运行经济和长期发展等要求。

近年来,1 000 MW 汽轮发电机组是大型机组采用的主要机型。目前,我国 500 kV 骨干输电网已基本完备,1 000 MW 机组由于容量大,一般均接入 500 kV 系统。我国目前装备 1 000 MW 汽轮发电机组的电厂主要采用双母线接线、3/2 断路器接线、角形接线、单元接线、桥形接线等。

6.1.2 电气主接线形式

1) 双母线接线

（1）一般双母线接线

一般双母线接线如图 6.1 所示。它有两组母线，母线 I 和母线 II，每回线路都经一台断路器和两组隔离开关分别接到两组母线，母线之间通过母线联络断路器 QF_C 连接，称为双母线连接。

双母线运行状态及特点：

① 供电可靠性高。

检修任一母线时，可以利用母联断路器把该母线上的全部回路倒换到另一组母线上，不会中断供电。这是在进、出线带负荷的情况下倒换操作，俗称"热倒"，对各回路的母线隔离开关是"先合后拉"。如欲检修工作母线 I，可以把全部电源和负荷切换到母线 II 上，具体步骤为：

a. 合 QS1、QS2，再合 QF_C，向备用母线 II 充电。保护装置已投入，检查备用母线是否完好。

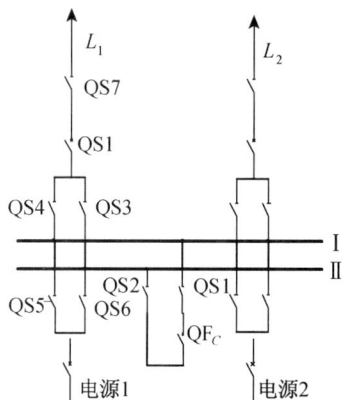

图 6.1　一般双母线接线

b. 若备用母线完好，此时两组母线等电位，按"先通后断"原则，先合与母线 II 相连的隔离开关 QS3、QS6，再拉与母线 I 相连的隔离开关 QS4、QS5。

c. 拉 QF_C，再拉 QS1、QS2。

d. 验明母线无电后，挂地线即可检修。

检修任一回路母线侧隔离开关，只需停下该回路和相应母线，其他回路可正常运行。如需检修 L_1 回路中 QS4 隔离开关（假设 L_1 线路运行在母线 I 上，QS3 处于断开状态），具体步骤为：

a. 拉开 QF1，再拉开 QS4、QS7，L_1 线路停止运行。

b. 按上述检修母线 I 操作步骤进行操作，将除 L_1 线路以外的所有回路切换到母线 II 上运行，母线 I 停止运行。

c. 做好安全措施即可检修 QS4。

任一母线故障时，可将所有连于该母线上的线路和电源倒换到正常母线上，使装置迅速恢复工作。这是在故障母线的进、出线没有负荷的情况下倒换操作，俗称"冷倒"，对各回路的母线隔离开关是"先拉后合"，否则故障会转移到正常母线上。

② 运行方式灵活，通过倒换操作可以形成不同的运行方式。

a. 两组母线并列运行方式（相当于单母线分段运行）；

b. 两组母线分裂运行方式（母联断路器 QF_C 断开）；

c. 一组母线工作，另一组母线备用的运行方式（相当于单母线运行）。

一般情况下，多采用第一种运行方式，因母线故障时可缩小停电范围，且两组母线的负荷可以调配。母联断路器的作用是：当采用第一种运行方式时，用于联络两组母线，使两组母线并列运行；在第一、二种运行方式倒母线操作时，使母线隔离开关两侧等电位；当采用第三种运行方式时，用于倒母线操作时检查备用母线是否完好。

③ 扩建方便。可以向左右任何方向扩建,而不影响两组母线上电源和负荷的组合分配,在施工中不会造成原有回路停电。

④ 可以完成一些特殊功能。例如,必要时,可利用母联断路器与系统并列或解列;当某个回路需要独立工作或进行试验时,要将该回路单独接到一组母线上进行;当线路需要利用短路方式熔冰时,可空出一组母线作为熔冰母线,不致影响其他回路;当任一断路器有故障拒绝动作(如触头焊住、机构失灵等)或不允许操作(如严重漏油)时,可将该回路单独接于一组母线上,然后用母联断路器代替其断开电路。

双母线接线也存在一些缺点:

a. 隔离开关作为操作电器,容易发生误操作;

b. 母线故障,与之相连的回路短路时停运;

c. 检修出线断路器,该回路需停电;

d. 所用设备多(特别是隔离开关),配电装置复杂。

针对存在的缺点,可采取母线分段和加装旁路设施的措施。

(2) 双母线分段接线

双母线分段接线是用断路器将其中一组母线分段或将两组母线都分段,主要有双母线三分段接线和双母线四分段接线。

① 双母线三分段接线。双母线三分段接线如图 6.2 所示。它是用断路器 QF_F 将一般双母线中的一组母线分为两段(有时在分段处加装电抗器),该接线有两种运行方式。

a. 上面一组母线作为备用母线,下面两段分别经一台母联断路器与备用母线相连。正常运行时,电源、线路分别接于两个分段上,分段断路器 QF_F 合上,两母联断路器均断开,相当于单母线分段运行。这种方式又称工作母线分段的双母线接线,具有分段单母线的可靠性和灵活性。例如,当工作母线的任一段检修或故障时,可以把该段全部回路倒换到备用母线上,仍可通过母

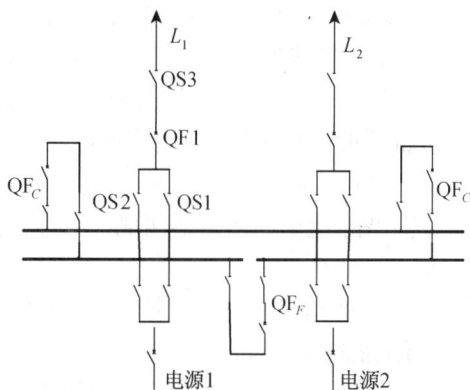

图 6.2 双母线三分段接线

联断路器维持两部分并列运行,这时,如果再发生母线故障也只影响一半左右的电源和负荷。用于发电机配电装置时,分段断路器两侧一般还各增加一组母联隔离开关接到备用母线上,当机组数较多时,工作母线的分段数可能超过两段。

b. 上面一组母线也作为一个工作段,电源和负荷均分在三个分段上运行,母联断路器和分段断路器均合上,这种方式在一段母线故障时,停电范围约为 1/3。这种接线的断路器及配电装置投资较大,用于进出线回路数较多的配电装置。

② 双母线四分段接线。双母线四分段接线如图 6.3 所示。它是用分段断路器将一般双母线中的两组各分为两段,并设置两台母联断路器。正常运行时,电源和线路大致均分在四段母线上,母联断路器和分段断路器均合上,四段母线同时运行。当任一段母线故障时,只有 1/4 的电源和负荷停电;当任一母联断路器或分段断路器故障时,只有 1/2 左右的电源和负荷停电(分段单母线及一般双母线接线都会停电)。这种接线的断路器及配电装置投资

更大,用于进出线回路数甚多的配电装置。

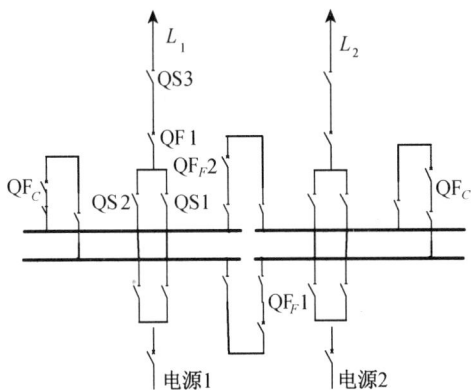

图 6.3 双母线四分段接线

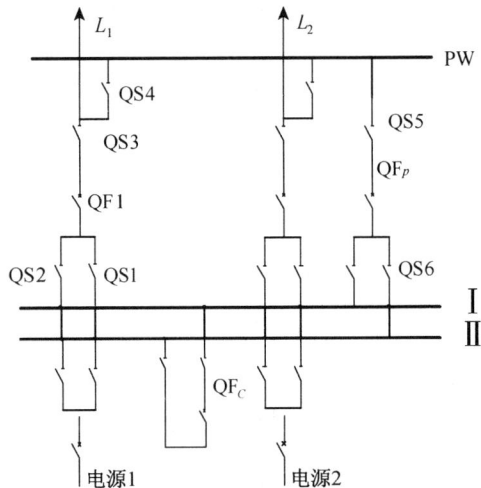

图 6.4 双母线带旁路母线接线

(3) 双母线带旁路接线

一般双母线接线的主要缺点是:检修线路断路器会造成该回路停电。为了检修线路断路器时不致造成停电,可采用带旁路母线的双母线接线,如图 6.4 所示。在每回路的线路侧装一组隔离开关,接至旁路母线上,而旁路母线再经旁路断路器及隔离开关接至两组母线上。如图 6.4 中设有专门的旁路断路器 QF_p。要检某一线路断路器时(假设检修 QF1),基本操步骤是:

① 先合上旁路断路器两侧的隔离开关 QS5、QS6,再合上旁路断路器 QF_p 进行充电与检查;

② 若旁路母线正常,则待修断路器回路上的旁路隔离开关 QS4 两侧已为等电位,可合上该旁路隔离开关;

③ 然后断开断路器 QF1 及两侧隔离开关 QS3、QS1(QS2),对断路器进行检修。

当引出线数目不多,安装专用的旁路断路器利用率不高时,为节省投资,常采用母线联络断路器兼旁路断路的接线,具体接线如图 6.5 所示。正常运行时,QF 起母联作用,在检

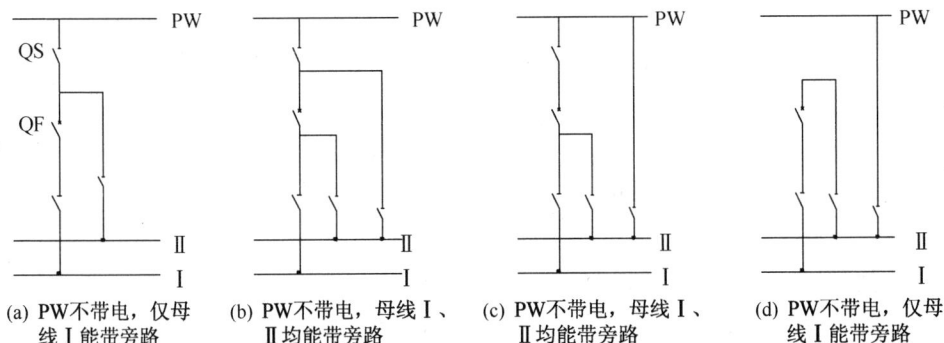

(a) PW不带电,仅母线I能带旁路　(b) PW不带电,母线I、II均能带旁路　(c) PW不带电,母线I、II均能带旁路　(d) PW不带电,仅母线I能带旁路

图 6.5 母联断路器兼作旁路断路器接线

修某回路断路器时,代替该断路器,起旁路断路器作用。其中,图6.5(a)为正常运行时,QF断开,PW不带电,因QF接于母线Ⅰ,故只有母线Ⅰ能带旁路;图6.5(b)为正常运行时,QF断开,PW不带电,母线Ⅰ、母线Ⅱ能带旁路;图6.5(c)为正常运行时,PW带电,母线Ⅰ、母线Ⅱ均能带旁路;图6.5(d)为正常运行时,QF断开,PW不带电,只有母线Ⅰ能带旁路。

2)3/2断路器接线

3/2断路器接线如图6.6所示,每两个回路用三台断路器构成一串接至两组母线,即两个元件各自经一台断路器接至不同母线,两回路之间设一台联络断路器,形成一串,故称3/2断路器接线。在1 000 MW机组的大容量发电厂中,广泛采用3/2断路器接线。在发电厂一期工程中,一般机组和出线较少,例如:只有两台发电机和两回出线,构成只有两串3/2断路器接线。一般情况下,电源和出线的接入点可采用两种方式:一种是交叉接线,将两个同名元件(电源或出线)分别布置在不同串上,并且分别靠近不同母线接入,即电源(变压器)和出线相互交叉配置;另一种是非交叉接线(或称为常规接线),它也将同名元件分别布置在不同串上,但所有同名元件都靠近某一母线侧(进线都靠近一组母线,出线都靠近另一组母线)。3/2交叉接线比非交叉接线具有更高的运行可靠性,可减少特殊运行方式下事故扩大。

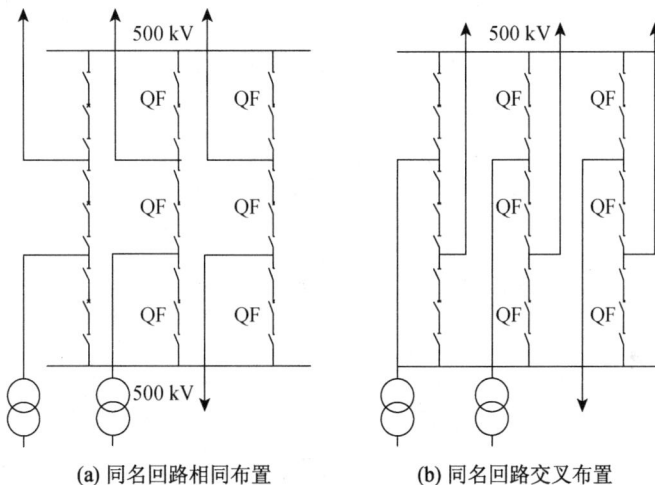

图6.6　3/2断路器接线

运行时,两组母线和同一串的三个断路器都投入工作,称完整串运行,形成多环路状供电,具有很高的可靠性。其主要特点是:任一母线故障或检修,均不致停电;任一断路器检修也不引起停电;甚至于两组母线同时故障(或一组母线检修,另一组母线故障)的极端情况下,功率仍能继续输送;一串任何一台断路器退出检修时,这种运行方式称为不完整串运行,此时仍不影响任何一回路的运行;这种接线运行方便、操作简单,隔离开关只在检修时作为隔离电器使用。

3/2断路器接线也存在不足:这种接线要求电源和出线数目最好相同;由于配电装置结构的特点,要求每对回路中的变压器和出线向不同方向引出,这将增加配电装置的间隔,限制这种接线的应用;与双母线带旁路比较,这种接线所用断路器、电流互感器多,投资大;正常操作时,联络断路器运行次数是其两侧断路器的2倍,一次回路故障要跳两台断路器,断路器动作频繁,检修次数增多;二次控制接线和继电保护都较复杂。

3) 角形接线

将几台断路器连接成环状,在每两台断路器的连接点处引出一回进线或出线,并在每个连接点的三侧各设置一台隔离开关,即构成角形接线,如三角形接线、四角形接线、五角形接线等,如图 6.7 所示。

角形接线的优点:角形接线使用断路器的数目少,所用的断路器数等于进、出线回路数,比单母线分段和双母线都少用一台断路器,经济性较好;每一回路都可经由两台断路器从两个方向获得供电通路;任一台断路器检修时都不会中断供电;如将电源回路和负荷回路交错布置,将会提高供电可靠性和运行的灵活性;隔离开关只用于检修,不作为操作电器,误操作可能性小,也有利于自动化控制;角形接线比较容易过渡到 3/2 断路器接线,因此常作为3/2 断路器接线的前期接线形式。

角形接线的缺点:角形接线开环运行与闭环运行时工作电流相差很大,且每一回路连接两台断路器,每一断路器又连着两个回路,使继电保护整定和控制都比较复杂;在开环运行时,若某一线路或断路器故障,将造成供电紊乱,使相邻的完好元件不能发挥作用而被迫停运,降低了可靠性。

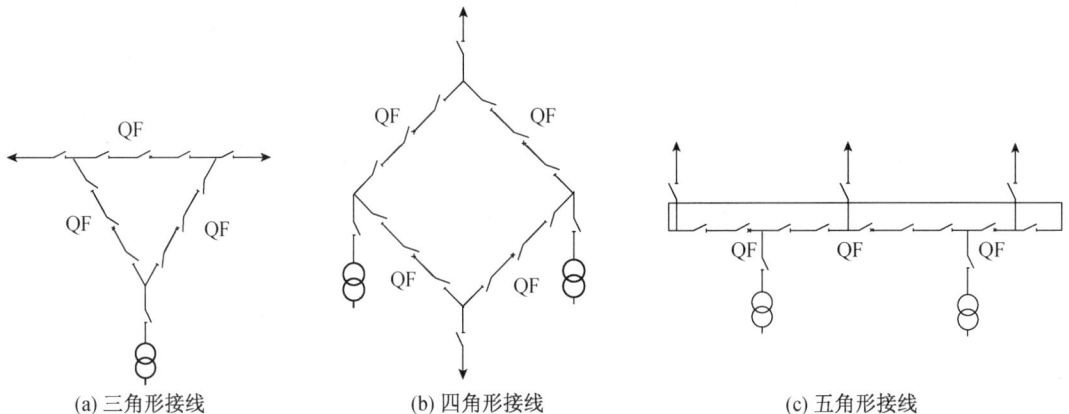

(a) 三角形接线　　(b) 四角形接线　　(c) 五角形接线

图 6.7　角形接线

4) 桥形接线

桥形接线如图 6.8 所示。当只有两台变压器和两条输电线路时,采用桥式接线断路器数量最少。依照连接桥对于变压器的位置可分为内桥和外桥。运行时,桥臂上的联络断路器 QF 处于闭合状态。当输电线路较长、故障几率较多、两台断路器又都经常运行时,采用内桥接线比较适宜;而在输电线路较短、变压器随经济运行要求需经常切换或系统有穿越功率流经本厂(如两回路线路均接入环形电网)时,则采用外桥接线更为适宜。

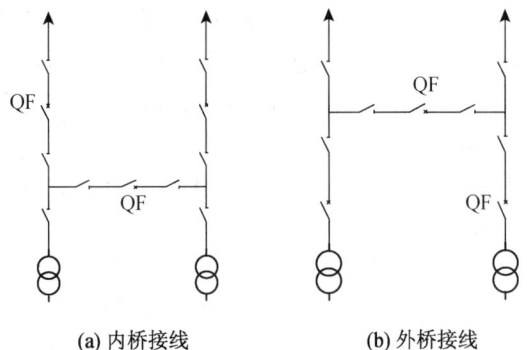

(a) 内桥接线　　(b) 外桥接线

图 6.8　桥形接线

在内桥接线中,当变压器故障时,需停相应线路;在外桥接线中,当线路故障时,需停相应的变压器。而且在桥式接线中,隔离开关又作为操作电器,所以桥式接线可靠性较差。但由于这种接线使用的断路器少、布置简单、造价低,往往在 35～220 kV 配电装置中得到采用。在 1 000 MW 机组的发电厂中,桥式接线只可能在启/备变的高压侧使用,而不会使用于主机系统。

5) 单元接线

单元接线的特点是几种元件串联连接,其间没有任何横向联系,这样不仅减少了电器数目,也简化了配电装置的结构和降低了造价,同时降低了故障的发生几率。大机组发电厂单元接线主要有下列几种基本类型。

(1) 发电机-变压器组单元接线

图 6.9(a)为发电机与双绕组变压器直接连接为一个单元组,经断路器接至高压电网,向系统输送电能。为了方便发电机检修和实验,发电机出口一般加装隔离开关。当机组容量为 200 MW 时,由于电机出口采用相封闭母线,不装隔离开关,但应留有可拆连接片,可不装设断路器。

(2) 发电机-变压器-线路组单元接线

图 6.9(b)为发电机-变压器-线路组成的单元接线。发电厂每台主变压器高压侧直接与一条输电线路相连接,单独送电。发电厂内不设开关站,各台主变压器之间没有电气连接,厂内主变压器台数与线路条数相等。每台发电机-变压器组单元各自单独送电至一个或多个开关站或变电所。主变压器高压侧在厂内也可装设一台高压断路器,作为元件保护和线路保护的断开点,也可用作同期操作。

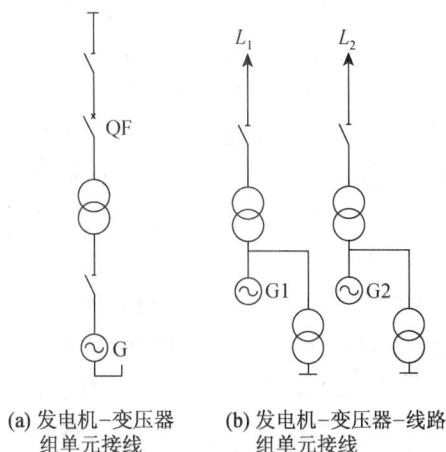

(a) 发电机-变压器
组单元接线　　(b) 发电机-变压器-线路
组单元接线

图 6.9　单元接线

6.1.3　典型电厂电气主接线

典型电厂有 2×1 000 MW 汽轮机组,发电机装设 GCB 开关,500 kV 电气主接线为 3/2 断路器接线,共有两个完整串。二回发电机变压器进线,两回出线,二回 500 kV 线路至枢纽变。接线图见附录。

1) 设备及特点

500 kV 升压站系统,采用河南平高东芝高压开关有限公司的 SF_6 户内型 GIS 配电装置。接线方式采用 3/2 断路器接线,共有六套断路器、两条母线及配套的隔离开关、TV、TA 等。

(1) GIS 介绍

① GIS 的组成单元

SF_6 GIS 是由电气部件和充以 SF_6 气体的气室所组成的组合体。在金属圆柱形外壳的内部,分隔成各个单独的封闭气室,气室中充以 SF_6 气体,并在气室设置有各种不同功能的电气部件,连成三相电气回路。GIS 装置采用气密性绝缘子作为隔板,将其分成多个独立的

SF_6 气室,这些绝缘子也用来作为与外壳相连的支持物,用来支持密闭装置中内部的载流导体。在分段的气室充有额定密度的 SF_6 气体,每一个气室间隔都有两个气体连通耦合器,可以方便地用来检测和处理气体。通常情况下,两个相邻的气室由一根旁通管相连通,且共用一个密度检测器。在拆开旁通管后可对分开的气室单独进行检查维修。GIS 装置是采用标准积木式元件进行组合,这些元件含有高压配电装置中所需要的各种功能设备,每一元件之间,采用栓接法兰方式和活动电气接触相互连接,为各个元件拆卸创造了方便的条件。这些部件都用支持架支持。GIS 主要由 SF_6 断路器、隔离开关和接地开关、就地控制柜(LCC柜)、六氟化硫(SF_6)气体、电流互感器(TA)、电压互感器(VT)单元组成。

② 特点

a. 结构紧凑,占用面积和空间小。由于全封闭式组合电器内充有绝缘性能极好的 SF_6 气体介质,使电气设备的相间距离变小,从而大大缩减了配电装置的占地面积。GIS 可以在人口稠密的地区、群山地带、地下等地方建立变电所,可以有效地利用有限的空间。

b. 环境耐受能力强。GIS 的所有带电体都被金属外壳包容,不会受到外界环境的影响,例如大气中的沙尘暴、潮气、盐渍等。

c. 设备运行安全可靠,操作安全。由于很少有暴露在大气中的外绝缘,受环境、大气条件影响小,加之采用 SF_6 不燃烧的惰性气体,没有火灾危险,因而运行可靠性大为提高。此外,由于 GIS 带电部分都被封闭在接地的金属壳体内,操作和维修人员的正常操作不会碰到带电体,不易发生人身触电事故和短路事故,故而安全可靠。

d. 美观环保。GIS 符合现代的外观审美要求,并且更加环保。由于金属外壳接地的屏蔽作用,消除了大电流磁场对无线电干扰、静电感应和噪音,也减小了短路时作用到导体上的电动力和对周围钢构引起的发热。

e. 维护和检查简单。由于没有潮湿、雨水和污秽等外界因素的影响,GIS 内部各元件的工况环境明显好于常规的开关设备。另外,SF_6 气体优异的熄弧特性和绝缘特性最大限度地延长了触头的使用寿命,这使得 GIS 设备几乎成为免维护和检查的设备。

③ 缺点

检修周期长,金属消耗量大,制造工艺要求高,价格较高。

(2) 500 kV GIS 运行要求

① GIS 应分为若干隔室。其划分方法既要满足正常运行条件,又要使隔室内部的电弧效应不得对相邻隔室产生影响,并且任一元件检修时,不会因气室的检修而影响 GIS 的正常运行。

② SF_6 的气体质量要求。提供的 SF_6 气体必须符合 IEC376、376a、376b 及 GB 12022 标准的要求,对批量提供的气体应附毒性检验合格证。运行期间气体水分含量应通过买方和卖方协商确定,一般而言最大允许水分含量见表 6.1。

表 6.1 GIS 中 SF_6 气体中水分允许含量(20℃)$\dfrac{\mu L}{L}$

气　室	验收时	运行时
有电弧分解物	≤150	≤300
无电弧分解物	≤250	≤500

③ 为便于维护、运行和测试,应提供足够的通道。在设计中,母线要考虑扩建的可能,在扩建期间,不允许对现有设备进行焊接、移动和钻孔。

④·每个 GIS 气体区间应有独立气体密度继电器,其触点引出用于报警和闭锁。

⑤ 为了检测和运行,应留有平台、钢梯、通道和支撑结构等,通道和平台的设计负荷不少于 2 500 Pa。

⑥ 在油漆前,所有未镀锌的 GIS 部件(不包括 GIS 外壳的内面)应完全清洁,去除锈迹、油渍、腐蚀和其他杂质,所有的内表面应至少涂一层底漆,所有的外表面应涂至少一道漆,干漆的厚度不小于 50 μm,油漆应防腐蚀和防脱落,提供这种油漆 10 kg 作润色之用。

⑦ GIS 应可靠接地。

(3) GIS 的接地按 GB 11022 执行,并作如下补充:

① 主回路接地。为保证维修工作的安全,主回路应能接地。另外,在外壳打开以后的期间,应能将主回路接到接地极。接地可用以下方式实现:如不能预先确定回路不带电,应采用关合能力等于相应的额定峰值耐受电流的接地开关;如能预先确定回路不带电,可采用不具有关合能力或低于相应的额定峰值耐受电流的接地开关。

② 外壳接地。凡不属于主回路或辅助回路且需要接地的所有金属部分都应接地。外壳、构架等相互的电气连接应紧固连接(如螺栓连接或焊接)。为保证接地回路的可靠连通,应考虑可能通过的电流所产生的热和电的效应。

③ 设备与构架应与电厂接地系统连接。

④ 控制柜应有接地棒(线)用螺栓或焊接至控制屏的框架。所有外露的金属部件应连接至接地棒(线),所有安装有仪表和继电器的外壳应可靠接地,控制屏门与本体间应有专用接地线连接。

(4) 设备温升

① 对于主电路组成元件和一些目前没有产品标准遵循的部件,在额定电流下的温升不超过《长期工作的交流高压电气设备的发热》(GB 763)规定的允许值;

② 对于不受 GB 763 限制的元件(如电流互感器、电压互感器等),其温升不得超过这些元件各自标准的规定;

③ 外壳的允许温升见表 6.2。

表 6.2　外壳的允许温升

外壳位置	环境温度 40℃时的允许温升(K)
运行人员易接触的位置	30
运行人员易接触但在操作时不接触的位置	40
运行人员不易接触的位置	50

对温度超过 40℃的部位应有明显的高温标记,避免人员触及并保证不损坏周围绝缘材料及密封材料。

2) GIS 设备运行及检查

(1) 正常操作及运行中注意事项

① 500 kV 设备属于中调管辖范围,因现场需要调整运行方式时,应向中调申请得到批准后才可操作;

② 进入 GIS 室操作、巡视或工作前应开启室内通风设备通风 15 min；

③ 断路器、刀闸及快速接地刀闸操作原则上采用远控操作方式,只有在特殊情况下才可以就地操作,刀闸手动操作仅在试验时操作,操作后应到现场检查三相位置动作是否一致,并对汇控柜内开关位置指示灯复位；

④ 为防止断路器损坏,SF$_6$气压低于 0.50 MPa 时,闭锁操作断路器；

⑤ 500 kV 系统除特殊情况外应保持两个完整串运行；

⑥ 500 kV 开关操作机构内加热器应一直保持在接通状态。

（2）GIS 送电操作前,必须检查的内容

① 结束工作票,拆除临时安全措施；

② SF$_6$气体及操作油压力正常；

③ 检修、快速地刀断开；

④ 开关、刀闸位置指示分闸；

⑤ 经远方分、合闸操作及保护传动试验,证明良好；

⑥ 送上操作油泵交流电源。

（3）设备的巡视检查

500 kV 配电装置正常运行中检查事项：

① 断路器、刀闸、接地刀闸的位置指示应与 NCS 状态显示一致；

② 室内通风机运行正常,室内清洁,温度、湿度正常；

③ 无可疑的噪声、气味及其他异常情况；

④ 壳体支架有无生锈和损伤；

⑤ 进出线套管、垫片等绝缘体有无裂纹、损伤及腐蚀；

⑥ GIS 套管、接地端、连接条、分流条有无过热变色；

⑦ GIS 本体及支架接地良好；

⑧ 观测开关液压机构窗口上的凝水情况；

⑨ 气体系统阀门开闭位置正确；

⑩ 各气室 SF$_6$密度仪指示值在标准范围内；

⑪ 每串测控柜的模拟图上,断路器、刀闸、接地刀闸指示与 GIS 本体机械指示、NCS 指示三处一致,钥匙开关所投位置正确；

⑫ 测试信号灯、指示灯正常,报警器无异常报警信号,测量单元显示正常,油泵复归按钮不亮；

⑬ 柜内小开关未跳闸；

⑭ 开关操作机构、刀闸、地刀、控制柜防潮电加热投运正常；

⑮ 应定期检查和记录避雷器计数器读数及避雷器在线检测仪的读数；

⑯ 每班至少巡视 GIS 配电室一次,如遇恶劣天气（台风、大雷雨、酷热等）、设备运行情况特殊或设备异常时,应适当增加巡检次数；

⑰ 进入 GIS 高压室前,必须先通风 15 min,然后联系主控查看 GIS 室 SF$_6$浓度值是否符合要求,只有 GIS 室的 SF$_6$浓度符合要求时方可进入室内；

⑱ 检查时,不得面对 GIS 设备的防爆膜；

⑲ 运行人员在巡视过程中若闻到异味或有不适感觉,应尽快离开 GIS 室,并汇报值长。

（4）GIS 设备的维护

① GIS 室的通风装置应运行良好，保持室内 SF_6 含量不超过 1 000 ppm，在事故情况下应能在 15 min 内将室内 SF_6 含量降至 1 000 ppm 以下；

② 在 GIS 室内必须储备一定数量的 SF_6 合格气体，以供急用；

③ 设备交接时 SF_6 气体含水量标准：断路器间隔＜50 ppm，其他间隔＜100 ppm；运行 SF_6 含水量标准：断路器间隔＜300 ppm，其他间隔＜500 ppm；

④ 运行中 SF_6 气体年漏气率应＜1%；

⑤ SF_6 气体密度、含水量的测量，应根据电气设备检验规定，定期进行检验；

⑥ 定期对设备外部清扫、着漆，对开关、刀闸操作机构、接地装置进行维护和检修，并进行绝缘监督测试；

⑦ 有下列情况发生时，应进行局部检漏：

a. 运行中发生明显的气体泄漏；

b. 设备充气后；

c. 解体检查重新组装后。

（5）GIS 中避雷器运行中的检查项目

① GIS 的开关不带合闸电阻，避雷器不仅是大气过电压的保护设备，也是操作过电压的保护设备，故正常应全年投入运行；

② 检查在线监测仪指示的泄漏电流在 0.4～1 mA（大雾天时数值可能偏大）；

③ 当发生雷击事故时，应详细记录当时的运行方式，事故发生的时间、地点、事故现象，放电途径及设备损坏情况，避雷器动作等情况，检查避雷器本体无异音，动作次数指示应与记录相符；

④ 雷雨后或开关动作后应检查避雷器外部是否有放电痕迹，记录器是否动作，并做好记录；

⑤ 避雷器瓷瓶完好，无破损、裂纹及放电痕迹；

⑥ 避雷器均压环应完好，无变形；

⑦ 避雷器高压引线无松动、发热及严重电晕现象；

⑧ 避雷器接地线完好，无锈蚀现象。

（6）SF_6 套管运行中的检查项目

① 套管外壳无严重粉尘污染；

② 套管无裂纹、破损、放电痕迹，接头无过热。

（7）GIS 中 TV 运行规定

① TV 投运操作应按 TV 一次刀闸→TV 二次小开关的顺序进行，停运操作顺序相反；

② 禁止使用刀闸拉合有故障的 TV；

③ 运行中的 TV 二次侧严禁短路；

④ TV 应随母线一同停投运，若仅需停 TV 时，应使用另一组正常 TV 来代替该停运 TV 的二次负荷。

（8）GIS 中 TA 运行规定

① TA 运行中二次侧不得开路；

② TA 运行中，值班员不得在 TA 二次回路工作。

（9）GIS 中断路器故障跳闸后要求

① 断路器及相连各气室无变形，紧固支撑有无松动现象；

② 各气室 SF_6 压力正常，无异常声响发出；

③ 操作机构液压正常，各部无明显变形，三相位置指示正确。

（10）500 kV 配电装置特殊天气下的检查项目

① 大风时，引线有无剧烈摆动，上面有无落物，周围有无被刮起的杂物；

② 雨天、雾天时，室外设备有无电晕、放电及闪络现象，接头有无冒气现象；

③ 气温骤降时，检查电控箱、液控箱及操作箱加热器投运情况。

（11）常见故障及处理

① 500 kV GIS 组合电器 SF_6 漏气时的处理

a. GIS 气室发生漏气时，应确认漏气所在气室和隔离范围，防止由于联接的一次设备未及时隔离而扩大事故；

b. 500 kV GIS SF_6 气室发生漏气和气压低，应尽快补气，不能维持气压时，应尽快向中调申请停电，隔离处理；

c. 当开关压力低于 0.5 MPa 时，开关分合自动闭锁，禁止分合闸，并拉开控制电源开关；

d. 当开关被闭锁时，立即申请采用越级断电退出故障开关。

② GIS 发生故障，气体外泄时的安全技术措施规定

a. 人员立即撤离现场，投入全部通风机；

b. 事故发生后 15 min 内，人员不准进入室内（抢救人员例外）；

c. 事故发生 15 min 以后至 4 h 之内，任何人员进入室内必须穿防护衣，戴绝缘手套及防毒面具，4 h 以后进入室内可不用上述措施，但清扫设备时仍须执行上述措施；

d. 若故障时有人被外逸气体侵袭，应立即清洗后送医院治疗；

e. SF_6 气体严重泄漏时，检查人员应注意防毒或采取防毒措施。

③ 刀闸、接地刀闸拒动检查

a. 联锁条件是否满足；

b. 控制电源是否正常；

c. 控制器回路是否正常；

d. 操作机构是否正常。

④ 刀闸、接地刀闸有一相操作不到位

设法将刀闸或接地刀闸断开，并做好隔绝工作，报告值长，通知检修人员检查操作机构。

⑤ 断路器拒绝合闸的检查

a. 控制电源是否正常；

b. 断路器操作机构是否发生故障；

c. 控制回路是否正常；

d. 有无闭锁条件存在；

e. 是否有保护动作条件存在。

⑥ 断路器一相分不开

a. 检查该断路器非全相保护是否动作，否则切开相邻断路器进行隔离；

b. 做好隔离措施后通知检修人员处理。

⑦ 500 kV 设备有异常情况影响安全运行,值长应立即向中调汇报和采取相应措施。

6.1.4 电气主接线运行方式

1) 制定主接线运行方式的原则

(1) 电气主接线运行方式应满足下列要求:发生事故时,其影响范围最小;厂用电分段运行且各段内辅机电源能够自给;继电保护能正确配合;保护系统达到静态和暂态稳定的要求;能正确使用线路重合闸装置;厂用电系统有可靠的电源与备用电源;符合防雷与过电压保护的要求以及满足开关断路容量及额定容量的要求。

(2) 电气主接线运行方式尚需考虑以下因素:具有灵活的运行方式,尽量避免频繁地操作;尽可能保持厂用正常电源与备用电源同期;保持设备运行的经济性;注意正常和事故潮流的分布,不能使设备有过负荷及过出力现象,以及便于记忆、易于掌握等。

(3) 所制定的运行方式或修改后的运行方式与原规程有原则性不同时,应由有关部门提出,经厂长或总工批准后执行,同时必须取得上级调度部门的同意。

(4) 在规程范围内运行方式的变更由当值值长决定,属于省调或网调直调设备需征得上级调度部门的同意,设备临时需要有新的特殊方式安排时,值长有权自行作出决定,并及时向相关调度部门和运行部主任汇报。

2) 主接线操作的一般规定

(1) 保证系统稳定的规定

① 电力系统的稳定包括静态稳定和暂态稳定。系统正常运行时,500 kV 线路输送功率不得超过静态稳定储备系数所规定的限额。当发现线路潮流接近限额时,应及时汇报调度,做好记录,保持录音。超过稳定限额运行时,应立即自行处理,并汇报省调,并由其他单位协助处理,且做好记录及录音。系统事故时,500 kV 线路超过静态稳定输送功率限额时,应立即向调度汇报,由调度作出处理决定,超过暂态稳定输送功率时,立即自行处理,使之维持在暂态限额之内并向调度汇报。500 kV 主网需要超限额送电时,必须由上级调度部门通知。

② 按静态稳定限额送电时有关运行人员必须做好事故预想,应有万一发生稳定破坏的处理方法;沿线地区天气应无雷、无雨、无雾、无大风,运行人员应密切监视天气变化,及时与调度员联系,并加强电厂设备的检查;尽量提高母线运行电压;由调度员决定停用超过暂态稳定限额运行的线路重合闸,尽量避免重大操作。

③ 为保证系统稳定而设置的 500 kV 及发电机组保护不得任意停用,如需停用,应征得上级调度员同意,如遇故障停用应及时报告上级调度员。

④ 500 kV 线路稳定输送功率限额应按网调下发的稳定限额表或调度员最新通知执行。

⑤ 稳定运行规定如下:

a. 正常运行方式:允许两台 1 000 MW 机组满出力运行,发电机参数控制在规定范围;

b. 线路检修方式:500 kV 变一或变二任停一回,两台 1 000 MW 机组可以按线路容量控制两台机组出力运行;

c. 线路主保护停用:两套主保护全停,两台发电机出力应按调度给定负荷限额运行。

（2）线路开关重合闸的使用规定

① 与 500 kV 线路相连的断路器,均配置一套自动重合闸装置,重合闸装置可实现单重、三重、综重和停用方式;

② 与 500 kV 线路相连断路器的重合闸投入或停止使用,必须按上级调度员命令执行。

（3）过电压保护的规定

① 每年雷雨季节防雷设备应投入运行;

② 雷雨季节 500 kV 输电线不允许开口运行;

③ 500 kV 冷备用线路在遇天气有雷雨可能时,应在省调的命令下将该线路接地闸刀合上;

④ 500 kV 系统避雷器在其被保护的设备运行时不得断开;

⑤ 在非雷雨季节,一般也有少量雷电活动,为防止雷击损坏设备,升压站和配电站防雷保护一般不退出运行;

⑥ 500 kV 配电装置以其进线侧避雷器作为过电压的主保护;

⑦ 主变 500 kV 避雷器不能作为 500 kV 配电装置的过电压保护,500 kV 配电装置进线侧避雷器也不能作为主变 500 kV 侧的保护;

⑧ 为保证避雷器的安全、可靠运行,除规定每班巡检外,另外规定每日中班抄录线路主变避雷器的动作次数及避雷器在线检测仪的读数（正常范围为 1～3 mA）。

（4）电气设备的状态分为运行、热备用、冷备用、检修状态

① 运行状态:指设备相应的开关和刀闸在合闸位置。

② 热备用状态:指设备完好,其开关断开,开关两侧相应刀闸处于合上位置,相关的接地刀闸断开;开关的合闸、操作电源均投入,保护按要求全部投入。

③ 冷备用状态:指设备完好,开关断开,有关刀闸和接地刀闸断开,开关合闸,操作电源已退出,保护已退出。

④ 检修状态:指开关和相应的刀闸（不含接地刀闸）处于断开位置,并按《电业安全工作规程》要求做好安全措施。

（5）电气设备状态的转换

必须根据管辖该设备的值班调度员的指令进行,事故处理和有特别规定者除外。

（6）倒闸操作的一般规定

① 倒闸操作应由两人执行,对设备较熟悉者负责监护,操作人填写操作票。

② 操作时应严格执行操作监护制度。批准的操作票在执行中不得涂改、倒换顺序,发现问题应停止操作,汇报值长,弄清后再继续操作。

③ 操作前应先在模拟盘上进行模拟,操作无误后再进行。

④ 操作时必须认真执行"三核对"和唱票复诵:核对设备名称、编号及位置、监护人,操作人用手指向设备复诵命令,监护人确认无误发出执行命令后,操作人方可操作。操作完毕监护人应及时在操作票该项前打"√",每次唱票、复诵和操作只限一项。

⑤ 倒闸操作中发生误操作,监护人和操作人应负同等责任。

⑥ 重大操作,有关领导应到现场。

（7）拉合开关改变运行方式前应充分考虑的内容

① 有、无功负荷的合理分配和平衡;

② 继电保护和安全自动装置的整定与投退方式；

③ 设备是否会过载；

④ 可能出现的过电压。

（8）停、送电操作

停电操作先拉开开关、断开合闸电源，再依次断开出线侧刀闸、母线侧刀闸，最后断开操作电源；送电操作则反之，合开关前应投入全部保护。

（9）刀闸的操作范围

① 在系统无接地故障时拉合电压互感器；

② 在无雷击时拉合避雷器；

③ 拉合空载母线；

④ 在系统无接地故障时，拉合变压器的中性点接地刀闸；

⑤ 与开关并联的旁路刀闸，当开关合好时可以拉、合开关的旁路电流；

⑥ 拉、合励磁电流 2 A 的空载变压器和电容电流不超过 5 A 的空载线路；

⑦ 禁止用刀闸向 500 kV 母线充电，严禁用刀闸拉、合运行中的 500 kV 空载线路、变压器、电容器。

（10）凡有同期闭锁的并列开关必须经检查确认同期或有一侧无压并经无压鉴定后，方能进行合闸操作。

（11）运行中的电压互感器二次侧不得短路，电流互感器二次侧不得开路。

（12）闭锁装置使用规定

设有电气防误闭锁装置的刀闸、开关，应经闭锁操作。闭锁装置失灵时，应经值长许可，在检查刀闸、开关名称、编号和位置无误后，方可使用万能钥匙解锁。

（13）在对开关进行分、合闸操作时，严禁人员留在现场。

（14）非全相运行

分相操作开关操作时，发生非全相合闸，应立即拉开已合上相。发生非全相分闸时应立即断开控制电源，手动操作将拒动相分闸。

（15）雷电时，禁止进行倒闸操作。

3) 典型电厂电气主接线的正常运行

（1）正常运行方式。♯1 机和♯2 机通过单元接线并入系统运行。500 kV 主接线形式为 3/2 断路器接线方式，两串 6 组断路器开关正常运行时，均为合环并列运行，共有两回出线。如图 6.10 所示。

（2）为了防止操作过电压，正常运行时，500 kV 线路避雷器不得退出运行，500 kV 输电线路的停、送电操作通过靠母线侧的断路器来进行，即母线侧断路器采用"先合后拉"的操作原则，线路自动重合闸的重合顺序也采用"先重合母线侧断路器"的方式，主变与 500 kV 断路器之间有架空线，正常运行时主变 500 kV 侧的避雷器不得退出运行。

（3）500 kV 系统设备的继电保护采用主保护"双重化"的配置原则。

4) 主接线系统正常操作及运行中的注意事项

500 kV 设备属于网调管辖范围，改变运行工况应向网调申请，得到批准后才可操作。断路器、隔离开关操作原则上采用遥控操作方式，只有在特殊情况下才可以近控操作。接地闸刀设计为近控操作。隔离开关手动操作仅在试验时才允许，试验结束后应检查三相位置，

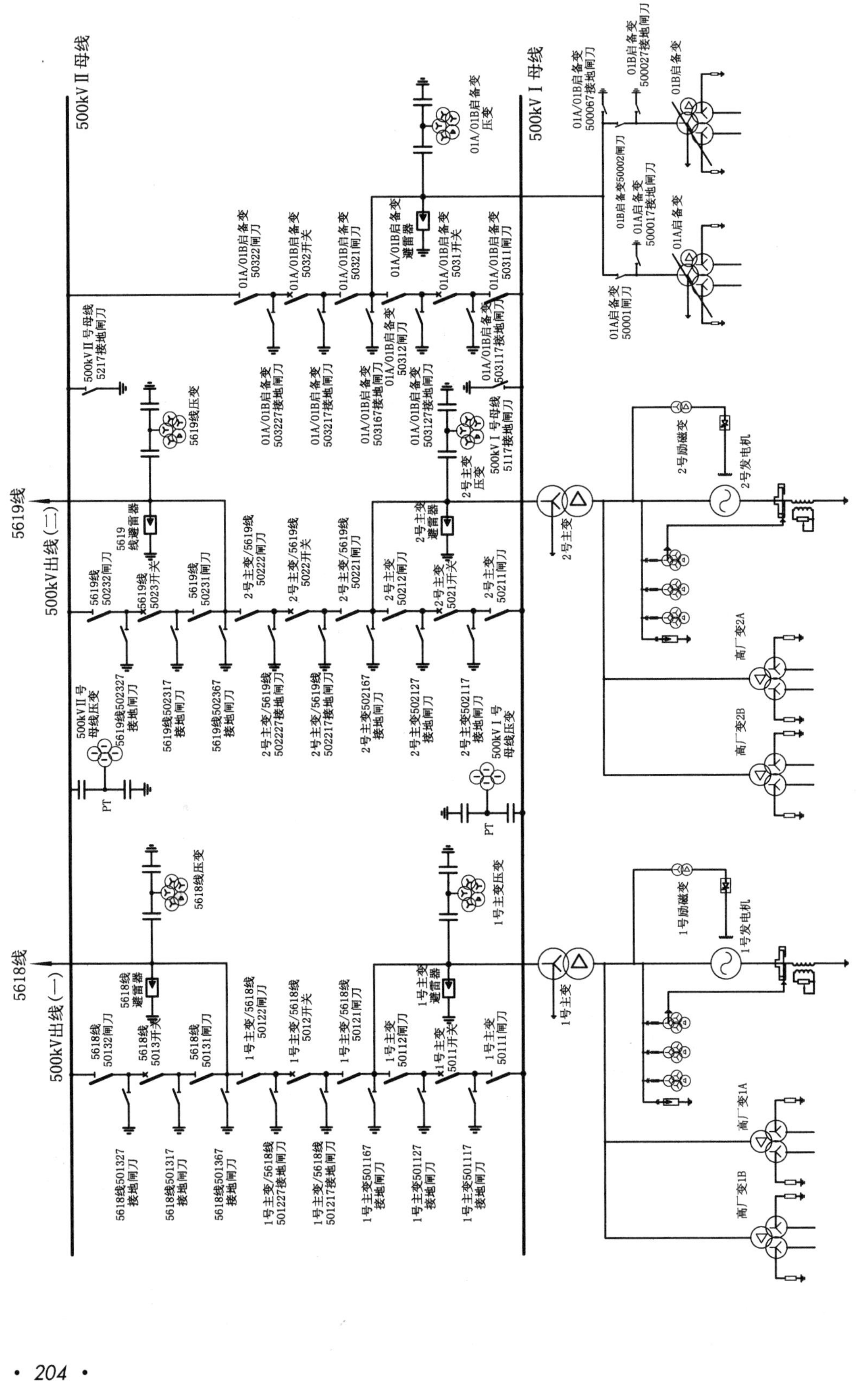

图 6.10 典型电厂电气主接线

开关指示应一致。无论是遥控操作、近控操作还是手动操作,操作时必须有人在现场检查三相位置动作是否一致,并对近控箱内开关位置指示灯复位。断路器重新合闸后也必须到现场检查断路器三相位置是否一致。为防止断路器损坏,SF_6气压低于 0.43 MPa 时,切勿操作断路器。500 kV 系统除特殊情况外应保持两个完整串运行。500 kV 开关操作机构内加热器应一直保持在接通状态。

5) 设备的巡视检查

(1) 断路器正常运行时的检查内容

① 断路器、隔离开关、接地闸刀的位置指示是否与显示位置一致;

② 指示灯是否完好;

③ 就地控制柜内各小开关是否按规定投入;

④ 控制柜内有无异常,门是否关紧;

⑤ 设备声音是否正常,有无异味,瓷瓶有无裂纹、有无局部放电现象,引线接头有无发热现象;

⑥ 接地引线是否完好,有无发热情况;

⑦ 有无漏气漏油现象;

⑧ 加热器运行是否正常;

⑨ 定期检查和记录避雷器计数器读数及避雷器在线检测仪的读数;

⑩ 检查互感器油位是否正常,有无渗漏油现象。

(2) 断路器故障跳闸后的检查项目

① 支持瓷瓶及各瓷套等有无裂纹破损、放电痕迹;

② 各引线的连接有无过热变色、松动现象;

③ SF_6气体有无泄漏或压力大幅度下降现象;

④ 并联电容器有无异常现象;

⑤ 弹簧储能操作机构启动储能是否正常;

⑥ 机械部分有无异常现象,三相位置指示是否一致。

(3) 断路器特殊天气下的检查项目

① 大风时,引线有无剧烈摆动,上面有无落物,周围有无被刮起的杂物;

② 雨天时,断路器各部有无电晕、放电及闪络现象,接头有无冒气现象;

③ 雾天时,断路器各部有无电晕、放电及闪络现象;

④ 下雪时,断路器各接头积雪有无明显熔化,有无冰柱及放电、闪络等现象;

⑤ 气温骤降时,检查电控箱、液控箱及操作箱加热器投运情况。

6) 常见故障及处理

(1) SF_6压力低故障时,压力低报警灯亮,处理方法是首先确认哪一开关,然后报告值长并通知检修处理、做好记录。当 SF_6气体压力降低至补气信号发出时,应立即汇报并通知检修人员。检修人员对开关进行检查,并对开关进行补气。如泄漏严重,无法恢复至正常压力时,应在压力低于闭锁跳闸之前申请停电处理。如严重泄压或压力到零,在压力低闭锁跳闸信号发出后,应取下断路器控制保险,禁止断路器操作,并申请越级停电处理。SF_6气体严重泄漏时,检查人员到断路器处检查时应注意防毒或采取防毒措施。

(2) 断路器操作时,一合后即跳,该故障可能是非全相跳闸故障,处理方法是确认故障相后,报告值长并通知检修处理。

(3) 隔离开关、接地闸刀拒动故障,处理方法是首先检查是否有闭锁,然后检查控制电源的电源开关是否已投,再检查控制器回路是否正常,最后检查操作机构是否正常。

(4) 隔离开关、接地闸刀有一相操作不到位故障,处理方法是首先将隔离开关或接地闸刀断开,并做好隔绝工作,然后报告值长,通知检修操作机构。

(5) 断路器合不上故障,处理方法是首先检查控制电源是否已投,然后检查开关机构是否出故障,再检查控制器回路是否正常,最后检查有无闭锁信号。

(6) 断路器非全相合闸故障,处理方法是确认断路器非全相合闸后,立即拉开该断路器,然后隔绝该断路器并进行检查,最后通知检修处理。

(7) 断路器一相拉不开故障,处理方法是确认断路器一相拉不开后,立即拉开相邻侧断路器进行隔绝,并立即报告值长,然后检查该断路器非全相保护是否动作,并通知检修人员处理。

凡 500 kV 设备有异常情况影响安全运行时,值长应立即向网调汇报和采取相应措施。

6.2　厂用电系统

6.2.1　概述

现代大容量火力发电厂生产过程自动化采用计算机控制,为了实现这一要求,需要许多厂用机械和自动化监控设备(汽轮机、锅炉、发电机等)和辅助设备服务,而其中绝大多数厂用机械采用电动机拖动,这些厂用电动机以及自动化监控、运行操作等设备的用电称为厂用电,厂用设备的供电系统称为厂用电系统。

厂用电系统的接线是否合理,对保证厂用负荷的连续供电和发电厂安全经济运行至关重要。由于厂用电负荷多、分布广、工作环境差和操作频繁等原因,厂用电事故在发电厂事故中占有很大的比例。因此,必须把厂用电系统的合理设计及安全运行提到应有的认识高度。为满足厂用电的需要,厂用电接线应满足以下要求:

(1) 供电可靠,运行灵活。应根据电厂的容量的重要性,对厂用电负荷连续供电给予保证,并在正常、事故、检修等各种情况下均能供电。机组启停、事故、检修等情况下的切换操作要方便、省时,发生全厂停电时,能尽快地从系统取得启动电源。

(2) 接线简单清晰,投资少,运行费低。由可靠性分析得知,过多的备用元件使接线复杂,运行操作繁琐,故障率反而增加,投资运行费也增加。

(3) 机组的厂用电系统应是独立的。厂用电接线在任何运行方式下,一台机组故障停运或其辅机的电气故障不应影响另一台机组的运行,并要求受厂用电故障影响而停运的机组应能在短期内恢复本机组的运行。各台机组的厂用电系统应独立,本机、炉的厂用电电源由本机供电。

(4) 接线的整体性。厂用电接线应与发电厂电气主接线密切配合,体现整体性强。

(5) 电厂分期建设时厂用电接线的合理性。不因电厂分期建设而破坏整个厂用电的可靠性、灵活性以及简单方便等特点,尤其对备用电源的接入和公用负荷的安排要全面规划、便于过渡。

（6）设置足够的交流事故保安电源。全厂停电时,可以快速启动和自动投入;设计符合电能质量指标的交流不间断电源,以保证不允许间断供电的热工负荷和计算机的用电。

6.2.2 厂用电电压等级

确定厂用电电压等级,需从电动机的容量范围和厂用电供电范围两方面综合考虑,这样才能保证供电可靠性和良好的经济效果。发电厂中电动机的容量相差悬殊,从数千瓦到数千千瓦不等,而电动机的电压与容量有关,如表6.3所示。确定厂用电供电电压需要从投资和金属材料消耗量以及运行费用等方面考虑。高压电动机绝缘等级高、尺寸大,价格也高,而大容量电动机如采用较低的额定电压,则电流比较大,会使包括厂用电供电系统在内的金属材料消耗量增加,有功损耗增加,投资和运行费用也相应加大。因此,厂用电电压只用一种电压等级是不太合理的。但电压等级过多会造成厂用电接线复杂,运行维护不方便,降低供电可靠性。

表6.3 电动机制造生产的电压与容量范围

电动机电压(V)	220	380	3 000	6 000	10 000
生产容量范围(kW)	<140	<300	>75	>200	>200

综合考虑,厂用供电电压一般选用高压和低压两级。我国规程规定火力发电厂高压厂用电电压可选3 kV、6 kV、10 kV,低压厂用电电压采用380 V或380/220 V。火力发电厂高压厂用电电压一般用6 kV等级,当机组容量为600 MW及以上时,要根据负荷情况采用6 kV一个等级或3 kV和10 kV两个等级。目前,在满足技术条件情况下,推荐采用6 kV这一个等级,广泛采用6 kV作为高压厂用电电压等级的理由如下:

（1）6 kV网络的短路电流较小,对选择电气设备有利;

（2）6 kV电动机的功率可制造得较大,能满足大功率负荷要求;

（3）采用6 kV一级电压等级时,供电网络简单可靠,运行管理方便。

6.2.3 厂用负荷分类

按其在生产过程中的重要性,1 000 MW汽轮发电机组厂用负荷可分为以下几类:

（1）Ⅰ类负荷:短时(手动切换恢复供电所需时间)停电可能影响人身或设备安全,造成生产停顿或发电机组出力大量下降的负荷。例如,给水泵、锅炉引风机、送风机和凝结水泵等。

（2）Ⅱ类负荷:允许短时停电,但停电时间延长,有可能损坏设备或影响正常生产的负荷。例如,有中间粉仓的制粉系统设备。

（3）Ⅲ类负荷:长时间停电不会直接影响生产的负荷。例如,修配车间的电源。

（4）不停电负荷:在机组运行期间,以及正常或事故停机过程中,甚至在停机后的一段时间内,需要进行连续供电的负荷。例如,电子计算机、热工保护、自动控制和调节装置等。

（5）事故保安负荷:在发生全厂停电时,为了保证机组安全地停止运行,事后又能很快地重新启动,或者为了防止危及人身安全等原因,需要在全厂停电时继续供电的负荷。按负荷所要求的电源为直流或交流,又可分为直流保安负荷(如汽机直流润滑油泵、发电机氢侧和空侧密封直流油泵等)和交流保安负荷(如交流润滑油泵、盘车电动机、顶轴油泵等)。

6.2.4　典型电厂厂用电

厂用电系统设备装置一般都采用可靠性高的成套配电装置,这种成套配电装置发生故障的可能性小,因此,厂用高、低压母线采用接线简单、清晰、设备少、操作方便的单母线接线形式。火电厂中锅炉的附属设备耗电量大,其用电量约占厂用电量的60%以上。为了保证厂用系统供电经济性且便于调度灵活,一般都采用"按炉分段"的接线原则,即将厂用电母线按照锅炉的台数分成若干独立段,既便于运行、检修,又能使事故影响范围局限在一机一炉,不致过多干扰正常运行的完好机炉。

厂用电系统是指由机组高、低压厂变和启动/备用变及其供电网络和厂用负荷组成的系统。根据负荷分布情况,在主厂房、输煤系统和脱硫系统分别设置6 kV厂用电系统。高压厂用变压器高压侧与发电机出口离相封闭母线相连,低压侧通过共箱封闭母线与主厂房6 kV配电装置相连。高压备用变压器高压侧通过电缆与500 kV配电装置连接,低压侧通过共箱封闭母线与主厂房6 kV配电装置相连。

典型电厂厂用电电压等级有6 kV和400 V两种,每台机组各设两台高压厂变,分别带6 kV四段中压母线,低压厂变成对配置、互为备用,两个低压母线段分别对应6 kV高压母线;容量大于等于200 kW的机组电动机以及主厂房低压厂用变压器分别接在四段6 kV母线上,容量小于200 kW、大于75 kW的机组电动机由380 V动力中心(PC)供电,容量小于75 kW的电动机由低压电动机控制中心(MCC)供电。

正常运行时,6 kV中压母线由高压厂变供给,在机组启停、停役后或事故情况下,由启备变供给。启备变正常处于充电运行状态,即500 kV开关运行,低压侧6 kV备用进线开关(四只)热备用,厂用电快切装置运行,当机组或高厂变故障引6 kV母线失电时,能迅速恢复6 kV厂用母线的供电。另外,在停机或工作进线开关检修时,可进行手动切换将厂用电切至启/备变供电,确保厂用负荷的正常运行。变压器的中性点运行方式为高厂变、启备变低压侧采用中阻接地,低压侧厂用变采用中性点高阻方式。厂用电系统布置可见图6.11。

1) 6 kV厂用电系统

(1) 厂房6 kV厂用电系统

每台机炉设四段工作母线,机组的机炉双套辅机(循环水泵、凝结水泵、引风机、一次风机、二次风机等)及电除尘负荷分接在两台分裂变压器的两段工作母线上,给水泵及脱硫负荷等接到一段母线上,空压机及输煤、照明变、检修变等公用负荷接在另外一段母线上。

厂用电设备根据物理分散的原则布置,两台机组的主厂房6 kV厂用配电装置布置在每台机组的扩建端A、B列♯8~♯10,♯20~♯22号柱之间10.5 m层。

(2) 厂用电设备选型

根据短路电流计算,厂用6 kV开关柜的开断电流选择40 kA(有效值),动稳定电流选择100 kA(峰值)。为降低工程造价,根据负荷的不同特点,6 kV开关柜采用真空开关柜和F-C柜混合方案,进线电源回路≥1 000 kW的电动机或≥1 000 kVA的低压变采用真空开关柜,其他负荷采用F-C柜。厂高变及备用变低压侧均采用6 kV共箱封母接至6 kV开关柜,6 kV工作电源线和备用电源进线均采用共箱封闭母线。

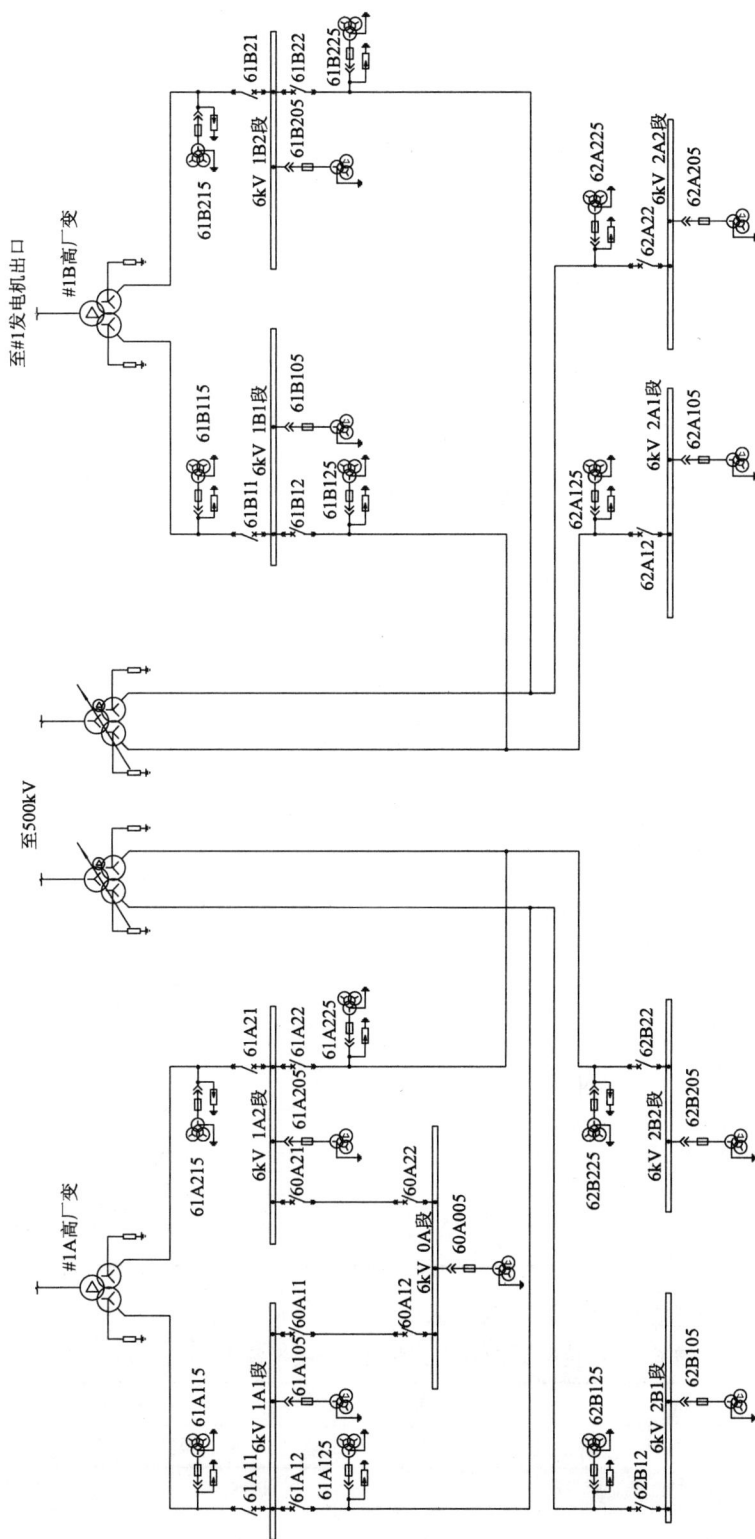

图6.11 1#机6kV厂用电系统

① 共箱封闭母线

表 6.4　厂用电 6 kV 电源进线封闭母线及附属设备技术参数

名　称	技术参数
额定电压(kV)	10
最高电压(kV)	12
额定电流(A)	3150
额定频率(Hz)	50
额定雷电冲击耐受电压(峰值,kV)	75
额定短时工频耐受电压(有效值,kV)(干/湿)	42
动稳定电流(kA)	110
4s 热稳定电流(kA)	40
导体对地净距(mm)	≥125
泄漏比距(mm/kV)	31
铝导体允许温度(℃)	90
铝导体允许温升(K)	50
螺栓紧固连接的镀银接触面允许温度(℃)	105
螺栓紧固连接的镀银接触面允许温升(K)	65
铝外壳允许温度(℃)	70
铝外壳允许温升(K)	30
主回路母线直径(mm)× 厚度(mm)	$\phi150×10$
主回路外壳直径(mm)× 厚度(mm)	$\phi450×4$
相间距离(mm)	700
母线重量(kg/三相米)	160
微正压充气装置	
额定输入空气压力(Pa)	$(5\sim7)×10^5$
漏气率	<2%
各回路损耗　母线损耗(W/三相米)	247.8
外壳损耗(W/三相米)	117.3
总损耗(W/三相米)	365.1
离相封闭母线导体对外壳单位长度电容	50.6 pF/m
各回路导体及外壳在额定电流和40℃环境温度下计算或试验温度	导体69.7℃/外壳51.4℃

② 主厂房 6 kV 高压开关柜

表 6.5　厂用电 6 kV 高压开关柜及相关设备技术参数

序号	名　称	参　数	
	成套设备参数	断路器柜	F-C 柜
1	型号	TOSHIBA-VEZ	TOSHIBA-VEZ
	额定电压(kV)	6.3	6.3
	最高工作电压(kV)	7.2	7.2

序号	名 称	参 数	
1	电源进线柜(包括备用电源分支)额定电流(A)	4 000	
	馈电柜额定电流(A)	4 000/2 500/1 600/1 250	400
	热稳定电流	40 kA 4s	40 kA 4s
	动稳定电流(峰值 kA)	125	75
	整柜防护等级	IP41	IP41
	6 kV 厂用电负载回路高压接地开关	JN15-12/50	JN15-12/50
注:4 000 A 的真空断路器带冷却风扇,该冷却风扇能根据温度及电流的变化进行自动启停。			
	断路器参数		
2	型号	TOSHIBA-VKZ	
	额定电压(kV)	6.3	
	最高工作电压(kV)	7.2	
	进线断路器额定电流(A)	4 000	
	馈线断路器额定电流(A)	2 500/1 600/1 250	
	额定频率(Hz)	50	
	额定开断电流(kA)	50	
	额定热稳定电流	50 kA 4s	
	合闸时间(ms)	≤45	
	分闸时间(ms)	≤30	
	燃弧时间(ms)	≤15	
	分断时间(ms)	≤60	
	操作循环周期	O-0.3 s-CO-180 s-CO	
	操作机构型式	TOSHIBA 四连杆结构弹簧操动机构	
	储能机构电源电压及允许波动范围(V)	DC110/80-110	
	合闸线圈电压及允许波动范围(V)	DC110/80-110	
	分闸线圈电压及允许波动范围(V)	DC110/65-120	
	接触器参数		
3	型号	CV-6HAL	
	额定电压(kV)	6	
	最高工作电压(kV)	7.2	
	额定开断电流(kA)	6.3	
	额定热稳定电流	6.3 kA 4s	
	操作循环周期	"O"-2 min-"CO"	
	操作电源电压(V)	DC 110 V	

③ 组件的要求

a. 同型产品内额定值和结构相同的组件应能互换,断路器(接触器)小车的推进、抽出应灵活方便,对仪表小室无冲击影响;

b. 开关柜内的仪表小室应牢固、防震;

c. 开关柜内应设照明,灯泡电压为交流 220 V,并由门开关连锁;

d. 装于高压开关柜上的各组件应符合它们各自的技术标准。

高压开关柜内安装的高压电器组件,如断路器、负荷开关、接触器、隔离开关及其操动机构、互感器、高压熔断器、套管等均应具有耐久而清晰的铭牌。在正常运行中,各组件的铭牌应便于识别,若装有可移开部件,在移开位置能看清亦可。高压开关柜内安装的高压电器组件(含连接导体)额定值不一致时(如额定电流、额定短时耐受电流、额定短路持续时间及额定峰值耐受电流),柜上的铭牌应按最小值标定。

④ 内部故障应满足的要求

a. 金属封闭式高压开关柜应能防止因本身缺陷、异常或误操作导致的内电弧伤及工作人员,能限制电弧的燃烧时间和燃烧范围;

b. 应采取防止人为造成内部故障的措施,还应考虑到由于柜内组件动作造成的故障(如断路器、负荷开关、熔断器开断时产生或排出气体)引起隔室内过压及压力释放装置喷出气体,可能对人员和其他正常运行设备的影响。

⑤ 安全防护

a. 金属封闭铠装式高压开关柜的外壳和隔板的防护等级均为 IP42;

b. 为防止人身接近高压开关柜的高压带电部分和触及运动部分的防护等级为 IP30;

c. 高压开关柜应具备"五防"功能;

d. 金属封闭式高压开关柜有防止因本柜组件故障殃及相邻高压开关柜的措施。

⑥ 导体截面选择

a. 高压开关柜的主回路、各单元以及各组件之间连接导体的截面,应比额定电流有 10% 的裕度,材料为铜质。主母线、分支母线一次带电部分采用复合绝缘。

b. 采用限流熔断器的主回路,在熔断器与母线之间的连接导体,其承受峰值耐受电流、短时耐受电流和短路持续时间需满足高压开关柜铭牌额定值的要求;在限流熔断器以下的导电回路,按限制后的短路电流来选择导体截面。

⑦ 接地

a. 沿所有高压开关柜的整个长度延伸方向,应设有专用的接地导体。如果接地体是铜质的,在接地故障时,其电流密度规定不应超过 200 A/mm^2,但最小截面不得小于 30 mm^2,该接地导体应设有与接地网相连的固定连接端子,并应有明显的接地标志。如果接地导体不是铜质的,也应满足相同峰值耐受电流及短时耐受电流的要求。

b. 接地回路所能承受的峰值耐受电流和短时耐受电流应与主回路相适应,专用接地导体应能承受出现的最大短时耐受电流。

c. 高压开关柜的金属骨架及其安装于柜内的高压电器组件的金属支架应有符合技术条件的接地,且与专门的接地导体连接牢固。

d. 在正常情况下可抽出部件中应接地的金属部件,在试验、隔离位置或处于隔离断口规定的条件,以及当辅助回路未完全断开的任一中间位置时,均应保持良好的接地连接。

e. 每一高压开关柜之间的专用接地导体均应相互连接,并通过专用端子连接牢固。

2) 380 V 厂用电系统

(1) 380 V 厂用电布置及 PC 运行方式

380 V动力中心采用性能优良、产品结构合理的固定分隔式开关柜,电动机控制中心可能出现的检修较多,选用低压抽出式开关柜。低压变压器全部选用干式变压器。380 V汽机动力中心、电动机控制中心及照明段、检修段布置在两机中间A、B列♯10～♯12柱之间10.5 m层;锅炉的动力中心和电动机控制中心及保安电源布置在锅炉的3.8 m层;电除尘、除灰系统、输煤系统、脱硫系统等辅助车间的动力中心和电动机控制中心均布置在所属区的配电间内,以减少电缆长度。

低压厂用电系统电压采用380/220 V。主厂房低压厂用电系统的中性点推荐采用直接接地方式。电动机控制中心和容量为75 kW及以上的电动机由动力中心(PC)供电,75 kW以下的电动机由电动机控制中心(MCC)供电。成对的电动机分别由不同的动力中心或双套电动机控制中心供电。

表6.6　380 V厂用动力中心(PC)运行方式

电源 PC名称	正常运行供电电源		备用电源形式
	变压器	6 kV母线	
脱硫PC1A	♯1A脱硫变	6 kV 1A	脱硫PC1B
脱硫PC1B	♯1B脱硫变	6 kV 1B	脱硫PC1A
照明PC A	A照明变	6 kV 1B	照明PC B
公用PC A	A公用变	6 kV 1B	公用PC B
厂前区PC A	A厂前区变	6 kV 1C	厂前区PC B
电除尘PC1A	♯1A电除尘变	6 kV 1C	♯1电除尘备用变
电除尘PC1B	♯1B电除尘变	6 kV 1D	
锅炉PC1A	♯1A锅炉变	6 kV 1C	锅炉PC1B
锅炉PC1B	♯1B锅炉变	6 kV 1D	锅炉PC1A
汽机PC1A	♯1A汽机变	6 kV 1C	汽机PC1B
汽机PC1B	♯1B汽机变	6 kV 1D	汽机PC1A
化水及水工PC A	化水及水工变A	6 kV 1D	化水及水工PC B
脱硫PC2A	♯2A脱硫变	6 kV 2A	脱硫PC2B
脱硫PC2B	♯2B脱硫变	6 kV 2B	脱硫PC2A
照明PC B	B照明变	6 kV 2B	照明PC A
公用PC B	B公用变	6 kV 2B	公用PC A
厂前区PC B	B厂前区变	6 kV 2C	厂前区PC A
电除尘PC2A	♯2A电除尘变	6 kV 2C	♯2电除尘备用变
电除尘PC2B	♯2B电除尘变	6 kV 2D	
锅炉PC2A	♯2A锅炉变	6 kV 2C	锅炉PC2B
锅炉PC2B	♯2B锅炉变	6 kV 2D	锅炉PC2A
汽机PC2A	♯2A汽机变	6 kV 2C	汽机PC2B
汽机PC2B	♯2B汽机变	6 kV 2D	汽机PC2A
化水及水工PC B	化水及水工变B	6 kV 2D	化水及水工PC A
检修PC	检修变	6 kV 1D或2D	

（2）主厂房 380/220 V 厂用电系统

① 锅炉 PC、汽机 PC、脱硫 PC 采用分段运行方式,母联开关处于热备用状态,正常电源分别由各自专用变压器供电,变压器高压侧电源取自本机组厂用 6 kV 母线的 nA1（或 nA2）/nB1（或 nB2）段,当任一段正常电源开关或低压厂变停用时,该段母线改由母联开关供电。汽机、锅炉专用母线 1 号、2 号机组设计了手拉手接线,当某台机组两台专用变压器全部停电时,可以通过相邻机组对应母线供电,确保重要负荷供电。

② 1 号、2 号机组公用各段 PC（公用 PC01A/B、照明 PC01A/B、厂前区 PC01A/B、化水及水工 PC01A/B 等）采用分段运行方式,正常电源分别取自主厂房 6 kV 母线,母联开关处于热备用状态。当任一段正常电源开关或低压厂变停用时,该段母线改由母联开关供电。

③ 码头及煤场公用各段 PC（脱硫公用 PC01A/B、码头 PC01A/B、循环水 PC01A/B、除灰 PC01A/B、煤场 PC01A/B）采用分段运行方式,正常电源分别取自厂用 6 kV 公用母线,母联开关处于热备用状态。当任一段正常电源开关或低压厂变停用时,该段母线改由母联开关供电。

（3）低压设备选型

表 6.7　400 V 开关柜设备技术参数（动力中心开关柜 PC）

序号	名　称	参　数	
	成套设备参数		
	开关柜制造厂名称		
	型号	MODAN6000	
	额定电压(kV)	0.69	
	最高工作电压(kV)	0.69	
1	额定绝缘电压(kV)	1	
	额定频率(Hz)	50/60	
	额定电流(A)	1 600～5 000	
	整柜防护等级	IP41～IP54	
	断路器	塑壳断路器	框架式空气断路器
	型号	T 系列	E 系列
	额定电压(kV)	0.69	0.69
	最高工作电压(kV)	0.69	0.69
	额定电流(A)	100～400	800～4 000
	额定频率(Hz)	50	50
2	合闸时间(ms)	≤15	70
	分闸时间(ms)	≤15～25	25
	操作机构型式	手动	电动
	储能机构电源电压及允许波动范围(%)	—	DC110,85%～110%
	合闸线圈电压及允许波动范围(%)	—	DC110,85%～110%
	分闸线圈电压及允许波动范围(%)	—	DC110,65%～120%

续表 6.7

序号	名　称	参　数
	智能电动机控制器	
3	型号	M 系列
	额定电压(V)	400
	额定电流(A)	63A
	制造厂商	ABB
	接地选测装置	
4	型号	WXJ196B 系列
	制造厂商	太原合创

表 6.8　电动机控制中心开关柜(MCC)

序号	名　称	参　数
	成套设备参数	
1	开关柜制造厂名称	
	型号	MODAN6000
	额定电压(kV)	0.69
	额定频率(Hz)	50/60
	额定电流(A)	1 600
	塑壳断路器	
2	型式	固定式
	型号	T 系列
	额定电压(V)	690
	壳架额定电流(A)	100～400
	脱扣器额定电流(A)	25～400
	脱扣器型式	热磁/电子
	制造厂商	ABB
	隔离开关(或刀熔开关)	
3	型号	QA, QP, QAS, QPS
	极数	3
	额定电压(V)	400
	额定电流(A)	200 A～1 600 A
	接地选测装置	
4	型号	WXJ196B
	制造厂商	太原合创

7

厂用 UPS 及直流系统

7.1 UPS 系统

7.1.1 概述

随着发电厂单机容量的增加和机组控制水平的提高,发电厂不间断供电负载和敏感负载数量逐渐增多,要求有大容量的不间断供电电源系统。UPS 是 Uninterruptable Power Supply 的缩写,UPS 电源系统又称为交流不间断电源系统。交流不间断电源系统是稳定、连续、可靠的供电电源系统,其用故障率很低的直流系统做备用,并设有静态开关可以将负荷不间断地自动转换到旁路电源上,可以不间断地向负荷供电。UPS 具有稳压、稳频、滤波、抗干扰、防止电压浪涌等功能。

UPS 装置的原理:把直流电压经整流器和滤波器后送入逆变器,逆变器将输入的直流电压变换成所需合格的交流电压,再经交流滤波器去高次谐波后,向负载供电。为了达到稳压恒频输出的目的,机内采用了反馈控制系统。另外,在机外利用直流系统作为储能单元。一旦电力中断,可立即自动切换成直流系统供电。此外,UPS 装置有旁路开关与备用电源相连(备用电源取至机组保安 MCC 段),这样不仅有利于 UPS 不停电维修,而且当负载启动电流太大时,还可以自动切换至备用电源供电,启动过程结束后,再自动恢复 UPS 供电。

发电厂的交流不停电电源 UPS 一般采用单相或三相正弦波输出,为机组的计算机控制系统、数据采集系统、重要机电炉保护系统、测量仪表及重要电磁阀等负荷提供可靠的不停电交流电源。UPS 应满足如下条件:

(1) 在机组正常和事故状态下,均能提供电压和频率稳定的正弦波电源;

(2) 能起电隔离作用,防止强电对测量、控制装置,特别是晶体管回路的干扰;

(3) 全厂停电后,在机组停机过程中保证对重要设备不间断供电;

(4) 有足够容量和过载能力,在承受所接负荷的冲击电流和切除出线故障时,对本装置无不利影响。

7.1.2 UPS 系统工作原理

1) UPS 运行

UPS 系统的正常运行方式为主回路带负载(即交流输入→整流器→逆变器→静态开关→负载)。其中直流输入为第一备用,旁路电源为第二备用。

正常工作模式下,UPS 对输入 380 VAC 交流电源进行输入滤波、整流器整流及直流滤波后给逆变器提供直流电力,逆变器将直流变换成稳定的交流,并通过隔离变压器输出,输出经过交流滤波,再经过电子静态开关后送到输出端,通过负载交流馈线柜分路开关送到负载,使输出负载受到良好保护。在主电源失电后,整流器停止工作,UPS 通过 220/110 V 直流回路电源供电,经过逆变器输出向负载提供电源,主电源失电到电池供电是零时间自动转换。只有当负载超过 UPS 容量并达到过载保护条件或 UPS 的直流回路电源无法供电或 UPS 的逆变器故障时,UPS 系统才通过静态开关切换到旁路供电,由旁路电源直接给负载供电。这种自动旁路装置采用了 UPS 逆变器输出数字锁相跟踪旁路电源的技术,其切换时间小于 0.5 ms,完全不影响对负载的供电,从而使得整个 UPS 系统的可靠性提高到 MTBF>40万小时。

2) UPS 系统组成

UPS 系统由整流器、逆变器、旁路变压器、静态开关、手动旁路开关和相应控制板组成,如表 7.1 所示。

表 7.1　UPS 组成

组成部分	描　述
整流器	整流器为 UPS 提供稳定的浮充直流电压
蓄电池组	蓄电池组与整流器的输出端直接相连,当交流输入电源故障时,蓄电池组可作为备用电源,一般蓄电池组放在电池柜内
逆变器	逆变器基于整流器或蓄电池的直流电压,输出受控的稳压稳频的交流电。逆变器的组成部分包括:IGBT 桥式逆变电路、驱动电路、L-C 滤波电路、输出隔离变压器、电流互感器、PWM 控制板等
静态开关 (静态旁路开关)	当逆变器出现过流、负载冲击过大或故障等不能满足负载所需的情况时,静态旁路开关会将输出转为旁路供电模式。为保证静态开关实现可靠切换,逆变器在运行时要与旁路电源的频率和相位保持同步
控制系统	控制系统具备如下功能: 测量主输入、旁路、逆变器、电池、输出电压/电流、输入/输出频率信号、温度等; 控制逆变器、旁路接触器、静态开关以及电池自检过程中的整流器电压; 控制 ALARM 干接点告警接口; 控制在前面板键盘上写入和发送信息时 LCD 的显示; 通过 RS232C 接口与其他设备进行通讯; 控制 UPS 之间的并联运行; 控制系统包括微处理器板、模/数(A/D)转换器、电源板、电流和温度传感器等

（1）整流器

整流器由隔离变压器、可控硅整流元件、输出滤波器和相应的控制板组成。该整流器为六脉冲三相桥式全控整流器。通过触发信号控制可控硅的触发控制角来调节平均直流电压。输出直流电压经整流器电压控制板检测,并将测量电压和给定值进行比较,产生触发脉冲,该触发脉冲用于控制可控硅导通角,维持整流器输出电压在负载变动的整个范围内保持在容许偏差之内,整流器输出直流电压设定在 246 V。

输出滤波器用来减少整流器输出的波纹系数,该滤波器是由一个电感线圈组成。控制板用来提供触发可控硅的脉冲,脉冲的相位角是可控硅输出电压的一个函数。控制板把整流器输出的电压量与内部给定量相比较产生一个误差信号,该误差信号用于调整可控硅整流器的导通角。若整流器的输出电压降低,控制板产生的信号会增加可控硅的导通角,从而增加整流器的输出电压,反之亦然。

（2）逆变器

逆变器由逆变转换电路、滤波和稳压电路、同步板、振荡板等部分组成。把直流电变换成稳压的符合标准的正弦波交流电，并具有过载、欠压保护。

逆变转换电路由四个可控硅和换向电容、电感等组成，通过控制四个可控硅交替动作，将直流电转换为方波，然后通过滤波和稳压，输出稳定的交流电。同步板的作用是将逆变器的输出和旁路输入的正弦波相位和频率进行比较，并通过振荡板控制逆变器的输出，使逆变器的频率、相位和旁路输入电压的频率和相位相同，从而保持逆变器和旁路电源同步。通过频率检波器检验逆变器输出和旁路电源输入的频率是否同步，相位检验电路检查同频和同相条件是否存在，来判断是否允许和旁路电源进行切换。

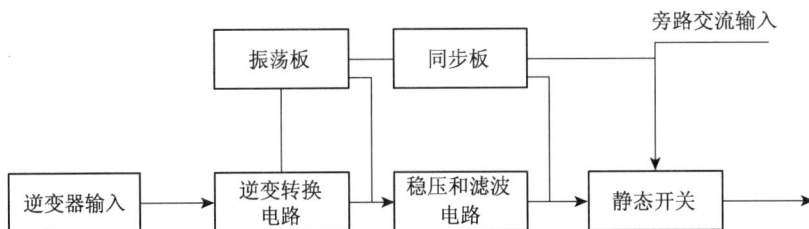

图 7.1　逆变器组成框图

在正常情况下，逆变器和旁路电源必须保持同步，并按照旁路电源的频率输出。当逆变器的输出和旁路电源输入频率之差大于 0.7 Hz 时，逆变器将失去同步并按自己设定的频率输出，如旁路电源和逆变器输出的频率差回到小于 0.3 Hz 时，逆变器自动地以每秒 1 Hz 或更小的频差与旁路电源自动同步。

逆变器内部的振荡器通过提供可控硅的选通信号，产生合适频率的方波选通脉冲，以控制电源开关电路产生一个频率为 50 Hz 的矩形波（方波），经过滤波和稳压后，形成正弦波（频率为 50 Hz）。

当逆变器输出发生过电流，过电流倍数为额定电流的 120% 时，自动切换至旁路电源供电。当直流输入电压 <176 V 时逆变器停止工作，并自动切换至旁路电源供电，防止逆变器在低压情况下运行而发生损坏。

（3）旁路变压器

旁路变压器由隔离变压器和调压变压器串联组成。隔离变压器的作用是防止外部高次谐波进入 UPS 系统。调压变压器的作用是把保安段来的交流电压自动调整在规定范围内。调压变压器由单相调压变压器、单相补偿变压器、传动机构、电刷接触系统、控制系统和箱体等组成。

补偿变压器 TB：当一次线圈上所加电压的大小和极性发生变化时，能使串联在负载回路上的二次线圈产生幅值和极性可变补偿电压的变压器。

调压变压器 PTV：调压变压器是一台能自动调节二次电压的单相自耦式变压器。它具有两对能自动对称滑动的电刷，伺服电机经链条带动电刷沿自耦式变压器圆筒式绕组的裸露部分（滑道上）滑动，平稳地调节二次电压，以改变补偿电压，维持输出电压稳定。

调压变压器稳压原理如图 7.2 所示，若不计变压器的阻抗压降，$\dot{U}_0 = \dot{U}_i + \dot{U}_B$，当输入电压 $\dot{U}_i$ 增加 $\Delta \dot{U}_i$ 时，补偿电压 $\dot{U}_B$ 也相应改变 $\Delta \dot{U}_B$，且 $\Delta \dot{U}_B = \Delta \dot{U}_i$，使输出电压 $\dot{U}_0$ 保持

不变。

稳压过程:根据输出电压的变化,由电压检测单元采样,检测并输出信号控制伺服电机转动,带动调压变压器 PTV 上的电刷组滑动,调节调压变压器二次电压,以改变补偿变压器的极性和大小,实现输出电压自动稳定在稳压精度允许的范围内,从而达到自动稳压的目的。

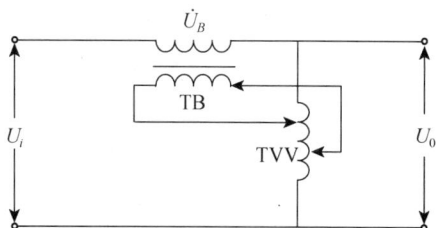

图 7.2　调压变压器稳压原理

（4）闭锁二极管

闭锁二极管的额定电流能长期承受逆变器的最大输入电流,闭锁二极管的反向峰值电压不小于 1 500 V。

（5）静态开关

静态开关由一组并联反接可控硅和相应的控制板组成。由控制板控制可控硅的切换,当逆变器故障或过载时,会自动切至旁路电源运行并发出报警信号,总的切换时间不大于 4 ms。逆变器恢复正常后,经适当延时切回逆变器运行,并保证自动切换过程中连续供电。

（6）手动旁路切换开关

此开关专为在不中断 UPS 负载电源的前提下,检修 UPS 而设计的,具有"先闭后开"的特点,以保证主母线不失电,手动旁路开关有 3 个位置:AUTO、TEST、BYPASS。

AUTO:负载由逆变器供电。静态开关随时可以自动切换,为正常工作状态。

TEST:负载由手动旁路供电。静态开关和负载母线隔离,但和旁路电源接通,逆变器同步信号接入,可对 UPS 进行在线检测或进行自动切换试验。

BYPASS:负载由手动旁路供电。静态开关和负载母线隔离,静态开关和旁路电源隔离,逆变器同步信号切断,可对 UPS 进行检测,或停电维护。

（7）电感、电容元件及熔断器

电感、电容元件及熔断器功能如表 7.2 所示。

表 7.2　电感、电容元件及熔断器功能

代号	名　称	功　能
L001	滤波电抗器	用于过滤 DC 电流
L002	滤波电抗器	过滤 PWM 的输出,用于低级别消除逆变压器输出的非线性失真因素
L005	电池轭流圈	用于减少电池中由单相逆变器产生的 AC 纹波
CB02	DC 电容器模块	用于 DC 电流过滤
CB03	AC 电容器模块	过滤 PWM 的输出,用于低级别消除逆变压器输出的非线性失真因素
F021	逆变器输出保险	当逆变器发生重大故障时保护负载,当逆变器发生重大故障时系统将会切换到旁路,同时保险断开,并不影响输出电压
F028	保险	保护静态旁路转换开关,防止短路损坏

7.1.3　典型电厂 UPS

1）组成及运行

典型电厂采用深圳市正昌时代电源系统有限公司生产的 GTS 系列三相输入、单相输出

UPS。每台机组设置两套单元 UPS,每套单元 UPS 由主机系统、旁路系统、馈线屏等组成,输出电压 AC220 V、频率 50 Hz。全厂设置一套公用 UPS。UPS 装置主要向下列负荷供电:DCS,计算机监测、监控系统,锅炉安全监视系统,数字式电液调节器,汽轮机监视仪表,汽轮机旁路系统,电能计费系统,继电保护装置,火灾自动报警系统,以及其他自动和保护装置等。

UPS 装置为三相输入、单相输出,旁路输入电源为两相,直流输入由厂用直流蓄电池供电。公用 UPS 的直流输入分别由♯1 和♯2 机组的 220 V 直流回路引来,其直流输入处应有切换开关,既能切换到♯1 机直流供电,也能切换到♯2 机直流供电,还能断开电源。其旁路交流电源的输入处也应有切换开关,既能切换到♯1 机供电,还能切换到♯2 机供电,还能断开电源。单元 UPS 装置主要由整流器、逆变器、静态转换开关、旁路变压器、手动旁路开关等组成。其正常用主输入交流电源取自机组 380 V/220 V 保安 1A 段,其直流电源取自主厂房内 220 V 直流配电盘,作为正常交流电源失去时的备用电源,电源切换时间不大于5 ms。UPS 运行示意图如图 7.3 所示。

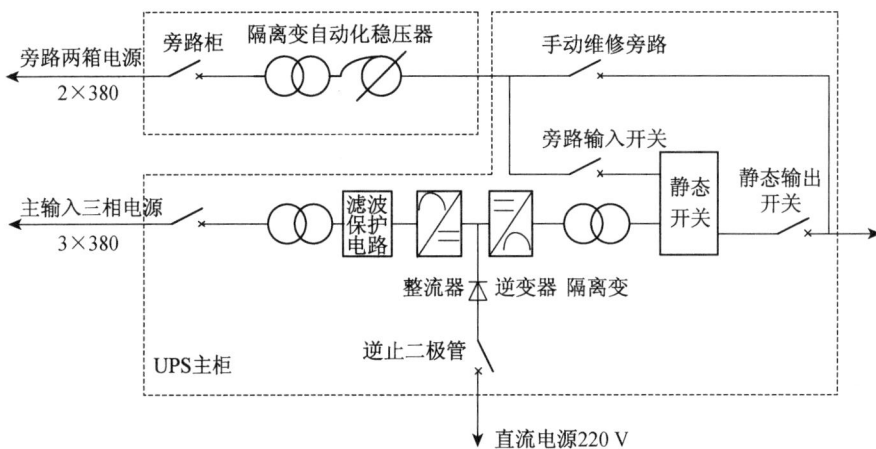

图 7.3 典型电厂 UPS 运行示意图

从保安段低压母线送来的一路交流输入 380 V AC 三相电源经过 UPS 主输入开关送到 UPS 主机,经过 AC/DC 整流和 DC/AC 逆变由静态开关送到 UPS 输出开关,UPS 输出端直接输出 230 V AC 到负载交流馈线柜;从保安段低压母线送来的另一路交流输入 380 V AC 两相电源经过旁路输入开关送到旁路柜中,经隔离稳压后送到 UPS 主机的旁路供电输入端;从直流系统 220 V DC 母线送来的直流电源经过直流输入开关、220 V DC 逆止二极管送到 UPS 主机。UPS 运行方式有正常运行方式、蓄电池运行方式、静态旁路运行方式、手动旁路运行方式。

(1)正常运行时,由保安段向 UPS 供电,经整流器后送给逆变器转换成交流 230 V、50 Hz 的单相交流电向 UPS 配电屏供电;

(2)220 V 蓄电池作为逆变器的直流备用电源,经逆止的二极管后接入逆变器的输入端,当正常工作电源失电或整流器故障时,由 220 V 蓄电池继续向逆变器供电;

(3)当逆变器故障时,静态旁路开关会自动接通来自保安段的旁通电源,但这种切换只有在 UPS 电源装置电压、频率和相位都和旁通电源同步时才能进行;

（4）当静态旁路开关需要维修时，可操作手动旁路开关，使静态旁路开关退出运行，并将 UPS 主母线切换到旁通电源供电；

（5）两套 UPS 装置正常时独立运行，只有当其中一套退出运行时，分段开关才允许手动投入。

2）UPS 操作面板

UPS 具备一个有 LCD 显示器和轻触式键盘的面板，如图 7.4 所示，通过它用户可以有效地管理 UPS。该控制面板是 UPS 安装好之后用户与 UPS 交流的首要界面，有关 UPS 的信息、告警和故障状况都会通过控制面板上的 LCD 显示器告知用户，并伴有声音报警以提醒用户注意。

除用来显示实际负载量大小的柱形指示灯外，UPS 控制面板左侧流程图上的 LED 指示灯可以显示工作电流的流向以及 UPS 各部分的状态。

（1）UPS 控制面板功能按钮说明

如表 7.3 所示。

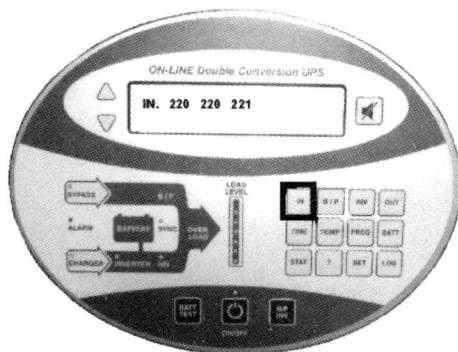

图 7.4　UPS 面板

表 7.3　UPS 控制面板功能描述

按钮	功能描述
⏻	UPS 的开机和关机 当 UPS 在关状态（UPS OFF）时，按 ON/OFF 一次可以启动 UPS 并显示启动过程的自检结果。当 UPS 在开机状态（UPS ON）时，连按 ON/OFF 两次可以关闭 UPS。注意：进行关机操作时系统需要进行确认，在 2 s 内再次按一次 ON/OFF 按钮表示选择关机
BATT TEST	电池检测 按 BATT TEST 按钮可以手动触发一次电池检测程序。UPS 同时也具备自动的电池检测功能以检测电池柜与 UPS 连接的情况。在如下情况时 UPS 会自动进行电池检测：UPS 启动；累积运行每 200 个小时；电池开关断开后又重新连接好
B/P INV	旁路与逆变器的切换 当 UPS 工作在逆变模式，连按 B/P INV 按钮两次可以使输出转由旁路供电模式。系统对此操作命令会要求再次确认，大约 2 s 内再按一次 B/P INV 按钮，表示确认选择转旁路操作。当 UPS 工作在旁路模式，按 B/P INV 按钮一次可以手动地将 UPS 退出旁路模式并将输出转由逆变器供电。该项操作不会显示需再次确认的提示信息
🔇	声音报警关闭 当系统发生故障而触发声音报警时，按 ALARM OFF 按钮可以消音。当再次发生别的故障时，声音报警会恢复。在用户完全解决系统故障前，ALARM 报警指示灯会一直亮

（2）UPS 控制面板信息按钮说明

UPS 对其运行状态实施连续监控。用户可以通过按相应的信息按钮来获得 UPS 当前的状态信息。当某个报警被触发时按信息按钮（"LOG"和"?"按钮除外），其对应的信息会在 LCD 上持续显示约 10 s，之后返回到默认状态界面。UPS 在运行时会自动建立一个历史事件日志。该运行日志可以通过信息按钮获得或通过与 RS-232 通讯口连接的本地计算机或经由 MODEM 远程连接的计算机获得。按适当的按钮，LCD 就会显示三相的信息，包括电压或电流。

常用的信息按钮及其 LCD 指示如表 7.4 所示。

表 7.4　常用按钮及说明

按　钮	说　明
IN（主输入）	按 IN 按钮可显示 UPS 主输入电压
B/P（旁路）	按 B/P 按钮可显示 UPS 旁路电源的电压和电流
INV（逆变器）	按 INV 按钮可显示 UPS 逆变器输出的电压和电流
OUT（输出）	按 OUT 按钮可显示 UPS 输出的电压和电流
FREQ（频率）	按 FREQ 按钮可显示 UPS 旁路和逆变器的频率
UPS 正常运行时逆变器频率取决于旁路的频率，否则（当旁路故障时）为内部晶振的频率 50/60 Hz	
BATT（电池）	按 BATT 按钮可显示 UPS 的直流电压（UPS 正常工作时显示为整流器电压，放电时为电池组电压）
TIME（时间）	按 TIME 按钮可显示 UPS 当前的日期（日/月）和时间（时:分:秒） 利用 SET 按钮来调整设置时间或日期
STAT（状态）	按 STAT 按钮可显示 UPS 的当前状态以及累计工作时间（时:分:秒）
TEMP（温度）	按 TEMP 按钮可显示 UPS 内部散热器的温度/状态

3) UPS 故障判断与处理

在 UPS 停止正常工作的情况下，应在第一时间检查显示面板的有关信息，并根据 LED 报警指示灯和声音报警的情况，对照表 7.5 查找相应对策。

表 7.5　UPS 故障判断与处理方法

信　息	指示灯和声音报警	状态描述	处理方法
FAULT CONDITION! SERVICE REQUIRED	—	自检结果未通过	请与制造厂联系
UPS OFF	—	UPS 处于关机状态	按 ON/OFF 按钮
UPS OFF INPUT IS LOW	—	UPS 因主电源中断不恢复而关机	检查主输入开关 RECTIFIER 与配电柜
BATTERY UNDER LOAD	每 4 s 响一下	主电源中断，逆变器由蓄电池供电	蓄电池放电结束前应关停有关负载
BYPASS VOLT FAULT	BYPASS 指示灯不亮	旁路电源故障	检查旁路电源及开关
LOAD TRANSFERING PLEASE WAIT	B/P 灯亮（红色）	（开机时）旁路正在与逆变器进行切换（大约需要 40 s）	—
LOAD TRANSFERING PLEASE WAIT 显示超过 3 s	B/P 灯亮（红色）	（按 B/P INV 按钮将 UPS 从旁路转回逆变器时出现此信息）逆变器故障	请与制造厂联系
INVERTER FAULT	INVERTER 灯不亮	逆变器故障	请与制造厂联系
BATTERY LOW	BATTERY 灯亮	蓄电池没接好或放电电压低	检查蓄电池
RECTIFIER FAULT	—	整流器故障	请与制造厂联系
—	SYNC 灯不亮	逆变器未能与旁路同步	请与制造厂联系

信　息	指示灯和声音报警	状态描述	处理方法
OVERLOAD	OVER LOAD 灯亮	过载	调整减少负载
其他信息	连续的声音告警		请与制造厂联系
无信息			重新启动 UPS

当 UPS 在正常环境下停止运行,并且面板显示也不正常的情况下,可按如图 7.5 所示的步骤检查。

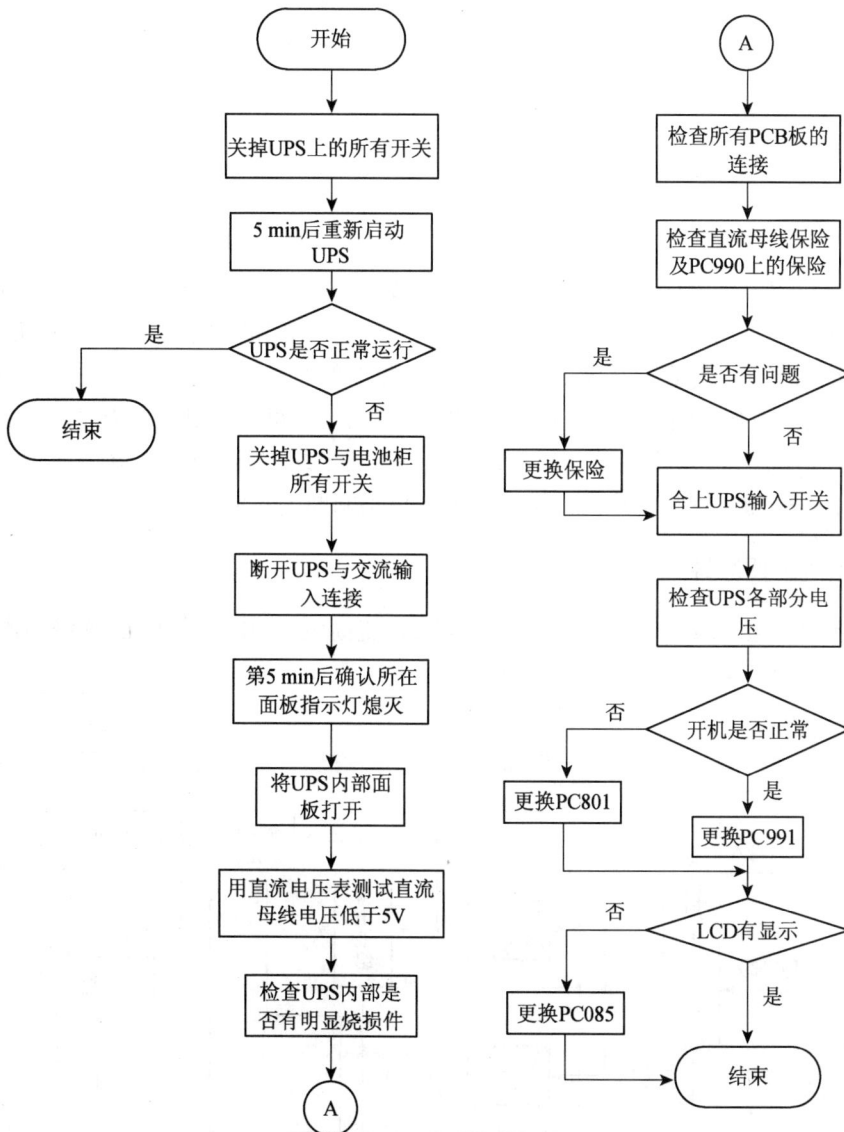

图 7.5　UPS 检查步骤

4) UPS 投运操作注意事项

(1) UPS 装置正常情况下输出电压为 230 ± 3 V,输出频率为 50 ± 0.25 Hz,输出电流正常；

（2）连续额定运行最高环境温度 50℃；

（3）逆变器装置额定输入直流电压、电流正常；

（4）旁路及隔离调压变压器运行正常；

（5）UPS 装置内部各一、二次回路接线完好，无松动、过热现象，各接地部分接地良好；

（6）UPS 装置柜内清洁干燥，温度正常，无异物和异味；

（7）各保险丝无熔断；

（8）UPS 装置柜内各冷却风扇运转良好，各通风滤网无堵塞现象；

（9）盘面各运行指示灯及开关位置指示正确，无报警信号。

7.2 直流系统

7.2.1 概述

为了给机组的继电保护、自动装置、远动装置、通讯设备、事故照明、汽机的直流油泵、机组的热工保护和自动控制等设备供电，电厂内必须设置专门的供电电源，这种电源采用蓄电池直流系统来担任。对直流系统的运行，要求有足够的可靠性和稳定性，即使在全厂停电交流电源全部消失的情况下，也要求直流系统能维持向直流负载供电。电力直流电源系统（或称电力操作电源）主要应用在发电厂、水电站、各类变电站，为断路器的分、合闸及二次回路中的仪器、仪表、继电保护和应急故障照明等提供不间断的直流电源。

7.2.2 系统工作原理

直流系统主要由交流配电单元、充电模块、直流馈电、集中监控单元、绝缘监测单元、降压单元和蓄电池组等部分组成。图 7.6 为直流系统原理框图。

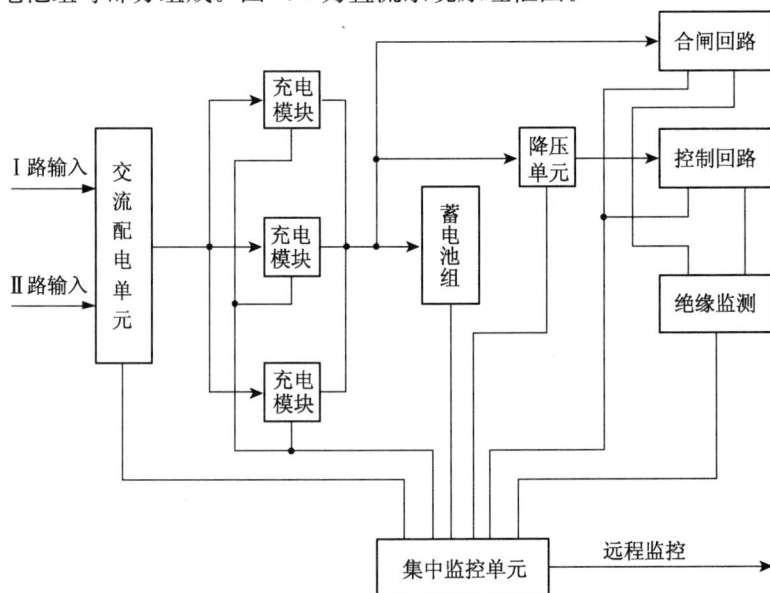

图 7.6 直流系统原理框图

两路交流输入经交流配电单元选择其中一路交流输入提供给充电模块;充电模块输出稳定的直流,一方面对蓄电池组补充充电和提供合闸输出,另一方面通过降压单元提供控制输出,为负载提供正常的工作电流。绝缘监测单元在线监测直流母线和各支路的对地绝缘状况。集中监控单元实现对交流配电单元、充电模块、直流馈电、绝缘监测单元、直流母线和蓄电池组等运行参数的采集、控制与管理,并可通过远程接口接受后台操作员的监控。

1) 交流配电单元

交流配电单元各部分电路原理如图 7.7 所示。

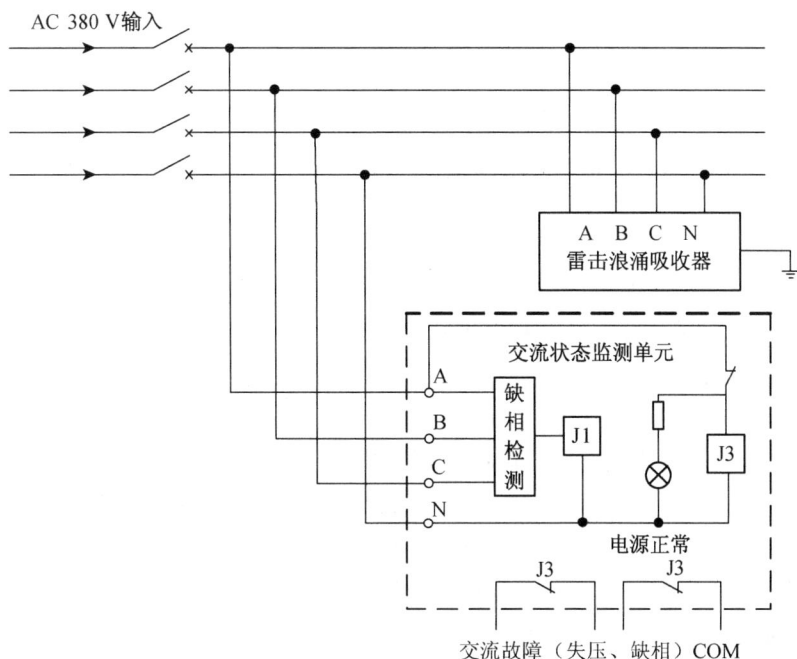

图 7.7 交流配电单元电路图

(1) 单路交流检测电路

单路交流检测电路由交流状态监测单元实现。正常运行时,三相交流电处于相对平衡的状态,三相交流电中心点与零线之间无电势差,内部继电器 J1 不动作,交流故障监测单元内的告警继电器 J3 的线圈通过 J1 的常闭接点接于零线与火线间,同时 LED 发光管点亮,指示交流电源正常。当交流任一相发生缺相或三相严重不平衡时,三相交流电中心点与零线之间产生电势差,内部继电器 J1 得电动作,其常闭接点断开,使得内部继电器 J3 线圈失电,J3 常闭接点闭合,发出故障告警信号,同时 LED 熄灭,指示交流电源故障。

(2) 防雷保护电路

雷击分为直击雷和感应雷两种,线路直接遭雷击时,线路中流过很大电流,同时引起数千伏的过电压直接加到线路装置和电源设备上,持续时间达若干微秒,直接危害用电设备。感应雷通过雷云之间或雷云对地的放电,在附近的电缆或用电设备上产生感应过电压,危害用电设备的安全。因此必须在交流配电单元入口加装防雷器。

直流电源柜设有 C 级及 D 级防雷,C 级防雷设在交流配电单元入口,通流量为 40 kA,动作时间小于 25 ns;D 级防雷设在充电模块内,通流量为 10 kA,动作时间小于 25 ns。可以有效地将雷电引入大地,将雷电的危害降至最小。当防雷器故障时,C级防雷器的工作状态窗口由绿变红,提醒更换防雷模块,防雷模块插拔方便,易于更换。

(3) 雷击浪涌吸收器

雷击浪涌吸收器具有防雷和抑制电网瞬间过压双重功能,其功能优于单纯的防雷器。最大通流量 40 kA,动作时间小于 25 ns。

2) 充电模块

充电模块采用(N+1)冗余方式供电,即在用 N 个模块满足电池组的充电电流加上经常性负荷电流的基础上,增加 1 个备用模块。例如:200 AH 电池组,经常性负荷(I_j)为 10 A 的直流系统,可算出充电机的最大输出电流为:

$$最大输出电流=0.1C10+I_j=0.1\times200+10=30\ A$$

如采用容量为 10 A 的充电模块,取 $N=3$,$N+1=4$。备用模块采用热备份方式,直接参与正常工作。

3) 降压装置

系统正常工作时,充电机对蓄电池的均/浮充电压通常会高于控制母线允许的波动电压范围,采用多级硅调压装置串接在充电机输出(或蓄电池)与控制母线之间,使调压装置的输出电压满足控制母线的要求。

4) 直流馈电单元

直流馈电单元是将直流电源通过负荷开关送至各用电设备的配电单元。根据负荷的功能不同,馈线回路可分为控制回路和合闸回路。各回路所用负荷开关均选用专用直流断路器,分断能力均在 6 kA 以上,保证在直流负荷侧故障时相应支路可靠分断,其容量与本系统上、下级开关相匹配,以保证开关动作的选择性。

5) 绝缘监测单元

绝缘监测单元用于监测直流系统电压及其绝缘情况,在直流过、欠压或直流系统绝缘强度降低等异常情况下发出声光告警,并将对应告警信息发至集中监控器。根据用户的不同需要,绝缘监测仪可配置普通型或带支路巡检型,一般安装在馈线柜上,带支路巡查的监测仪配有传感器,分别装在每回馈线开关的后下部,各馈线开关的引出线穿过传感器的中心孔。

(1) 内置绝缘监测仪

检测直流母线电压、正负母线对地电压、正负母线对地电阻。当电压过高、过低或绝缘电阻过低时发出相应的告警信号,告警定值可设置。

(2) 带支路巡检的绝缘监测仪

监测正负直流母线的对地电压和绝缘电阻,当正、负直流母线的对地绝缘电阻低于设定的报警值时,自动启动支路巡检功能。支路巡检采用直流有源 TA,不需向母线注入信号。每个 TA 内含 CPU,被检信号直接在 TA 内部转换为数字信号,由 CPU 通过串行口上传至绝缘监测仪主机。支路检测精度高和抗干扰能力强。采用智能型 TA,所有支路的漏电流检测同时进行,支路巡检速度快。

6) 监控单元

(1) 交流配电监测

① 电源系统的交流输入设有交流配电单元,当出现交流失电、缺相故障时,通过无源接

点将告警信号送监控器,监控器发出交流电源故障告警信号。

② 当系统配有智能交流电压、电流表时,这些表计能直接显示交流输入电压、电流,并通过串行总线将测量到的数据送监控器,监控器可显示这些数据,并判断交流输入是否过压、欠压、失电、缺相或三相不平衡,故障时发出交流电源故障告警信号。

(2)直流配电监测

① 正常情况下电源系统设有母线电压、电流表或变送器及蓄电池电压、电流表,这些表计能直接显示母线及蓄电池电压、电流,并通过串行总线将测量到的数据送监控器,监控器可显示这些数据,判断母线及蓄电池是否过压、欠压,故障时发出告警信号;

② 重要回路(蓄电池、充电机)的熔断器设有熔断器故障附件,故障信号直接送监控器,故障时发出熔断器故障告警信号;

③ 当馈线回路设有馈线脱扣故障告警触点时,各脱扣故障告警信号并联后送监控器,故障时发出馈线脱扣故障告警信号;

④ 当电源系统配有馈线状态监测模块时,馈线状态监测模块通过串行总线将测量到的馈线开关分、合状态送监控器;

⑤ 充电机、蓄电池的输出开关及母联开关、放电开关的状态可由辅助接点送给监控器,在历史记录中显示和送给后台;

⑥ 重要回路可选配独立的电压监视器,当电压异常时,可通过空接点发出报警信号。

(3)绝缘监测

① 当电源系统选用监控器内置接地仪时,可同时监测到两段母线的对地绝缘电阻,并显示接地电阻值,当监测的接地电阻值小于设定值时,发出接地故障告警信号;

② 当选用带支路检测的接地仪时,接地仪通过通信接口将测量到的数据送监控器,故障时发出接地故障告警信号及显示接地支路号和接地电阻值;

③ 当电源系统选用绝缘监测继电器时,可监测一段母线的对地绝缘电阻,并显示接地电流,当接地电流大于设定值时,发出告警信号。

(4)充电模块监控

充电模块通过串行总线接受监控器的监控,实时向监控器传送工作状态和工作数据,并接受监控器的控制。监控的功能有:

① 遥控充电模块的开/关机及均/浮充;

② 遥测充电模块的输出电压和电流;

③ 遥信充电模块的运行状态;

④ 遥调充电模块的输出电压。

(5)电池管理

① 显示蓄电池电压和充、放电电流,当出现过、欠压时进行告警;

② 设有温度变送器测量蓄电池环境温度,调节充电模块的输出电压,实现浮充电压温度补偿;

③ 手动定时均充,可通过监控器键盘预先设置均充电压、均充时间,然后启动手动定时均充,监控器运行以下均充程序:以整定的充电电流进行稳流充电,当电压上升到均充电压整定值时,自动转为稳压充电,定时时间到则转为浮充运行;

④ 当下述条件之一成立时,系统自动启动均充:

a. 系统连续浮充运行超过设定的时间(可通过监控器键盘设置,出厂设置为 3 个月);

b. 交流电源故障,蓄电池放电超过 10 min。

自动均充电程序:以整定的充电电流进行稳流充电,当电压逐渐上升到均充电压整定值时自动转为稳压充电,当充电电流小于 0.01C10 A 后延时 1 h(或设定值),转为浮充运行。

(6) 历史记录

能将系统运行过程中一些重要的状态、数据和时间等信息存储起来以备后查,装置掉电后信息不丢失,最大存储量为 500 条,用户可在计算机后台随时浏览。

7) 事故照明切换单元

当交流停电时,需要由直流系统提供电源给检修照明及系统恢复,事故照明切换单元就是实现这样功能的单元。当交流正常时由交流供电,交流停电后,自动切换到由直流供电。

7.2.3 典型电厂直流系统

典型电厂的直流系统如图 7.8 所示。

1) 交流电源及开关电源

各充电装置交流电源均采用双路交流自投电路,由交流配电单元和两个接触器组成。交流配电单元为双路交流自投的检测及控制元件,接触器为执行元件。切换开关共有"退出"、"1 号交流"、"2 号交流"、"互投"四个位置,切换开关处于"互投"位置时,工作电源失压或断相,可自动投入备用电源。

开关电源的逆变单元工作在高频开关状态。由于工作频率高,电路中滤波电感及电容的体积可大大缩小;同时,高频变压器取代了传统的工频变压器,变压器的体积减小,重量降低;另外,由于开关高频工作,功率损耗小,因而开关电源效率高。开关管采用 PWM 控制方式,稳压稳流特性较好。将高频开关技术应用于充电电源,不仅有利于充电电源的小型化和高效化,而且易于产生极性相反的高频脉冲电流,从而实现蓄电池脉冲快速充电。两路交流输入经交流配电单元自动选择其中一路交流提供给充电模块,充电模块输出稳定的直流,一方面对蓄电池进行浮充电,另一方面为控制负荷提供工作电流。绝缘监测单元可在线监测直流母线和各支路的对地绝缘状况;集中监控单元可实现对交流配电单元、充电模块、直流馈电、绝缘监测单元、直流母线和蓄电池组等运行参数的采集与各单元的控制和管理,并可通过远程接口接受 DCS 的监控。

2) 直流系统设备参数

表 7.6 交流输入参数

项 目	指 标
输入电压	323~475 V(三相三线制)
输入电流	≤10A
交流电源频率	45~65 Hz

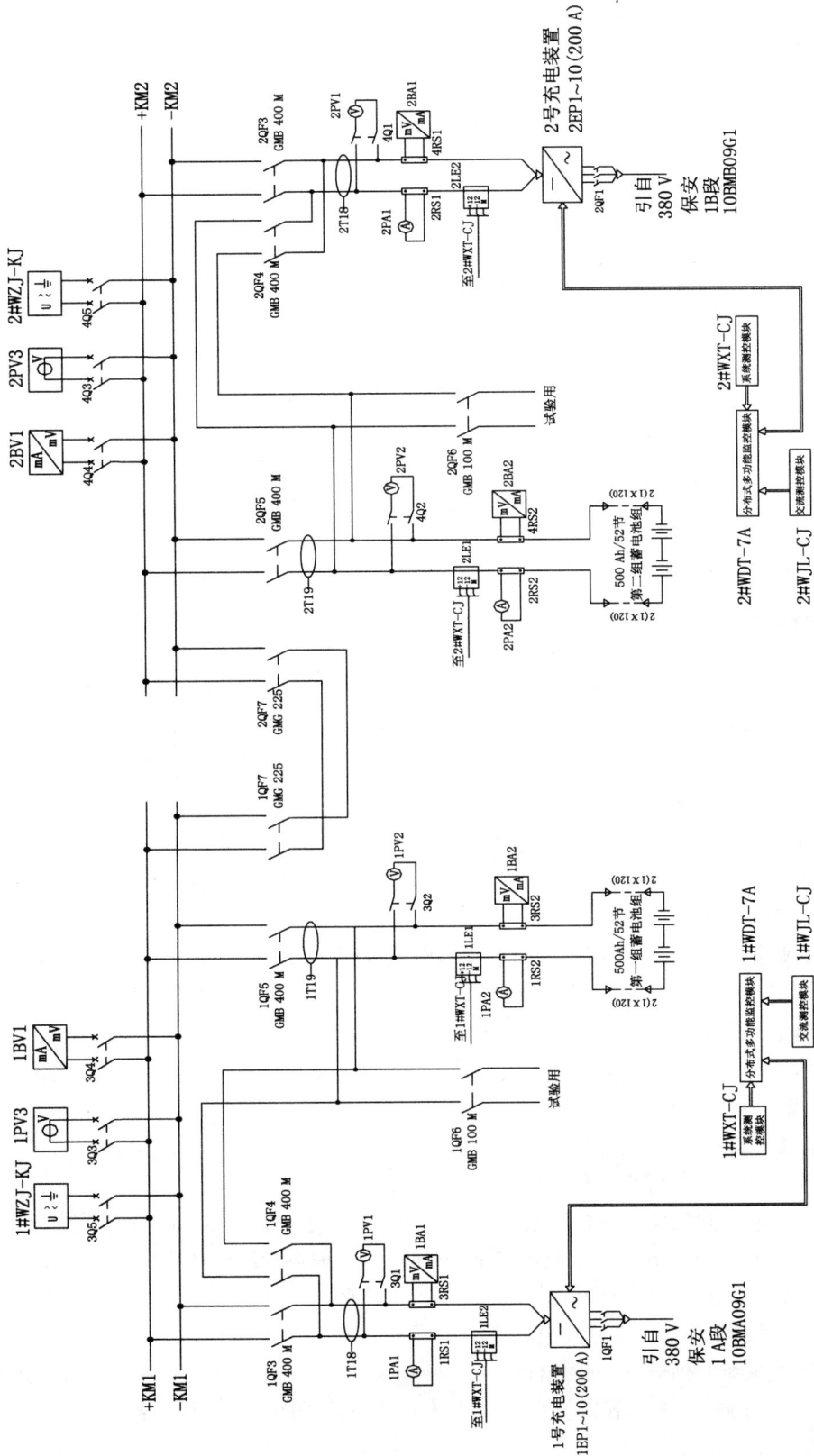

图 7.8 典型电厂直流系统图

表 7.7 直流输出参数

项　　目	HD22010-3	HD11020-3
输出电压范围	176~286 V	88~143 V
额定输出电流	10A	20A
最大输出电流	11A	22A

表 7.8 告警及保护特性

项　　目	HD22010-3	HD11020-3	备　　注
输出电压保护	293±6 Vdc 不可恢复,需要重新上电启机	148±4 Vdc	保护后无 DC 输出
输出欠压告警	198±1 Vdc 可恢复	99±1 Vdc	保护后无 DC 输出
输入过压保护点	485±10 Vac 可恢复		保护后无 DC 输出
输入欠压保护点	313±10 Vac 可恢复		保护后无 DC 输出
缺相保护	限制功率输出:5 A/260 V	10 A/130 V	输出限功率 1 300 W
过温保护	过温保护:80℃;恢复:60℃		精度±5℃
风扇温度控制	采用温度和电流联合控制风扇转动的方式		

3) 直流系统正常运行

(1) 220 V 和 110 V 直流系统均采用单母线运行方式,220 V 动力直流系统的母线电压 234 V,110 V 直流系统的母线电压 117 V。

(2) 正常运行时,来自保安段的交流电源经充电装置后为直流,通过开关 1QF3 接入直流主母线。蓄电池及其母线通过开关 2QF5 并入直流主母线。图中 1QF7、2QF2 为双向开关,任意时刻,只能打至一个位置。

(3) 正常情况下,蓄电池组与充电装置并列运行,采用浮充方式,充电装置除供给正常连续直流负荷,还以小电流向蓄电池组进行浮充电,以补偿蓄电池组的自放电。蓄电池组作为冲击负荷和事故供电电源。

(4) 一般情况下,直流母线不允许脱离蓄电池运行。

(5) 直流系统充电装置故障,短时由蓄电池供电。如果充电装置长时间故障,或蓄电池需隔离出来进行均衡充电,则应投入联络开关由另一段母线供电。

(6) 各段母线上安装的直流系统接地检测仪均应投入运行,以监视系统的绝缘情况。当两段母线并列时,可停用一台检测仪。

4) 直流系统的操作、监视与维护

(1) 直流系统的运行监视和操作

① 蓄电池工作时,应检查蓄电池室通风设施是否完好。氢气体浓度不应超过 1%,蓄电池充放电时通风设施应开启,充、放电结束,通风设施一般再持续运行 2 h。

② 正常的蓄电池工作温度应保持在 15~25℃ 之间。

③ 蓄电池通常保持持续浮充电状态。

(2) 直流电源并列应符合的条件

直流电源并列,应符合下列条件,且需有专业人员监护或专门的设施:

① 直流电源正、负极同极性;

② 直流电源电压相等；

③ 直流电源正、负极不同极性接地时禁止并列。

（3）所有双回路供电或有联络线设备的操作原则

① 所有双回路供电或有联络线的设备，当需停一路电源时，可先进行负荷调整，由另一路电源供电。电源切换操作原则：先拉后合，即不允许在负荷侧进行电源并列，只有在母线并联时才允许先合后拉。

② 分电屏的电源切换可通过就地手动操作 ASCO 直流电源切换装置实现电源切换。两路电源即工作直流开关与备用电源开关正常情况下在合位。

（4）电池组的充、放电试验

① 电池组充电时，应将蓄电池组及对应的充电装置从母线隔离，配合检修人员完成；

② 电池组放电试验时，应将蓄电池组与直流母线隔离，配合检修人员完成。

（5）直流系统的操作

① 直流系统的任何操作，都不应使直流母线出现瞬时性的失电；

② 不允许直流母线脱离蓄电池组长时间运行，事故情况下蓄电池组单供直流母线要注意运行时间，以防蓄电池过放电而损坏；

③ 直流母线并列、联络或合环前，必须检查两组母线电压相等，正、负极性相同，且任一母线无接地。

5）直流系统的异常运行及处理

（1）充电装置故障跳闸处理

① 现象

a. LCD 上显示"充电器故障"；

b. 直流电源系统监控装置显示故障信息；

c. 充电器输出电流表指示到零；

d. 直流母线电压可能降低。

② 处理

a. 检查蓄电池及母线电压是否正常；

b. 停运故障充电器，将母线并列运行或投用备用充电器，以维持母线电压正常；

c. 查明故障原因，通知检修处理；

d. 若属交流开关跳闸，应查明原因后再投运。

（2）充电器中某个模块故障

① 现象

a. LCD 显示"充电器模块故障"；

b. 直流电源系统监控器上显示具体的某个模块故障的故障信息；

c. 其他运行模块电流上升。

② 处理

a. 现场查看确认故障的模块；

b. 停用故障的模块，拉开故障模块分路小开关；

c. 注意其他运行模块的电流不超限；

d. 联系检修处理。

（3）直流母线电压异常

① 现象

a. LCD 显示"直流母线电压异常"；

b. 母线电压表指示异常。

② 处理

a. 立即检查母线电压值,判断报警是否正确；

b. 检查蓄电池、充电装置是否正常,如果是蓄电池或充电装置故障引起的,应停运故障蓄电池或充电器,调整直流系统运行方式维持母线电压正常,通知检修处理；

c. 检查直流负荷变化情况,若因负荷变化引起,则重新调整负荷分配；

d. 母线电压恢复后检查系统运行正常。

（4）直流母线短路

① 现象

a. LCD 显示"直流母线电压异常"；

b. 短路处有强烈的电弧光,并冒火、冒烟；

c. 充电器跳闸,蓄电池组输出开关跳闸；

d. 直流母线电压表指示为"0"。

② 处理

a. 将故障母线上负荷全部停电,如有可能,转移到正常母线,但转移时应防止向故障母线倒送电；

b. 停用故障母线及充电装置,拉开蓄电池与故障母线之间的联络开关；

c. 查明故障点并通知检修处理。

（5）直流系统接地

① 现象

a. LCD 显示"直流接地"；

b. 现场绝缘监视装置上有相关支路直流接地报警；

c. 现场绝缘监视装置上母线的对地电阻下降。

② 处理

a. 在绝缘监视装置查出是哪一路负载接地,查明接地性质,询问是否有辅机启动、直流回路有无工作；

b. 对接地回路进行外部检查,确证是否由于明显的漏水、漏气所造成；

c. 及时通知电气或仪控专业相应人员到场,做好必要的安全措施后将该回路停电,交由检修处理。

7.3 蓄电池组

7.3.1 概述

蓄电池是一种独立可靠的直流电源。尽管蓄电池投资大,寿命短,且需要很多的辅助设备（如充电和浮充电设备、保暖、通风、防酸建筑等）,以及建造时间长,运行维护复杂,但由于它具有独立而可靠的特点,因而在发电厂和变电所内发生任何事故时,即使在交流电源全部停电的情况下,也能保证直流系统的用电设备可靠而连续地工作。另外,无论如何复杂的继电保护装置、自动装置和任何形式的断路器,在其进行远距离操作时,均可用蓄电池的直流电作为操作电源。因此,蓄电池组在发电厂中不仅是操作电源,也是事故照明和一些直流自用机械的备用电源。

蓄电池是储存直流电能的一种设备,目前电厂中普遍采用的是铅酸蓄电池。它能把电能转变为化学能储存起来(充电),使用时再把化学能转变为电能(放电),供给直流负荷,这种能量的变换过程是可逆的。也就是说,当蓄电池已部分放电或完全放电后,两极表面形成了新的化合物,这时如果用适当的反向电流通入蓄电池,就可使已形成的新化合物还原成原来的活性物质,供下次放电之用。在放电时,电流流出的电极称为正极或阳极,以"＋"表示;电流经过外电路之后,返回电池的电极称为负极或阴极,以"－"表示。

7.3.2 铅酸蓄电池的组成和工作原理

1) 组成

蓄电池由极板、电解液和容器构成。极板分为正极板和负极板,在正极板上的活性物质是二氧化铅(PbO_2),负极板上的活性物质是灰色海绵状的金属铅(铅绵),电解液是浓度为 27%～37% 的硫酸水溶液(稀硫酸),其比重在 15℃时为 1:21,放电时比重稍微下降。

正极板采用表面式的铅板,在铅板表面上有许多肋片,这样可以增大极板与电解液的接触面积,以减少内电阻和增大单位体积的蓄电容量。负极板采用匣式的铅板,匣式铅板中间有较大的栅格,两边用有孔的薄铅皮加以封盖,以防止多孔性物质(铅绵)的脱落。匣中充以参加电化学反应的活性材料,即将铅粉、稀硫酸等调制成糨糊状物质,涂填在铅质栅格骨架上。

正极板的有效物质为深棕色的二氧化铅,负极板中的有效物质是淡灰色棉状的金属铅。蓄电池的每一电极是由若干块极板组成的,极板的数目和面积依容量而定,正、负极板交错地排列,正、负极板之间由多孔性隔板隔开,以使极板之间保持一定距离。蓄电池中负极板总比正极板多一块,使正极板的两面在工作中起的化学作用尽量相同,以防止极板发生翘曲变形。正、负极板浸入电解液中,电解液面应比极板的上边至少高出 10 mm,以防止极板翘曲,并采用微孔橡胶隔板将正、负极板隔开,以防止短路。同时,电解液面高度还应比容器上沿至少低 15～20 mm,防止在充电过程中电解液面沸腾时溢出。

2) 蓄电池的主要参数

(1) 蓄电池的容量

蓄电池蓄电能力的重要标志,一般用"AH"来表示。蓄电池容量的安时数就是蓄电池放电到某一最小允许电压的过程中,放电电流的安培数和放电时间的乘积。蓄电池的额定容量,是指蓄电池在充足电时以 10 h 放电率放出的电量。

(2) 蓄电池的放电率

蓄电池放电至终了电压的快慢称为蓄电池的放电率。可用放电电流的大小或者放电到达终了电压的时间长短来表示。10 h 放电率为正常放电率。

（3）蓄电池的自放电

充足的蓄电池，若是放置不用，也会逐渐失去电量，这个现象称为蓄电池的自放电特性。

（4）蓄电池的浮充电流

是指蓄电池在浮充电方式下的充电电流。浮充电流数值虽不大，但因长期运行，浮充电流过大会过充电，造成蓄电池正极板脱落物增加而提前损坏；浮充电流过小则会欠充电，使负极板脱落物增加以及硫化而造成电池容量降低。所以，为了使蓄电池经常处于良好状态，应认真进行监视和调节，使浮充电流的大小经常保持在要求值。

3）蓄电池的工作特性

（1）放电特性

蓄电池在放电时，正、负极都形成了$PbSO_4$，消耗了电解液中的硫酸，同时析出水，使电解液的密度下降。化学反应方程式为：

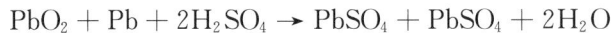

$$PbO_2 + Pb + 2H_2SO_4 \rightarrow PbSO_4 + PbSO_4 + 2H_2O$$

如果蓄电池以恒定电流（10 h 放电电流）进行连续放电，其端电压随放电时间的变化曲线如图7.9 所示，这个曲线称为放电特性曲线。

开始放电时，由于极板表面和有效物质细孔内的电解液密度骤减，蓄电池电动势迅速减小，因而蓄电池的端电压迅速下降（曲线 OA 段）。在放电中期，极板细孔中生成的水分量与从极板外表渗入的电解液量取得了动态平衡，从而使细孔内的电解液密度下降速度大为减少，故电动势下降缓慢，端电压要随内电阻的增大而减小（曲线 AB段）。到放电末期，极板上的有效物质大部分已变成硫酸铅，由于 $PbSO_4$ 的体积较大，在极板表面的细孔中形成硫酸铅堵塞了细孔，使极板外面的电

图 7.9　蓄电池放电特性曲线

解液渗入困难，因此在细孔中已稀释的电解液很难和容器中密度较大的电解液相混合，同时内电阻也迅速增大，所以蓄电池的电动势迅速下降，于是端电压也迅速下降（曲线 BC 段）至C 点，电压为 1.8 V 左右，放电便告终了。如到 C 点后继续放电，细孔中的电解液就几乎变成了水，因此内阻值急剧增大，于是端电压骤降（曲线 CD 段）。但是，若在 C 点停止放电，则蓄电池的电动势会立即上升，并随着容器中的电解液向极板有效物质细孔中渗透，电动势可能回升到 2.0 V 左右（曲线 CE 段）。可见，曲线上的 C 点，为蓄电池电压急剧下降的临界电压，称为蓄电池的放电终止电压。如果继续放电，将在极板表面和有效物质细孔内部形成硫酸铅的晶块，影响蓄电池的使用寿命，造成极板硫化和个别蓄电池发生反极现象。如过度放电，极板将发生不可恢复的翘曲和臃肿，使蓄电池极板报废。

以上所述是蓄电池以 10 h 放电电流放电的过程。如果蓄电池以更大的电流放电，则达到终止电压的时间将缩短。同时蓄电池放电时的电压与放电电流的大小有关，放电电流越大，蓄电池的端电压下降越快。这是因为电解液向极板细孔内渗入的速度受到限制，以及蓄电池内部电压随放电电流的增加而增加。所以，当放电电流改变时，蓄电池放电的初始电

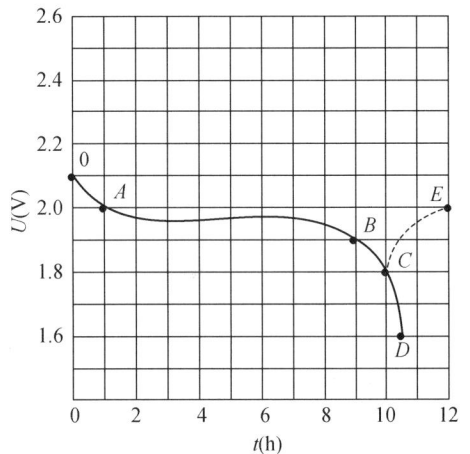

压、平均电压和终止电压均随之改变。蓄电池放电达到终止电压的快慢,称为蓄电池的放电率。放电率可以用放电电流的大小来表示,也可用放电达到终止电压的时间长短来表示。如 10、8、5、3、1 h 放电率。放电率不同,蓄电池的放电电流和终止电压也不同。常用的放电率为 10 h 放电率。

必须注意,在正常使用情况下,蓄电池不应过度放电,因为在化学反应中生成的硫酸铅小晶块在过度放电后将结成体积较大的大晶块,晶块分布不均匀时,就会使极板发生不能恢复的翘曲,同时还增大了极板的电阻。放电时产生的硫酸铅晶块很难还原,妨碍充电过程的进行。

(2) 充电特性

蓄电池充电是电能向化学能转化的过程。蓄电池放电终止后,必须及时进行充电,使正、负极板上的 $PbSO_4$ 恢复成原来的有效物质。蓄电池充电后,正极板恢复原来的 PbO_2,负极板恢复原来的 Pb,电解液中水减少,密度恢复原来值。化学反应方程式为:

$$PbSO_4 + PbSO_4 + 2H_2O \rightarrow PbO_2 + Pb + 2H_2SO_4$$

如果蓄电池以恒定电流(如 10 h 充电电流)进行连续充电,其端电压随充电时间的变化曲线如图 7.10 所示,这个曲线称为充电特性曲线。

充电开始,两极板有 H_2SO_4 析出,使极板附近的电解液密度骤增,蓄电池的端电压随之迅速上升。因此,必须相应提高充电电压,才能维持充电电流不变(曲线 OA 段)。充电中期,由于极板细孔中的电解液密度逐步增加,内电阻逐渐减小,故维持充电电流不变,只需缓慢提高充电电压(曲线 AB 段)至充电末期,大部分 $PbSO_4$ 还原成氧化铅和铅,此时充电电压约为 2.3 V。如再继续充电,则有大量水被电解,在正极板上析出的氧气与负极板析出的氢气使内电阻大大增加,因此,为了维持恒定的充电电流,必须急速提高外加电压到

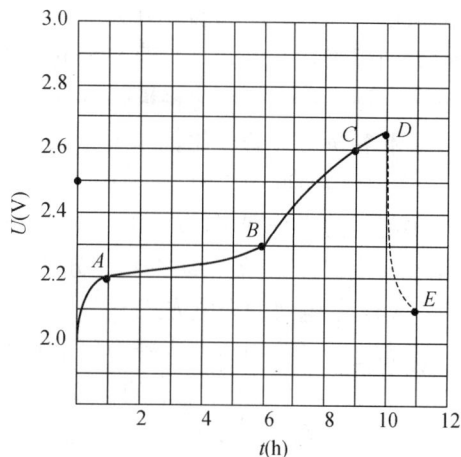

图 7.10　蓄电池充电特性曲线

2.5～2.6 V(曲线 BC 段)。到 CD 段若继续充电,$PbSO_4$ 已全部还原,能量全部用于电解水,从而使电解液呈现沸腾现象,而电压稳定在 2.7 V 左右。此后,若再继续充电,蓄电池的端电压不再提高,所以 D 点为充电结束点。蓄电池充电停止时,其端电压立即降到 2.3 V,因为此时充电电流形成的内电压降消失,端电压即等于电动势。此后随极板细孔中电解液的不断扩散,密度逐渐下降,容器中的电解液密度趋于均匀,蓄电池的电动势慢慢降到 2.06 V 左右的稳定状态,即曲线上的 E 点。

上述充电过程是以 10 h 充电电流为例,若以较大的充电电流充电,充电时间将缩短。充电电流太大时,可能在有效物质未完全还原前电解液就开始沸腾而误认为充电完毕,不仅会大量消耗电能而且会使极板翘曲,有效物质受冲击而脱落,影响电池寿命。同时,没有完全充电的蓄电池,极板易于硫化,而且也达不到应有的容量。为了减少电解水消耗的能量,应在开始冒气泡时减少充电电流,电流一般不超过容许最大电流的 40%,从而使蓄电池的

充电得以充分而经济的运行。

（3）蓄电池的自放电

蓄电池充足电后，不管是否使用，其内部都会有放电现象，称为自放电。产生自放电的主要原因是由于极板含有杂质，形成局部的小的原电池，而小的原电池的两极又形成短路回路，短路回路的电流引起蓄电池的自放电。其次，由于蓄电池的电解液上、下的密度不同，极板上、下电势不等，因而在正、负极板上、下部分之间的均压电流也引起蓄电池的自放电。蓄电池的自放电会使极板硫化，通常铅酸蓄电池在一昼夜内可自放电损失容量的 $1\% \sim 2\%$，因此对蓄电池应进行定期均衡充电，以防止由于自放电造成极板硫化。

为使电池能在饱满的容量下处于备用状态，电池常采用与充电器并联，接于直流母线上，充电器除负担经常的直流负荷外，还给电池一个适当的充电电流，以补充电池的自放电。这种进行方式称为浮充电。

（4）蓄电池的容量

蓄电池的容量是指蓄电池放电到终止电压时所能放出的电量 Q，当蓄电池以一恒定电流放电时，其容量 $Q = I_d \times t_d$。蓄电池的容量并不是固定不变的常数，它主要与使用过程中的放电率和电解液的温度有关，还与极板表面的有效物质及其数量、电解液的密度、蓄电池的新旧等因素有关。一般规定蓄电池的额定容量为电解液温度为 25℃时的 10 h 放电率的容量。因为温度的变化将影响电解液的黏度，从而影响扩散的速度，影响放电时的电势，也就引起容量的显著变化。

当放电时间减少时，放电电流增大，将加快极板内层与有效物质的化学反应，使有效物质不能得到充分利用，以致电压降低很快，放出容量较小；反之，由于极板内层与有效物质的化学反应缓慢，有效物质得到充分利用，放出容量较大。

（5）蓄电池的充电方式

蓄电池的充电方式大致有以下几种：

① 浮充电。由于电池的自放电，为使电池在饱满的容量下处于备用状态，电池与充电机并联接于直流母线上，充电机除担负经常的直流负载外，还给电池一适当的充电电流，这种方式叫浮充电。

② 定期充放电。以浮充电运行的电池，经过一定时间后，要使其极板的物质进行一次比较大的充放电反应，以检查电池容量，发现落后电池及时维修处理，保证电池的正常运行。

③ 均衡充电。以浮充电方式运行的电池，在长期的运行中，由于每个电池自放电是不相等的，但浮充电流是一致的，结果会出现部分电池处于欠充状态。均衡充电的目的是使全系列电池的电解液密度、电压均衡一致，从而增加电池的容量，延长电池的使用寿命。均衡充电用于电池电解液密度、电压出现较大偏差时，电池经常过放电、经常充电不足或出现其他异常现象。

7.3.3 电厂典型蓄电池参数

温度太高将降低蓄电池的寿命，温度太低则影响蓄电池容量。蓄电池持续运行温度不得超过 45℃，短时运行温度不得超过 55℃。理想的运行温度为 20℃±5 K。单体电池表面温度偏差超过 5 K，应及时与制造厂联系。典型电厂蓄电池规范如表 7.9 所示。

表 7.9 电厂典型蓄电池参数

项 目	主厂房 220 V 蓄电池	主厂房 110 V 蓄电池	继电器楼 110 V 蓄电池
蓄电池型号	GFM2000	GFM800E	GFM800E
＊10 h 蓄电池容量(C10, Ah)	2 200	800	800
蓄电池形式(胶体/贫液/富液)	贫液	贫液	贫液
25℃时蓄电池浮充寿命(年)	15	15	15
单体电池额定电压(V)	2	2	2
＊单体电池放电终止电压(V/只,25℃)	1.85	1.85	1.85
单体电池浮充电电压(V/只,25℃)	2.25	2.25	2.25
单体电池均衡充电电压(V/只,25℃)	2.35	2.35	2.35
蓄电池正常浮充电电流(mA)	≤4 000	≤1 600	≤1 600
蓄电池均衡充电电流(A)	220	80	80
蓄电池均衡充电时间(h)	24	24	24
蓄电池气体复合效率(%)	99	99	99
外壳材料	超强 ABS	超强 ABS	超强 ABS
每月自放电率(%)	≤2%	≤2%	≤2%
密封工艺	热封	热封	热封
电池开路电压差(mV)	≤20	≤20	≤20
电解液吸附系统方式	AGM 隔板	AGM 隔板	AGM 隔板
蓄电池开阀压力(kPa)	10～20	10～20	10～20
蓄电池闭阀压力(kPa)	3～10	3～10	3～10
＊蓄电池内阻(MΩ/只)	0.11	0.21	0.21
蓄电池间连接板电阻(MΩ)	<0.04	<0.066	<0.066
正极板厚度(mm)	5.1	5.1	5.1
负极极板厚度(mm)	3.3	3.3	3.3
蓄电池间连接导体材质和有效截面	铜 90 mm² ×3	铜 90 mm² ×2	铜 90 mm² ×2
每组蓄电池总电阻(Ω)	≤0.013	≤0.012 7	≤0.012 7
每组蓄电池短路电流(kA)	17.2	9	9
单体蓄电池外形尺寸(长×宽×高,mm)	382×233×614	154×229×566	154×229×566
每组蓄电池外形尺寸(长×宽×高,mm)	11 040×1 280×660	5 000×620×660	2 500×620×1 220
每组蓄电池荷重(kg)	14 867	3 055	3 055

8

继电保护及自动装置

继电保护和自动装置是影响电力系统安全、稳定、优质运行的重要手段。电力系统的正常运行、故障期间以及故障后的恢复过程中,控制操作日趋自动化。这些控制操作的技术和装备大致可分为两类:一是为了保证电力系统正常运行的经济性和电能质量的自动化技术与装备,主要进行电能生产过程的连续自动调节,通常理解为"电力系统自动化";二是当电网或设备发生故障或出现影响安全稳定的异常情况时,自动切除故障设备和消除异常情况的技术与装备,通常理解的"继电保护及自动装置"属于这种类型。

继电保护的任务:当电力系统发生故障时,给控制故障元件的断路器发跳闸信号,将故障设备从系统中切除,保证其他无故障设备的运行;当电力系统出现不正常工作状态时,发出告警信号,通知运行维护人员进行处理。

自动装置的任务:配合继电保护装置提高供电可靠性(自动重合闸装置、备用电源自动投入装置等);保证电能质量,提高运行水平,降低人员的工作强度(自动励磁调节装置、低频减载装置、自动并列装置等);自动记录故障过程,便于分析处理故障(故障录波装置等)。

8.1 发电机保护

8.1.1 概述

发电机是电力系统中最主要的设备,大容量机组在系统中的地位举足轻重,大型发电机单机容量大、造价昂贵,保护的拒动或误动将造成十分严重的后果,所以大型机组继电保护的技术指标要求更高。如何保障发电机在电力系统中的安全运行尤为重要。大容量机组一般采用直接冷却技术,体积和惯量并不随容量成比例增大,使得大型发电机参数与中小型发电机大不相同,因此正常和故障运行时的特性也与中小型机组有较大差异。大型发电机组与中小型发电机组相比,不同点主要表现在:

(1) 短路比小,电抗大。大型发电机的短路比在 0.5 左右,各种电抗都比中小型发电机大。因此大型发电机组的短路水平反而比中小型机组的短路水平低,这对继电保护是十分不利的。由于 x_d 的增大,使发电机的静稳储备系数 K_{ch} 减小,因此在系统受到扰动或发电机发生失磁故障时,很容易失去静态稳定。由于 x_d''、x_d'、x_d 等参数的变大,使发电机平均异步转矩大大降低,约从中小型发电机的 2~3 倍额定值减小至额定值左右。于是失磁后异步运行时滑差增大,允许异步运行的负载更小、时间更短,另一方面要从系统吸取更多的无功功率,对系统稳定运行不利。

(2) 时间常数增大。大型发电机组定子回路时间常数 T_a 和 T_a/T_d'' 比值显著增大,短路时定子非周期电流的衰减较慢,短路电流偏移在时间轴一侧时间较长,使电流互感器更容易饱和,影响大机组保护正确工作。

(3) 惯性时间常数降低。大容量机组的体积并不随容量成比例地增大,有效材料利用率提高,其直接后果是机组的惯性常数 H 明显降低,1 000 MW 发电机的惯性时间常数在1.75 左右,在扰动下机组更易于发生振荡。

(4) 热容量降低。有效材料利用率提高的另一后果是发电机的热容量与铜损、铁损之比显著下降。例如 200 MW 及更小的发电机的定子绕组对称过负荷能力为 1.5 倍额定电流,允许持续运行 120 s,转子绕组过负荷能力为 2 倍额定励磁电流,允许持续运行 30 s;对于 1 000 MW 汽轮发电机,定子绕组过负荷能力规定为 1.5 倍额定电流,允许持续运行 30 s,转子绕组过负荷能力为 2 倍额定励磁电流,允许持续运行 10 s。转子表层承受负序过负荷的能力 $I_2^2 t$,中小汽轮发电机组(间接冷却方式)为 30 s,1 000 MW(直接冷却方式)汽轮发电机减小到 6 s。

8.1.2 继电保护配置

1) 保护配置原则

(1) 大机组造价昂贵,发生故障将造成巨大损失。考虑大机组保护总体配置时,强调最大限度地保证机组安全,最大限度地缩小故障破坏范围。

(2) 大机组单机容量大,故障跳闸会对系统产生严重的影响,所以配置保护时不仅限于机组本身,而且保障整个系统安全运行,尽可能避免不必要的突然停机。

(3) 要求选择可靠性、灵敏性、选择性和快速性好的保护继电器,还要求在继电保护的总体配置上尽量做到完善、合理,并力求避免繁琐、复杂。

(4) 1 000 MW 发电机组的配置原则应能可靠地检测出发电机发生的故障及不正常运行状态,同时,在继电保护装置部分退出运行时,应不影响机组的安全运行。在对故障进行处理时,应保证满足机组和系统两方面的要求,因此,主保护应双重化。对于大型机组继电保护的配置原则是:加强主保护(双重化配置),简化后备保护。继电保护双重化配置的要求是:两套独立的 TA、TV 检测元件,两套独立的保护装置,两套独立的开关跳闸机构,两套独立的控制电缆,两套独立的蓄电池供电。

(5) 对于后备保护,发电机已有双重主保护甚至已超双重化配置,本身对后备保护已不做要求。

2) 保护配置特点

双主双后,即双套主保护、双套后备保护、双套异常运行保护的配置方案。其思想是将主设备(发电机或主变、厂变)的全套电量保护集成在一套装置中。

配置两套完整的电气量保护,每套保护装置采用不同组 TA、TV,均有独立的出口跳闸回路。配置一套非电量保护,出口跳闸回路完全独立。

主变高压侧不设刀闸,所以不设短引线保护。

发电机和主变可能分开运行,所以不装设像常规发变组的所谓大差动保护。

主变和发电机过励磁保护需要分开配置,并且分别按自己的励磁特性来整定,作用于不同出口。

发电机差动保护、主变差动保护、厂变差动保护 TA 保护区相互交叉衔接,防止出现保护死区,所有差动保护用 TA 采用 5P20 级次。

主变低压侧设置电压互感器 4YH(位于 GCB 内),为发电机并网提供系统侧同期电压,同时,为主变复合电压闭锁过流保护、主变低侧接地保护、主变过激磁保护提供测量电压。

发电机转子接地保护由励磁系统自己实现,不单独设置发电机转子接地保护。

为防止短路电流衰减导致后备保护拒动,发电机采用带记忆的复合电压闭锁过流保护作为后备保护。

8.1.3 发电机的故障、异常及其相应保护方式

1) 发电机故障及其危害

(1)定子绕组的相间短路

发电机定子绕组发生相间短路若不及时切除,将烧毁整个发电机组,引起极为严重的后果,必须有两套或两套以上的快速保护反映此类故障。对于相间短路,国内外均装设纵联差动保护装置,瞬时动作于全停。

(2)定子绕组匝间短路

单机容量的增大,汽轮发电机轴向长度与直径之比明显加大,这将使机组运行中振动加剧,匝间绝缘磨损加快,有时还可能引起冷却系统的故障,因此希望装设灵敏的匝间短路保护。因为冲击电压波沿定子绕组的分布是不均匀的,波头越陡,分布越不均匀。一个波头为 $3\ \mu s$ 的冲击波,在绕组的第一个匝间可能承受全部冲击电压的 25%,因此由机端进入发电机的冲击波,有可能首先在定子绕组的始端发生匝间短路。有鉴于此,大型机组均在机端装设三相对地的平波电容和氧化锌避雷器,即使这样也不能完全排除冲击过电压造成的匝间绝缘损坏,因此需要装设匝间短路保护。

(3)定子单相接地

定子绕组的单相接地(定子绕组与铁芯间的绝缘破坏)是发电机最常见的一种故障,定子故障接地电流超过一定值就可能造成发电机定子铁芯烧坏,而且发电机单相接地故障往往是相间或匝间短路的先兆。大型发电机在系统中具有重要地位,铁芯制造工艺复杂,造价昂贵,检修困难,所以对于大型发电机的定子接地电流大小和保护性能提出了严格的要求。在我国,为了确保大型发电机的安全,不使单相接地故障发展成相间故障或匝间短路,使单相接地故障处不产生电弧或者使接地电弧瞬间熄灭,不产生电弧的最大接地电流被定义为发电机单相接地的安全电流,其值与发电机额定电压有关,18 kV 及以上发电机接地电流允许值为 1 A。发电机的中性点接地方式与定子接地保护的构成密切相关,同时中性点接地方式与单相接地故障电流、定子绕组过电压等问题有关。大型发电机中性点接地方式和定子接地保护应该满足三个基本要求:一是故障点电流不应超过安全电流,否则保护应动作于跳闸;二是保护动作区覆盖整个定子绕组,有 100%保护区,保护区内任一点接地故障应有足够高的灵敏度;三是暂态过电压数值较小,不威胁发电机的安全运行。

大型发电机中性点采用何种接地方式,国内一直存在着是采用消弧线圈还是采用高阻接地的争议。建议采用消弧线圈接地者认为可以将接地电流限制在安全接地电流以下,熄灭电弧,防止故障发展,从而可以争取时间使发电机负荷平稳转移后停机,减小对电网的冲击。实际上,我国就曾有过发电机接地电流虽小于安全电流,长时间运行最终还是发展成相间短路的教训。中性点经配电变压器高阻接地方式是国际上与变压器接成单元的大中型发电机中性点最广泛采用的一种接地方式,设计发电机中性点经配电变压器接地,主要是为了

降低发电机定子绕组的过电压(不超过 2.6 倍的额定相电压),极大地减少了发生谐振的可能性,保护发电机的绝缘不受损。但是发电机单相容量的增大,一般使三相定子绕组对地电容增加,相应的单相接地电容电流也增大。另外,发电机中性点经配电变压器高阻接地必然导致单相接地故障电流的增大,其数值美、日、法、瑞士等国以控制在 15 A 以下为标准,这些国家认为在此电流下持续 5~10 min,定子铁芯只受轻微损伤。为保证大型发电机的安全,中性点经配电变压器高阻接地的 1 000 MW 机组必须使定子接地保护动作于发电机故障停机。

(4) 失磁

发电机低励(发电机的励磁电流低于静稳极限所对应的励磁电流)或失磁,是常见的故障形式。发电机低励或失磁后,将过渡到异步发电机运行状态,转子出现转差,定子电流增大,电压下降,有功功率下降,无功功率反向并且增大;在转子回路中出现差频电流;电力系统的电压下降及某些电源支路过电流。所有这些电气量的变化,都伴有一定程度的摆动。

对电力系统来说,发电机发生低励或失磁后所产生的危险,主要表现在以下几个方面:

① 低励或失磁的发电机,由发出无功功率转为从电力系统中吸收无功功率,从而使系统出现巨大的无功差额,发电机的容量越大,在低励和失磁时产生的无功缺额越大,如果系统中无功功率储备不足,将使电力系统中邻近的某些点的电压低于允许值,甚至使电力系统因电压崩溃而瓦解。

② 当一台发电机发生低励或失磁后,由于电压下降,电力系统的其他发电机在自动励磁调节器的作用下自动增大无功输出,从而使某些发电机、变压器或线路过电流,其后备保护可能因过流而跳闸,使故障范围扩大。

③ 一台发电机低励或失磁后,由于该发电机有功功率的摆动,以及系统电压的下降,可能导致相邻的正常运行发电机与系统之间或电力系统的各部分之间失步,使系统产生振荡,甩掉大量负荷。

对发电机本身来说,低励或失磁产生的不利影响,主要表现在以下几个方面:

① 由于出现转差,在发电机转子回路中出现差频电流。对于直接冷却高利用率的大型机组,其热容量裕度相对降低,转子更容易过热。流过转子表层的差频电流,还可能使转子本体与槽楔、护环的接触面发生严重的局部过热甚至灼伤。

② 低励或失磁的发电机进入异步运行之后,发电机的等效电抗降低,从电力系统中吸收的无功功率增加。低励或失磁前带的有功功率越大,转差就越大,等效电抗就越小,所吸收的无功功率就越大。在重负荷下失磁后,由于过电流,将使定子过热。

③ 对于直接冷却高利用率的大型汽轮发电机,其平均异步转矩的最大值较小,惯性常数相对降低,转子在纵轴和横轴方面也呈较明显的不对称。由于这些原因,在重负荷下失磁后,导致发电机的转矩、有功功率发生剧烈的周期性摆动,将有很大甚至超过额定值的电磁转矩周期性地作用到发电机的轴系上,并通过定子传递到机座。此时,转差也作周期性变化,其最大值可达到 4%~5%,发电机周期性严重超速。这些都直接威胁机组安全。

④ 低励或失磁运行时,定子端部漏磁增强,将使端部的部件和边段铁芯过热。

由于发电机低励和失磁对电力系统和发电机本身的上述危害,为保证电力系统和发电机的安全,必须装设低励—失磁保护,以便及时发现低励和失磁故障并采取必要的措施。失磁保护检出失磁故障后,可采取的措施之一,就是迅速把失磁的发电机从电力系统中切除,这是最简单的办法。但是,失磁对电力系统和发电机本身的危害,并不像发电机内部短路那样迅速地表现出来。另一方面,大型汽轮发电机组,突然跳闸会给机组本身及其辅机造成很大的冲击,对电力系统也会加重扰动。

汽轮发电机组有一定的异步运行能力,1 000 MW 汽轮机组在失磁后允许 40% 负荷持续运行 15 min。因此,对于汽轮发电机,失磁后还可以采取另一种措施,即监视母线电压。当电压低于允许值时,为防止电力系统发生振荡或造成电压崩溃,迅速将发电机切除;当电压高于允许值时,则不应当立即把发电机切除,而是首先采取降低原动机出力等措施,并随即检查造成失磁的原因,予以消除,使机组恢复正常运行,以避免不必要的事故停机。如果在发电机允许的时间内不能消除造成失磁的原因,则再由保护装置或由操作人员手动停机。在我国电力系统中,就有过多次 10～300 MW 机组失磁之后用上述方法避免事故停机的事例。通过大量研究并试验,证明容量不超过 1 000 MW 汽轮发电机若失磁机组快速减载到允许水平,只要电网有相应无功储备,可确保电网电压,失磁机组的厂用电保持正常工作的情况,失磁机组可不跳闸,尽快恢复励磁。

需要说明的是,发电机低励产生的危害比完全失磁更严重,原因是低励时尚有一部分励磁电压将继续产生剩余同步功率和转矩,在功角 0°～360° 的整个变化周期中,该剩余功率和转矩时正时负地作用在转轴上,使机组产生强烈的振动,功率振荡幅度加大,对机组和电力系统的影响更严重。在此情况下一般失步保护会动作,如果失步保护未动作,出于大机组的安全考虑,应迅速拉开灭磁开关。

(5) 转子接地故障

发电机转子在运输或保存过程中,由于转子内部受潮、铁芯生锈,随后铁锈进入绕组,造成转子绕组主绝缘或匝间绝缘损坏;转子加工过程中的铁屑或其他金属物落入转子,也可能引起转子主绝缘或匝间绝缘的损坏;转子绕组下线时绝缘的损坏或槽内绕组发生位移,也将引发接地或匝间短路;氢内冷转子绕组的铜线匝上,带有开启式的进氢和出氢孔,在启动或停机时,由于转子绕组的活动,部分匝间绝缘垫片发生位移,引起氢气通风孔局部堵塞,使转子绕组局部过热和绝缘损坏;运行中转子滑环上的电流引线的导电螺钉未拧紧,造成螺钉绝缘损坏;电刷粉末沉积在滑环下面的绝缘突出部分,使励磁回路绝缘电阻严重下降。

转子绕组匝间短路多发生在沿槽高方向的上层线匝,对于气体冷却的转子,这种匝间短路不会直接引起严重后果,也无需立即消除缺陷,所以并不要求装设转子绕组匝间短路保护。转子绕组匝间短路的故障处理没有统一的标准,一旦发现这类故障,发电机是否继续运行应综合考虑现有的运行经验、故障的形式和特点、故障发现在机组运行期间或预防性试验中或机组安装时等诸多因素。我国某些电厂根据转子绕组的绝缘状况、机组的振动水平和输出无功功率的减少程度,决定机组是否停机检修。

转子一点接地对汽轮发电机组的影响不大,一般允许继续运行一段时间。发电机组发生一点接地后,转子各部分对地电位发生变化,比较容易诱发两点接地,汽轮发电机一旦发生两点接地,其后果相当严重,由于故障点流过相当大的故障电流而烧伤转子本体;由于部分绕组被短接,励磁绕组中电流增加,可能因过热而烧伤;由于部分绕组被短接,使气隙磁通失去平衡,从而引起振动。励磁回路两点接地,还可使轴系和汽机磁化。励磁回路发生两点接地故障引起的后果非常复杂,处理起来很麻烦。

近年来,大型汽轮发电机装设一点接地保护已属定论,国内外均无异议。但在一点接地保护动作于信号还是动作于跳闸的问题上存在着不同的看法。主张动作于信号者,考虑装设两点接地保护;主张动作于停机者,则认为不必再装设两点接地保护,这有利于避免发生汽机磁化。另外,由于目前尚缺少选择性好、灵敏度高、经常投运且运行经验成熟的励磁回路两点接地保护装置,所以也有不装设两点接地保护的意见,进口大型机组很多不装两点接地保护。励磁系统中带有电桥式转子接地保护装置,他们对转子接地保护的设计思想是:当励磁回路绝缘电阻下降到一定值时报警,当绝缘电阻继续下降至一定值时,保护即动作切除发电机组,以防止发生两点接地导致灾难性事故。

2) 发电机异常工作状态

（1）定子对称过负荷

发电机对称过负荷通常是由于系统中切除电源;生产过程出现短时冲击性负荷、大型电动机自启动、发电机强行励磁、失磁运行、同期操作及振荡等原因引起的。对于大型发电机,定子和转子的材料利用率很高,发电机的热容量(WS/℃)与铜损、铁损之比显著下降,因而热时间常数也比较小。从限制定子绕组温升的角度,实际上就是要限制定子绕组电流,所以实际上对称过负荷保护,就是定子绕组对称过流保护。

对于发电机过负荷,即要在电网事故情况下充分发挥发电机的过负荷能力,以对电网起到最大限度的支撑作用,又要在危及发电机安全的情况下及时将发电机解列,防止发电机损坏。一般发电机都给出过负荷倍数和相应的持续时间。对于 1 000 MW 汽轮发电机,发电机具有一定的短时过负荷能力,从额定工况下的稳定温度起始,能承受 1.3 倍额定定子电流下运行至少 1 min。允许的电枢电流和持续时间(直到 120 s)如表 8.1 所示。

表 8.1　发电机定子绕组过负荷能力

时间(s)	10	30	60	120
电枢电流(%)	226	154	130	116

大型发电机定子过负荷保护,根据发电机过负荷能力,一般由定时限和反时限两部分组成。

（2）定子不对称过负荷

电力系统中发生不对称短路,或三相负荷不对称(如有电气机车、电弧炉等单相负荷)时,将有负序电流流过发电机的定子绕组,并在发电机中产生对转子以两倍同步转速的磁场,从而在转子中产生倍频电流。

汽轮发电机转子由整块钢锻压而成,绕组置于槽中,倍频电流由于集肤效应的作用,主要在转子表面流通,并经转子本体槽楔和阻尼条在转子的端部附近约 10%～30% 的区域内沿周向构成闭合回路。这一周向电流有很大的数值。例如,一台 1 000 MW 机组,可达250～300 kA。这样大的倍频电流流过转子表层时,将在护环与转子本体之间和槽楔与槽壁之间等接触上形成热点,将转子烧伤。倍频电流还将使转子的平均温度升高,使转子挠性槽附近断面较小的部位和槽楔、阻尼环与阻尼条等分流较大的部位,形成局部高温,从而导致转子表层金属材料的强度下降,危及机组的安全。此外,转子本体与护环的温差超过允许限度,将导致护环松脱,造成严重破坏。

为防止发电机转子遭受负序电流的损伤,大型汽轮发电机都要求装设较为完善的负序电流保护,因为其保护的对象是发电机转子,是转子表层负序发热的唯一主保护,故习惯上称其为发电机转子表层负序过负荷保护,由定时限和反时限两部分组成。发电机转子长期承受负序电流的能力和短时承受负序电流发热的能力 $I_2^2 t$,是整定负序电流保护的依据。

(3)励磁回路过流

和定子绕组相同,大型发电机励磁绕组的热容量和热时间常数也相对较小,对于 1 000 MW 汽轮发电机,在额定工况稳定温度下,发电机励磁绕组允许在励磁电压为 125% 额定值下运行 1 min,允许的励磁电压与持续时间(直到 120 s)如表 8.2 所示。

表 8.2 发电机励磁绕组过负荷能力

时间(s)	10	30	60	120
励磁电压(%)	208	146	125	112

在发电机过励限制器失灵或强励动作后返回失灵时,为了使发电机励磁绕组不致过热损坏,300 MW 及以上发电机应装设定时限和反时限励磁绕组过负荷保护,后者作用于解列灭磁。应该指出,现代自动调整励磁装置,针对发电机的各种工况,都设有比较完善的励磁限制环节,为防止励磁绕组过电流设有过励限制器,与励磁绕组过负荷保护有类似的功能,其可靠性由励磁调节器的性能来保证。

(4)过电压

运行实践中,大型汽轮发电机出现危及绝缘安全的过电压是比较常见的现象。当满负荷下突然甩去全部负荷,电枢反应突然消失,由于调速系统和自动调整励磁装置都是由惯性环节组成,转速仍将上涨,励磁电流不能突变,使得发电机电压在短时间内也要上升。例如,次瞬变电抗是 0.2 p.u.,如果甩掉 0.5 p.u. 无功电流则立即产生 10% 的电压升高,任何调节作用都不能减小它。如果没有自动电压调节器,或励磁系统在手动方式运行,恒励磁电流调节,则电压继续上升一直到达由同步电抗所决定的最大值,其值可能达到 1.3~1.5 倍额定值,持续时间可能达到数秒,甩负荷将导致严重的发电机电压升高。

发电机主绝缘的工频耐压水平一般为 1.3 倍额定电压持续 60 s,而实际过电压的数值和持续时间可能超过试验电压和允许时间,因此对发电机主绝缘构成了直接威胁。ABB 的 UN5000 型励磁调节器在发电机开关断开时,将励磁电流调节器的给定值复归到空载励磁电流值。尽管这样,还是不能完全避免发电机定子过电压的发生。由于上述原因,对于 200 MW 及以上的大型汽轮发电机,以往国内外都无例外地装设过电压保护,保持动作电压为 $1.3 U_N$,经 0.5 s 延时作用于解列灭磁。

(5)过励磁

由于发电机发生过励磁故障时并非每次都造成设备的明显破坏,往往容易被人忽视,但是多次反复过励磁,将因过热而使绝缘老化,降低设备的使用寿命。发电机由铁芯绕组组成,设绕组外加电压为 U,匝数为 W,铁芯截面为 S,磁感应强度为 B,则有 $U = 4.44 f W B S$。因为 W、S 均为定数,故可写成 $B = K \cdot U/f$。式中,$K = 1/4.44 W S$,对每一特定的发电机或变压器,K 为定数。由式 $B = K \cdot U/f$ 可知:电压的升高和频率的降低均可导致磁感应强度 B 的增大。对于发电机,当过励倍数 $n = B/B_n = \dfrac{U}{U_n} / \dfrac{f}{f_n} = U_* / f_* > 1$ 时,要遭受过励磁的危害,主要表现在发电机定子铁芯背部漏磁场增强,在定子铁芯的定位筋中感应电势,并通过定子铁芯构成闭路,流过电流,不仅造成严重过热,还可能在定位筋和定子

铁芯接触面造成火花放电,这对氢冷发电机组十分不利。发电机运行中,可能因以下原因造成过激磁:

① 发电机与系统并列之前,由于操作错误,误加大励磁电流引起激磁,如由于发电机 TV 断线造成误判断。发电机启动过程中,发电机随同汽轮机转子低速暖机,若误将电压升至额定值,则因发电机低频运行而导致过励磁。

② 在切除机组的过程中,主汽门关闭,出口开关断开,而灭磁开关拒动。此时汽轮机惰走转速下降,自动励磁调节器力求保持机端电压等于额定值,使发电机遭受过励磁。

③ 发电机出口开关跳闸后,若自动励磁调节装置手动运行或自动失灵,则电压与频率均会升高,但因频率升高较慢而引起发电机过励磁。大型发电机需装设完善的过励磁保护。

(6) 频率异常

频率异常包括频率降低和频率升高。频率降低对发电机有以下影响:

① 引起转子的转速降低,使两端风扇鼓进的风量降低,其后果是使发电机的冷却条件变坏,各部分的温度升高;

② 由于发电机的电势和频率磁通成正比,若频率降低,必须增大磁通才能保持电势不变,这就要增加励磁电流,致使发电机转子线圈的温度增加;

③ 频率降低时,为了使机端电压保持不变,就得增加磁通,这就容易使定子铁芯饱和,磁通逸出,使机座的某些结构部件产生局部高温,有的部位甚至冒火星;

④ 低频工况严重威胁厂电机械的安全,低频导致厂用电动机的转速降低,这可能造成一系列的恶性循环,如给水泵的压力不足,致使锅炉的汽压不足、汽温波动,循环水泵、凝结水泵的出力不足,影响汽机真空等;

⑤ 一方面由于低频的同时存在系统无功缺额,另一方面由于发电机转速下降,同等励磁条件下机端电压下降,所以低频往往伴随着低电压,严重的低频降可能导致系统频率崩溃或电压崩溃。

当发电机频率低于额定值一定范围时,发电机的输出功率应降低,功率降低一般与频率降低成一定比例,在低频运行时发电机如果发生过负荷,如上所述会导致发电机的热损伤,但限制汽轮发电机组低频运行的决定性因素是汽轮机而不是发电机。频率异常保护主要用于保护汽轮机,防止汽轮机叶片及其拉筋的断裂事故。汽轮机的叶片都有一自振频率 f_v,如果发电机运行频率升高或者降低,当 $|f_v - kn| \geqslant 7.5$ Hz 时叶片将发生谐振。其中,k 为谐振倍率,$k = 1, 2, 3, \cdots$;n 为转速(r/min)。叶片承受很大的谐振应力,使材料疲劳,达到材料所不允许的限度时,叶片或拉筋就要断裂,造成严重事故。材料的疲劳是一个不可逆的积累过程,所以汽轮机都给出在规定的频率下允许的累计运行时间。

频率升高对汽轮机的安全也是有危险的,所以从这点出发,频率异常保护应当包括反映频率升高的部分。但是,一般汽轮机允许的超速范围比较小;在系统中有功功率过剩时,通过机组的调速系统作用、超速保护,以及必要切除部分机组等措施,可以迅速使频率恢复到额定值;而且频率升高大多数是在轻负荷或空载时发生,此时汽轮机叶片和拉筋所承受的应力要比低频满载时小得多,所以,一般频率异常保护中,不设置反应频率升高的部分,而只包括反应频率下降的部分,并称为低频保护。

(7) 发电机与系统之间失步

对于大机组和超高压电力系统,发电机装有快速响应的自动调整励磁装置,并与升变压器组成单元接线,送电网络不断扩大,使发电机与系统的阻抗比例发生了变化。发电机和变压器阻抗值增加了,而系统的等效阻抗值下降了。因此,振荡中心常落在发电机机端或升压变压器范围内。由于振荡中心落在机端附近,使振荡过程对机组的影响加重了。机端电压周期性地严重下降,这点对大型汽轮发电机的安全运行特别不利。因为机炉的辅机都由接在机端的厂用变压器供电,电压周期性地严重下降,将使厂用机械工作的稳定性遭到破坏,甚至使一些重要电动机制动,导致停机、停炉或主辅设备的损坏。对于直吹式制粉系统的锅炉,由于一次风机转速周期性严重下降,可能导致一次粉管中大量煤粉沉积,锅炉也可能濒临灭火,电压回升后转速又急剧增长,大量煤粉突然涌入炉膛,可能因此而引起炉膛爆炸。

汽轮机转速的暂态上升,随后失步,汽机超速保护动作将调速汽门关闭,直到又恢复同步速为止。这样,就使单元制机组的再热器蒸汽流量迅速改变,随之而来的是主汽压力和温度的瞬变,直流式锅炉中间段的大幅改变,炉管承受剧烈的热应力。

发电机长时失步运行将造成电厂整个生产流程扰乱和破坏,可能造成一些无法预见的后果。失步振荡电流的幅值与三相短路电流可比拟,但振荡电流在较长时间内反复出现,使大型发电机组遭受冲击力和热的损伤,在短路伴随振荡的情况下,定子绕组端部先遭受短路电流产生的应力,相继又承受振荡电流产生的应力,使定子绕组端部出现机械损伤的可能性增加。振荡过程中出现的扭转转矩,周期性作用于机组轴系,使大轴扭伤,缩短运行寿命。对于电力系统来说,大机组与系统之间失步,如不能及时地妥善处理,可能扩大到整个电力系统,导致电力系统崩溃。

由于上述原因,对于大机组,特别是在单机容量所占比例较大的 1 000 MW 汽轮发电机,需要装设失步保护,用以及时检出失步故障,迅速采取措施,以保障机组和电力系统的安全运行。为防止发电机失步和电力系统振荡,发电厂端往往采取一系列安全稳定措施,如超高速继电保护、重合闸装置、高起始响应励磁调节器和 PSS 功率稳定器、高周联锁切机等。需要提到的是,利用 DEH 的 ACC 加速度控制快关中压调节汽门功能,将可能避免由于短路故障诱发的失步,可能将不稳定振荡转化为稳定振荡,这对于在线稳定机组将大有好处。因此,对于稳定振荡,发电机也没有必要跳闸。当振荡中心落于机端附近时,对于从机端取用励磁电源的自并激励磁方式发电机组将非常不利,失步将导致发电机失磁,使事故来得更为复杂。因此,当检测到振荡中心落在发电机变压器内部时,失步保护应动作于全停。

(8) 误上电(盘车状态下误合闸)

发电机在盘车过程中,由于出口开关误合闸,突然加上三相电压而使发电机异步启动的情况在国外曾多次出现过,它能在几秒钟内给机组造成损伤。盘车中的发电机突然加电压后,电抗接近 x''_d,并在启动过程中基本上不变。计及升压变压器的电抗 x_t 和系统联接电抗 x_s,并且在 x_s 较小时,流过发电机定绕组的电流可达 3～4 倍额定值,定子电流所建立的旋转磁场将在转子中产生差频电流,如果不及时切除电源,流过电流的持续时间过长,则在转子上产生的热效应 $I_2^2 t$ 将超过允许值,引起转子过热而遭到损坏。此外,突然加速,还可能因润滑油压低而使轴瓦遭受损坏。

因此,对这种突然加电压的异常运行状况,应当有相应的保护装置,以迅速切除电源。对于这种工况,逆功率保护、失磁保护、机端全阻抗保护也能反映,但由于需要设置无延时元件,盘车状态,电压互感器和电流互感器都已退出,限制了其兼作突加电压保护的使用。一般来说,设置专用的误合闸保护比较好,不易出现差错,维护方便。

（9）启动和停机时故障

有些情况下，由于操作上的失误或其他原因使发电机在启动或停机过程中有励磁电流，而此时发电机正好存在短路或其他故障，由于此时发电机的频率低，许多保护继电器的动作特性受频率影响较大，在低频率下不能正确工作，有的灵敏度大大降低，有的则根本不能动作。

鉴于上述情况，对于在低转速下可能加励磁电压的发电机通常要装设反映定子接地故障和反映相间短路故障的保护装置。这种保护，一般称为启停机保护。现在一些微机保护装置都有频率自适应（跟踪）功能，保证偏离工频时，特别是在发电机开停机过程，不影响保护的灵敏度，因此没有必要再装设启停机保护。

（10）逆功率

汽轮机在其主汽门关闭后，发电机变为同步电动机运行，从电机可逆的观点来看，逆功率运行对发电机毫无影响。但是对于汽轮机，其转子将被发电机拖动保持 3 000 r/min 高速旋转，叶片将和滞留在汽缸内的蒸汽产生鼓风摩擦，所产生的热量不能为蒸汽所带走，从而使汽轮机的叶片（主要是低压缸和中压缸末级叶片）和排汽端缸温急剧升高，使其过热而损坏，一般规定逆功率运行不得超过 3 min。因此，大型机组都要求装设逆功率保护，当发生逆功率时，以一定的延时将机组从电网解列。

主汽门关闭后，发电机有功功率下降并变到某一负值，几经摆动之后达到稳态值。发电机的有功损耗一般约为额定值的 1%～1.5%，而汽轮机的损耗与真空度及其他因素有关，一般约为额定值的 3%～4%，有时还要稍大些。因此，发电机变电动机运行后，从电力系统中吸收的有功功率稳态值约为额定值的 4%～5%，而最大暂态值可达到额定值的 10%左右。当主汽门有一定的漏泄时，实际逆功率还要比上述数值小些。

现代大型机组一般设置两套逆功率保护：一套是常规的逆功率保护；另一套是程序跳闸专用的逆功率保护，用于防止汽轮机主汽门关闭不严而造成飞车危险，当主汽门关闭时用逆功率元件将机组从电网安全解列。

8.1.4 发电机的定子绕组短路故障保护

发电机纵差保护是反映发电机定子相间及引线的短路的保护。纵差保护是通过比较被保护对象纵向两侧电流的大小和相位的原理实现的，包括无比率制动式和比率制动式。无比率制动的纵差保护为了防止外部故障时误动，保护定值要躲过外部故障时的最大不平衡电流，其值较大，因而灵敏度低，机内某些故障（如经过渡电阻短路）时将会拒动。为了解决这一问题，考虑到不平衡电流随着流过 TA 电流的增加而增加的因素，提出比率制动式纵差保护。比率制动式纵差保护的动作电流不是固定不变的，它随外部短路电流的增大而增大。比率制动式纵差保护有如下优点：灵敏度高；在区外发生短路或切除短路故障时躲过不平衡电流的能力强；可靠性高。

发电机纵差动保护原理如图 8.1 所示。发电机比率制动式差动保护动作方程为：

$$|I_1 - I_2| > K|I_1 + I_2|/2.$$

式中：I_1 为中性点电流；I_2 为机端电流；K 为比率制动斜率。

一次电流 $\dot{I}_1$ 和 $\dot{I}_2$ 的正方向定义如图 8.1 所示，相应的二次电流为 $\dot{I}_1'$ 和 $\dot{I}_2'$，比率制动式

纵差保护继电器的差动电流 I_d 和制动电流 I_{res} 分别为：

$$I_d = \dot{I}'_1 - \dot{I}'_2 = (\dot{I}_1 - \dot{I}_2)/n \qquad (8.1)$$

$$I_{res} = (\dot{I}'_1 + \dot{I}'_2)/2 = (\dot{I}_1 + \dot{I}_2)/2n \qquad (8.2)$$

式中：n 为电流互感器变比。

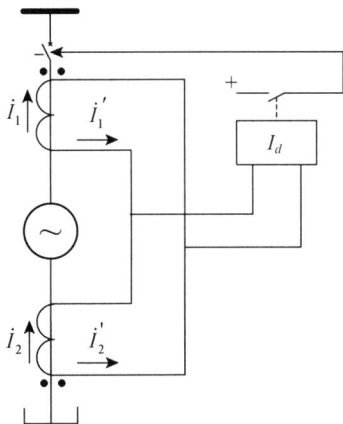

图 8.1　发电机纵差保护原理图

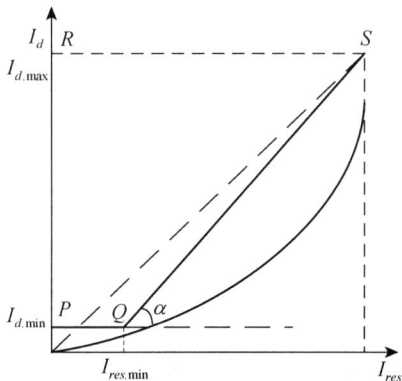

图 8.2　比率制动特性曲线

　　内部故障时差动电流大于制动电流,则保护动作。外部故障时,制动电流大于差动电流,保护不动作。图 8.2 中的弧线表示不平衡电流随制动电流的变化曲率,具有明显的非线性特性。折线为动作电流与制动电流的关系,折线 PQS 与直线 RS 间的差别就是比率制动式差动保护在内部短路时灵敏度高于非比率制动式差动继电器的明显标志。

　　最小动作电流 $I_{d.min}$ 应大于最大负荷时不平衡电流,为保证在发电机最大负荷工况下纵差动保护不误动,一般情况下可取 $0.05I_n/n < I_{d.min} < 0.20I_n/n$。式中：$I_n$ 为额定电流。为保证远处短路时纵差保护不误动,拐点电流 $I_{res.min}$ 应不大于发电的额定电流,即 $I_{res.min} < I_n/n$。最大动作电流 $I_{d.max} = K_{rel}K_{st}K_{aper}f_iI_{k.ou.max}/n$。式中：$K_{rel}$ 为可靠系数,取 $1.3 \sim 1.5$；K_{st} 为两侧电流互感器同型系统,同型取 0.5,否则取 1；K_{aper} 为非周期分量系数,取 $1.5 \sim 2.0$；f_i 为电流互感器幅值误差系数；$I_{k.ou.max}$ 为机端三相短路最大周期性电流。

　　GE 公司微机差动保护特点：在实际使用中,由于 TA 特性不一,大电流下发生饱和等原因,在外部故障时会使差动保护产生较大的不平衡电流,可能使保护误动作。如何在保证内部故障时有足够灵敏度的情况下,最大限度地削弱外部故障时不平衡电流的影响就成了差动保护技术研究的核心。

　　GE 公司的 G60 差动保护特性曲线设置为双斜率特性,它的主要目的是在外部短路时躲过由 TA 产生的不平衡电流,该特性使差动保护可以在小故障电流的时候将定值整定得非常灵敏；当故障电流大时 TA 误差大,又可以将定值整定放大。如图 8.3 所示,TA 流过短路电流后,要在 $1.5 \sim 2$ 周波后才达到开始饱和,在低拐点以前的区域,TA 处于线性工作区内,由 TA 饱和引起的不平衡电流小,所以设置小的制动比以提高灵敏性；在高拐点后,TA 开始饱和,差动回路中的不平衡电流增大,为了防止误动,采用较高的制动比。

　　在近发电机出口处的短路,往往会在故障电流中存在很大的直流分量,且会持续很长时间,为了防止 G60 误动,G60 就集成了饱和检测功能。当检测到 TA 饱和后,G60 继续检测中性点侧和发电机机端的电流相位角度,如果该角度显示故障在区内则发跳闸命令。TA 饱和检测按以下流程工作:"NORMAL"是该流程的起始状态,当在"NORMAL"状态时,饱和标志字 SAT=0,则 G60 运算饱和条件,SC 来判断是否发生饱和,"NORMAL"状态下,SC=1 表明发生了"外部故障",将 SAT 置 1。如果差动电流减小到第一个斜坡以下超过 200 ms,则返回"NORMAL"状态。如果差动动作标志字为 1,则该流程进入"外部故障且 TA 饱和"状态,在该状态下,G60 将保持饱和标志字 SAT=1,如果差动保护动作标志字返回到 100 ms,则该流程进入"外部故障"状态。如图 8.4 所示。

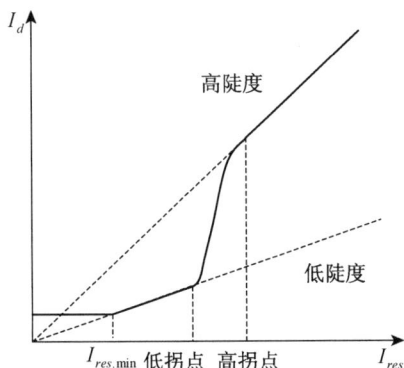

图 8.3　双陡度双拐点比率制动特性

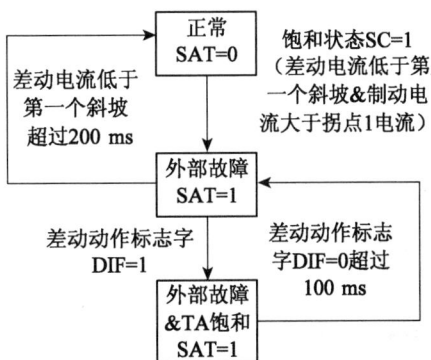

图 8.4　TA 饱和检测流程

横差保护是反映发电机定子绕组的一相匝间短路和同一相两关联分支间的匝间短路的保护。它通过发电机绕组匝间短路时产生的环流实现对匝间短路的保护,其原理如图 8.5、图 8.6 所示。大容量发电机,由于电流较大,每项绕组通常由两个或两个以上并联分支绕组组成,正常运行时,各分支绕组的感应电动势相等,电流也相等,不会形成环流。当分支绕组内部发生匝间故障或同相不同分支绕组间匝间短路故障时,各分支绕组的感应电势将不再相等,此时分支绕组间将产生环流 I_d,经过电流互感器耦合到二次侧。若互感器的变比是 1 : n,差动回路中电流为 $2I_d/n$。若此电流大于启动电流 I_{set},则保护可靠动作。但当短时匝数很少时,环流也较小,有可能小于启动电流,所以该保护有死区。

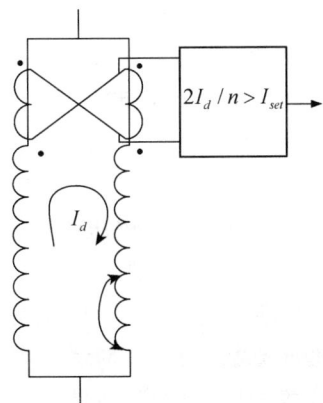

图 8.5　同相匝间短路横差保护原理图

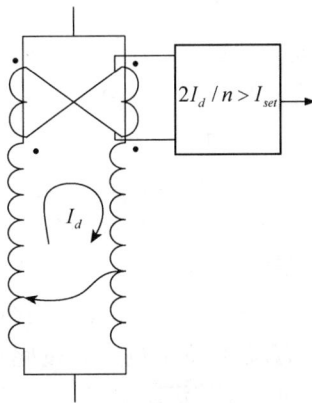

图 8.6　并联分支间匝间短路横差保护原理图

8.1.5 发电机定子绕组单相接地保护

发电机容易发生绕组线棒和定子铁芯之间的绝缘破坏,大型发电机组定子绕组对地电容较大,当发生单相接地故障时,故障点电容电流较大,影响发电机的安全运行。同时,由于接地故障会引起弧光过电压,可能导致绝缘破损,形成相间或匝间短路故障。

1) 利用零序电压构成发电机定子单相接地保护

设故障点位于定子绕组 A 相距中性点 α 处,α 为中性点到故障点的匝数占一相串联总匝数的百分比,如图 8.7 所示。由于接地电流非常小,定子绕组感抗又远小于对地容抗,所以可以完全忽略定子绕组感抗压降,这样零序电压 $\dot{U}_0$ 既是发电机中性点的位移电压,也是定子绕组任一相和任一点的零序电压,即:

$$\dot{U}_0 = \frac{1}{3}(\dot{U}_A + \dot{U}_B + \dot{U}_C) = \frac{1}{3}\left[0 + (\alpha\dot{E}_B - \alpha\dot{E}_A) + (\alpha\dot{E}_C - \alpha\dot{E}_A)\right]$$

$$= \frac{1}{3}\left[\alpha(\dot{E}_A + \dot{E}_B + \dot{E}_C) - 3\alpha\dot{E}_A\right] = -\alpha\dot{E}_A$$

当故障点在机端时,$\alpha = 1.0$,$U_0 = E_p$(相电动势)。

当故障点在中性点时,$\alpha = 0$,$U_0 = 0$。

当故障点在一相绕组的任一点 α 时,零序电压 $U_0 = \alpha E_p$,如图 8.8 所示,U_0 与 α 是线性关系。

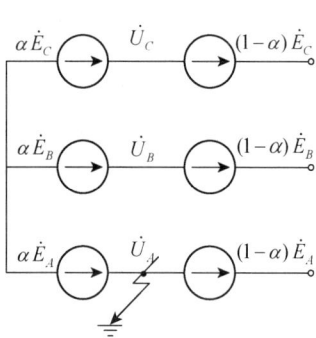

图 8.7　发电机定子绕组单相接地电路图　　图 8.8　定子绕组单相接地时 U_0 与 α 关系图

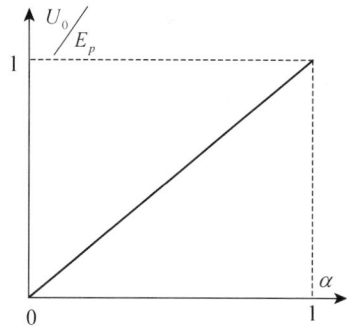

故障越接近机端,故障点的零序电压就越高,利用基波零序电压可以构成定子单相接地保护。零序电压通常取自发电机机端 TV 的开口三角形绕组或中性点 TV 二次侧。由于发电机正常运行时相电压中常含有三次谐波,TV 开口三角形也含有三次谐波,为了提高灵敏度,保护需要有三次谐波滤波功能。

发电机定子回路中各点的基波零序电压相同,因此,利用基波零序电压作为动作参量的定子接地保护不可能区分接地故障点位于发电机内部或外部,这是这种保护的固有缺点。

实际测试表明,发电机正常运行时不平衡零序电压可能超过 10 V,有时因电压互感器饱和,甚至有超过 20 V 的。若按此整定,保护死区当超过 10%～20%,对于重要的大型发电机来说,这是不能满足要求的。要想扩大这种保护装置的保护动作区(即降低其动作电压),应解决以下几方面的问题:努力减小正常运行时的不平衡零序电压。但是从示波图中可看出,不平衡零序电压基本上是三次谐波成分,基波成分极小(经常小于 1 V)。为了减小接地保护的动作电压,有效而简便的方法就是将二次电压进行三次谐波过滤,经过滤波后基波零序电压定子接地保护的动作电压可以减小为 5～10 V,即动作区为 90%～95%。如果主变高压侧系统中性点直接接地,当高压系统发生单相接地故障时,若直接传递给发电机的零序电压超过定子接地保护的动作电压,则必须引入高压侧零序电压作为制动量,以防误动。还应该考虑厂用系统接地故障对定子接地保护的影响,一般不致发生误动。

为了防止电压互感器一次侧熔断器熔断时在开口△绕组产生的零序电压造成基波零序电压定子接地保护误动作,基波零序电压保护电压信号应取用发电机中性点的配电变压器二次侧(有可靠断线闭锁措施的除外)。发电机电压互感器熔断器 $I-t$ 特性应与发电机定子接地保护特性相配合,以保证在电压互感器回路发生接地短路时熔断器先熔断。

2) 利用三次谐波构成发电机定子绕组单相接地保护

实际测量表明,无论发电机容量大小如何,它们的相电压中总有少量的三次谐波成分,其大小可为额定电压的千分之几到 10% 左右。这是因为转子绕组结构上的特点,总存在一定的(虽然很小)三次谐波磁势和磁感应强度,另一方面因转子大齿和小齿结构使两者等效气隙线不同,也会产生三次谐波磁感应强度,这样便会在相电压中产生三次谐波分量。三次谐波电势是零序性质的,因此不会出现在线电压中。主变低压侧通常是△形接线,发电机中性点又采用高阻接地方式,正常运行时不存在三次谐波电流主通路,这时三相绕组中的三次谐波电势通过绕组对地分布电容和发电机所连设备对地导纳形成机端侧和中性点侧对地零序三次谐波电压 $\dot{U}_{S3}$ 和 $\dot{U}_{N3}$,两者大小与机端和中性点对地等值导纳成反比分配,两者之相量和正好与三次谐波等值电势相等,如图 8.9 所示。图中,C_w 表示外电路等值电容,C_f 为发电机对地电容,E_3 为三次谐波电动势。由于机端所连设备对地电容使机端等值电容增大,因此通常有 $U_{S3} < U_{N3}$。

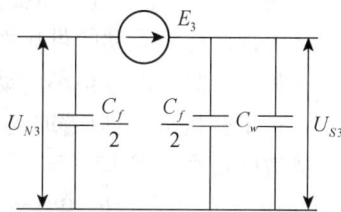

图 8.9 正常运行时发电机三次谐波电动势和对地电容

发生发电机定子接地故障时,接地点迫使绕组三次谐波电势按故障接地点分为两部分,使相应的 $\dot{U}_{S3}$ 和 $\dot{U}_{N3}$ 发生变化。当靠近中性点附近发生接地故障时,U_{N3} 减小,U_{S3} 增大。故障点越靠近中性点,U_{N3} 减小得越多,而 U_{S3} 增大得越多。极端情况下,当中性点直接接地时,$U_{N3}=0$。因此,利用三次谐波电压 U_{N3} 和 U_{S3} 相对变化的特征可以有效地消除中性点附近的保护死区。

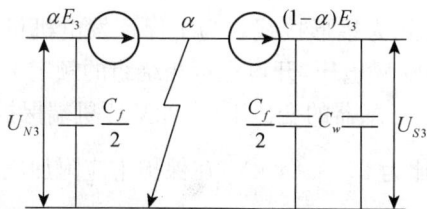

图 8.10 发电机单相接地三次谐波电动势等值电路图

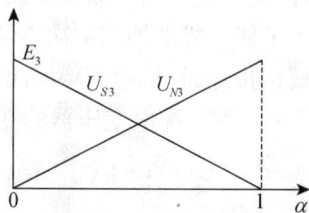

图 8.11 U_{S3} 和 U_{N3} 随 α 变化曲线

需要指出的是,即使在正常运行状态下,三次谐波电势随发电机运行工况的改变而不断变化,使 U_{N3} 和 U_{S3} 亦发生变化。实际上,当发电机输出的有功功率和无功功率改变时均会引起三次谐波电压的变化,直接单独根据 U_{N3} 和 U_{S3} 一个量的改变并不能作为发生接地故障的特征。因此,需要利用 U_{N3} 和 U_{S3} 的相对变化来实现定子绕组三次谐波电压原理的定子接地保护。从现场测试结果可知三次谐波电压与运行工况的关系为:汽轮发电机的三次谐波电压与无功 Q 的关系不大,但是与有功 P 的关系比较显著,两者近于线性增长关系。机端三次谐波电压幅值和中性点三次谐波电压幅值的比值 U_{S3}/U_{N3} 随有功 P 和无功 Q 的改变而变化很小,基本上可以认为是一个常数。

正常情况下 $U_{S3} < U_{N3}$,由 U_{S3} 和 U_{N3} 随接地点 α 变化的曲线可明显看出,当 $\alpha < 50\%$ 时,$U_{S3} > U_{N3}$,即机端三次谐波电压大于中性点三次谐波电压。因此可利用 U_{S3} 作为动作量,U_{N3} 作为制动量来构成反映三次谐波电压的接地保护,它可以反映 $\alpha < 50\%$ 范围内的接地短路。这样,它与基波零序电压保护共同构成了双频式定子绕组 100% 单相接地保护,完全消除了保护死区。

以 $U_{S3} > U_{N3}$ 为动作条件的定子接地保护,这种方式特别不适宜用于大型机组,因为大型机组机端外接电容大,并且中性点采用高阻接地方式,使得制动量 U_{N3} 过大,灵敏度低。以 $K_{res}U_{N3} < U_{S3}$ 为动作条件的定子接地保护,引入可靠系数 K_{res} 后,制动量 U_{N3} 可减小,因而灵敏度有所提高,但对大机组来说还是不够理想。以 $K_{res}U_{N3} < |U_{S3} - U_{N3}|$ 为动作条件的定子接地保护,为了进一步提高灵敏度,根据前述讨论应尽可能降低制动量,但是这必须在保证正常运行不误动的可靠性前提下进行,也就是说要降低正常运行时的制量,就必须寻找在正常运行时数值也很小的动作量。对于中小机组,由于电容数值相近,正常运行的 U_{S3} 和 U_{N3} 也十分接近,所以若取动作量为 $|U_{S3} - U_{N3}|$,则制动量 $K_{res}U_{N3}$ 中的 K_{res} 一定很小,因而灵敏度很高。以 $K_{res}U_{N3} < |U_{S3} - K_pU_{N3}|$ 为动作条件的定子接地保护,K_p 为调整系数,大型机组的电容数值相差较大,所以 $|U_{S3} - U_{N3}|$ 数值较大,相应的制动量较大。如果把 U_{S3} 放大 K_p 倍,并使 $U_{N3} \approx K_pU_{S3}$,则为保证可靠制动的制动量也就可以非常小了,所以这种方案对于大型机组具有较高的灵敏度。

正常运行时,机端三次谐波电压随负荷变化范围大,不能单纯采用机端三次谐波电压 U_{S3} 为动作量构成定子接地保护。但单纯采用中性点三次谐波电压 U_{N3} 构成低电压接地保护是可能的,而且是最简单的。因为任何正常运行情况下均有 $U_{N3} \neq 0$,而中性点附近发生接地故障时,U_{N3} 将趋向于零,因此可以采用 $U_{N3} < U_{N3.\,min}$ 作为动作判据来构成三次谐波定子接地低电压保护。$U_{N3.\,min}$ 为正常运行时发电机中性点的最小三次谐波电压,应通过实测决定。这种三次谐波接地保护的保护区域大约在发电机中性点附近 5% ~ 10% 的定子绕组内,因此它能起到消除基波接地保护死区的作用。

为了能从机端抽取三次谐波电压,机端 TV 必须为星形接线。为了保证发电机机端发生金属性接地时,机端 TV 二次开口 △ 绕组输出 100 V 电压,开口 △ 每相绕组的额定电压应该为 100/3 V。配电变压器的变比有时和机端电压互感器的变比不一,如某厂机端保护 TV 变比为 $\dfrac{27}{\sqrt{3}} \Big/ \dfrac{0.1}{\sqrt{3}} \Big/ \dfrac{0.1}{3}$ kV,而中性点配电变压器变比为 27/0.24 kV,在保护中应附加电压变换以实现匹配。

GE 公司 100% 定子接地保护由三部分组成:95% 基波电压部分;机端与中性点电压三次谐波比较部分;中性点三次谐波低电压部分。冗余的中性点三次谐波低电压保护使中性点附近部分做到了双重接地保护。中性点三次谐波低电压部分具有功功率自适应能力(需要机端三相电压、电流信号),能有效防止误动。

8.1.6 发电机负序电流保护

1) 发电机长期承受负序电流的能力

发电机正常运行时,由于输电线路及负荷不可能三相完全对称,因此,总存在一定的负序电流 I_2,但数值较小,如有些情况下,可达 $I_2 = 2-3\%I_N$(I_N 为额定电流)。发电机带不对称负荷运行时,转子虽有发热,但如负序电流不大,由于转子散热效应,其温升可不超过允许值,即发电机可以承受一定数值的负序电流长期运行。但负序电流值超过一定数值,则转子将遭受损伤,甚至遭受破坏。因此,发电机都要依其转子的材料和结构特点,规定长期承受的负序电流的限额,这一限额即发电机稳态承受负序电流能力,用 $I_{2\infty}$ 表示。

大型汽轮发电机都采取专门的措施来提高发电机长期承受负序电流的能力,如装设阻尼条、槽楔镀银、采用铝青铜槽楔等。我国对 600 MW 汽轮发电机的 $I_{2\infty}$ 规定为 5%,东方汽轮机厂家的保证值为 $\geqslant 10\%$。长期承受负序电流的能力 $I_{2\infty}$,是负序电流保护的整定依据之一。当出现超过 $I_{2\infty}$ 的负序电流时,保护装置要可靠动作,发出声光信号,以便及时处理。当其持续时间达到规定值,而负序电流尚未消除时,则应当动作于切除发电机,以防止负序电流造成损害。

2) 发电机短时承受负序电流的能力

在异常运行或系统发生不对称故障时,I_2 将大大超过允许的持续负序电流值,这段时间通常不会太长,但因 I_2 较大,更需考虑防止对发电机可能造成的损伤。发电机短时间内允许负序电流值 I_2 的大小与电流持续时间有关。转子中发热量的大小通常与流经发电机的 I_2 的平方及所持续的时间 t 成正比。若假定发电机转子为绝热体,则发电机允许负序电流与允许持续时间的关系可用下式来表示:

$$\int_0^t i_{2.*}^2 \, \mathrm{d}t = I_{2.*}^2 t = A \tag{8.3}$$

式中:$i_{2.*}$ 为以电机额定电流为基准的负序电流标么值;t 为允许持续时间;A 为与发电机型式及冷却方式有关的常数。

A 值实际上就反映了发电机承受负序电流的能力,A 越大说明发电机承受负序电流的能力越强。对于 300 MW 直接冷却式汽轮发电机 A 值大致范围是 $A \leqslant 6 \sim 8$,1 000 MW 汽轮发电机的 A 值保证值为 $\geqslant 10$。A 值通常是按绝热过程设计的,但在有些情况下,可能偏于保守。因为一般只在很短时间内可不计及散热作用。而当 $I_{2.*}^2$ 较小,而允许持续时间较长时,转子表面向本体内部和周围介质散热就不能再予以忽略。因此在确定转子表面过热保护的负序电流能力判据时,再引入一个修正系数 K_2,即有下述判据:

$$\begin{cases} (I_{2.*}^2 - K_2^2)t \geqslant A \\ K_2^2 = K_0 \cdot I_{2\infty.*}^2 \end{cases} \quad t \geqslant \frac{A}{I_{2.*}^2 - K_0 I_{2\infty.*}^2} \tag{8.4}$$

发生不对称短路时,可能伴随较大的非周期分量,衰减的非周期分量在转子中感应出衰减的基波电流,增加转子的损耗和温升。对于大型机组,短路电流中的非周期分量所产生的影响比较显著,以 $I_{2.*}^2 t \geqslant A$ 为判据的负序电流保护,在电流大、时间短(如小于 5 s)的情况下并不能可靠地保障机组的安全,因此要求大型发电机及相关设备要有完善的相间短路保护。

上述两式都是讨论在某一恒定的 I_2 下对应的保护动作时间 t,实际上发电机承受的常常是变动的 I_2,例如强励动作使 I_2 快速增大,衰减又使 I_2 逐渐减小,模拟式的负序过负荷保护是无法反映这种 I_2 变动状态下的确切动作时间的,在通常的保护装置中,最多是设置一个粗略的表示散热作用的环节,这并没有从根本上解决变动 I_2 与 t 的关系,何况转子的散热时间常数也是难以确定的。这一问题对微机保护来说很容易解决,即改动作判据为:
$$\int_0^t I_{2.*}^2 \cdot t \geqslant A \text{ 和 } \int_0^t (i_{2.*}^2 - K_0 \cdot I_{2\infty.*}^2)t \geqslant A,\text{ 式中的积分是不难用软件解决的。}$$

3) 转子表层负序过负荷保护的构成

为了防止发电机转子遭受负序电流的损害,对于大型汽轮发电机,国内外都要求装设与发电机承受负序电流能力相匹配的反时限负序电流保护。反时限部分动作特性在允许的负序电流曲线上面,是考虑到转子散热的影响,这种匹配方式可以避免在发电机还没有危险的情况下切除发电机。考虑到发电机机端两相短路时,另有专门的相间短路保护动作于切除故障,以及当 $I_2 > I_{2\infty}$ 接近 $I_{2\infty}$ 时,又有信号段动作于声光信号,所以不必使保护装置的反时限特性动作范围达到那样宽。因此,在负序电流保护装置中,常把反时限特性的两端各割除一段。在大于 t_2 或小于 t_1 范围内为定时限动作,大于 t_1 小于 t_2 范围内为反时限动作。下限定时限特性按发电机长期允许的负序电流整定,$I_{d1} = K_k I_{2\infty.*}$,$I_{2.*}$ 大于 I_{d1},保护定时限 t 动作于发信号,以便运行人员采取措施。

4) G60 负序过负荷保护的特点

保护分为定时限和反时限两部分,定时限部分动作于信号,反时限部分动作于跳闸。

其中反时限部分设定最小动作时间和最大动作时间,最小动作时间用以防止切除外部故障引起的误动;最大动作时间用来限制当负序量很小时保护的最长动作时间。反时限动作特性由下式决定:$T = \dfrac{A}{I_2/I_n}$。式中,I_n 为发电机额定电流。由公式可见,反时限部分为一折线。

当负序电流达到负序定时限的启动值时,定时限部分作用于发信号,用以提示运行人员进行处理,该值在整定时应低于反时限部分启动值并保留一定裕度。

8.1.7 发电机的失磁保护

失磁是指发电机励磁部分或全部消失,一般是由转子绕组故障、励磁机故障以及自动灭磁开关误跳闸等原因引起的。

励磁绕组短接引起完全失磁,发电机有功功率特性变化可分为以下三个阶段:

1) 失磁到临界失步阶段($\delta < 90°$)

发生失磁后,随着励磁电流的减小,发电机电势 E_d 随之按指数规律减小,电磁功率 $P(E_d, \delta)$ 曲线逐渐变低,如图 8.12 所示。在这期间,由于调速器来不及动作,原动机功率 P_T 维持不变。为了维持 P_T 和 P 之间的功率平衡,运行点发生改变(a→b→c),功角 δ 则逐渐增加($\delta_1 < \delta_2 < \delta_3$),使发电机输出有功功率基本保持不变。所以这个阶段称为"等有功过程"。

此过程一直持续到临界失步点 $\delta = 90°$。这一阶段所经历的时间与励磁电流,亦即电势 E_d 的衰减时间常数成正比,这表明该时间随失磁故障方式不同而不同;同时,发电机正常运行时静稳储备系数越大,此时间越长,即失磁前发电机所带负荷越轻,该时间越长。在这期间,因滑差 s 很小,异步功率极小,故可忽略不计。

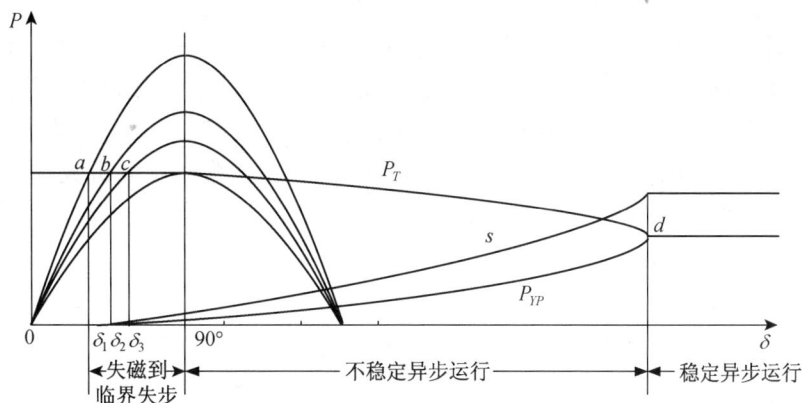

图 8.12 失磁过程发电机功角特性

2) 不稳定运行阶段

$\delta > 90°$ 之后,机械功率 P_T 无法与同步功率 P 相平衡,而是随着 E 的衰减及 δ 的增大, P_T 与 P 的差值越来越大,于是转子加速,滑差 s 不断增大,异步功率(转矩) P_{YP} 也随之增大。特别是当 $\delta > 180°$ 后,随着励磁电流及 P 完全衰减, P_{YP} 及 s 增大更多更快。另一方面,调速系统开始反应,作用于减少机械输入功率 P_T。这一阶段 P、P_{YP}、s 及 P_T 都是变化的,属于不稳定异步运行阶段。

3) 稳定异步运行阶段

当滑差 s 达到一定数值,使 P_{YP} 达到能与减少了的 P_T 相平衡,即达到了图 8.12 中的 d 点,转子停止加速,s 不再增大,发电机便转入稳定异步运行阶段。注意,这里所谈的"稳定",是指 s 的平均值,实际上由于异步功率中有交流分量,因此 s 瞬时值是在不断变动的。

以上分析是就完全失磁而言的,当发电机部分失磁时,励磁电流并不会衰减至零,即尚有剩余的同步功率,若此时已因部分失磁而转入异步运行,由于同步功率是以转差频率而交变的分量,加剧了有功功率的摆动,对发电机非常不利。

4) 机端测量阻抗的变化

发电机与无穷大系统并列运行等值电路和相量如图 8.13 所示。图中,$\dot{E}_d$ 为发电机同步电势;$\dot{U}_g$ 为发电机机端电压;$\dot{U}_S$ 为无穷大系统相电压;$\dot{I}$ 为发电机定子电流;X_d 为发电机同步电抗;X_S 为发电机与系统联系电抗;$X_\Sigma = X_d + X_S$;δ 为发电机功角;φ 为功率因数角。发电机的有功输出为:

$$P = \frac{E_d U_S}{X_\Sigma} \sin \delta \qquad (8.5)$$

$$Q = \frac{E_d U_S}{X_\Sigma} \cos \delta - \frac{U_S^2}{X_\Sigma} \qquad (8.6)$$

阻抗定义为从发电机机端向系统方向看所测量到的阻抗,通常以端相电压 $\dot{U}_g$ 与相应的相电流 $\dot{I}$ 来测量。从发电机失磁到临界失步阶段,虽然有功功率基本不变,而无功功率则发生很大变化,由送出无功迅速改变为从系统吸收无功。失磁发生后,发电机内电势 $\dot{E}_d$ 不断减小,定子电流 $\dot{I}$ 则先短时略为减小,在 $\dot{I}$ 超前于机端电压 $\dot{U}_g$ 后则一直维持不断增大趋势。进入异步运行之后,s 逐渐增大,异步功率逐渐增强,失磁前发电机所带有功负荷越大,失磁后稳态异步运行时的滑差 s 越大,异步无功功率也就越大。这时无功功率中含有 $2s$ 交变分量,也会发生摆动,但其摆动程度远小于有功功率的摆动。失磁异步运行后,伴随着吸收无功的增大,定子电流也逐渐增加,在达到稳态异步运行时才稳定。这时定子电压是因含有标幺值为 1 及 $(1+2s)$ 频率分量,亦呈现 $2s$ 频率的摆动。由于失磁发电机吸收无功功率,同时定子电压增大,此时发电机端电压将要显著降低,同时主变压器高压母线电压也要降低,严重时会威胁系统和厂用电的安全运行。

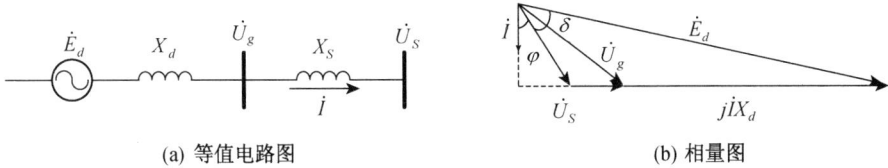

(a) 等值电路图   (b) 相量图

图 8.13　单机无穷大系统运行

(1) 失磁后到失步前

此阶段,发电机内电势 $\dot{E}_d$ 减小,功角 δ 将持续增大,维持电磁功率 P 基本保持不变,无功功率 Q 则迅速减小。此阶段测量阻抗为:

$$Z_g = \frac{\dot{U}_g}{\dot{I}} = \frac{\dot{U}_S + j\dot{I}X_S}{\dot{I}} = \left(\frac{U_S^2}{2P} + jX_S\right) + \frac{U_S^2}{2P}e^{j2\varphi} \tag{8.7}$$

由于 P、X_S、$\dot{U}_S$ 为参数,Q 和 φ 为变量,因此,公式(8.7)是一个圆的方程,称为等有功阻抗圆,如图 8.14 所示。一定的等有功阻抗圆与某一确定的 P 相应,其半径与 P 成反比,即发电机失磁带的有功负荷 P 越大,该圆越小,但全都与点 $(0, X_S)$ 相切。发电机失磁后至临界失步,测量阻抗将沿该圆从第一象限进入第四象限。很明显,测量阻抗轨迹还与系统联系电抗 X_S 有关,X_S 越大,等有功阻抗圆越向上移,使等有功阻抗圆进入第四象限的部分减少。

(2) 临界失步点(静稳边界)

在静态稳定极限条件下($\delta = 90°$)阻抗圆称为临界失步阻抗圆或静稳极限阻抗圆,如图 8.15。圆外为稳定工作区,圆内为失步区。该圆的大小与 X_S 及 X_d 均有关,X_S 越大,圆的直径越大,且在第一、二象限部分增加。但无论 X_S、X_d 为何值,该圆都与点 $(0, -X_d)$ 相切。

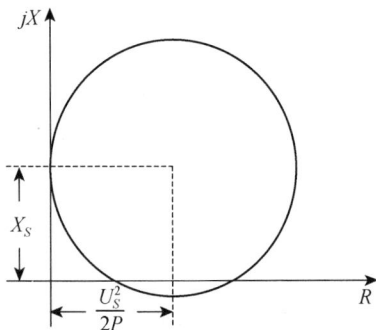

图 8.14　等有功阻抗圆

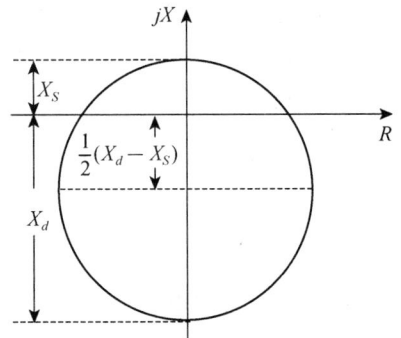

图 8.15　临界失步(或静稳极限)阻抗圆

（3）异步运行阶段

进入稳态异步运行之后，同步发电机成为异步发电机，其等效电路与异步电动机类似，由其等效电路可得：发电机空载运行失磁时，$s\approx0$，此时测量阻抗最大：$Z=-jX_d$。发电机在其他运行方式时，Z 随 s 增大而减小，s 取极限，$s\rightarrow-\infty$，此时测量阻抗最小：$Z=-jX_d'$。$-jX_d'$ 和 $-jX_d$ 为两个端点，并取 X_d、X_d' 为直径，可构成如图 8.16 所示，反映稳态异步运行时 $Z=f(s)$ 的特性，称为异步阻抗圆。发电机在异步运行阶段，机端测量阻抗先将进入临界失步阻抗圆内，并最终落在 jX 轴的 $-jX_d'$ 和 $-jX_d$ 范围内。若计及阻尼回路的作用，当转差达 5% 左右时，电抗值实际接近 $-X_d'$，即 $Z\approx-jX_d'$。

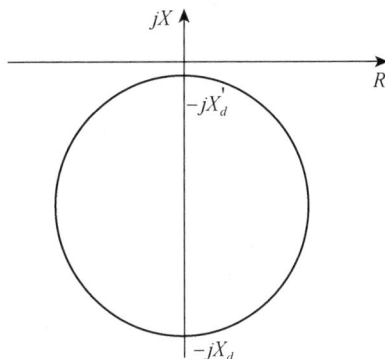

图 8.16 异步运行阻抗圆

综上所述，失磁后，测量阻抗沿等有功阻抗圆向第四象限移动，当与等无功阻抗圆相交时，表示机组处于静稳极限，而后进入异步运行，最后稳定于异步运行，且输出功率与原动机输入功率平衡。

（4）临界电压阻抗圆

为了保证在失磁后不致引起系统稳定破坏，按通常规定，主变高压侧电压 U_m 和恒定系统电压 U_s（即系统额定电压）的比值 $K=U_m/U_s$，不得低于 $0.8\sim0.85$，因此在低励、失磁保护中装设三相同时低电压继电器是必要的。对于给定的 K 值同样可以用机端测量阻抗 Z 的特性来反映。

对于给定的 K 值，均有一个确定的临界电压阻抗圆与之对应。当机端测量阻抗进入该圆时，说明主变高压侧电压已低于允许值，危及系统稳定，应将失磁发电机切除。

当电厂建成后，一般有多台发电机组并联运行，而且与系统联系也较为紧密，此时一台发电机失磁很少可能使高压母线电压 U_m 下降到 $0.8\sim0.85$ 倍额定电压。但是一机失磁故障可能使故障机组的机端电压过低，危及厂用辅机的正常工作，为此大型汽轮发电机低励、失磁保护可以引入机端低电压判据，整定可取为 $0.7\sim0.75$ 倍额定电压。

5）几种特性的低励、失磁保护在阻抗平面上的特性比较

如图 8.17 所示，圆 1 表示某一有功功率下的等有功阻抗圆，表示失磁初始阶段（失去静稳以前）的机端测量阻抗轨迹，分别对 $P=0.2$、0.5、0.85 三种失磁前的负荷情况作了三个等有功阻抗圆。

按异步边界整定的低励、失磁阻抗继电器动作特性是阻抗圆 3，在 $X_s=0.3$ 的条件下，当失磁前负荷为 $P=0.2$ 和 0.5 时，失磁后等有功阻抗圆能进入异步边界阻抗圆 3，因此能较早地判定发电机已转入异步运行，但 $P=0.85$ 时，等有功阻抗圆已不进入异步边界阻抗圆 3，只有在发电机转入异步运行，机端测量阻抗离开等有功圆后才表现为异步阻抗，异步边界阻抗继电器方才动作，因而保护动作较晚，有可能对侧系统的后备保护因失磁引起过电流而先期误动作，造成系统的混乱。联系电抗 X_s 越大和失磁前有功负荷越大，上述圆 1 不与圆 3 相交的可能性越大。但是由于圆 3 呈容性（$-X$ 轴方向），离第一、第二象限较远，因此对于非失磁的异常工况误动可能性较小，使失磁保护装置比较简单，被广泛应用于位于负荷中心、单机容量不太大的发电厂。

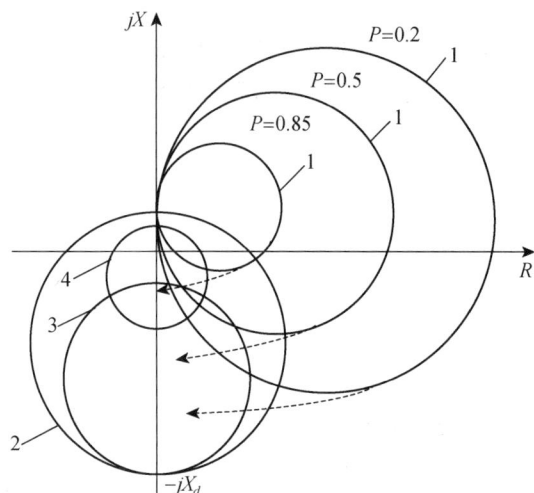

1—等有功边界圆；2—静稳边界圆；3—异步边界圆；4—等压边界圆

图 8.17　汽轮发电机低励、失磁保护的阻抗特性

按静稳边界整定的低励、失磁阻抗继电器动作特性是圆 2，发电机失磁后总是先抵达静稳极限，然后转入异步运行，所以圆 2 的动作区（对失磁前有功负荷不太轻的情况）总是大于圆 3，静稳边界阻抗继电器将比异步边界阻抗继电器先动作，但同时带来在非失磁故障的异常工况下容易误动的弊病。为了克服这一缺点就得增设防误动的各种附加判据和元件，增加了保护装置的复杂性，降低了可靠性，当发电厂远离负荷中心且单机容量较大时宜采用接静稳边界整定的失磁阻抗继电器。

按等压边界整定的三相同时低压继电器，其动作阻抗特性为圆 4。在所述参数条件下，按静稳边界整定的阻抗继电器总是先于三相同时低压继电器动作，但后者是判定失磁故障是否危及系统电压崩溃的判据，不能由静稳边界阻抗继电器代替。三相同时低电压继电器动作时，保护以较短时限动作于跳闸，而静稳边界阻抗继电器动作后，一般以稍长时限（防误动）动作于减小有功功率或跳闸。

GE 公司双下抛圆失磁保护特性：G60 发电机失磁保护为两段式低励、失磁保护，设置两个下抛阻抗圆，不设转子低电判据，如图 8.18 所示。Ⅱ段阻抗圆 2（大圆）动作边界按异步边界整定，以同步电抗为半径，从圆点下偏 $\frac{1}{2}x'_d$；Ⅰ段阻抗圆 1（小圆）以基准电抗值 Z_b 为直径，与纵轴的两个交点分别取为 $\frac{1}{2}x'_d$ 和 $Z_b + \frac{1}{2}x'_d$。

在重负荷＞30%或更高负荷下发生失磁故障时，Ⅰ段和Ⅱ段都动作；在轻负荷下失磁时，则只有Ⅱ段动作。对于Ⅰ段动作应加一个延时（50 ms）以便在 TV 断线时闭锁保护；Ⅱ段延时应较长，如 0.5～1.0 s，以躲过系统震荡时阻抗轨迹的

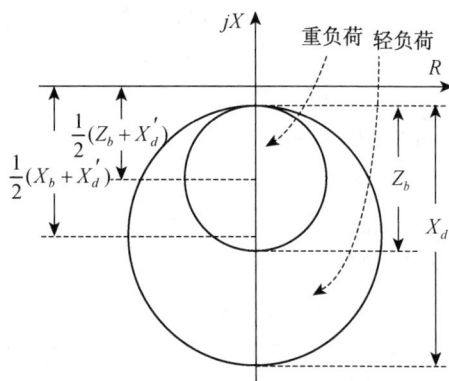

图 8.18　双下抛圆阻抗特性

短时进入,防止误动。

G60 失磁保护出口逻辑如图 8.19 所示。

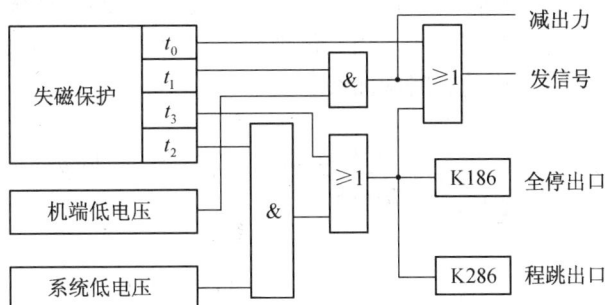

图 8.19 失磁保护出口逻辑

失磁保护出口共有四种逻辑:

(1) 保护启动瞬时动作发信号;

(2) 保护动作,在 t_1 时间内机端电压下降至规定值,保护动作于减出力;

(3) 保护动作,在 t_2 时间内系统电压下降至规定值,保护动作于全停或程序跳闸;

(4) 保护动作,经延时 t_3 无条件动作于全停或程序跳闸。

8.1.8 发电机励磁回路接地保护

转子接地保护装置是一个独立的保护继电器。它用作发电机整个转子回路(包括功率可控硅和励磁变压器二次侧)的接地故障保护。其特点是:2 段结构(1 段报警,2 段跳机),每段定值和延时可单独调整;保护为叠加交流电压测量导纳电桥式,大机组的励磁回路对地电容较大,仅励磁绕组对地电容即可达 $1\sim2~\mu\mathrm{F}$,若附加电压 $\dot{U}_0$ 的频率为 50 Hz,则对地容抗仅有 $1.6\sim3.2~\mathrm{k}\Omega$。可见,对于氢冷机组,对地电容的容抗要远小于对地绝缘电阻(一般为兆欧级),因此,叠加交流电压式一点接地保护的灵敏度较低,为了提高灵敏度,采用了交流电桥。这种叠加交流电压式一点接地保护,接线简单,没有死区,整个励磁绕组上任一点接地灵敏度基本上相近,可用作发电机整个转子回路(包括功率可控硅和励磁变压器二次侧)的接地故障保护,这是其优点。但是电桥平衡容易受转子碳刷和大轴接地碳刷接触电阻的影响;对叠加交流电源的频率要求较严格;测量臂为复数臂,因此调节电桥平衡比较麻烦。

8.1.9 发电机过励磁保护

发电机或变压器的过激磁状况通常用过激磁倍数 N 来反映:

$$N = \frac{B}{B_n} = \frac{U/f}{U_n/f_n} = \frac{U_*}{f_*} \tag{8.7}$$

在发生过激磁后,发电机与变压器并不会立即损坏,有一个热积累过程,对于某一过激磁倍数,均有一对应的允许运行时间。研究表明,过激磁倍数与允许时间之间的关系 $N = f(t)$ 为一反时限特性曲线,称为过激磁倍数曲线。过激磁保护应按此反时限特性设计,过励磁保护的动作特性应与被保护设备的过励磁倍数曲线相配合,在发生过激磁时先动作于减励磁,并根据过激磁倍数在超过允许运行时间后解列灭磁,保证发变组安全。

G60 共有两个过激磁元件(V/Hz),一个是定时限元件,另一个是反时限元件。

定时限部分,当 U/f 大于启动值 $Pickup$,定时限或瞬时动作,$Pickup$ 按发电机长期允许的过励能力(V/Hz)来整定,延时大小由 TD 来整定,TD 等于零时为瞬时动作。

反时限部分提供三种类型的反时限曲线:

$$T = \frac{TDM}{\left[\left(\frac{V}{F}\right)/Pickup\right]^2 - 1} \quad 当 \frac{V}{F} > Pickup \tag{8.8}$$

$$T = \frac{TDM}{\left[\left(\frac{V}{F}\right)/Pickup\right] - 1} \quad 当 \frac{V}{F} > Pickup \tag{8.9}$$

$$T = \frac{TDM}{\left[\left(\frac{V}{F}\right)/Pickup\right]^{0.5} - 1} \quad 当 \frac{V}{F} > Pickup \tag{8.10}$$

式中:T 为动作时间;TDM 为延时系数(s);V 为基波电压有效值(V);F 为电压频率(Hz);$Pickup$ 为过激磁启动值(V/Hz)。

过激磁保护具有线性复归特性,复归时间应和被保护设备的冷却特性相匹配。

8.1.10 发电机低频率运行保护

低频保护反应系统频率的降低,保护由灵敏的"频率继电器"和计数器组成,按汽轮机的低频范围和允许时间进行分段,受开关辅助接点闭锁(计数部分和保护出口部分均应闭锁),即发电机退出运行时低频保护自动退出运行,保护动作于发信号或解列灭磁。对发电机频率异常运行保护有如下要求:

(1) 具有高精度的测量频率的回路;

(2) 具有频率分段启动回路,自动累积各频率段异常运行时间,并能显示各段累计时间,启动频率可调;

(3) 分段允许运行时间可整定,在每段累计时间超过该段允许运行时间时,经出口发出信号。

汽轮机叶片及其拉筋的材料疲劳和断裂是一个复杂的问题,与许多因素有关,在制造上难以给出准确的断裂条件。因此,在给定频率下运行的累计时间达到规定值时,只能说明有断裂的可能,并不说明立即要断裂。因此,通常认为频率异常保护应当动作于声光信号,尽量避免不必要的切除发电机。特别是对于低频保护更应如此,因为低频保护动作后,说明系统中缺少有功功率,如动作于切除发电机,则会进一步减少发出的有功功率,促使频率进一步下降,造成恶性循环而终致系统瓦解。

在整定低频保护时应注意:从制造厂家了解汽轮机的频率异常运行时限,据此设定低频保护的各段频率和相应时限。从电网调度部门了解系统的频率响应特性,低频保护必须根据所在系统的频率响应特性,与按频率自动减负荷装置密切配合,最大限度减少汽轮机、发电机的跳闸。低频保护所选段数应能保证在任何持续低频方式下汽轮机的疲劳应力最低,保护延时应足够长,尽量避免发电机的不必要跳闸。

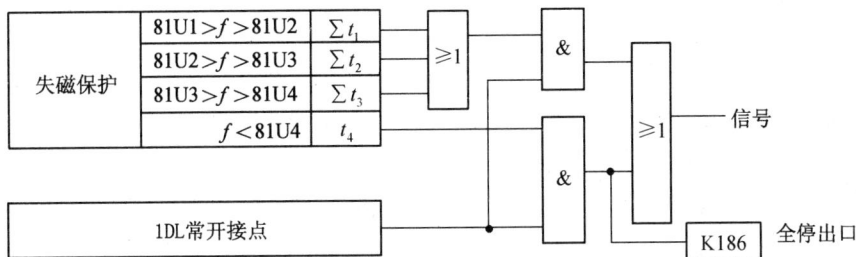

图 8.20 低频保护出口逻辑

保护只在低频率低于 81U4 时延时 t_4 动作于全停,其他各段均只经相关累计延时动作于信号,出口信号和全停均受发电机出口开关辅助触点闭锁。

8.1.11 发电机失步保护

发电机失步涉及该机相对系统中所有发电机是否同步的问题,因此判定某机组是否失步,理论上应由系统全部发电机的运行参数决定,这就需要远动通道,总揽全局的稳定由系统安全自动装置来完成。300 MW 及以上的大型发电机,宜装设专门失步预测保护,失步预测保护应作为系统安全自动装置的一个组成部分,在发电机失步预测保护动作后不应无条件作用于机组跳闸停机,而应该从全系统稳定运行出发,根据系统初始运行状态和故障严重程度,由安全自动装置进行综合判断,发出相应操作命令。

这里仅讨论等效两机系统,即除了所讨论的一机外,系统所有其他发电机组均归并等值为另一机,进一步将两机系统规范化,变成等效一机对无穷大系统,所以有关失步保护也就只限于本机而言。

1) 对发电机失步保护的要求

能够尽快检出失步故障。显然,当扰动一出现,如果保护装置能够立即判断出来将发生非稳定振荡,并及时采取措施,是最理想的。因为这样就可以避免振荡过程的发生,或者可以把非稳定振荡转化为稳定振荡,至少也可以最大限度地缩短振荡过程,减轻振荡过程对电力系统的不利影响。然而,要做到在扰动出现时立即检出失步故障常常是困难的。因此,通常要求失步保护在振荡的第一个振荡周期内能够可靠动作。

能检测加速失步或减速失步。失步保护动作后,应当根据被保护发电机的具体状况,采取不同措施,而不应当无条件地动作于跳闸。一般来说,对于处于加速状态的发电机,应当动作于快速降低原动机的输出功率;而处于减速状态的发电机,应当在发电机不过负荷的条件下,快速增加原动机输出功率。

失步保护有鉴别短路与振荡的能力,当发生短路故障时,失步保护不应误动作。失步保护有鉴别失步振荡与同步振荡的能力,在稳定振荡的情况下,失步保护不应误动作。失步保护应能区分振荡中心在发变组内部还是在外部,当振荡中心不在发变组内部时,应当经过预定的滑极次数后跳闸,而不是立即跳闸。

当动作于跳闸时,若在电势角 $\delta = 180°$ 时使开关断开,则将在最大电压下切断最大电流,对开关的工作条件最为不利,有可能超过开关的遮断容量。因此,失步保护应避免在这一时机动作于跳闸。

2）振荡及短路过程中机端测量阻抗轨迹

当被保护发电机电势 $\dot{E}_A$ 和系统等效电势 $\dot{E}_B$ 的大小保持不变（即不考虑各发电机励磁调节器的作用），如图 8.21 所示，只有夹角 δ 变化时，在阻抗平面上的非稳定振荡阻抗轨迹是一个圆，它以不断变化的功角变化率 $d\delta/dt$ 穿过阻抗平面，在阻抗平面上走过一段距离需要一定的时间。当发生短路故障时，在短路瞬间，功角 δ

图 8.21　等值两机系统

基本不变，而测量阻抗将由负荷阻抗突然下降为短路阻抗，这个过程可看作是跃变过程。当发生稳定振荡时，振荡阻抗轨迹只是在阻抗平面上第一象限或第四象限的一定范围内变化，而且功角变化率 $d\delta/dt$ 值较小。

图 8.22 说明非稳定振荡、短路故障和稳定振荡情况下阻抗轨迹的上述差别。

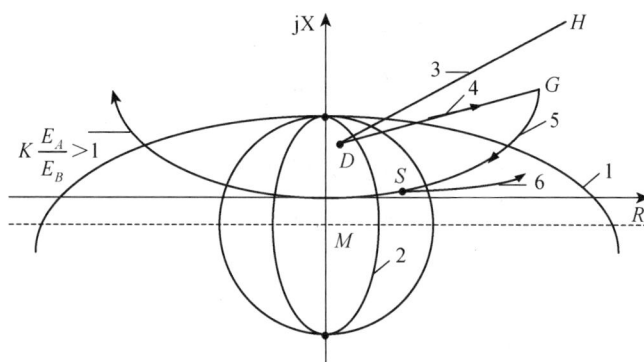

图 8.22　振荡及短路过程中机端测量阻抗轨迹

图中：H 为正常工作点；D 为短路后阻抗相量末端；M 为振荡中心；曲线 1 为机端观测的静稳边界；曲线 2 为动稳边界；曲线 3 为短路后阻抗跃变；曲线 4 为切除短路后阻抗跃变；曲线 5 为非稳定振荡阻抗轨迹；曲线 6 为稳定振荡阻抗轨迹。图中，假定发电机正常工作于点 H，发生短路故障后，机端测量阻抗将由点 H 跃变到点 D，当故障切除后，机端测量阻抗就从点 D 跃变到点 G，如果动稳定不能保持，则机端测量阻抗轨迹将从点 G 沿圆 5 $\left(\text{设 } K\dfrac{E_A}{E_B}>1\right)$ 变化；如果能保持稳定，则当阻抗轨迹变化到某一点（例如 S 点）后，将向反方向摆动（轨迹 6）。

3）G60 发电机失步保护特性

G60 失步保护测量发电机端正序阻抗，采用外圆、中圆、内圆三段式阻抗元件，由时间元件来跟踪阻抗轨迹穿越阻抗元件的情况，检测判断失步工况。提供失步跳闸和振荡闭锁功能，失步跳闸可设定为瞬时或延时，延时功能可防止开关过载。

通过控制字可将保护设定为两步式工作或三步式工作。如果最大负荷测量阻抗和外圆动作阻抗之间有足够大的间隙，则用三步式工作，此时外圆、中圆、内圆均在最大负荷测量阻抗和动作阻抗之内。采用两步式工作时，只用到外圆和内圆阻抗。

下面介绍三段式失步保护关键参数的整定方法，并通过这些参数来理解保护的工作原理，如图 8.23 所示。

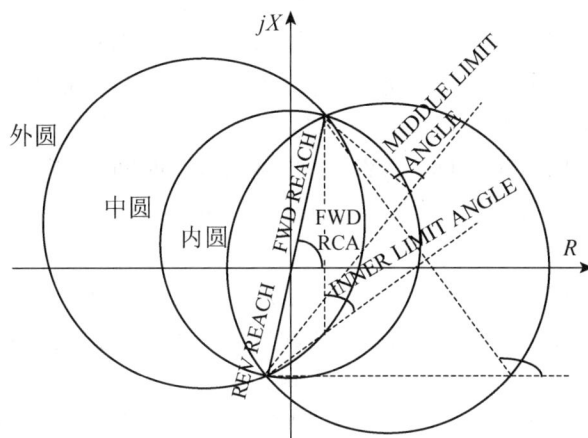

图 8.23 三段式阻抗元件

POWER SWING MODE:用于设定两步式或三步式工作。

POWER SWING FWD REACH:用来整定三个特性阻抗在正方向的范围,其值应大于变压器、线路及系统阻抗之和,对于复杂系统则需对系统暂态特性进行分析后得出。

POWER SWING FWD RCA:用来整定上述正方向的阻抗角,主要与系统阻抗角有关。

POWER SWING REV REACH:用来整定三个特性阻抗在反方向的范围,其值应大于发电机的正序电抗。

POWER SWING REV RCA:用来整定上述反方向的角度。

POWER SWING OUTER LIMIT ANGLE:用来整定外圆。当该角度大于 90°时,特性呈苹果圆形状;当该角度小于 90°时,特性呈透镜形状。在选择该值时,必须考虑到最大负荷,应该使角度和最大负荷阻抗区保持 20°的距离裕度。

POWER SWING MIDDLE LIMIT ANGLE:用来整定中圆。它只在三步模式下才有效,其典型值是外圆角度和内圆角度的平均值。

POWER SWING INNER LIMIT ANGLE:用来整定内圆。它用在失步跳闸保护中,该角度和发电机的动稳边界相适应,确保系统在该角度下发生失步。

POWER SWING PICKUP DELAY1:用来整定 G60 的振荡闭锁时间。对于两步工作方式,为测量阻抗穿越由外圆到内圆所必须经历的时间。对于三步工作方式,为测量阻抗穿越由外圆到中圆所必须经历的时间。该时间必须设置得比振荡轨迹最快时,阻抗在两个特性中的穿越时间要小。

POWER SWING PICKUP DELAY2:该时间元件只在三步模式下才有效,用来整定阻抗轨迹由中圆到内圆所必须经历的时间。该时间必须设置得比振荡轨迹最快时,阻抗在两个特性中的穿越时间要小。

POWER SWING PICKUP DELAY3:该时间元件用来整定阻抗轨迹在内圆中所必须停留的时间。这是失步跳闸判据的最后一步,但保护是否立即跳闸,由控制字 TRIP MOD(跳闸方式)来确定。

POWER SWING TRIP MOD:跳闸方式控制字,可选择 EARLY 和 DELAY 两种方

式。当选择 EARLY 方式时,满足以上三个判据,阻抗轨迹最后落入内圆,保护即动作跳闸。当选择 DELAY 时,在阻抗离开外圆时失步保护动作。EARLY 方式可能对开关的安全造成威胁,因为此时开关的断口电流可能非常高(系统两侧电势相差 180°)。反之,选择 DE-LAY 方式时,发跳闸命令时断口电流就相对较小,对开关安全有利。

POWER SWING PICKUP DELAY4:失步跳闸延时时间,在控制字 TRIP MOD 选择 DELAY 方式才有效。阻抗轨迹必须在内圆以外及外圆以内停留的时间大于该值时,G60 才允许发跳闸指令。

POWER SWING SEAL-IN DELAY:失步跳闸自保护时间。G60 失步保护发跳闸令后自保持该时间,确保开关有足够的时间完成跳闸。当失步保护跳闸方式为 DELAY 时这个时间尤为重要,因为此时阻抗离开外圆的时间非常短。

POWER SWING RESET DELAY1:用来整定 G60 的振荡闭锁返回时间。振荡阻抗轨迹离开外圆经过该时间后,施密特触发器返回。

8.1.12 发电机逆功率保护

主汽门关闭,可能在无功功率为任意值时发生,最不利的情况是在接近额定 kvar 时,此时要在 $\cos\varphi \approx 0$ 的条件下检出千分之几、百分之几额定值的有功功率,而且希望从进相运行到滞相运行很宽的范围内,保持动作功率基本不变。因此,逆功率继电器需要精心设计和仔细调整。

美国 GE 公司的 G60 微机保护中,逆功率保护动作特性为一直线,与无功功率无关,精度可达 ±0.001PU。该保护元件的方向角可调且可以整定最小动作功率,如图 8.24(a),其动作特性按下式确定:

$$P\cos\theta + Q\sin\theta > S_{\min} \tag{8.11}$$

式中:P 为测量的有功功率;Q 为测量的无功功率;θ 为保护元件特性角 RCA 与矫正角 Calibration 之和。加入矫正角是为了弥补 TV 和 TA 的角度测量误差,以获得更精确的保护整定值。RCA 角度 0°~359°可调,步长为 1°;Calibration 角度 0°~0.95°可调,步长为 0.05°。

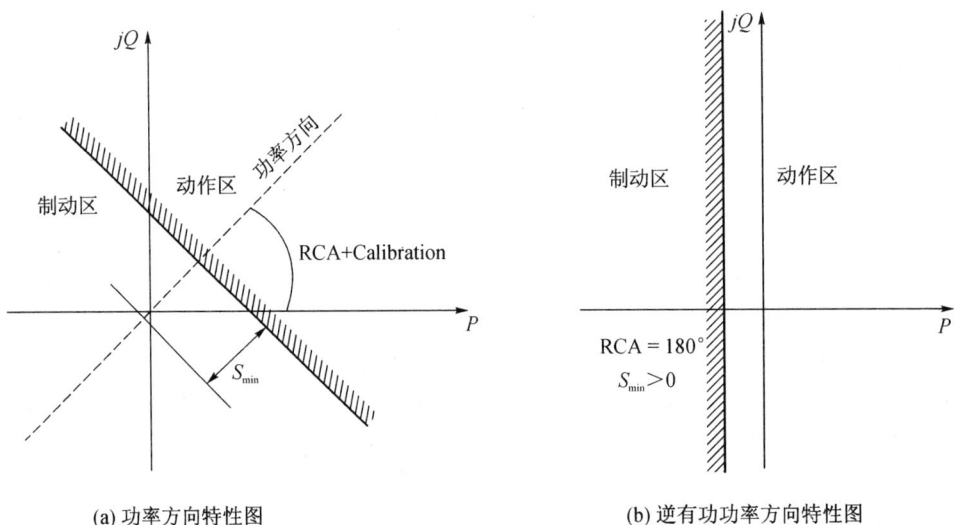

(a) 功率方向特性图　　　　　　　　(b) 逆有功功率方向特性图

图 8.24　逆功率元件特性

因为功率方向元件的特性角 RCA 可调,且最小动作功率 S_{min} 可正可负,通过改变功率元件的特性角和最小动作功率的符号,我们可以得到多种不同的动作特性。如:

RCA＝180°,S_{min}＞0,为逆有功超低限特性。

RCA＝180°,S_{min}＜0,为正有功超低限特性。

RCA＝0°,S_{min}＞0,为正有功超高限特性。

RCA＝0°,S_{min}＜0,为逆有功超高限特性。

RCA＝90°,S_{min}＞0,为正无功超高限特性。

RCA＝270°,S_{min}＜0,为正无功超低限特性,等等。

对于逆功率保护,选择 RCA＝180°,S_{min}＞0,为逆有功超低限特性,如图 8.24(b)所示。

根据逆功率程度的不同,逆功率保护可以分为两段,Ⅰ段经延时作用于信号,Ⅱ段则动作于跳闸。

典型电厂 1 000 MW 汽轮发电机组能安全连续地在 48.5～51 Hz 频率范围内运行,当频率偏差大于上述频率值时,发电机和汽轮机分别允许运行时间如表 8.3 所示,低频保护应该据此设定各段动作频率和相应时限。

表 8.3　汽轮发电机组允许频率变化范围

频率(Hz)	发电机允许时间	
	每次(s)	累计(min)
51.0～51.5	＞30	＞30
48.5～50.1	连续运行	
48.5～48	＞300	300
48.0～47.5	＞60	＞60
47.5～47	＞20	＞10

8.1.13　电流互感器二次断线

电流互感器二次侧开路后,全部一次电流都用于铁芯的磁化,铁芯深度饱和,二次侧要产生很高的电压,对于大容量发电机组,由于电流大,磁势大,所以开路电压很高。例如一台 25 000/5 A 的电流互感器,二次开路电压幅值将达 43 000 V,这样高的二次电压,如无特殊保护措施,必将损坏互感器二次绕组、二次设备和连接电缆,并危及人身安全。大机组均系封闭母线,发电机电压回路内的电流互感器均装在封闭母线中,一旦遭受破坏,更换困难,要招致很大的停电损失。

在实际运行中,电流互感器二次开路事故不能完全杜绝,特别是发电机回路的电流互感器,安装在受震动的环境中,更不能完全消除开路故障。因此,从安全来看应装设断线保护。发生断线故障时,电流互感器断线保护应当能把二次电压限制在允许范围内,以防止设备遭受破坏,同时发出信号。进一步要求,对一些在二次断线后可能误动作的保护,如差动保护和负序电流保护等,能够实现闭锁。

8.2 变压器保护

8.2.1 概述

变压器和发电机与高压输电线路元件相比,故障几率比较小,但其故障后对电力系统和发电厂的正常生产影响很大。对于超大容量三相一体式主变,本身结构复杂,造价昂贵,运输检修困难,如果发生故障不能及时切除,将会造成电网冲击、变压器的严重损坏,不仅给电厂造成巨大的经济损失,而且在很长时间内给电网造成巨大的负荷缺口压力。

典型电厂装设了发电机出口装设开关,它的好处是,在发电机停机状态下可以通过主变压器倒送厂用电,省却了厂用电倒闸操作和启动变压器。这样就对主变压器和高厂变保护的安全性提出了很高的要求,任何一个变压器保护误跳闸将直接导致机组停机和厂用电失压。

1) 变压器的故障

变压器的故障主要包括以下几类:

(1) 相间短路

这是变压器最严重的故障类型。它包括变压器箱体内部的相间短路和引出线(从套管出口到电流互感器之间的电气一次引出线)的相间短路。由于相间短路给电网造成巨大冲击,会严重地烧损变压器本体设备,严重时使得变压器整体报废,因此,当变压器发生这种类型的故障时,要求瞬时切除故障。

(2) 接地(或对铁芯)短路

显然这种短路故障只会发生在中性点接地的系统一侧。对这种故障的处理方式和相间短路故障是相同的,但同时要考虑接地短路发生在中性点附近时的灵敏度。

(3) 匝间或层间短路

对于大型变压器,为改善其冲击过电压性能,广泛采用新型结构和工艺,匝间短路问题显得比较突出。当短路匝数少,保护对其反应灵敏度又不足时,在短路环内的大电流往往会引起铁芯的严重烧损。如何选择和配置灵敏的匝间短路保护,对大型变压器就显得比较重要。

(4) 铁芯局部发热和烧损

由于变压器内部电磁场分布不均匀、制造工艺水平差、绕组绝缘水平下降、铁芯绝缘损坏、铁芯两点接地等因素,会使铁芯局部发热和烧损,继而引发更严重的相间短路。因此,应检测这类故障并及时采取措施。

2) 变压器不正常运行状态

变压器不正常运行状态,是指变压器本体没有发生故障,但外部环境变化后引起了变压器的非正常工作状态。这种非正常运行状态如不及时处理或告警,预示着将会引发变压器的内部故障。因此,从这种观点看,这一类保护也可称为故障预测保护。

(1) 变压器过负荷

变压器有一定的过负荷能力,但若长期过负荷下运行,会加速变压器绕组绝缘的老化,降低绝缘水平,缩短使用寿命。

　　单侧单源的三绕组降压变压器,三侧绕组容量不同时,在电源侧和容量较小的绕组侧装设过负荷保护。对于发电机—变压器组,发电机比变压器的过负荷能力低,一般发电机已装设对称和不对称过负荷保护,故变压器可不再装设过负荷保护。

　　(2) 变压器过电流

　　过电流一般是由于外部短路后,大电流流经变压器而引起的。如果不及时切除,变压器在这种电流下会烧损,一般要求和区外保护配合后,经延时切除变压器。

　　(3) 变压器零序过流

　　中性点接地的变压器发生内部接地故障或外部接地故障,均会使中性点流过零序电流,变压器零序保护能反映这种故障,有选择地将变压器切除,将故障点隔离。

　　(4) 油面下降

　　由于变压器漏油等原因造成变压器内油面下降,会引起变压器内部绕组绝缘水平下降,给变压器的安全运行造成危害。因此当变压器油面下降时,应及时检测并予以处理。变压器油位下降使液面低于变压器钟罩顶部,变压器上部的引线和铁芯将暴露于空气下,会造成变压器引线闪络,铁芯和绕组过热,造成严重事故。故在应在变压器油位下降到危险液面前发出信号,通知值班员及时处理。

　　(5) 变压器过激磁

　　变压器和发电机发生过激磁的机理一样,由式 $B = K\dfrac{U}{f}$ 可知:电压的升高和频率的降低均可导致磁感应强度 B 的增大,当超过变压器的饱和磁感应强度时,变压器即发生过激磁。现代大型变压器,额定工作磁感应强度 $B_N = 1.7 \sim 1.8$ T,饱和磁感应强度 $B_S = 1.9 \sim 2.0$ T,两者相差已不大,很容易发生过激磁。

　　变压器的铁芯饱和后,铁损增加,使铁芯温度上升。铁芯饱和后还要使磁场扩散到周围的空间中去,使漏磁场增强。靠近铁芯的绕组导线、油箱壁以及其他金属结构件,由于漏磁场而产生涡流,使这些部位发热,引起高温,严重时要造成局部变形和损伤周围的绝缘介质。现代某些大型变压器,当工作磁感应强度达到额定磁感应强度的 1.3～1.4 倍时,励磁电流的有效值可达到额定负荷电流的水平。由于励磁电流是非正弦波,含有许多高次谐波分量,而铁芯和其他金属构件的涡流损耗与频率的平方成正比,所以发热严重。与系统并列运行的变压器,可能导致过激磁的原因有以下几种:

　　① 电力系统由于发生事故而被分割解列之后,某一部分系统中因甩去大量负荷使变压器电压升高,或由于发电机自励磁引起过电压;

　　② 由于发生铁磁谐振引起过电压,使变压器过励磁;

　　③ 由于分接头连接不正确,使电压过高引起过励磁;

　　④ 进相运行的发电机跳闸或系统电抗器的退出;

　　⑤ 发电机出口装设开关后,由于发电机端原因造成升压主变压器过激磁的几率大大减少,但是由于系统联络开关断开,造成主变压器甩负荷时仍有可能造成过激磁。

　　(6) 变压器冷却器故障

　　对于强迫油循环风冷和自然油循环风冷变压器,当变压器冷却器故障时,变压器散热条件急剧恶化,导致变压器油温和绕组、铁芯温度升高,长时间运行会导致变压器各部件过热和变压器油劣化。

规程规定:变压器满载运行时,当全部冷却器退出运行后,允许继续运行时间至少 20 min,当油面温度不超过 75℃时允许上升到 75℃,但变压器切除冷却器后允许继续运行 1 h。

3) 变压器的保护配置

继电保护的任务是对上述的故障和不正常运行状态应做出灵敏快速、正确的反应。因此,以下所述的保护方式仅是当前在变压器保护中普遍采用的保护,但并不限制其他原理的采用。特别是在微机元件保护问世以后,各种新方法、新原理的不断出现,必将使保护提高到一个新的高度。

(1) 差动保护

差动保护能反映变压器内部各种相间、接地以及匝间短路故障,同时还能反映引出线套管的短路故障,它能瞬时切除故障,是变压器最重要的保护。

(2) 气体(重/轻瓦斯)保护

气体(重/轻瓦斯)保护能反映铁芯内部烧损、绕组内部短路(相间和匝间)、绝缘逐渐劣化、油面下降等,但不能反映变压器本体以外的故障,它的灵敏性高,几乎能反映变压器本体内部的所有故障,但是动作时间较长。差动保护和瓦斯保护是目前变压器内部故障普遍采用的保护,它们各有所长,也有其不足。瓦斯保护能反映铁芯局部烧毁、绕组内部断线、绝缘逐渐劣化、油面下降等故障,但对变压器外部引线短路不能反映,对绝缘突发性击穿的反映不及差动保护快,而且在地震预报期间和变压器新投入的初始阶段等,瓦斯保护不能投跳闸。新型差动保护虽然在灵敏度、快速性方面大有提高,但对上述的部分故障不能反映。例如,对于有的变压器内部发生一相断线差动保护就不能动作,瓦斯保护则可通过开断处电弧对绝缘油的作用而反映。

(3) 零序电流保护

能反映变压器内部或外部发生的接地性短路故障,一般由零序电流、间隙零序电流、零序电压共同构成完善的零序电流保护。

(4) 过负荷保护

当变压器过负荷时延时发告警信号。

(5) 相间短路后备保护

反映变压器外部相间短路并作瓦斯保护和纵差保护后备的过电流保护、低电压启动的过电流保护、复合电压启动的过电流保护、负序电流保护和阻抗电流保护,这几种保护方式都能反映变压器的过电流状态。但是它们的灵敏度不同,阻抗保护的灵敏度最高,简单过电流保护的灵敏度最低。保护动作后应带时限动作于跳闸。

(6) 开关量保护

开关量保护包括温度保护、油位保护、通风故障保护、冷却器故障保护等,反映相应的温度、油位、通风等故障。

8.2.2 变压器差动保护

变压器差动保护用于反映变压器绕组的相间短路保护、绕组的匝间短路故障、中性点接地侧绕组的接地故障及引出线的相间短路故障、中性点接地侧引出线的接地故障。发电厂的主变压器(发电机—变压器组)、高压厂用变压器、高压启动备用变压器均配置有差动保护,保护原理都一样,所不同的主要是引入的电流量有差异。变压器差动保护的灵敏性比发电机差动保护低一些。它不仅能反映变压器内部的相间短路,也能反映变压器内部的匝间短路故障。

1) 变压器差动保护的基本原理

变压器差动保护的基本原理与发电机差动保护相同。图 8.1 所示为变压器差动保护原理接线图,其中变压器 T 两侧电流 $\dot{I}_1$、$\dot{I}_2$ 流入变压器为其电流正方向。

当变压器正常运行或外部短路故障时 $\dot{I}_1$ 与 $\dot{I}_2$ 反相,有 $\dot{I}_1 + \dot{I}_2 = 0$ 若两侧电流互感器变比合理选择,则在理想状态下有 $I_d = |\dot{I}_1 + \dot{I}_2| = 0$(实际是不平衡电流),差动元件 KD 不动作。当变压器发生短路故障时,$\dot{I}_1$ 与 $\dot{I}_2$ 同相(假设变压器两侧均有电源),有 $\dot{I}_1 + \dot{I}_2 = \dot{I}_k$(短路电流),于是 $\dot{I}_d$ 流过相应短路电流,KD 动作,将变压器从电网中切除。

可以看出,变压器差动保护的保护区是两侧 TA 之间的电气部分。从理论上说,正常运行时流入变压器的电流等于流出变压器的电流,但是由于变压器的内部结构,变

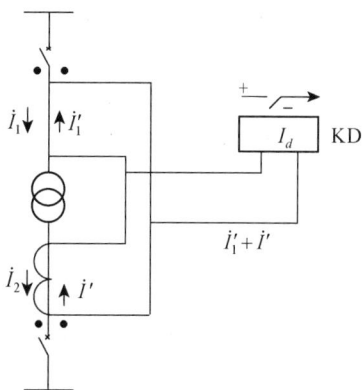

图 8.25 变压器差动保护原理接线图

压器各侧额定电压不同,接线方式不同,各侧电流互感器变比不同,各侧电流互感器的特性不同产生的误差,以及有载挑檐产生的变比变化等,产生了一系列特有的技术问题。

2) 变压器差动保护的不平衡电流问题

变压器差动保护两侧电流互感器的电压等级、变比、容量以及铁芯和特性不一致,使差动回路的稳态和暂态不平衡电流都可能比较大;正常运行时的励磁电流将作为变压器差动保护不平衡电流的一种来源,特别是当变压器过励磁运行时,励磁电流可达变压器额定电流的水平;空载变压器突然合闸时,或者变压器外部短路切除而变压器端电压突然恢复时,暂态励磁电流的大小可达额定电流的 6~8 倍,可与短路电流相比拟;正常运行中的有载调压,根据变压器运行要求,需要调节分接头,这有将增大变压器差动保护的不平衡电流;由于变压器 Y-△ 接线的关系,变压器两侧电流间存在相位差为 30°,必须补偿由于两侧电流相位不同而引起的不平衡电流。另外,变压器差动保护还要考虑以下两种情况的灵敏度:变压器差动保护能反映高、低压绕组的匝间短路。虽然匝间短路时短路环中电流很大,但流入差动保护电流可能并不大;变压器差动保护应能反映高压侧的单相接地短路,但经高阻接地时故障电流也比较小。差动保护用于变压器,一方面由于各种因素产生较大或很大的不平衡电流,另一方面又要求能反映具有流出电流的轻微内部短路,可见变压器差动保护要比发电机差动保护复杂得多。

3) 变压器差动保护的励磁涌流

正常运行时变压器的励磁电流很小,通常只有变压器额定电流的 3%~6% 或更小,所以差动保护回路的不平衡电流也很小。区外短路时,由于系统电压下降,变压器的励磁电流也不大,故差动回路的不平衡电流也很小。所以在稳态运行情况下,变压器的励磁电流对差动保护的影响可忽略不计。但是在电压突然增加的特殊情况下,例如在空载投入变压器或区外故障切除后恢复供电等情况下,就可能产生很大的励磁电流,这种暂态过程中的变压器

励磁电流通常称为励磁涌流。由于励磁涌流的存在，将使差动保护误动作，所以差动保护装置必须采取相应对策防止差动保护误动作。

三相变压器的励磁涌流与合闸时电源电压初相角、铁芯剩磁、饱和磁通密度、系统阻抗等有关，而且直接受三相绕组的接线方式和铁心结构形式的影响。此外，励磁涌流还受电流互感器接线方式及其特性的影响。

分析和实践均表明：在 Y/d11 或 Y_N/d11 接线的变压器励磁涌流中，差动回路中有一相电流呈对称性涌流，另两相呈非对称性涌流，其中一项为正极性，另一相为负极性。励磁涌流有如下特点：

(1) 励磁涌流幅值且衰减，含有非周期分量电流。对中小型变压器励磁涌流可达额定电流的 10 倍以上，且衰减较快；对大型变压器，一般超过额定电流的 4.5 倍，衰减慢，有时可达 1 min。当合闸初相角不同时，对各相励磁涌流的影响不同。

(2) 在励磁涌流中，除基波和非周期电流外，高次谐波电流以二次谐波为最大，波形出现间断角，这个二次谐波电流是变压器励磁涌流的最明显的特性，因为在其他工况下很少有偶次谐波发生，在变压器内、外部故障的短路电流中也会出现二次谐波分量，但二次谐波分量所占比例较小，一般不会出现波形间断。其他分量，如三次谐波、直流分量等均非励磁涌流所独有，在其他工况下均可能出现，所以都不适于用来作为制动。

(3) 波形呈间断特性。

4) 比率制动差动

(1) 比率自动差动基本原理

与发电机差动保护一样，为了避开区外短路不平衡电流，同时区内短路要有较高的灵敏度，理想的办法就是采用比率特性。比率差动保护的动作方程如下：

$$\begin{cases} I_d > K_{bl}I_r + I_{cdqd} & (I_r < nI_N) \\ K_{bl} = K_{bl1} + K_{blr} \times \left(\dfrac{I_r}{I_N}\right) \\ I_d > K_{bl2} \times (I_r - nI_N) + b + I_{cdqd} & (I_r > nI_N) \\ K_{blr} = \dfrac{K_{bl2} - K_{bl1}}{2n} \\ b = (K_{bl1} + K_{blr}n)nI_N \end{cases} \tag{8.12}$$

$$\begin{cases} I_r = \dfrac{\displaystyle\sum_{i=1}^{m}|I_i|}{2} \\ I_d = \left|\displaystyle\sum_{i=1}^{m}I_i\right| \end{cases} \tag{8.13}$$

式中：I_d 为差动电流；I_r 为制动电流；I_{cdqd} 为差动电流启动值；I_N 为额定电流；

电流各侧定义：对于启备变保护，低压侧分支最多可以接进 6 个，即式中 m 最大值为 7；对于厂变和主变保护，各侧电压等级不能超过两个。

比率制动系数定义：K_{bl} 为比率差动制动系数；K_{blr} 为比率差动制动系数增量；K_{bl1} 为起始比率差动斜率，定值范围为 0.05～0.15，一般取 0.10；K_{bl2} 为最大比率差动斜率，定值

范围为 $0.50 \sim 0.80$，一般取 0.70；n 为最大斜率时的制动电流倍数，固定取 6。比率差动动作特性如图 8.26 所示。

（2）励磁涌流闭锁原理

涌流判别通过控制字可以选择二次谐波制动原理或波形判别原理。

① 谐波制动原理

利用励磁涌流的二次谐波分可以构成二次谐波制动的变压器差动保护，使之有效地躲过励磁涌流的影响，通常对各相差流分别求取二次谐波对基波的比值，即二次谐波比来实现制动，动作方程如下：

$$I_2 > K_{2zb} I_1 \qquad (8.14)$$

式中：I_2 为每相差动电流中的二次谐波；I_1 为对应相的差流基波；K_{2zb} 为二次谐波制动系数整定值，推荐 K_{2zb} 整定为 0.15。

TA 饱和时，TA 的暂态与稳态饱和时可能引起的稳态比率差动保护误动，装置采用各相差电流的综合谐波作为 TA 饱和的判据。在故障发生时，保护装置利用差电流工频变化量和制动电流工频变化量是否同步出现，先判断出是区内故障还是区外故障，如区外故障，投入 TA 饱和闭锁判据，可靠防止 TA 饱和引起的比率差动保护误动。

② 波形判别原理

装置利用三相差动电流中的波形判别作为励磁涌流识别判据。内部故障时，各侧电流经互感器变换后，差流基本上是工频正弦波。而励磁涌流时，有大量的谐波分量存在，波形是间断不对称的。

内部故障时，有如下表达式成立：

$$\begin{cases} S > K_b S_+ \\ S > S_t \end{cases} \qquad (8.15)$$

式中：S 是差动电流的全周积分值；S_+ 是差动电流的瞬时值＋差动电流半周前的瞬时值的全周积分；K_b 是某一固定常数；S_t 是门槛值。S_t 的表达式如下：

$$S_t = \alpha I_d + 0.1 I_N \qquad (8.16)$$

式中：I_d 为差电流的全周积分值；α 为某一比例常数。

而励磁涌流时，以上波形判别关系不成立，比率差动保护元件不会误动。

③ 波形间断角判别原理

利用励磁涌流的波形间断角可以构成以鉴别波形间断角原理的变压器差动保护。判别电流间断角识别励磁涌流的判据为：

$$\theta_j > 65°; \quad \theta_w < 140°$$

只要 $\theta_j > 65°$，就判为励磁电流，闭锁差动保护；而当 $\theta_j \leqslant 65°$ 且 $\theta_w \geqslant 140°$ 时，则判为故障电流，开放差动保护。可见，对于非对称性励磁涌流，能够可靠闭锁差动保护；对于对称性

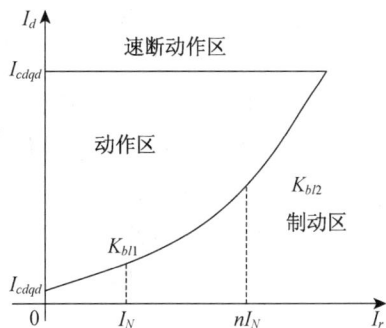

图 8.26　比率差动保护的动作特性

励磁涌流,虽 $\theta_{j.\,min} = 50.8° < 65°$,但 $\theta_{w.\,max} = 120° \leqslant 140°$ 同样也可靠闭锁差动保护。

（3）差动速断保护

一般情况下,当发生区内短路,在电流互感器不饱和或不太严重时,比率制动的差动保护作为变压器的主保护均能灵敏快速动作。如果区内短路电流非常大,电流互感器严重饱和,短路电流的二次波形将发生畸变,可能出现间断角和包括二次谐波的各种高次谐波;对于长线或附近装有静止补偿电容器的场合,在变压器发生内部严重故障时由于谐振也会短时出现较大的衰减二次谐波电流。对于上述两路情况,间断角原理和谐波制动原理的差动保护均可能拒绝动作,对于这种情况,国内外多采用高定值的差动电流速断保护,这时不需再进行是否是励磁涌流的判断和制动,改由差流元件直接出口。

差动电流速断的动作一般在半个周期内实现,而决定动作的测量过程在 1/4 周期内完成,这是电流互感器还未严重饱和,能实现快速正确地切除故障。差动速断的整定值以躲过最大不平衡电流和空载合闸的励磁涌流最大值来整定,这样在正常操作和稳态运行时差动速断保护可靠不动作。根据有关文献的计算和工程经验,差动速断的整定值一般不小于变压器额定电流的 6 倍,如果灵敏度够的话,整定值取不小于变压器额定电流的 7～9 倍较好。

（4）高值比率差动原理

为避免区内严重故障时 TA 饱和等因数引起的比率差动延时动作,装置设有一高比例和高启动值的比率差动保护,只经过差电流二次电流或波形判别涌流闭锁判据闭锁,利用其比率制动特性抗区外故障时 TA 的暂态和稳态饱和,而在区内故障 TA 饱和,也可靠正确快速动作。稳态高值比率差动的动作方程如下:

$$\begin{cases} I_d > 1.2I_N \\ I_d > 1.0I_r \end{cases} \tag{8.17}$$

式中差动电流和制动电流的选取同上。动作特性如图8.27。程序中依次按每相判别,当满足以上条件,比率差动动作。

高值比率差动的各相关参数有装置内部设定,不需要用户整定。

（5）差流异常报警与 TA 断线闭锁

装置设有带比率制动的差流报警功能,开放式瞬时 TA 断线、短路闭锁功能。通过"TA 断线闭锁差动控制字"整定选择,瞬时 TA 断线和短路判别动作后可只发报警信号或闭锁全部差动保护。当"TA 断线闭锁比率差动控制字"整定为"1"时,闭锁比率差动保护。

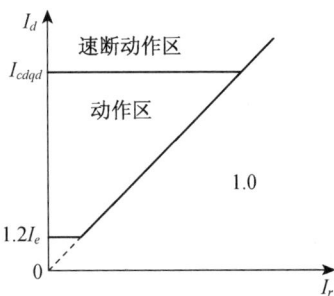

图 8.27　稳态高值比率差动保护的动作特性

（6）差动保护在过激磁状态下的闭锁判据

过电压在 120%～140%时,变压器励磁电流可达额定电流的 10%～50%,差动保护完全可能误动作。

变压器过电压时励磁电流中三次谐波和五次谐波电流十分显著。以五次谐波电流 $I_{(5)}$ 为例,当电压达 115%～120%时,五次谐波成分达到最大值(约为基波电流 $I_{(1)}$ 的 50%),但当过电压更大时,五次谐波成分又明显减小,当过电压为 140%时,五次谐波成分约为 35%,如果差动保护选择 $I_{(5)}/I_{(1)} \geqslant 35\%$ 为闭锁判据,则可望在过电压小于 140%时差动保护不会发生误动作,而当电压很大(超过 140%)时差动保护解除五次谐波闭锁,使差动保护起到一部分过励磁保护的后备作用。作为差动保护的过励磁误动闭锁判据,采用五次谐波而不用三次谐波,其原因是三次谐波经常大量地出在其他场合,如内部短路时就可能出现较大的三次谐波成分。其判据如下:

$$I_{(5)} > K_{5xb}I_{(1)} \qquad\qquad (8.18)$$

式中:$I_{(1)}$、$I_{(5)}$ 为每相差动电流中的基波和五次谐波;K_{5xb} 为五次谐波制动系数,装置中固定取 0.25。

高值比率差动不经过励磁五次谐波闭锁。比率差动的逻辑框图如图 8.28 所示。

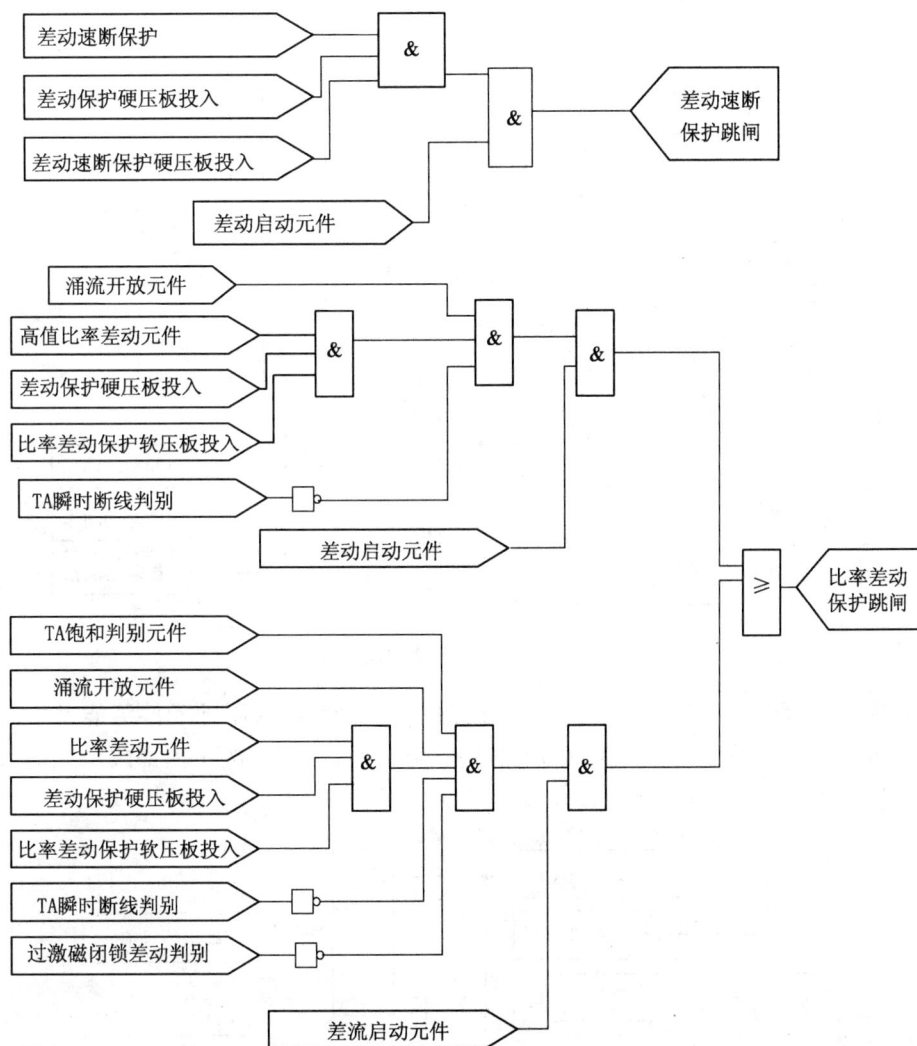

图 8.28　比率差动逻辑图

5) T60 变压器差动

(1) T60 变压器差动保护原理

电流互感器 TA 自动组态,T60 只要求所有的电流互感器接成 Y 接线以简化 TA 接

线。根据变压器接线组别,所有电流相位和数值大小的调整包括零序电流的补偿都是由继电器自动完成。零序电流补偿解释如下:

变压器差动保护由二次谐波比率制动部分和差动速断两部分构成。

二次谐波比率制动部分又包括比率制动部分和谐波制动部分。谐波制动部分包括二次谐波制动和过激磁五次谐波制动,主要是二次谐波制动。

二次谐波制动用以防止变压器的励磁涌流导致比率差动保护误动,当某相的二次谐波超过整体水平 LEVEL 时,闭锁该相的比例差动元件。

过激磁五次谐波制动用以防止变压器发生过励磁时的励磁电流导致比例差动保护误动,当某相的五次谐波超过整体水平 LEVEL 时,闭锁该相的比例差动元件。

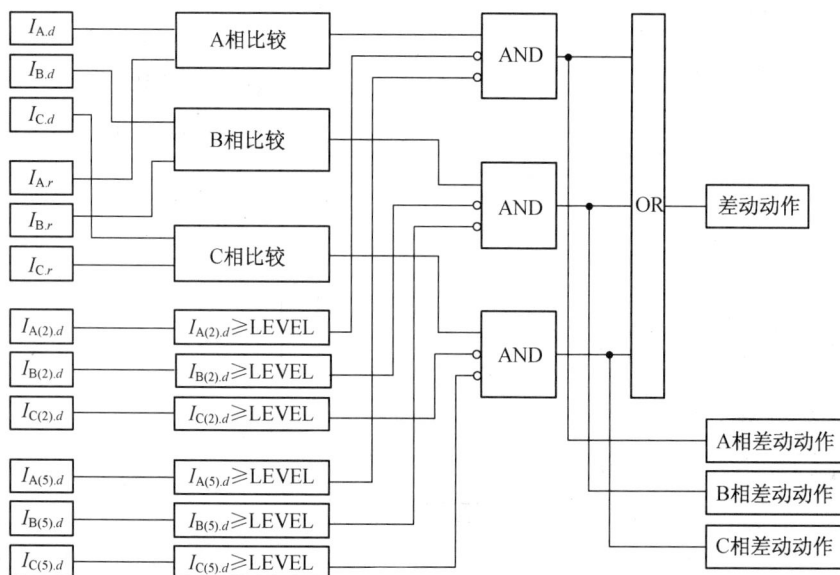

图 8.29　变压器比例差动逻辑框图

设置独立的差动速断部分,是为了防止内部严重故障,比率制动元件可能发生的拒动作。T60 包含三个(每相一个)无制动的瞬时差动电流元件,它解决了内部故障大电流的问题。差动速断逻辑框图如图 8.30 所示。

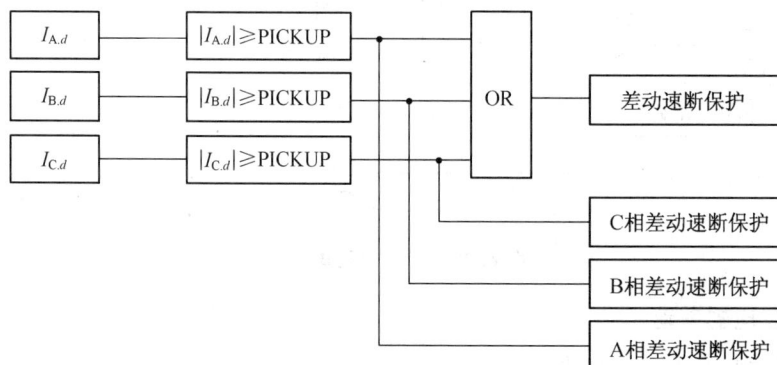

图 8.30　变压器差动速断逻辑框图

（2）T60 比率制动特性

变压器差动的比率制动特性采用了类似于发电机的双陡度双拐点比率制动特性。低陡度用来保证内部轻微故障（如匝间短路等）时的灵敏性，高陡度用来防止外部故障 TA 饱和时的误动作。T60 变压器比率制动特性如图 8.31 所示。

差动启动电流（PICKUP），该值按正常运行时所产生的差动电流来整定。一般推荐为 0.1～0.3 p. u.（工厂默认为 0.1 p. u.）。比率差动拐点 1（BREAK1），它用来设定低陡度的终点和变换范围的起点，该定值只需大于变压器最大负荷电流的不平衡电流（工厂默认为 2 p. u.）。比率差动拐点 2（BREAK2），用来设定变换范围的终点和高陡度的起点，该定值应该设为任一 TA 开始饱和的值（工厂默认为 8 p. u.）。

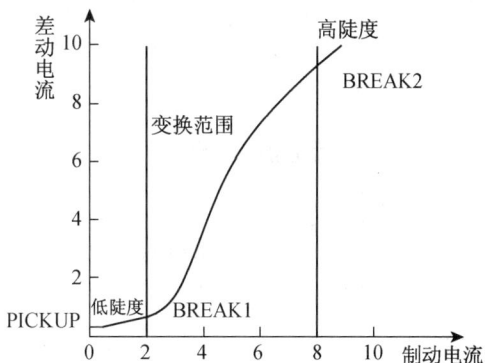

图 8.31 变压器比例制动特性

低陡度（斜率 1），为差动电流和制动电流的比值，大于该值，继电器动作。在保证区内故障时的灵敏性的前提下，设定该斜率应满足以下两个条件：

① 运行在有载调压调节范围内允许的 TA 不匹配，由此产生的斜率约为 20%。

② TA 允许精度误差，由此产生的斜率约为 5%。高陡度（斜率 2），用于制动电流大于 BREAK2 的范围。该斜率的设定应确保严重穿越性故障产生大差动电流使 TA 饱和时继电器动作的可靠性，一般推荐为 80%～100%。变换区域是 $\sum$ 次方函数曲线，继电器自动计算，使曲线从低陡度到高陡度自动平滑变换。

（3）T60 自适应谐波制动特性

对于新变压器（剩磁较小）的励磁涌流和并联变压器的和应涌流，涌流中的二次谐波含量可能较小。对于常规的二次谐波制动差动保护：选择较高的谐波制动量，在故障时保护可能拒动；选择较低的谐波制动量，在涌流情况下保护又可能误动。

T60 提供的自适应谐波制动特性就克服了上述问题，即利用二次谐波比的变化动态的整定制动时间，使变压器在初始充电或和应涌工况下更为安全。原理如下所述：

二次谐波的旋转速度比基波快两倍，并且二次谐波和基波分量的相位差不断变化。动态二次谐波制动正是利用了这一特点，T60 不仅测量二次谐波及基波的幅值关系，并且通过检测两者的相角关系来保证涌流检测元件动作/闭锁特性的可靠性和有效性。确保内部故障时增大动作量，同时确保在二次谐波量很低的涌流下保护的可靠性。定义二次谐波比为：

$$\dot{I}_{2/1} = \frac{\dot{I}_{(2)}}{\dot{I}_{(1)} e^{j\omega t}} = \frac{I_{(2)}}{I_{(1)}} \angle \arg(\dot{I}_{(2)}) - 2\arg(\dot{I}_{(1)}) \tag{8.19}$$

从对于励磁涌流，二次谐波比大，并且在较宽的范围内出现；对于内部故障电流，二次谐波比小，并且只在较小的范围内出现。

利用上述特点，便形成了 T60 的二次谐波制动特性。在涌流情况下，如果二次谐波比 >20%，相角在 90° 内不显示相角，制动有效。如果二次谐波比跌到 <20%，二次谐波比的

相角接近＋90°或－90°,落入制动区内,此时制动量和延时取决于二次谐波比的相角,即制动时间是受合成的二次谐波比控制的。在二次谐波<20%的区间内,制动时间是受二次谐波比动态控制的。

8.2.3 变压器瓦斯保护

1）概述

变压器的差动保护虽能保护匝间短路,但是,变压器内部发生严重漏油或距数很少的匝间短路故障以及绕组断线故障时,差动保护及其他反应电量的保护均不能动作,而瓦斯保护却能动作,因此瓦斯保护是变压器内部故障的重要的保护装置。通常在容量大于 800 kVA 的变压器上均装设有瓦斯保护。

变压器的铁芯和绕组一般都放在油箱内,利用油作为绝缘和冷却介质。在油箱内发生各种故障(包括轻微的匝间短路)时,在短路电流所产生的电弧作用下,会使油和其他绝缘材料受热而分解,产生气体(即所谓瓦斯)。由于气体比较轻,它要从油箱流向储油柜的上部。当故障严重时,将产生大量气体,会有剧烈的油流和气流涌向储油柜上部。利用这一特点,可以构成反映气体流动的保护,通常称为瓦斯保护,又称为气体保护。瓦斯保护有轻瓦斯、重瓦斯保护之分。当变压器严重漏油或轻微故障时,在所产生的气体压力作用下,使变压器外壳内油面降低,引起轻瓦斯保护动作,延时作用于信号。轻瓦斯保护动作值采用气体容积大小表示,整定范围通常为 250~300 cm³。若变压器内部发生严重故障,变压器油和绝缘材料分解产生大量气体,迫使油从油箱经导管冲向储油柜,冲动重瓦斯保护动作,瞬时作用于跳闸。重瓦斯保护动作值采用油流速度大小表示,整定范围通常为 0.6~15 m/s。

2）瓦斯保护结构和原理

瓦斯保护主要由气体继电器构成。气体继电器安装于油箱与储油柜之间的连接管道上。不论哪一种型式的气体继电器都有两对触点,一对反应轻瓦斯或油面降低的故障,另一对反应重瓦斯的故障。

目前在我国电力系统中推广应用的是开口杯挡板式气体继电器,其内部结构如图 8.32 所示。正常运行时,上、下开口杯 2 和 1 都浸在油中,开口杯和附件在油内的重力所产生的力矩小于平衡锤 4 所产生的力矩,因此开口杯向上倾,干簧触点 3 断开。当油箱内部发生轻微故障时,少量的气体上升后逐渐聚集在继电器的上部,迫使油面下降。而使上开口杯露出油面,此时由于浮力的减小,开口杯和附件在空气中的重力加上杯内油重所产生的力矩大于平衡锤 4 所产生的力矩,于是上开口杯 2 顺时针方向转动,带动永久磁铁 10 靠近干簧触点 3,使触点闭合,发生"轻瓦斯"保护动作信号。当变压器油箱内部发生严重故障时,大量气体和油流直接冲击挡板 8,使下开口杯 1 顺时针方向转动,带动永久磁铁靠近下

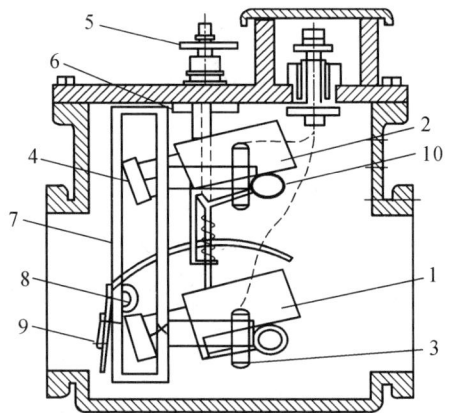

1—下开口杯;2—上开口杯;3—干簧触点;
4—平衡锤;5—放气阀;6—探针;
7—支架;8—挡板;9—进油挡板;10—永久磁铁

图 8.32　开口杯挡板式气体继电器结构图

部干簧的触点 3 使之闭合,发出跳闸脉冲,表示"重瓦斯"保护动作。当变压器出现严重漏油而使油面逐渐降低时,首先是上开口杯露出油面,发出报警信号,继之下开口杯露出油面后亦能动作,发出跳闸脉冲。

重瓦斯保护应瞬时动作于全停 II 和向 DCS 传送信号。轻瓦斯保护动作于在集中控制室发出警报信号。

图 8.33 为瓦斯保护的原理接线图。气体继电器 KG 的轻瓦斯触点动作于信号,重瓦斯触点经信号继电器 K1 及切换片 XB 作用于保护出口继电器 K2,跳开变压器各侧断路器。当进行保护校验和变压器刚充油后,为防止重瓦斯保护误动作于跳闸,可将 XB 切换至信号位置。因为气体继电器的重瓦斯触点是由于气体伴随油流冲动而动作,考虑到油流的不稳定性,为保证可靠跳闸,保护出口继电器 K2 具有自保持线圈。通常是选用具有电流自保持线圈的中间继电器。在重瓦斯触点闭合瞬间,出口中间继电器由电压线圈接通而动作,并由电流线圈使其触点自保持。当断路器跳闸后,断路器的辅助触点将出口中间继电器的自保持自动解除。

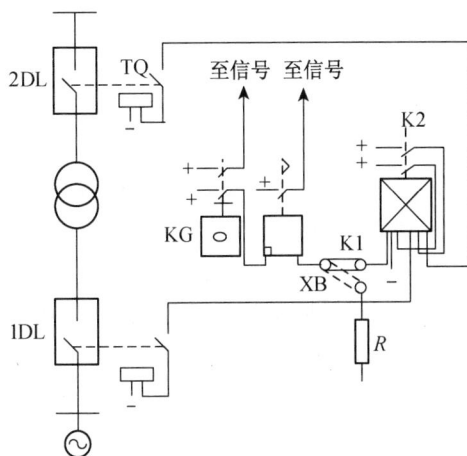

图 8.33 瓦斯保护的原理接线图

瓦斯保护灵敏、快速、接线简单,可以有效地反映变压器的多种内部故障;但它动作速度较慢,且不能反映变压器油箱外套管及其引出线故障。因此,它不能完全代替差动保护的作用。由于变压器差动保护对匝间短路有死区,故纵差动保护亦不能代替瓦斯保护,通常由瓦斯保护和纵差动保护共同构成变压器的主保护。

8.2.4 变压器相间短路的后备保护

后备保护是主保护或断路器拒动时,用来切除故障的保护。后备保护可分为远后备保护和近后备保护两种。后备保护是被保护元件的后备保护,叫近后备保护。在主保护范围内发生故障时,主保护和后备保护同时启动,当主保护动作切除故障点后,由于短路电流消失,后备保护即行返回。当主保护由于某种原因拒绝动作时,后面的保护延时动作,切除故障点,起到了主保护的后备。当后备保护作为下一级元件(或称为相邻元件)主保护的后备保护时,称为远后备保护。例如,配电变压器低压出线发生故障时,变压器的后备保护也启动,低压出线保护动作切除故障后,变压器的后备保护返回,当低压出线保护拒绝动作时,变压器后备保护按预先整定的时间动作,切除变压器高压侧的断路器。远后备保护动作后,使停电范围增大,往往造成越级跳闸。后备保护能保护被保护电气元件的全部。一套后备保护既是近后备保护,又是远后备保护。后备保护一般带时限的过电流保护组成,其灵敏度,当作为后备保护时,应满足继电保护规程的要求。当作为远后备时,可适当降低灵敏度。

为反映变压器外部相间短路故障引起的过电流以及作为差动保护和瓦斯保护的后备,变压器应装设反应相间短路电流的后备保护。根据变压器容量和保护灵敏性要求,后备保护的方式主要有后备阻抗保护、复合电压启动过电流保护、低电压启动过电流保护及简单过电流等。而复合电压启动过电流保护应用最广。为防止变压器长期过负荷运行带来的绝缘加速老化,还应装设过负荷保护

1) 过电流保护

变压器过电流保护工作原理与线路定时限过电流保护相同。保护动作后,跳开变压器两侧的断路器。变压器过电流保护,保护的启动电流 $I_{K.act}$ 按躲过变压器的最大负荷电流 $I_{L.max}$ 整定。

$$I_{act} = \frac{K_{rel}}{K_{re}} I_{L.max} \qquad (8.20)$$

式中:K_{rel} 为可靠系数,一般取为 1.2~1.3;K_{re} 为返回系数,取为 0.85。

变压器的最大负荷电流应按下列情况考虑,取其中的较大值作为最大负荷电流代入式计算过流保护的启动电流。

(1) 对并联运行的变压器,应考虑切除一台变压器后的负荷电流。当各台变压器的容量相同时,可按下式计算:

$$I_{L.max} = \frac{n}{n-1} I_{N.T} \qquad (8.21)$$

式中:n 为并联运行变压器的最少台数;$I_{N.T}$ 为每台变压器的额定电流。

(2) 对降压变压器,应考虑负荷中电动机自启动时的最大电流,即:

$$I_{L.max} = K_{Ms} I_{N.T} \qquad (8.22)$$

式中:K_{Ms} 为自启动系数,其值与负荷性质及用户与电源间的电气距离有关;对 110 kV 降压变电站的 6~10 kV 侧,取 $K_{Ms} = 1.5~2.5$;35 kV 侧,取 $K_{Ms} = 1.5~2.0$。

保护的灵敏系数按下式校验:

$$K_{sen} = \frac{I_{k.min}^{(2)}}{I_{act}} \qquad (8.23)$$

式中:$I_{K.min}^{2}$ 为灵敏系数校验点最小两相短路电流。

作为近后备保护,取变压器低压侧母线为校验点,要求 $K_{sen} = 1.5~2.0$;作为远后备保护,取相邻线路末端为校验点,要求 $K_{sen} \geqslant 1.2$。保护的动作时限应比相邻元件保护的最大动作时限大一个阶梯时限 Δt。

按以上条件选择的启动电流,其值一般较大,往往不能满足相邻元件后备保护的灵敏度要求,为此必须采取以下几种提高灵敏度的措施。

2) 低电压启动的过电流保护

过电流保护按躲过最大负荷电流整定,启动电流较大,对升压变压器及大容量变压器,灵敏度不能满足要求时可以采用低电压启动的过电流保护。低电压启动的过电流保护原理框图如图 8.34 所示,只有电流元件和电压元件同时动

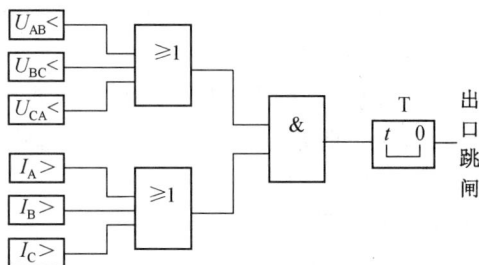

图 8.34 低电压启动的过电流保护原理框图

作后,才能启动时间继电器,经预定时间后启动出口中间继电器动作于跳闸。

低电压元件的作用是保证在外部故障切除、自启动过程中不动作,因而电流元件的启动电流就可以不再考虑躲过自启动电流,即

$$I_{set} = \frac{K_{rel}}{K_{re}} I_{N.T} \tag{8.24}$$

因而其动作电流比过电流保护的启动电流小,从而提高了保护的灵敏性。

低电压元件的启动电压应小于正常运行时最低工作电压,同时,外部故障切除后,电动机启动的过程中,它必须返回。根据运行经验,通常取

$$U_{set} = 0.7U_{N.T} \tag{8.25}$$

式中:$U_{N.T}$ 为变压器的额定线电压。

为提高电压元件的灵敏度,可采用两套低电压元件分别接在变压器高、低压侧的电压互感器上,即电压元件或门上接 6 个低电压元件。

3) 复合电压启动的过电流保护

若低电压启动的过电流保护的低电压继电器灵敏系数不满足要求,可采用复合电压启动的过电流保护,低电压启动的过电流保护原理框图如图 8.35 所示。

复合电压启动过电流保护的复合电压启动部分由负序过电压元件与低电压元件组成。在微机保护中,接入微机保护装置的电压为三个相电压或三个线电压,负序过电压与低电压功能由算法实现。过电流元件的实现通过接入三相电流由保护算法实现,两者相互构成复合电压启动过电流保护。

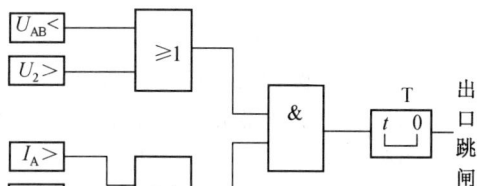

图 8.35 复合电压启动的过电流保护原理框图

各种不对称短路时存在较大的负序电压,负序过电压元件将动作,一方面开放过电流保护,当过电流保护动作后经过设定的延时动作于跳闸;另一方面使低电压保护的数据窗的数据清零,使低电压元件动作。对称性三相短路时,由于短路初瞬间也会出现短时的负序电压,负序过电压元件将动作,低电压保护的数据窗的数据被清零,低电压元件也动作。当负序电压消失后,低电压元件可设定在电压达到较高值时才返回,三相短路后电压一般都会降低,若它低于低电压元件的返回电压,则低电压元件仍处于动作状态不返回。在特殊的对称性三相短路情况下,短路初瞬间不会出现短时的负序电压,这是只要电压降低于低电压元件的动作值,复合电压启动元件也将动作。

保护装置中电流元件和相间电压元件的整定原则与低电压启动过电流保护相同。负序电压继电器的动作电压 U_{2set},按躲开正常运行情况下负序电压过滤器输出的最大不平衡电压整定。据运行经验,取 $U_{2set} = (0.06 \sim 0.12)U_{N.T}$。

与低电压启动的过电流保护比较,复合电压启动的过电流保护具有以下优点:

(1) 由于负序电压继电器的整定值较小,因此,对于不对称短路,电压元件的灵敏系数较高。

（2）由于保护反映负序电压，因此，对于变压器后面发生的不对称短路，电压元件的工作情况与变压器采用的接线方式无关。

（3）在三相短路时，由于瞬间出现负序电压，负序电压元件动作，只要低电压元件不返回，就可以保证保护装置继续处于动作状态。由于低电压继电器返回系数大于1，因此，实际上相当于灵敏系数提高了 1.15～1.2 倍。

由于具有上述优点且接线比较简单，因此，复合电压启动的过电流保护已代替了低电压启动的过电流保护，从而得到了广泛的应用。

对于大容量的变压器和发电机组，由于额定电流很大，而在相邻元件末端两相短路时的短路电流可能较小，因此，采用复合电压启动的过电流保护往往不能满足灵敏系数的要求。在这种情况下，应采用负序过电流保护，以提高不对称短路时的灵敏性。

4）负序过电流保护

变压器负序过电流保护由电流元件和负序电流过滤器等组成反应不对称短路；有过电流电流元件和电压元件组成单相低电压启动的过电流保护，反应三相对称短路，负序电流保护的原理框图如图 8.36 所示。

负序电流保护的动作电流按以下条件选择：

（1）躲开变压器正常运行时负序电流滤过

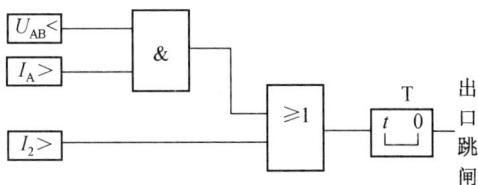

图 8.36　负序电流保护的原理框图

器出口的最大不平衡电流，其值一般为 $(0.1～0.2)I_{N.T}$，通常这不是整定保护装置的决定条件。

（2）躲开线路一相断线时引起的负序电流。

（3）与相邻元件上的负序电流保护在灵敏度上配合。

由于负序电流保护的整定计算比较复杂，实用上允许根据下列原则进行简化计算。

（1）当相邻元件后备保护对其末端短路具有足够的灵敏度时，变压器负序电流保护可以不与这些元件后备保护在灵敏度上相配合。

（2）进行灵敏度配合计算时，允许只考虑主要运行方式。

（3）在大接地电流系统中，允许只按常见的接地故障进行灵敏度配合，例如只与相邻线路零序电流保护相配合。为简化计算，可暂取 $I_{2.act} = (0.5～0.6)I_{N.T}$。负序电流保护的灵敏度较高，且在 Y/d11 接线变压器的另一侧不对称短路时，灵敏度不受影响，接线也较简单。但因其整定计算比较复杂，所以通常在 63 MVA 及以上容量的升压变压器和系统联络变压器上应用。

5）阻抗保护

当采用上述各种后备保护灵敏度不能满足要求时，必须采用低阻抗保护。用作后备保护的低阻抗保护一般由两段构成。第Ⅰ段的保护范围包括变压器受电侧的母线，第Ⅱ段的保护范围为变压器受电侧引出线的末端。保护的阻抗元件一般采用偏移阻抗特性。接线方式为三相式，电压回路设有断线闭锁装置，由于延时较长、能够躲过振荡，可不装设振荡闭锁装置。

阻抗保护通常应用在 330～500 kV 大型升压变压器、联络变压器及降压变压器上，作为变压器引线、母线、相邻线路相间故障的后备保护。

6) 过负荷保护

过负荷保护用于变压器过载时发出警告信号,变压器的过负荷电流在大多数情况下都是三相对称的,因此只需装设单相式过负荷保护,带时限动作于信号。在无经常值班人员的变电所,必要时,过负荷保护可动作于跳闸或断开部分负荷。过负荷保护的动作电流,应按躲开变压器的额定电流整定,即

$$I_{set} = \frac{K_{rel}}{K_{re}}I_{N.T} \tag{8.26}$$

式中:K_{rel} 为可靠系数,取 1.05;K_{re} 为返回系数,取 0.85。

为了防止过负荷保护在外部短路时误动作,其时限应比变压器的后备保护动作时限大一个 Δt。一般取 5～10 s。

需要注意的是,三绕组变压器后备保护出口跳闸方案与主保护不同,保护动作不一定跳开主变三侧断路器,例如降压变低压侧后备动作,只需要跳开主变低压侧断路器而继续向中压侧供电。同时,如果变压器各侧母线上设有母联断路器、分段断路器,且正常运行时母联断路器、分段断路器合闸,主变后备保护动作时首先以较短的时限跳开母联断路器、分段断路器,缩小故障范围,再经一定延时跳开主变侧断路器。如果三绕组变压器有两侧连接电源,依靠时限配合无法保证选择性,主变后备保护还可以带有方向性。三绕组变压器后备保护方案配置相对较为复杂,必须根据具体情况依据规程进行。

8.2.5 变压器接地短路的后备保护

在大接地电流系统中,接地故障的几率较高,如果运行中变压器中性点接地,当发生接地故障时零序电流经过变压器高压绕组由中性点入地;若变压器中性点不接地运行,变压器中性点对地电压为高压侧母线上的零序电压,可能损坏变压器高压绕组绝缘。因此大接地电流电网中的变压器,应装设接地故障(零序)保护,作为变压器主保护的后备保护及相邻元件接地故障的后备保护。

变压器中性点是否接地运行取决于变压器结构、中性点绝缘水平。自耦变中性点必须接地运行,500 kV 主变由于中性点绝缘水平较低(仅 38 kV),中性点也必须接地运行。其他类型的主变中性点设有接地刀闸,可以接地运行,也可以不接地运行,综合电力系统发生接地故障时健全相电压升高、零序电流限制以及零序电流灵敏度等因素安排主变中性点运行方式。

变压器零序保护用来作为变压器本身的近后备和相邻元件的远后备保护。电力系统各种短路故障中以单相接地故障几率最高,500 kV 系统设备基本上实现了双重化快速保护,并且配置了开关失灵保护,不需要再配置复杂的后备保护,但因为零序电流保护简单,可靠性高,所以仍被用来作为辅助性的后备保护。

1) 中性点直接接地变压器的零序电流保护

如图 8.37 所示,这种变压器接地短路的后备保护采用零序电流保护,零序电流取自变压器中性点电流互感器。一般配置两段式零序电流保护,为了缩小接地故障的影响范围,每段还各带两级延时,其中较短的延时用于跳开母联断路器或分段断路器。

零序电流保护 I 段与相邻元件接地保护 I 段配合,通常以较短延时 $t_1 = 0.5～1.0$ s 动

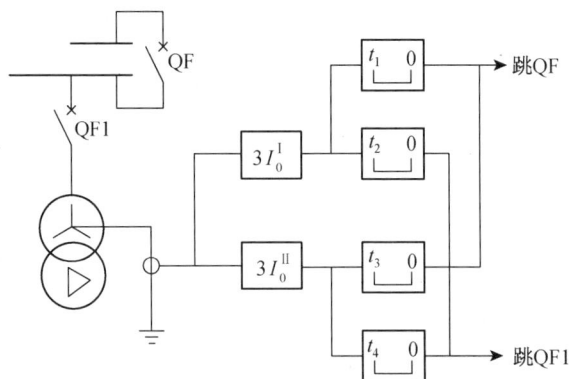

图 8.37 中性点直接接地运行变压器零序电流保护原理示意图

作于母线解列,即断开母联断路器或分段断路器,以缩小故障影响范围;以较长的延时 $t_2 = t_1 + \Delta t$ 断开变压器高压侧断路器。

零序电流保护 II 段与相邻元件接地后备段配合,通常 t_3 应比相邻元件零序保护后备段最大延时大一个 Δt,以断开母联断路器或分段断路器,$t_4 = t_3 + \Delta t$ 动作于断开变压器高压侧断路器。

主变零序保护仅由零序电流保护组成,信号取自变压器中性点 TA 二次侧。保护可以设置为两段式,但必须注意和相邻元件配合。主变零序电流保护还应采取措施,确保以下工况不误动:

(1)发电机停机状态,主变纯负荷运行工况,线路接地故障,主变中性点零序电流不应导致主变零序保护动作。

(2)零序保护在主变空充励磁涌流以及在相邻变压器充电的和应涌流下不应误动。

(3)线路重合闸过程并伴随振荡时的最大零序电流下不应误动。

2)中性点可能接地或不接地运行时变压器的零序电流电压保护

主变中性点接地运行时可以采用前面介绍的两段式零序电流作为接地故障后备保护;对于中性点不接地运行的主变,采用零序电压构成接地故障后备保护。考虑变压器中性点运行方式可能变化,中性点可能接地或不接地运行时变压器同时配有零序电流、零序电压保护。

除了注意主变接地后备保护动作时首先跳开母联、分段断路器缩小故障范围,还需要考虑多台主变在一条母线上运行时的选跳顺序。主变高压侧外部发生接地故障对主变的危害是零序电流流过中性点接地运行的主变高压侧绕组;而零序电压导致中性点不接地运行的主变中性点对地产生高压,尤其是当中性点接地的主变先跳开、局部失去接地点时,母线零序电压即不接地运行主变的中性点对地电压将升高。变压器接地后备保护的选跳顺序与变压器中性点绝缘水平有关,根据中性点绝缘水平,变压器可分为全级绝缘、分级绝缘两大类,下面分别介绍变压器接地后备保护方案。

(1)全级绝缘变压器

变压器全级绝缘是指变压器绕组各处的绝缘水平相同,中性点不接地运行的主变能够耐受接地故障造成的中性点过压,因此当发生外部接地故障时,首先跳开中性点接地运行的主变以减少零序电流对高压绕组的损坏,然后再跳开中性点不接地运行的主变。全绝缘变压器零序保护原理如图8.37所示。图中零序电流保护部分与前面介绍的两段式零序电流保护相同,用于变压器中性点接地运行情况。零序电压保护作为变压器不接地运行时的保护,零序电压元件的动作电压应按躲过在部分接地的电网中发生接地短路时保护安装处可能出现的最大零序电压整定,其动作电压较高。当中性点接地运行主变未跳开时,零序电压保护不动作;只有当中性点接地运行主变全部切除后,高压侧母线处零序电压升高,零序电压保护才动作,切除中性点不接地运行主变。

图8.38所示方案中接地后备保护选跳顺序由零序电压元件动作电压保证,动作时限 t_5 只是为了避开电网单相接地短路时暂态过程影响,一般取 $0.3 \sim 0.5$ s。

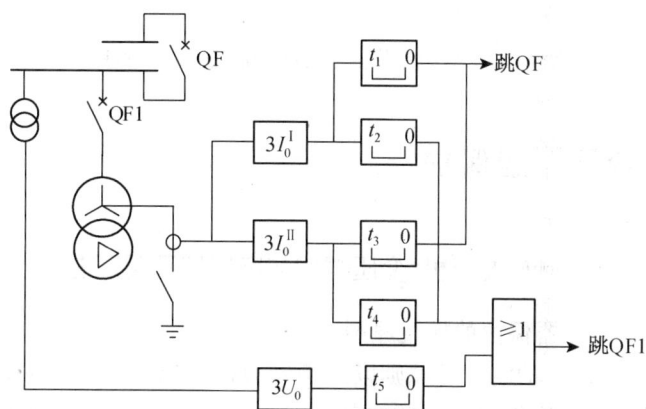

图8.38 全绝缘变压器接地后备保护示意图

(2) 分级绝缘变压器

变压器分级绝缘指变压器绕组各处的绝缘水平不同,中性点绝缘水平低于绕组其他部分。分级绝缘变压器又分为较高绝缘水平与较低绝缘水平。主变高压侧连接 500 kV 及以上电压等级的电力系统,均为中性点直接接地系统。500 kV 及以上的变压器高压绕组均采用分级绝缘。500 kV 系统中广泛采用绝缘水平较高的分级绝缘变压器。

较高绝缘水平的分级绝缘变压器,其中性点可直接接地运行,也可在系统不失去中性点接地的情况下不接地运行,接地后备保护的选跳顺序与变压器中性点是否装有放电间隙保护有关。如果变压器中性点仅配有避雷器,不接地运行主变的中性点不能承受接地运行主变跳开后产生的较高的零序电压,外部发生接地故障时应当保证先跳开中性点不接地运行的主变,再跳开中性点接地运行主变。

多数情况下,变压器中性点除配有避雷器,还配有放电间隙保护。由于装有放电间隙,当零序电压不是太高、放电间隙未击穿时,首先跳开中性点接地运行主变,再跳开中性点不接地运行主变;若零序电压较高、放电间隙击穿,则立即由放电间隙电流保护切除不接地运行的主变。中性点配有放电间隙的变压器接地后备保护原理如图8.39所示,对比图8.38,除了增加一个放电电流保护,其余部分完全相同。

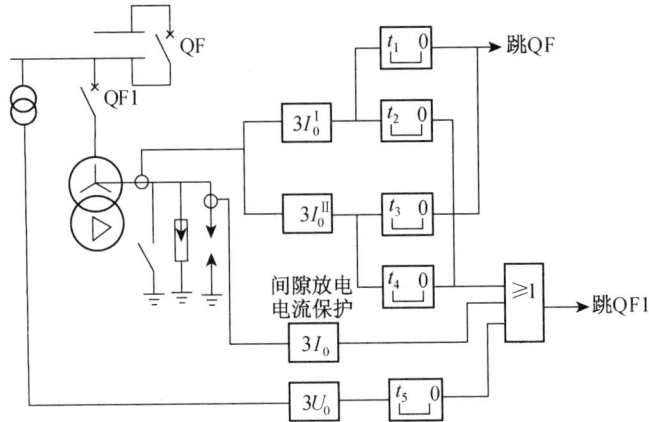

图 8.39　分级绝缘变压器接地后备保护示意图

8.3　发电机-变压器组保护

8.3.1　典型电厂 1 000 MW 发电机-变压器组继电保护配置汇总

1) 大型发电机-变压器保护的配置原则

大型发电机-变压器保护的配置原则以能可靠地检测出发电机可能发生的故障及不正常运行状态为前提,同时,在继电保护装置部分退出运行时,应不影响机组的安全运行。在对故障进行处理时,应保证满足机组和系统两方面的要求。

为最大限度地保证机组安全,缩小故障范围,避免不必要的停机,大型发电机组继电保护应双重化配置。双重化配置是指:两套独立的 TA、TV 检测元件,独立的保护装置,独立的短路器跳闸机构,独立的控制电缆及独立的蓄电池供电。要有完善的后备保护和异常工况保护,并根据不同故障和异常对机组的影响程度,采用多种保护出口方式。

2) 典型电厂发变组继电保护配置汇总

(1) 差动保护

发电机及变压器应装设差动保护作为主保护,共装设有以下差动保护装置:

① 发电机差动保护:保护发电机定子绕组及其引出线的相间短路故障;

② 主变压器差动保护:保护主变压器绕组及其引出线的相间短路故障,采用三侧制动,即主变高压侧 TA、发电机出线侧 TA 及两台厂用变压器高压侧 TA 并联后输入;

③ 主变压器高压侧零序差动保护:保护主变压器高压绕组单相接地故障;

④ 厂用变压器差动保护:保护厂用变压器绕组及其引出线的相间短路故障;

⑤ T 区差动及主变短引线保护:主变投入时称为 T 区保护,主变退出时称为短引线保护。

以上各差动保护均为双重化配置,均应具有以下主要功能及技术要求:

① 应具有防止区外故障误动的制动特性;

② 应具有电流互感器(TA)断线判别功能,断线后动作于信号,电流回路断线允许差动保护跳闸;

③ 在同一相上出现两点接地故障(一点区内、一点区外)时,可动作出口;

④ 应具有差动电流速断功能;

⑤ 由于各侧电流互感器的变比可能不同,应有平衡差动保护各侧电流的措施;

⑥ 对于变压器的差动保护应有防止励磁涌流引起误动的功能;

⑦ 动作电流的整定范围应为 0.1~1.0 额定电流,整定值允许误差±5%;

⑧ 动作时间(2 倍整定电流时)不大于 30 ms;

⑨ 主变 500 kV 侧差动保护电流分别接入,不采用合电流。

(2) 相间短路后备保护

作为发电机—变压器组主保护的远、近后备保护的相间短路故障保护,可装设以下保护装置:

① 低压记忆过电流保护装置:由定时限和反时限两部分特性构成;

② 负序过电流保护装置:由定时限和反时限两部分特性构成;

③ 主变高压侧阻抗保护及零序方向过流保护装置:装设在主变压器的高压侧;

④ 厂用变压器,装设复合过流保护,即单相低电压过流及负序电流的保护装置;

⑤ 励磁变压器,装设过电流及速断保护。

上述保护装置均应具有以下主要功能和技术要求:

① 保护应与差动保护及线路相间保护的后备保护相配合,保证动作的选择性;

② 反时限特性应能整定,以便与发电机定子或转子表层过热特性近似匹配;

③ 反时限特性的长延时应可整定到 1 000 s;

④ 反时限整个特性应由信号段、反时限段、速断段三部分组成;

⑤ 当有电压元件时,应能防止电压互感器(TV)断线和电压切换时的误动;

⑥ 用于自并励发电机的电流元件,应具有电流记忆功能,记忆时间不小于 15 s;

⑦ 电流、电压整定值允许误差±2.5%;

⑧ 电流元件返回系数不小于 0.9;

⑨ 保护固有延时不大于 70 ms;

⑩ 反时限延时允许误差±5%。

(3) 发电机定子接地保护

保护发电机定子绕组的单相接地故障,保护装置根据发电机的接地方式由零序电压＋三次谐波电压式接地保护装置构成。保护装置应具有以下主要功能和技术要求:

① 零序电压原理

三次谐波滤过比大于 100;

电压回路断线不误动;

动作时间(1.2 倍整定电压)不大于 40 ms;

整定范围:1~10 V。

② 三次谐波原理

可通过自动检测功能而自动整定保护动作量;

灵敏度(中性点经电阻接地)不小于 3~20 k;

动作时间(中性点金属性接地)不大于 40 ms。

(4) 发电机过激磁保护

保护发电机过激磁,即当频率降低和电压升高时,引起铁芯的工作磁通密度过高而过热使绝缘老化的保护装置。其主要功能和技术要求如下:

① 保护装置应设有定时限和反时限两个部分,以便和发电机过激磁特性近似匹配;

② 装置适用频率范围 25～65 Hz,电压整定范围 1.0～1.5 额定电压;

③ 过激磁倍数整定值允许误差±2.5%,返回系数不小于 0.95;

④ 装置固有延时(1.2 倍整定值时)不大于 70 ms;

⑤ 反时限长延时应可整定到 1 000 s,允许误差不大于±5%。

(5) 发电机过电压保护

保护发电机在启动或并网过程中发生电压升高而损坏发电机绝缘的事故。其主要功能和技术要求如下:

① 电压整定范围:1.0～1.5 额定电压,整定值允许误差±2.5%;

② 返回系数不小于 0.9;

③ 保护固有延时不大于 70 ms。

(6) 发电机失磁保护

保护发电机在发生失磁或部分失磁时,防止危及发电机安全及电力系统稳定运行的保护装置。其主要功能和技术要求如下:

① 应能检测或预测机组的静稳边界,或检测机组的稳态异步边界及系统的崩溃电压;还应能检测不同负荷下各种全失磁和部分失磁;

② 应防止机组正常进相运行时和电力系统振荡时的误动;还应防止系统故障、故障切除过程中以及电压互感器断线和电压切换时的误动;

③ 应能根据发电机厂提出的失磁运行能力进行整定;

④ 阻抗或导纳整定值允许误差±5%,其他整定值允许误差±2.5%;

⑤ 保护固有延时不大于 70 ms。

(7) 发电机失步保护

保护发电机在发生失步时,造成机组受力和热的损伤及厂用电压急剧下降,使厂用机械受到严重威胁,导致停机、停炉严重事故的保护装置。其主要功能和技术要求如下:

① 应能检测加速和减速失步;

② 应能区分短路故障与失步、机组稳定振荡与失步;

③ 应具有区分振荡中心在发电机变压器组内部或外部的功能;

④ 应能记录滑极次数;

⑤ 应具有选择失磁保护闭锁或解除失步保护以及当电流过大危及断路器安全跳闸时闭锁出口的功能;

⑥ 阻抗整定值允许误差±5%,其他整定值允许误差±2.5%;

⑦ 保护固有延时不大于 70 ms。

(8) 发电机逆功率保护

保护发电机在并列运行时,从电力系统吸收有功功率变为电动机运行而损坏机组的保护装置。逆功率分为两个部分:一个是作为保护装置程序跳闸的启动元件;另一个是作为逆功率保护元件。其主要功能和技术要求如下：

① 有功测量原理应与无功大小无关；

② 应具有电压互感器断线闭锁功能；

③ 有功最小整定应不大于 10 W(二次的三相功率,额定电流为 5 A),有功整定值允许误差±10%；

④ 返回系数不小于 0.9；

⑤ 保护固有延时(1.2 倍整定值时)不大于 70 ms。

(9) 发电机频率异常保护

保护汽轮机,为防止发电机在频率偏低或偏高时,使汽轮机的叶片及其拉筋发生断裂故障的保护装置。其主要功能和技术要求如下：

①应根据汽轮机的频率—时间特性,具有按频率分段时间积累功能,时间积累在装置断电时应能保持;在发电机停机过程和停机期间应自动闭锁频率异常保护；

②频率测量范围为 40～65 Hz;频率测量允许误差±0.1 Hz;时间积累允许误差±1%。

(10) 断路器失灵保护

当保护装置出口动作发出跳闸脉冲而断路器拒动时,以较短的时限断开相邻元件的断路器的保护装置。对于发电机出口断路器,应配置失灵保护,其主要功能和技术要求如下：

①采用判别主变压器高压侧电流的零序及负序分量来检测断路器是否失灵,当电流大于定值时作为启动失灵的一个条件,并由保护装置总出口的触点和断路器辅助触点闭锁。保护的判据和动作应符合《"防止电力生产重大事故的二十五项重点要求"继电保护实施细则》的规定；

②电流整定值允许误差±2.5%；

③返回系数不小于 0.9；

④保护固有延时不大于 70 ms。

(11) 断路器非全相保护

当发生非全相合闸或跳闸时,由于造成三相负荷不平衡,负序电流在转子表面感应出涡流,保护转子不致发热损坏的保护装置。其主要功能和技术要求如下：

① 采用负序电流和断路器三相位置不对应辅助触点组作为判据,保护的判据和动作应符合《"防止电力生产重大事故的二十五项重点要求"继电保护实施细则》的规定；

② 负序电流整定范围:0～0.8 额定电流,整定值允许误差±5%；

③ 装置返回系数不小于 0.9,保护固有延时不大于 70 ms；

④ 装置应有 0.2～0.5 s 的延时。

(12) 发电机本体保护

对于采用水冷却系统的发电机,当冷却水停止或水温过高时,应装设能发出信号或动作于断路器跳闸的保护装置。其主要功能和技术要求如下：

① 应设有长延时装置,延时应大于 15 min,且为连续可调；

② 装置出口可动作于"程序跳闸"。

(13) 主变压器本体保护

主变压器本体内部的瓦斯、温度以及冷却系统故障等均应设有信号和保护装置,其主要功能和技术要求如下：

①主变压器冷却器的电流启动元件应设单独的电流继电器，电流整定值允许误差±2.5%，返回系数不小于0.9，固有延时(1.2倍整定值时)不大于70 ms；

②主变压器重瓦斯应动作于"全停"出口，但也应能切换到"信号"；主变压器轻瓦斯可只动作于"信号"；

③主变压器的温度测量装置应能自动启、停冷却系统；当温度过高时应发出信号；

④主变为三个单相变，三套本体保护接点应分别接入保护装置。

(14) 500 kV 电网安全稳定控制系统装置

(15) 保护动作方式

① 全停。快速停汽机、锅炉，断开高压侧断路器，灭磁，断开高压厂用变压器低压侧断路器，辅机停止工作。

② 解列灭磁。断开发电机或发-变组断路器，断开厂用分支断路器，灭磁，原动机甩负荷。

③ 解列。断开发电机或发-变组断路器，原动机甩负荷。

④ 降低励磁。

⑤ 减出力。将原动机出力降至给定值。

⑥ 母线解列。断开母联和分段断路器。

⑦ 程序跳闸。先关主汽门，待逆功率继电器动作后再断开发电机或发—变组断路器，并灭磁。

⑧ 发出声光信号。

表8.4 典型电厂继电保护汇总

名　称	保护配置	处理方式
主保护	发电机纵差保护	全停
	变压器纵差保护	全停
	发变组差动保护	全停
	定子绕组匝间短路保护	全停
	高压侧零序保护	母线解列，灭磁
	转子回路两点接地保护	全停
接地保护	定子接地(基波)保护	发信号
	定子接地(三次谐波)保护	发信号
	转子一点接地保护	发信号
失磁保护	t_0	发信号
	t_1t_3	解列灭磁
	t_2	减出力
定子过负荷保护	定时限	发信号
	反时限	解列灭磁

名　称	保护配置	处理方式
转子过负荷保护	定时限	发信号
	反时限	解列灭磁
电压保护	过电压保护	解列灭磁
	过励磁保护	解列灭磁
功率保护	逆功率保护	发信号
	程跳逆功率保护	解列灭磁
其他保护	失步保护	增、减出力
	断路器失灵保护	解列灭磁
	非全相运行保护	解列
	轴过流保护	发信号
	频率异常保护	解列灭磁

8.3.2　典型发电机-变压组成套保护

国电南自公司 DGT801 系列产品发变组保护按双重化配置,每台机设发变组保护屏 6 块。A 屏和 B 屏为发电机保护 DGT801C,C 屏和 D 屏为主变、高厂变保护 DGT801B,E 屏和 F 屏为非电量保护 DGT801F。

1) 装置型号及保护种类

表 8.5　装置型号及保护种类

型号	A 屏(B 屏):DGT801C
保护种类	发电机差动保护、发电机低压记忆过流、定子匝间、定子绕组过负荷(定时限)、定子绕组过负荷(反时限)、转子表层过负荷(反时限)、发电机逆功率 $t2$、程跳逆功率、发电机失磁 $t1$、发电机失磁 $t2$、发电机失磁 $t3$、发电机失磁 $t4$、失步跳闸、定子接地 $3U_0$、发电机过电压、过励磁(定时限)、过励磁(反时限)、突加电压、启停机、高频、转子一点接地(定低值)
型号	C 屏(D 屏):DGT801B
保护种类	主变差动保护,主变零序过流Ⅰ、Ⅱ,主变过激磁Ⅰ、Ⅱ,闪络(中)$t1$、$t2$,闪络(边)$t1$、$t2$,励磁变速断,励磁变过流,励磁绕组过负荷(定/反时限),主变通风,A 高厂变差动,A 高厂变复压过流,nA1 分支过流,nA1 分支零序过流 $t1$、$t2$,nA2 分支过流,nA2 分支零序过流 $t1$、$t2$,A 高厂变通风,B 高厂变差动,B 高厂变复压过流,nB1 分支过流,nB1 分支零序过流 $t1$、$t2$,nB2 分支过流,nB2 分支零序过流 $t1$、$t2$,B 高厂变通风
型号	E 屏(F 屏):DGT801F
保护种类	主变(高厂变)重瓦斯、主变(高厂变)轻瓦斯、主变(高厂变)压力释放、主变(高厂变)绕组温度、主变(高厂变)油温、主变冷却器失灵、发电机断水 $t1$、中断路器失灵、边断路器失灵、励磁变温度高跳闸

表 8.6　发变组保护配置（A、B 屏）

发变组保护 A 屏（B 屏）(DGT801C)

行为动作／名称	中断路器、边断路器	厂变分支	灭磁开关	启动 nA1 分支快切	启动 nA2 分支快切	启动 nB1 分支快切	启动 nB2 分支快切	关主汽门 1,2,3	减出力	减励磁	保护动作接点 1	保护动作接点 2
发电机差动	√	√	√	√	√	√	√	√				√
发电机低压记忆过流	√	√	√	√	√	√	√	√			√	√
定子匝间	√	√	√	√	√	√	√	√			√	√
定子绕组过负荷（定时限）									√			
定子绕组过负荷（反时限）	√	√	√	√	√	√	√	√			√	√
转子表层过负荷（反时限）	√	√	√	√	√	√	√	√			√	√
发电机逆功率	√	√	√	√	√	√	√				√	√
程跳逆功率	√										√	√
发电机失磁 t1									√			
发电机失磁 t2	√	√	√	√	√	√	√	√			√	√
发电机失磁 t3	√	√	√	√	√	√	√				√	√
发电机失磁 t4			√	√							√	√
失步跳闸	√	√	√	√	√	√	√				√	√
定子接地 3U_0	√	√	√	√	√	√	√	√			√	√
发电机过电压	√	√	√	√	√	√	√	√			√	√
过励磁（定时限）										√		
过励磁（反时限）	√	√	√	√	√	√	√	√			√	√
突加电压	√	√	√	√	√	√	√				√	√
启停机			√									
高频								√				√
转子一点接地（定低值）								√				√

表8.7 发变组保护配置（C、D屏）

发变组保护C屏（D屏）(DGT801B)

行为动作名称	中断路器	厂变 nA1 分支	启动 nA1 分支快切	闭锁 nA1 分支快切	厂变 nA2 分支	启动 nA2 分支快切	闭锁 nA2 分支快切	厂变 nB1 分支	启动 nB1 分支快切	闭锁 nB1 分支快切	厂变 nB2 分支	启动 nB2 分支快切	闭锁 nB2 分支快切	A 高厂变通风	B 高厂变通风	关主汽门 1、2、3	闪络出口（中）	闪络出口（边）	灭磁开关	减灭磁	主变通风	保护动作接点 1	保护动作接点 2
主变差动	√	√	√		√	√		√	√		√	√				√			√				√
主变零序过流 I	√	√	√		√	√		√	√		√	√				√			√			√	√
主变零序过流 II	√	√	√		√	√		√	√		√	√				√			√			√	√
闪络（中）t1																			√				
闪络（中）t2																	√		√				
闪络（边）t1																			√				
闪络（边）t2																		√	√				
主变过励磁 I																				√			
主变过励磁 II	√	√	√		√	√		√	√		√	√				√			√				√
主变通风																					√		
励磁变速断	√	√	√		√	√		√	√		√	√				√			√				√
励磁变过流	√	√	√		√	√		√	√		√	√				√			√			√	√
励磁绕组过负荷（定时限）	√	√	√		√	√		√	√		√	√				√			√				√
励磁绕组过负荷（反时限）	√	√	√		√	√		√	√		√	√				√			√	√			√
A 高厂变差动	√	√	√		√	√		√	√		√	√				√			√			√	√
A 高厂变复压过流	√	√	√		√	√		√	√		√	√				√			√			√	√
nA1 分支过流		√		√																			
nA1 分支零序过流 t1		√		√																			

发变组保护 C 屏（D 屏）（DGT801B）

行为动作名称	中断路器	厂变 nA1 分支	启动 nA1 分支快切	闭锁 nA1 分支快切	厂变 nA2 分支	启动 nA2 分支快切	闭锁 nA2 分支快切	厂变 nB1 分支	启动 nB1 分支快切	闭锁 nB1 分支快切	厂变 nB2 分支	启动 nB2 分支快切	闭锁 nB2 分支快切	A 高厂变通风	B 高厂变通风	关主汽门 1、2、3	网络出口（中）	网络出口（边）	灭磁开关	减灭磁	主变通风	保护动作接点 1	保护动作接点 2
nA1 分支零序过流 t2	√	√	√		√	√		√	√		√	√				√			√			√	√
nA2 分支过流							√																
nA2 分支零序过流 t1							√																
nA2 分支零序过流 t2	√	√	√		√	√		√	√		√	√				√			√			√	√
A 高厂变通风														√									
B 高厂变差动	√	√	√		√	√		√	√		√	√				√			√			√	√
B 高厂变复压过流	√	√	√		√	√		√	√		√	√				√			√			√	√
nB1 分支过流										√													
nB1 分支零序过流 t1										√													
nB1 分支零序过流 t2	√	√	√		√	√		√	√		√	√				√			√			√	√
nB2 分支过流													√										
nB2 分支零序过流 t1													√										
nB2 分支零序过流 t2	√	√	√		√	√		√	√		√	√				√			√			√	√
B 高厂变通风															√								

表 8.8 发变组保护配置(E、F 屏)

		发变组保护 E 屏(F 屏)(DGT801F)非电量			
名称 \ 行为动作	跳开关	启动 A, B 分支快切	启动 C, D 分支快切	关主汽门 1, 2	关主汽门 3
主变重瓦斯	√	√	√	√	√
主变压力释放	√	√	√	√	√
A 高厂变重瓦斯	√	√	√	√	√
A 高厂变压力释放	√	√	√	√	√
B 高厂变重瓦斯	√	√	√	√	√
B 高厂变压力释放	√	√	√	√	√
中断路器失灵	√	√	√	√	√
边断路器失灵	√	√	√	√	√
主变冷却器失灵	√	√	√	√	√
主变绕组温度高跳闸	√	√	√	√	√
主变油温高跳闸	√	√	√	√	√
A 高厂变绕组温度高跳闸	√	√	√	√	√
A 高厂变油温高跳闸	√	√	√	√	√
B 高厂变绕组温度高跳闸	√	√	√	√	√
B 高厂变油温高跳闸	√	√	√	√	√
励磁变温度高跳闸	√	√	√	√	√
发电机断水 $t1$	√	√	√	√	√

2) 启备变保护概述

启备变保护为国电南自公司 DGT801 系列产品。保护按双重化配置,每台机设发变组保护屏 3 块。

表 8.9 启备变保护配置表(A、B 屏)

名称 \ 行为动作	中断路器、边断路器	闭锁 01 启备变有载调压	01 启备变通风	跳 1A1 分支、跳 2A1 分支	跳 1A2 分支、跳 2A2 分支	闭锁 02 启备变有载调压	02 启备变通风	跳 1B1 分支、跳 2B1 分支	跳 1B2 分支、跳 2B2 分支	闪络出口(中)	闪络出口(边)	保护动作接点 1	保护动作接点 2
进线差动	√			√	√			√	√			√	√
进线速断(中)	√			√	√			√	√			√	√
进线速断(边)	√			√	√			√	√			√	√
闪络(中)										√			'
闪络(边)											√		
01 启备变零序过流 $t1$	√											√	√

行为动作名称	中断路器、边断路器	闭锁01启备变有载调压	01启备变通风	跳1A1分支、跳2A1分支	跳1A2分支、跳2A2分支	闭锁02启备变有载调压	02启备变通风	跳1B1分支、跳2B1分支	跳1B2分支、跳2B2分支	闪络出口(中)	闪络出口(边)	保护动作接点1	保护动作接点2
01启备变零序过流 $t2$	√			√	√			√	√			√	√
A分支零序过流 $t1$				√									
A分支零序过流 $t2$	√			√	√			√	√			√	√
B分支零序过流 $t1$					√								
B分支零序过流 $t2$	√			√	√			√	√			√	√
01启备变差动	√			√	√			√	√			√	√
01启备变复压过流	√			√	√			√	√			√	√
01启备变过负荷		√											
01启备变通风			√										
02启备变零序过流 $t1$	√											√	√
02启备变零序过流 $t2$	√			√	√			√	√			√	√
C分支零序过流 $t1$								√					
C分支零序过流 $t2$	√			√	√			√	√			√	√
D分支零序过流 $t1$									√				
D分支零序过流 $t2$	√			√	√			√	√			√	√
B启备变差动	√			√	√			√	√			√	√
B启备变复压过流	√			√	√			√	√			√	√
B启备变过负荷						√							
B启备变通风							√						

启备变保护 A 屏(B 屏)

表 8.10　启备变保护配置 C 柜

名称　　行为动作	全跳
A 启备变重瓦斯	√
A 启备变压力释放	√
A 启备变调压重瓦斯	√
B 启备变重瓦斯	√
B 启备变压力释放	√
B 启备变调压重瓦斯	√
A 启备变绕组温度高跳闸	√
A 启备变油温高跳闸	√
B 启备变绕组温度高跳闸	√
B 启备变油温高跳闸	√

8.4　厂用电保护

8.4.1　6 kV 厂用电保护

1) 典型电厂 6 kV 工作/备用分支线路保护

典型电厂低厂变及 6 kV 电动机保护全部采用美国通用公司(GE)保护装置,保护装置分为 T35、F650、SR469 三个品种。

(1) 6 kV 变压器保护(带差动 T35):动作跳开变压器高、低侧开关以保护变压器。主要保护有:比例差动、差动速断、高压侧电流速断保护、高压侧过流保护、高压侧反时限过流保护、高压侧零序过流保护、低压侧中性点过流保护、外部超温跳闸。

(2) 6 kV 变压器保护 F650(真空开关):动作跳开变压器高、低侧开关以保护变压器。主要保护有:高压侧相瞬时过流、高压侧相延时过流高、高压侧相延时过流低、高压侧灵敏接地过流、低压侧接地过流、外部超温跳闸。

(3) 6 kV 变压器保护 F650(F-C 开关):动作跳开变压器高、低侧开关以保护变压器。主要保护有:高压侧相延时过流高、高压侧相延时过流低、闭锁跳闸电流、高压侧灵敏接地过流、低压侧接地过流。

(4) 6 kV 电动机保护带差动 SR469:动作跳开被保护电动机。主要保护有:热保护、短路保护、堵转保护、电流不平衡保护、接地过流、电流差动保护、加速超时保护、禁止启动保护、低电压保护。

(5) 6 kV 电动机保护 F650(真空开关):动作跳开被保护电动机。主要保护有:相瞬时过流、相延时过流高定值、热保护、堵转保护、负序过流、灵敏接地过流、低电压。

(6) 6 kV 电动机保护 F650(F-C 开关):动作跳开被保护电动机。主要保护有:相延时过流高、热保护、堵转保护、负序过流、闭锁跳闸电流、灵敏接地过流、低电压。

(7) 6 kV 馈线保护 F650(真空开关):动作跳开被保护电动机。主要保护有:短延时速断保护、定时限过流保护、灵敏接地过流。

2) 6 kV 各段保护压板(以 1 号机为例,2 号机类同)

(1) 6 kV 1 A 段保护压板(表 8.11)

表 8.11　6 kV 1 A 段保护压板

序号	功　能	跳闸压板		投退状态		强/弱电保护	测量电压(V)	压板对应的保护装置
1	6 kV 1 A 段工作电源进线开关	1 LP		投		强	0	电弧光保护
2	6 kV 1 A 段备用电源进线开关	1 LP	2 LP	投	投	强	0	F650/电弧光保护
3	1 号炉脱硫系统备用电源进线	LP 1		投		强	0	F650
4	1A 凝结水泵	LP1		投		强	0	F650
5	1 A 循环水泵	LP1		投		强	0	SR469
6	1 号机电动给水泵	LP1		投		强	0	SR469
7	1 号炉脱硫系统工作电源进线	LP1		投		强	0	F650
8	1 号海淡变	LP1		投		强	0	F650
9	1 号等离子变	LP1		投		强	0	F650
10	1 号电除尘备用变	LP1		投		强	0	T35
11	1A 磨煤机	LP1		投		强	0	F650
12	1 号炉 BCP 泵	LP1		投		强	0	F650
13	1D 磨煤机	LP1		投		强	0	F650

(2) 6 kV 1B 段保护压板(表 8.12)

表 8.12　6 kV 1 B 段保护压板

序号	功　能	跳闸压板		投退状态		强/弱电保护	测量电压(V)	压板对应的保护装置
1	6 kV 1B 段工作电源进线开关	1LP		投		强	0	电弧光保护
2	6 kV 1B 段备用电源进线开关	1LP	2LP	投	投	强	0	F650/电弧光保护
3	1B 凝结水泵	LP1		投		强	0	F650
4	1B 循环水泵	LP1		投		强	0	SR469
5	1A 一次风机	LP1		投		强	0	SR469
6	1A 送风机	LP1		投		强	0	SR469
7	1A 引风机	LP1		投		强	0	SR469
8	1A 汽机变	LP1		投		强	0	T35
9	1A 锅炉变	LP1		投		强	0	T35
10	1A 电除尘变	LP1		投		强	0	T35
11	1B 磨煤机	LP1		投		强	0	F650
12	1 号炉 D 磨煤机	LP1		投		强	0	F650
13	1A 汽动给水泵前置泵	LP1		投		强	0	F650
14	1E 磨煤机	LP1		投		强	0	F650
15	1A 工业水泵	LP1		投		强	0	F650

（3）6 kV 1C 段保护压板（表 8.13）

表 8.13　6 kV 1C 段保护压板

序号	功　能	跳闸压板		投退状态		强/弱 电保护	测量 电压(V)	压板对应的 保护装置
1	6 kV 1C 段工作电源进线开关	1LP		投		强	0	电弧光保护
2	6 kV 1C 段备用电源进线开关	1LP	2LP	投	投	强	0	F650/电弧光 保护
3	1C 凝结水泵	LP1		投		强	0	F650
4	1C 循环水泵	LP1		投		强	0	SR469
5	1B 一次风机	LP1		投		强	0	SR469
6	1B 送风机	LP1		投		强	0	SR469
7	1B 引风机	LP1		投		强	0	SR469
8	1B 汽机变	LP1		投		强	0	T35
9	1B 锅炉变	LP1		投		强	0	T35
10	1B 电除尘变	LP1		投		强	0	T35
11	1C 磨煤机	LP1		投		强	0	F650
12	1B 汽动给水泵前置泵	LP1		投		强	0	F650
13	1F 磨煤机	LP1		投		强	0	F650
14	1B 工业水泵	LP1						F650

（4）6 kV 1D 段保护压板（表 8.14）

表 8.14　6 kV 1D 段保护压板

序号	功　能	跳闸压板		投退状态		强/弱 电保护	测量 电压(V)	压板对应的 保护装置
1	6 kV 1D 段工作电源进线开关	1LP		投		强	0	电弧光保护
2	6 kV 1D 段备用电源进线开关	1LP	2LP	投	投	强	0	650 电弧光 保护
3	输煤除灰系统电源进线(一)	LP1		投		强	0	F650
4	空压机系统电源馈线(一)	LP1		投		强	0	F650
5	输煤码头系统电源馈线(一)	LP1		投		强	0	F650
6	1 号办公楼变	LP1		投		强	0	F650
7	1 号检修变	LP1		投		强	0	F650
8	1 号照明变	LP1		投		强	0	F650
9	1 号化水变	LP1		投		强	0	F650
10	电动消防泵	LP1		投		强	0	F650

（5）6 kV 空压机段保护压板（表 8.15）

表 8.15　6 kV 空压机段保护压板

序号	功　能	跳闸压板		投退状态		强/弱 电保护	测量 电压(V)	压板对应的 保护装置
1	仪用空压机	LP1		投		强	0	F650
2	除灰空压机	LP1		投		强	0	F650

8.4.2　6 kV 母线电弧光保护

(1) 电弧光保护继电器的主要用途是保护电气安装防止弧光短路的破坏性影响,减少身体伤害和减轻潜在的伤害。

(2) 保护对象是有两个单独进线的中压开关柜。开关柜在进线间是纵向的母线。

(3) 为了减小故障区域,当结构可能时,开关柜分成两个独立的区域。不同的区域通过母联断路器来限制并通过弧光传感器监视(3 和 4)。系统从主单元(1)和电流 I/O 单元(2)接收电流信息,这些单元安装在进线处。

(4) 主单元和 I/O 单元作为跳闸单元。主单元(1)在区域 1(跳闸组 1)故障时跳自己的断路器并且当区域 1 和 2 故障(跳闸组 1 和 2)时作为 CBFP。如果超过电流定值,弧光传感器 I/O 单元(3 和 4)跳区域 1 和 4 的母联断路器。当其区域发生故障时,区域 2 的电流 I/O 单元(3)跳自己的断路器。

(5) 弧光告警从主单元的告警继电器得到,当所有区域发生故障时激活。系统自检告警从主单元告警继电器中得到。

(6) 6 kV 电弧光保护系统采用芬兰万博公司的产品,主厂房 6 kV A、B、C、D 段各设置一套独立的弧光保护,每套弧光保护由 4 块弧光保护单元构成:弧光保护主单元(VAMP 221)、电弧光电流单元(VAM 4C)以及 2 个电弧光保护辅助单元(VAM 10L)。

(7) 6 kV 弧光保护不启用断路器失灵保护(CBFP),以保证保护动作的快速性。

(8) 6 kV 弧光保护动作对象为 6 kV 工作电源开关或备用电源进线开关。

8.4.3　典型电厂 380 V 厂用电系统保护

(1) 380 V PC 母线 TV 仅作为电压测量,所有电动机低电压保护均由智能测控装置实现,智能测控装置电压取量直接来自于 380 V PC 母线。智能装置品牌多为广州智光以及北京四方。

(2) 380 V PC 开关所带电机负荷有两种控制方式:一种为进线开关直接控制,开关的保护即为电机的保护;另一种通过智能马达控制器控制,主要保护有过负荷保护、堵转过流保护、欠压保护、缺相或不平衡保护、接地或漏电保护、电机过热保护。

380 V 用电保护如表 8.16 所示。

表 8.16　380 V 厂用电保护

保护类型	保护种类
PC 上的电源馈线保护 (CSC-299L)	过流 2 段
	接地保护
PC 上的电源馈线保护 (电子脱扣器 PR221DS)	过载保护
	短延时保护
PC 上的电源馈线保护 (热磁脱扣器 TMA)	过载保护
	瞬时保护
PC 上的电动机保护 (CSC-299M)	过流 1 段
	过流 3 段

保护类型	保护种类
PC 上的电动机保护 （CSC-299M）	不平衡保护
	接地保护
	堵转保护
	长启动保护
PC 上的电动机保护 SPAC202M 电动机保护＋单磁脱扣器	堵转保护
	过载保护
	反时限保护
	零序保护
	负序保护
	短路保护

（3）MCC 所带电机负荷主要保护有过负荷保护、堵转过流保护、欠压保护、缺相或不平衡保护、接地或漏电保护、电机过热保护。

8.4.4　电厂保护装置运行维护和注意事项

（1）装置的核对由检修人员执行，包括核对定值、电流和电压相序正确，打印电流，电压样值，核对采样报告等。

（2）装置的电源及硬压板投退由运行人员执行，各压板的投退位置与运行记录相符合。

（3）投入运行后，任何人不得再对装置的带电部位触摸或拔插投备及插件，不允许不按指定操作程序随意按动面板上的键盘。

（4）装置面板 LCD 显示的信息与实际系统的运行方式、实际电压、电流、压板位置、定值区号等相对应。

（5）在事故跳闸或出现异常后，不要轻率复归保护屏信号或复位保护，应将有关信号、记录报告记录完毕后再复归。

（6）某一套保护需单独退出时，可退出其相应跳闸出口压板，自检出错闭锁保护时，保护装置上"运行"灯灭，应将保护立即退出。

（7）正常运行时，严禁做远跳试验。未经厂家同意，不得在保护屏上另装继电器等器件，以免引起干扰。

（8）严禁携带任何电磁干扰物接近保护装置，如对讲机、手机。

（9）特别不允许随意操作如下命令：

① 开出传动；

② 修改定值，固定定值；

③ 设置运行 CPU 数目；

④ 改变定值区；

⑤ 改变本装置在通讯网中地址。

8.5 自动装置

在电力系统运行过程中,经常需要把同步电机投入到电力系统上去进行并列运行,把同步发电机投入电力系统作并列运行的操作称为同期操作(或并列操作),进行同期操作所需要的装置称为同期装置。1 000 MW 机组的自动准同期及自动励磁调节均由自动同期装置实现。自动准同期装置(ASS)及自动励磁调节装置(AVR)与 DCS 之间以通信及硬接线方式联络。

按照厂用电接线方式,正常运行时备用分支断路器处于断开状态,启备变处于备用状态,即由机组向工作段供电。机组故障时,启备变投入,由后备变向工作段供电。工作电源和备用电源的切换速度和切换时间决定了辅机设备所受的冲击,直接影响厂用电系统的稳定性。因此,大型发电机组均选用具有切换时间短、切换时机准确的专用快速切换装置。一般每台机组配置两套快切装置,更好地实现备用电源和工作电源的无扰动切换。具有明备用的低压厂用电源,为了保证在发生事故时及时切换,均装设备用电源自动投入装置。

8.5.1 同期装置

电力系统中的各发电机组都是并列运行的。所谓并列运行,就是系统中各发电机转子以相同的电角速度旋转,各发电机转子间的相角差不超过允许的极限值,且发电机出口的折算电压近似地相等。只有满足这些条件,电力系统中的发电机才能并列运行。此时,发电机在系统中的运行又称为同步运行。同步发电机乃至各个电力系统联合起来并列运行,可以带来巨大的经济效益。一方面,可以提高供电的可靠性和电能质量;另一方面,又可使负荷分配更加合理,减少系统的备用容量和充分利用各种动力资源,以达到经济运行的目的。

一般说来,发电机组在投入电力系统并列运行以前,与系统中的其他发电机是不同步的。如果要使它与系统中已运行的其他发电机并列运行,则必须按一定的要求完成各种操作。并列操作是发电厂一项重要且需经常进行的操作,必须认真对待,以便在并列操作以后,发电机能很快到同步运行。正常运行时,随着负荷的波动,电力系统中发电机运行的台数也要经常变动。同步发电机要经常进行并列操作,以便将机组投入系统并列运行。发生事故时,也往往要通过并列操作,将备用电机迅速投入电网运行,以迅速恢复整个系统的正常运行。并列操作必须准确无误,若操作不当或发生误操作,将会对电力系统带来极其严重的后果:

(1)能产生巨大的冲击电流,甚至比机端短路电流还要大得多;

(2)引起系统电压严重下降;

(3)电力系统发生振荡,以致系统瓦解;

(4)冲击电流所产生的强大电动力还可能对电气设备造成严重的损坏,以致在短时期内难以恢复等。

为了使并列操作后电机迅速拉入同步,在操作之前一般都应该根据不同的并列方法使待并发电机满足一定的条件。不论采取哪一种操作方法,应该共同遵循的基本要求和原则如下:

(1)并列操作时,冲击电流应尽可能小,其瞬时最大值不应超过允许值(如 1~2 倍的额定电流)。

(2) 发电机投入系统后,应能迅速拉入同步运行状态,其暂态过程要短,以减少对电力系统的扰动。

发电机准同期并列是发电厂一项很频繁的日常操作,如果操作错误,冲击电流过大,可能使机组的大轴扭曲及引起发电机的卷线变形、撕裂、绝缘损坏,严重的非同期并列会造成机组和电网事故,所以电力部门将并网自动化列为电力系统自动化的一项重要任务。另外,随着计算机技术的发展和电力系统自动化水平的不断提高,对同期设备的可靠性、可操作性等性能也提出了更高的要求。

1) 同期装置工作原理

(1) 同期并网的概念

并网的确切定义:断路器联接两侧电源的合闸操作称为并网。

并网有以下两种情况:

① 差频并网:发电机与系统并网和已解列两系统间联络线并网都属差频并网。并网时需使并列点两侧的电压相近,频率相近,在相角差为 0°时完成并网操作。

② 同频并网:未解列两系统间联络线并网属同频并网(或合环)。这是因并列点两侧频率相同,但两侧会出现一个功角 δ,δ 的值与联接并列点两侧系统其他联络线的电抗及传送的有功功率成比例。这种情况的并网条件应是当并列点断路器两侧的压差及功角在给定范围内时即可实施并网操作。并网瞬间并列点断路器两侧的功角立即消失,系统潮流将重新分布。因此,同频并网的允许功角整定值取决于系统潮流重新分布后不致引起新投入线路的继电保护动作,或导致并列点两侧系统失步。

(2) 同期的条件

电力系统运行中的电压瞬时值可表示为 $u = U_m \sin(\omega t + \varphi)$,式中的电压幅值 U_m、电压角频率 ω 和初相角 φ 是运行电压三个重要参数,被指定为电压的状态量。这个电压常用相量 $\dot{U}$ 来表示。

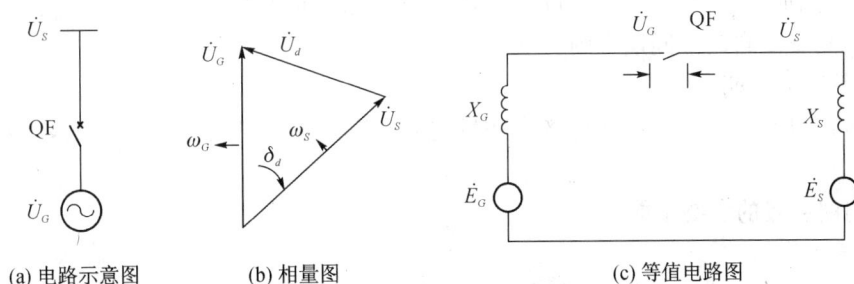

(a) 电路示意图　　　　(b) 相量图　　　　(c) 等值电路图

图 8.40　准同期并列条件

如图 8.40(a)所示,一台发电机组在未投入系统运行之前,它的端电压 $\dot{U}_G$ 与并列母线电压 $\dot{U}_S$ 的状态量往往不等,需对待并发电机进行适当的操作,使之符合并列条件后才允许断路器 QF 合闸作并列运行。由于 QF 两侧电压的状态量不等,QF 主触头间具有电压差 $\dot{U}_d$,其值由 8.40(b)的电压相量求得。设发电机电压 $\dot{U}_G$ 的角频率为 ω_G,电网电压 $\dot{U}_S$ 的角频率为 ω_S,它们之间的相量差 $\dot{U}_G - \dot{U}_S = \dot{U}_d$。计算并列时冲击电流的等值电路如图 8.40(c)所示。当电网参数一定时,冲击电流决定于合闸瞬间的 $\dot{U}_d$ 值。因而要求 QF 合闸瞬间

的 $\dot{U}_d$ 尽可能小,其最大值应使冲击电流不超过允许值,最理想情况 $\dot{U}_d$ 的值为零,这时 QF 合闸的冲击电流也就等于零,并且希望并列后能顺利地进入同步运行状态,对电网无任何扰动。

综上所述,发电机并列的理想条件为并列断路器两侧电源电压的三个状态量全部相等,即图 8.40(b) $\dot{U}_G$ 和 $\dot{U}_S$ 两个相量完全重合并同步旋转,所以准同期并列的理想条件为:

① $U_G = U_S$,即电压幅值相等;

② $\omega_G = \omega_S$ 或 $f_G = f_S$,即频率相等;

③ $\varphi_G = \varphi_S$,即初相角相等。

这时并列合闸的冲击电流等于零,并且并列后发电机与电网立即进入同步运行,不发生任何扰动现象。可以设想,如果待并发电机的调速器和调压器能按上述理想条件进行调节,实现理想的并列操作,则可极大地简化并列过程。但是,实际运行中待并发电机组的调节系统不能按上述理想条件调节。因此,上述三个理想条件很难同时满足。其实在实际操作中也没有这样苛求的必要。并列合闸时只要冲击电流较小,不危及电气设备,合闸后发电机组能迅速投入同步运行,对并列发电机组和电网的运行影响较小,不致引起任何不良后果即可。因此,在实际操作中,准同期并列的实际条件允许偏离准同期并列理想条件,其偏移的允许范围则需经过分析确定,一般同步电机组准同期并列的实际可表示为:

① $U_G \neq U_S$,其允许电压差 $U_d = |U_G - U_S| \leqslant (0.1 - 0.15)U_N$;

② $f_G \neq f_S$,其允许频差 $f_d = |f_G - f_S| \leqslant (0.1 - 0.4)\,\mathrm{Hz}$;

③ $\varphi_G \neq \varphi_S$,其允许相角差 $\delta_d = |\delta_G - \delta_S| \leqslant 15°$。

当同步发电机并列操作符合上述准同期并列的实际条件时,所产生的冲击电流很小,不会超过允许值,并且在发电机组并入电网后能很快进入同步状态运行,其暂态过程很短,对电网振动甚微,因而是安全的。

2) 同期装置的分类

(1) 自动准同期

自动准同期装置对待并发电机进行调整,当满足准同期并列条件时,自动发出合闸脉冲进行合闸,这就是自动准同期合闸。

(2) 手动准同期

手动准同期合闸是指手动调整待并发电机,当满足准同期并列条件时,手动合上断路器。

3) 同期装置的主要参数

(1) 输入信号

① 待并机组电压互感器二次相电压或线电压;

② 系统电压互感器二次相电压或线电压;

③ 待并机组断路器辅助常开接点一对;

④ 待并机组并列点选择信号(常开接点);

⑤ 远方复位信号(常开按钮空接点)。

(2) 输出信号

① 输出的控制信号有:加速、减速、升压、降压、合闸等控制信号;

② 输出的报警信号有:自检出错、失电等信号;

③ 出口接点容量:合闸 DC 250 V,6 A;调压调速 DC 220 V/0.5 A。

(3) 工作电源:交直流通用,100～250 V,允许偏差±20%。

(4) 装置功率消耗:不大于 50 VA;TV 回路功率消耗:不大于 0.5 VA/相。

(5) 输入电压:100 V 或 57.7 V。

(6) 测量精度:交流电压 1 级;频率小于±0.01 Hz;相角小于 0.5°。

(7) 过载能力:交流电压回路 $1.5U_N$,持续运行 DC 220 V,0.5 A。

(8) 同期捕捉能力:在差频并网时,能够在第一次出现满足并网的条件时实施并网,如频差、压差不满足条件,应给出提示信息,并发出自动调频和调压命令。

(9) 绝缘强度:弱电回路对地工频 500 V,1 min;强电回路对地工频 1 750 V,1 min;强弱电回路之间工频 500 V,1 min。

4) 同期装置的主要功能

(1) 在进行准同期过程中,能有效地进行均频控制和均压控制,尽快促成准同期条件的到来。

(2) 每次并网时都自动测量和显示"断路器操作回路实际合闸时间",作为是否需要修改原来设置的"断路器导前时间"整定值的依据。

(3) 机组的各种控制参数均可设置和修改,这些参数包括:断路器合闸导前时间、合闸允许频差、允许压差、均频及均压控制系数,TV 二次电压实际值、系统侧 TV 二次电压自动转角值等。

(4) 具备过压保护功能:机组电压出现 115% 额定电压的过压,立刻输出降压控制信号,并闭锁加速回路,直到机组电压恢复正常为止。为避免 TV 断线误动作,装置具有低压闭锁功能,即在 TV 次级电压低于 65% 额定值(可设置)时控制器将停止工作并发出报警信号。

(5) 控制器可提供 2 个并列点,并自动识别差频或同频并网,能适应一个半接线的同期要求。

(6) 除控制器面板上具有一个复位键可在面板上进行复位操作外,还提供与上位机硬接线的接口(RS232、RS485)。

(7) 完善的自检功能,能定时地检查控制器内部各部件的工作情况,一旦发现错误,立即显示相应的出错信息,指出出错部位,并同时以接点形式输出报警信号。当失电时,也以接点形式输出失电信号。

(8) 控制器自带试验模块可自行产生两路试验电压信号,分别模拟系统及发电机电压,且发电机模拟电压可任意改变幅值和频率。在使用机内模拟电压信号进行试验时,装置自动切断合闸回路,以免在试验状态下引起误合闸。

5) 电厂发电机并列操作步骤

(1) 汽轮机定速、试验工作结束,正常,机组各设备经检查确认正常。

① 确认汽机在 3 000 r/min 运行时转速稳定,DEH 装置正常;

② 汽机空负荷运行时各控制指标均无异常变化,辅机运行正常;

③ 机组在 3 000 r/min 下进行的试验工作已结束;

④ 锅炉燃烧稳定,主汽温、汽压正常;

⑤ 确认 OPC 保护和发电机断水保护投入。

(2) 汇报值长,请示中调同意,准备发电机并列,并列时要使用发电机出口开关。

（3）机组并列有两种方式：

① AVR 自动方式自动准同期并列；

② 零起升压自动准同期并列；

③ 正常采用 AVR 自动方式自动准同期并列，在进行有关试验时采用零起升压自动准同期并列。

（4）发电机并网操作（发电机自动准同期并列）

① 发电机热备用和发电机励磁系统热备用良好；

② 发变组保护已按规定投入正确，保护屏无异常告警；

③ 发变组故障录波器运行正常，无异常告警；

④ 发电机热工保护投入，发电机定冷水系统运行正常，发电机密封油系统运行正常，氢冷系统运行正常；

⑤ 发电机转速达到 3 000 rpm；

⑥ 发电机出口开关（801）无异常告警，操作方式切至远方位置；

⑦ 检查发电机出口刀闸（8010）已合上；

⑧ 励磁选择"AVR"方式；

⑨ 励磁调节选择"自动"位置；

⑩ 按下"建压令"按钮，检查发电机灭磁开关确已合上；

⑪ 检查发电机起励正常，升压过程中发电机定子三相电流指示不大于励磁消耗电流；

⑫ 将发电机出口电压升至 27 kV，检查电机空载运行参数正常；

⑬ 检查"同期允许"所有条件满足，按下"同期投入"按钮，选择"投入"；

⑭ 检查发电机同期装置上电正常，同期装置无异常告警；

⑮ 在并网画面上按下"同期投入"按钮，选择"允许"，发电机出口开关（801）在同期点合闸；

⑯ 检查"发电机出口开关合上"信号返回；

⑰ 切除同期回路开关，检查同期装置自动切除，否则手动切除；

⑱ 检查发电机定子三相电流平衡，按要求发电机带初负荷，调整发电机无功出力，维持正常电压及功率因数；

⑲ 并网后对发电机本体、发变组一次系统、励磁系统进行全面检查，确认各个设备运行正常。

（5）发电机程序并网功能组。

8.5.2 厂用电切换装置

1) 厂用电切换概述

发电厂中，保证厂用电连续可靠供给是保证发电机组安全运行的基本条件。大型发电厂厂用电的切换采用备用电源自投装置和厂用电快切装置相结合的方式。备用电源自投装置主要用于低压母线分段开关的备用电源自投和测控。高压厂用电切换则采用快切装置。

（1）厂用电切换的内容

发电厂厂用电切换，其主要技术内容如下：

① 发电厂厂用电有两个独立电源，正常运行时保证两电源同步；

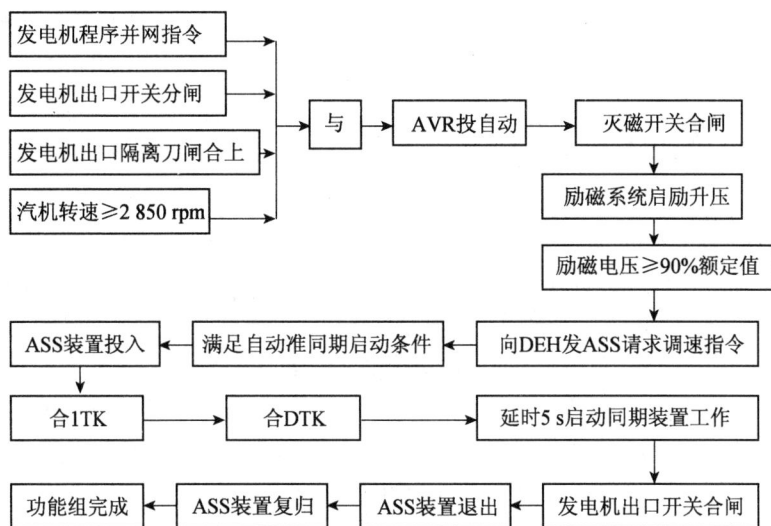

图 8.41　发电机并列操作步骤

② 电动机性能适用于电源需进行切换的场合，如笼型电机或滑环电机；

③ 平时由一个电源供电，在启动、停止或发生故障时需从一个电源切换至另一个电源；

④ 电源切换不能造成运行中断、设备损坏。

（2）电源的切换方式

① 按开关动作顺序（以工作电源切向备用电源为例）

a. 并联切换先合上备用电源，两电源短时并联，再跳开工作电源。这种方式多用于正常切换，如启停机，并联方式又分为并联自动和并联半自动两种。

b. 串联切换先跳开工作电源，再合上备用电源。母线断电时间至少为备用开关合闸时间，此种方式多用于事故切换。

c. 同时切换这种方式介于并联切换和串联切换之间，合备用开关命令在跳合工作开关命令发出之后、工作开关跳开之前发出。母线断电时间大于 0 而小于备用开关合闸时间，可设置延时来调整。这种方式既可用于正常切换，也可用于事故切换。

② 按启动原因

a. 正常切换由运行人员手动启动，快切装置按事先设定的手动切换方式（并联、同时）进行分合闸操作。

b. 事故切换由保护启动，发变组、厂变和其他保护出口跳工作进线开关的同时，启动快切装置进行切换，快切装置按事先设定的自动切换方式（串联、同时）进行分合闸操作。

c. 不正常切换有两种情况：一是母线失压，母线电压低于整定电压达整定时间后，装置自行启动，并按自动方式进行切换；二是工作开关误跳，由工作开关辅助接点启动装置，在切换条件满足时合上备用电源。

③ 按切换速度

可分为快速切换、短延时切换、同期捕捉切换、残压切换和长延时切换等。

2）国内常用的厂用电切换方式存在的问题

（1）以工作开关辅助接点直接启动备用开关投入

这种方式其安全性主要取决于厂用电压与备用电源的初始相角及开关动作时间,若初始相角较大或开关动作时间长时,合闸瞬间厂用电压与备用电源电压相角差可能接近180°,电动机承受约两倍额定电压冲击,在此情况下,暂态合闸冲击电流可高达 18 倍额定电流。这种情况下,一方面电动机易受冲击损坏,另一方面可能造成备用变过流跳闸或辅机跳闸,切换失败。

(2) 在合闸回路中加延时以图躲过 180°反相点合闸(短延时切换)

此方式缺点:厂用母线残压相角到达 180°的时间不是固定不变的,它受系统运行方式、厂用负荷、故障类型等许多因素的影响,因此加固定延时不能可靠保证躲过反相点合闸。

(3) 在合闸回路中另串普通机电式或电子式同步继电器

串同步继电器的目的是保证合闸命令(合闸脉冲)发出时刻其相角频差等满足整定要求。但是,一般的同步继电器只适合跟踪变比相对较慢和连续均匀变化的信号,而厂用电残压变化的特点恰恰是频率、相角和幅值快速变化,且变化速率不均匀。

(4) 合闸回路中串残压检定环节(即残压切换)

残压切换时间因机组容量和厂用负荷的不同而不同,一般为 1 s 以上。若残压整定为 $20\% U_N$,备用投入时冲击电流可高达 10 倍。若残压整定为 $40\% U_N$,备用电源合上后,冲击电流将更大,而电动机自启动电流约为 3~5 倍额定电流。

从以上分析可知,国内目前普遍采用的几种厂用电切换方式都不能很好地满足安全性、可靠性的要求。国内有关资料已经报道了一些同厂用电切换有关的问题和事故。事实上,厂用电切换不当引起的问题有些是明显的、突发的,而有些是渐变的,比如电动机或备用变受一两次冲击并不一定马上就坏,即使坏了,也并不一定引起足够的重视。厂用电切换过程与很多因素有关,较长时间未发生问题并不意味着不存在隐患。

国外在厂用电的事故切换中已广泛采用快速切换,国内的一些工程也采用了快速切换装置。随着真空开关和 SF$_6$ 开关等快速开关在国内制造厂的问世,厂用电源采用新一代快速切换装置已势在必行。

3) 快速切换

假设有图 8.42 所示的厂用电系统,工作电源由发电机端经厂用工作变压器引入,备用电源由电厂升高电压母线经启备变引入。

正常运行时,厂用母线由工作电源供电,当工作电源侧发生故障时,必须跳开工作断路器 1DL,此时厂用母线失电,由于厂用负荷多为高压电动机,母线电压频率和幅值将逐渐衰减,以极坐标形式绘出的某 300 MW 机组 6 kV 母线残压相量变化轨迹(残压衰减较慢的情况)如图 8.43 所示。图中 U_D 为母线残压,U_S 为备用电源电压,ΔU 为备用电源电压与母线残匝间的差拍电压。合上备用电源后,电动机承受的电压 U_M 为:

$$U_M = \frac{X_M}{X_S + X_M}\Delta U \tag{8.27}$$

式中:X_M 为折算到高压厂用电的等值电抗;X_S 为电源等值电抗。

令 $K = \dfrac{X_M}{X_S + X_M}$,则有:

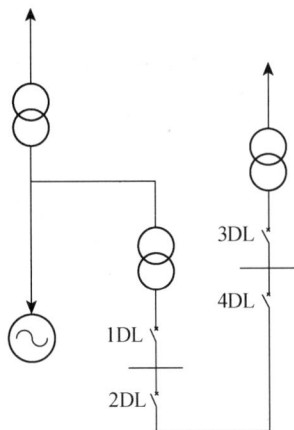

图 8.42　厂用电一次侧系统简图

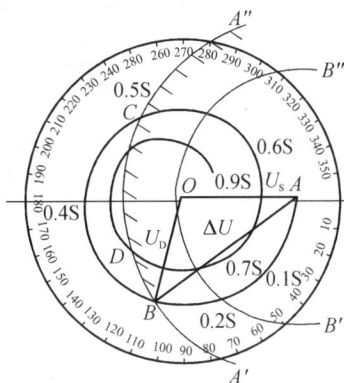

图 8.43　母线残压特性示意图

$$U_M = K\Delta U \qquad (8.28)$$

为保证电动机安全启动，U_M 应小于电动机的允许启动电压，设为 1.1 倍额定电压 U_N，则有 $K\Delta U < 1.1U_N$，从而 $\Delta U(\%) < \dfrac{1.1}{K}$。

设 $K = 0.67$，则 $\Delta U(\%) < 1.64$。图 8.43 中，以 A 为圆心，以 1.64 为半径绘出弧线 $\overset{\frown}{A'A''}$，则 $\overset{\frown}{A'A''}$ 的右侧为备用电源允许合闸的安全区域，左侧则为不安全区域。若取 $K = 0.95$，则 $\Delta U(\%) < 1.15$，图 8.43 中 $\overset{\frown}{B'B''}$ 的左侧均为不安全区域。

假定正常运行时工作电源与备用电源同相，其电压相量端点为 A，则母线失电后残压相量端点将沿残压曲线由 A 向 B 方向移动，如能在 $\overset{\frown}{AB}$ 段内合上备用电源，则既能保证电动机安全，又不使电动机转速下降太多，这就是所谓的"快速切换"。

图 8.43 中，快速切换时间应小于 0.2 s。实际应用时，D 点通常由相角来界定，如 $60°$。考虑到合闸固有时间，合闸命令发出时的整定角应小于 $60°$，即应有一定的提前量，提前量的大小取决于频差和合闸时间，如平均频差为 1 Hz，合闸时间为 100 ms，则提前量约为 $36°$。快速切换的整定值有两个，即频差和相角差，在装置发出合闸命令前瞬间将实测值与整定值进行比较，判断是否满足合闸条件。由于快速切换总是在启动后瞬间进行，因此频差和相差整定可取较小值。

4) DCAP-3230 分段开关备用电源自投装置

（1）基本配置

DCAP-3230 母线分段开关备用电源自投装置主要用于低压母线分段开关的备用电源自投和测控，系统示意如图 8.44 所示。正常运行时，两段母线分列运行，每台主变各带一条母线。

① 装置有四种自投方式和故障录波功能。

② 装置的测控功能完备。10 路遥信开入采集、遥信变位、事故遥信，母线分段开关遥控跳、合，遥测量包括

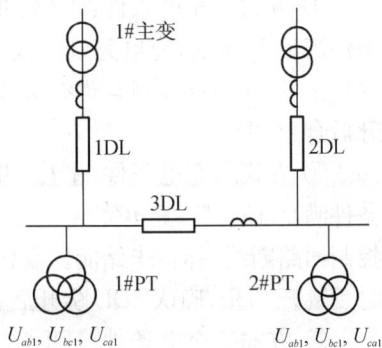

图 8.44　系统示意图

两条母线的三相电压和频率,以及 2 路脉冲量的输入。

③ 通信功能的特点。所带智能通信卡可常规配置高速 RS-485 现场总线,通信速率可 115.2 kbps,并支双网。也可选配工业以太网。

（2）技术参数

① 额定数据

直流电源:220 V±20% 或 110 V±20%;

交流电压:$100/\sqrt{3}$ V, 100 V;

交流电流:5 A 或 1 A;

频率:50 Hz。

② 功率消耗

直流回路:正常≤15 W,跳合闸≤20 W;

交流电压回路:<0.5 V·A/相（额定 57.74 V 时）;

交流电流回路:<0.5 V·A/相（额定 5A 时）。

③ 定值误差

电流及电压定值误差:<±5% 整定值;

频率定值误差:<0.02 Hz;

时间定值误差:无延时段<30 ms±10 ms,定时限延时段<±1%,整定时间+30 ms。

④ 遥测量计量等级

电压、电流:0.5 级;

频率:0.02 Hz;

P、Q、$\cos\varphi$:1 级;

遥信分辨率:小于 2 ms;

电能计量精度:0.5 级;

GPS 对时精度:<1 ms。

（3）工作原理

备用电源自投装置引入两段母线电压,用于有压、无压判别。为防止 TV 三相断线后造成分段开关误投,每个进线开关各引入一相电流。装置引入 1DL、2DL、3DL 开关位置接点,作为系统运行方式判别,自投准备及选择自投方式。装置还设有有压定值、无压定值及四种自投方式的整定控制字。

① 方式一充电条件:Ⅰ母、Ⅱ母均三相有压。1DL、2DL 在合位,3DL 在跳位,当以上条件满足 15 s 后,充电完成。放电条件:3DL 在合位;Ⅰ母、Ⅱ母均无压;有外部闭锁信号。动作条件:Ⅰ母无压,1# 进线无流,Ⅱ母有压。动作过程:经延时后跳开 1DL,确认 1DL 跳开后合上 3DL。

② 方式二充电条件:Ⅰ母、Ⅱ母均三相有压。1DL、2DL 在合位,3DL 在跳位,当以上条件满足 15 s 后,充电完成。放电条件:3DL 在合位;Ⅰ母、Ⅱ母均无压;有外部闭锁信号。控制回路断线,弹簧未储能。动作条件:Ⅱ母无压,2# 进线无流,Ⅰ母有压。动作过程:经延时后跳开 2DL,确认 2DL 跳开后合上 3DL。

③ 方式三充电条件:1DL、2DL 在合位,3DL 在跳位,该条件满足 15 s 后,充电完成。放电条件:3DL 在合位;有外部闭锁信号;控制回路断线,弹簧未储能。动作条件:1DL 跳

开,判 1#进线无流。动作过程:经延时后跳开 1DL,确认 1DL 跳开后合上 3DL。

④ 方式四充电条件:1DL、2DL 在合位,3DL 在跳位,该条件满足 15 s 后,充电完成。放电条件:3DL 在合位,有外部闭锁信号;控制回路断线,弹簧未储能。动作条件:2DL 跳开,判 2#进线无流。动作过程:经延时后跳开 2DL,确认 2DL 跳开后合上 3DL。

(4) TV 断线检查

① Ⅰ 母 TV 断线判别。正序电压小于 30 V,1DL 在合位时 I_1 大于 $0.02I_N$;负序电压大于 8 V。在满足以上任一条件下,延时 10 s 报 Ⅰ 母 TV 断线。断线消失后 2.5 s 返回。Ⅰ 母TV 断线报警,可通过控制字退出。

② Ⅱ 母 TV 断线判别。正序电压小于 30 V,2DL 在合位,I_1 大于 $0.02I_N$;负序电压大于 8 V。在满足以上任一条件下,延时 10 s 报 Ⅱ 母 TV 断线。断线消失后 2.5 s 返回。Ⅱ 母TV 断线报警,可通过控制字退出。

5) PSP 691U(A/D)备用电源自投装置

PSP 691U(A/D)备用电源自投装置是在消化吸收国内外先进经验的基础上专门为备用电源自动投切(可与各类综合自动化配套)开发的产品。该类产品将线路的测量、保护、操作回路集成在一个机箱内,结构小巧,可在恶劣的工业环境下(如高、低温,震动,有害气体,灰尘,强电磁干扰等)长期可靠地运行。产品可按功能就地安装在开关柜上,并具有运传、记忆各种操作或故障信息等功能,同时亦提供独立的中央信号空接点。系统示意图如图 8.45 所示。

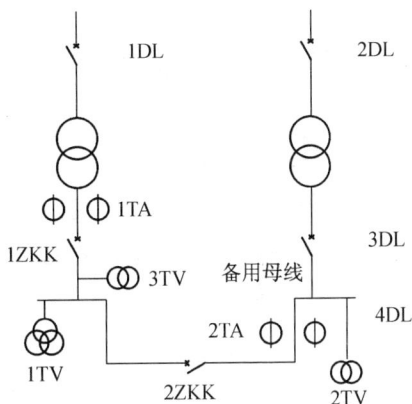

图 8.45　系统示意图

(1) 功能说明

① 正常运行时,工作变带工作母线,备用母线作备用。1ZKK 在合位,2ZKK 在分位。当工作变故障或因其他原因被断开,2ZKK 应自动投入,且只允许动作一次。

② 备自投闭锁(以下任一情况闭锁备自投)

a. 备自投切换失败;

b. 开关位置异常(1ZKK);

c. 外部开入量闭锁(3X1 与 3X9,3X10 或 3X11 接通);

d. 工作分支过流动作;

e. 母线 TV 断线。

解除闭锁,需要闭锁排除且备自投复归。

③ 外部闭锁开入量可接 1ZKK 手跳,母线 TV 小车位置,工作分支保护动作接点等需要闭锁备自投功能的接点。

④ 充电条件:工作母线均三相有压,备用母线有压。1ZKK 在合位,2ZKK 在分位。

⑤ 放电条件:2ZKK 在合位或备用母线无压或外部闭锁开入量。

⑥ 装置充电条件满足 1 s 且放电条件不满足,则备自投准备好,装置运行灯闪烁。若充电条件不满足或放电条件满足,则备自投未准备好,装置运行灯长亮。

⑦ 工作方式

a. 低压切换：工作母线三相低压、备用母线有压，则经延时跳 1ZKK，确认 1ZKK 跳开后(1ZKK 在跳位且 1TA 无流)，合 2ZKK。

b. 高压开关偷跳切换：1DL 在跳位且 1TA 无流，跳 1ZKK，同时合 2ZKK。

c. 低压开关偷跳切换：1ZKK 在跳位且 1TA 无流，跳 1ZKK，同时合 2ZKK。

d. 手动切换：手动切换接点闭合，若整定为"先跳"，则跳 1ZKK，确认 1ZKK 跳开后(1ZKK 在跳位且 1TA 无流)，合 2ZKK；若整定为"先合"，则判断是否同期，若同期条件满足合 2ZKK，确认 2ZKK 合上后(2ZKK 在合位)，跳 1ZKK；若整定为"只合"，则判断是否同期，若同期条件满足合 2ZKK，不跳 1ZKK。手动可以双向切换。

e. 高压侧联跳低压侧：1DL 从合位到跳位且 1ZKK 在合位，则跳 1ZKK。

f. 若备用电源为冷备用方式，则 a 至 e 的合 2ZKK 变为合 2DL，经整定延时合 2ZKK。

⑧ 备用开关(2ZKK)两相三段式电流保护

$I_{aby} > I_{zd}$ 或 $I_{cby} > I_{zd}$ 经整定的延时跳开 2ZKK 开关。

⑨ 备用开关(2ZKK)过流加速段保护：备用开关合上后在整定的后加速有效时间内监视流过备用开关的电流，若 $I_a > I_{zd}$ 或 $I_c > I_{zd}$ 时则经整定的延时跳闸。否则在整定的后加速有效时间后，加速段自动退出。

⑩ 母线故障闭锁备自投。工作变低压侧的保护动作时提供一对无源接点给备自投。当备自投装置检测到该无源接点闭合时，则闭锁备自投装置。或者把工作分支过流功能投入，若工作分支过流动作，则备自投闭锁。

⑪ 备自投配置原则：每一段工作母线需配置一台备自投。

⑫ TV 断线告警：TV 二次额定电压整定 100 V 或 400 V。母线最大电压和最小电压之差超过 TV 二次额定电压的 30％且延时 3 s 认为 TV 断线(两相断线或单相断线)。TV 断线可以选择为只发信或闭锁备自投。为了使 TV 两相断线电压不全失，应当把 TV 的 N 线接入装置。进线有压，母线低压，工作低压开关合位且工作高压开关合位，则延时 0.1 s 发 TV 断线。母线有压(三个线电压大于 90 V)且进线电流或母联电流大于 0.2 A，当母线电压突变，但进线电流和母联电流变化不突变，则瞬时发 TV 断线。

9

电力设备在线监测

9.1 电力设备在线监测系统

9.1.1 概述

随着现代化大生产的发展和科学技术的进步,对电力的需求与日俱增,对电力生产设备的可靠性、经济性以及稳定性提出了更高的要求。随着电力的大规模生产,电力设备的结构越来越复杂,功能越来越完善,自动化程度也越来越高,各子系统的关系也越来越密切,一旦设备的某个部分在运转过程中出现故障,就很可能中断生产,造成巨大的经济损失,甚至带来灾难性的后果。为保证电力系统安全、经济、稳定运行,电力设备的故障监测诊断将从以时间为基准的方式转变到以状态为基准的方式,其内容包括状态监测与故障诊断两个方面:前者通过提取故障的特征信号为状态维修提供检修依据;后者则分析、处理所采集的状态信息。

电力设备在线监测技术研究大致包括以下内容:

(1) 在线监测手段;

(2) 监测信息的传递、处理和存储;

(3) 故障特征量的提取;

(4) 故障机理分析;

(5) 故障诊断的方法和理论分析,其系统流程见图9.1。其中,在线状态监测技术以及故障诊断的方法和理论分析是其两大研究方向。

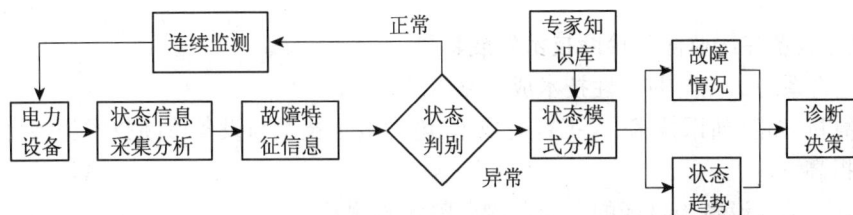

图 9.1 电力设备状态监测与故障诊断系统

9.1.2 电力设备在线状态监测系统

1) 信号采集

电力设备在线监测系统是指在设备使用期内连续不断检查和判断设备状态,预测设备状态发展趋势的系统。通常通过设备运行状态量反映设备运行情况,首先获取诊断对象的状态信息,采集电力设备的电压、电流、频率、局部放电量以及磁力线密度等信号(包括正常信号和异常信号)。根据表征设备状态量的各种信号的不同特性而采用不同的信号采集方法,常用的采样方法有:

(1) 一次性采样,每次只采集一个足够数据处理所需长度的信号样本;

(2) 定时采样,按事前整定的周期进行采样;

(3) 利用发生随机故障时的信号突变自动采样;

(4) 根据故障诊断的特殊要求采取转速跟踪采样、峰值采样等特殊采样方式。

针对不同的电力设备和任务要求其状态监测方法不同。变压器故障主要由内部绝缘老化造成,因而根据变压器各种机械和电气特性,采用局部放电、油中气体分析、振动分析、极化波谱、恢复电压法等方法监测其运行状态。交流旋转电机发生故障的类型不同,故趋向于结合神经网络、小波分析等监测电机的状态。断路器状态好坏的监测主要采用跳闸轮廓法和振动监测法获得断路器的状态信息。

2) 数据传送

信号处理系统通常距监测设备较远,因为在传输过程中易受干扰、易损失及相移难以一致(受环境因素影响较大),故需先作模数转换、预处理和压缩打包,再经通信路径传输到处理控制中心。通信设备现已广泛应用于电力领域,光纤传输数字信号可较好地抑制干扰,保证信号质量。

3) 数据处理

工控数据处理中心收到通信线路传输来的状态量数据包后,利用各种不同数学方法对数据解包处理。例如,频谱分析、自(互)相关性分析、小波分析、神经网络、人工智能等。数字信息技术和智能技术应用到电力设备监测系统的数据处理使电力设备在线监测更加实时准确。

目前,在线状态监测还未达到完善、可靠的程度,尚存在以下问题:

(1) 信号采集受传感器可靠性、现场电磁干扰和设备灵敏度等因素影响;

(2) 在并发诊断能力、自学习和自适应能力、大量数据的处理、管理能力方面不够完善;

(3) 理论上缺乏系统的知识体系、概念体系。

9.1.3 电力设备故障诊断技术

1) 电力设备在线监测与诊断技术发展趋势

(1) 电力系统监测与前沿性技术成果紧密结合

将计算机技术、通讯技术、人工智能技术、电力电子技术与设备诊断技术相结合,使诊断技术不断提高。

(2) 由以单台设备为目标的在线监测向整体监测延伸

设备的状态由多种参数综合决定,故障维修不再局限于某一设备,而是同时考虑整个电网设备的运行以及电力供求关系的调整。与集中式监测系统相比,从设备附近采集和处理数据的分布式多参数在线监测系统可以节省信号电缆,降低监测量,提高了监测的可靠性,同时还可以做到资源共享。

(3) 设备状态的远程监测和网络化的跟踪

分布式系统的发展以及通信技术在电力系统的广泛应用,使设备诊断技术与计算机网络技术结合,采集设备的状态参数后可远程传送数据,远程协作诊断。

(4) 状态监测系统与其他系统联网和集成

如在分布式的监控系统中将状态监测系统与继电保护有机结合。

总之,随着传感器技术和信息技术的日益成熟,在智能化理论(如神经网络和专家系统)的基础上结合信号采集、数据分析为主的计算机辅助监测和诊断技术,可预见电力设备状态监测与故障诊断将进入智能化的新时代。

2) 电力设备故障诊断过程

可以概括为图 9.2 所示框图。

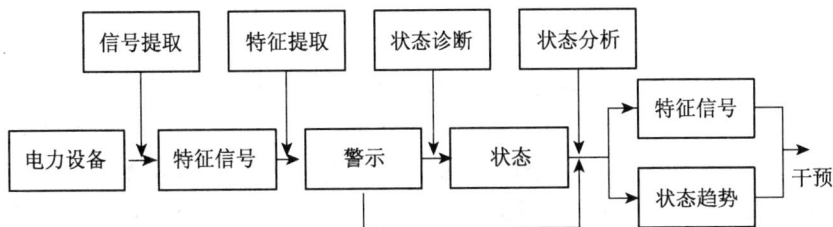

图 9.2 电力设备故障诊断过程

可以看到,机械故障诊断主要包括四个步骤,即信号测取、特征提取、状态诊断和状态分析。在机械故障诊断的发展过程中,人们发现最重要也是最困难的问题之一就是故障特征信号的特征提取。从某种意义上说,特征提取可以说是当前电力设备故障诊断研究中的瓶颈问题,它直接关系到故障诊断的准确性和故障早期预报的可靠性。为了解决特征提取这个关键问题,对于电力设备故障的特殊性,诊断方法就具有一定的特殊性。随着电站发电容量增大以及人工智能和计算机技术的迅猛发展,智能诊断方法在电力设备故障诊断中得到了广泛的应用。目前应用较多的智能诊断方法是模糊诊断方法和规则诊断方法。

9.1.4 故障诊断方法

1) 模糊诊断方法

在电力设备故障诊断中存在许多边界不分明的事情,不能再用经典集合论中的二值逻辑关系来描述,必须用模糊集合论中的"隶属度"来描述。这无疑可以提高故障诊断的准确性。但是借鉴模糊数学的基本理论发展起来的模糊诊断方法,通常是利用反映征兆与故障相关程度的模糊关系矩阵,通过模糊变换来诊断故障,这是不正确的。因为从征兆出发去诊断故障,是根据征兆逐步确定和排除故障的过程,因此,需要明确的是征兆对故障的肯定和否定程度。根据征兆对故障的肯定和否定程度,可以建立模糊筛选矩阵,建立故障诊断的数学模型;利用模糊筛选矩阵可以反映故障存在的充分条件,可以考虑不同征兆之间的相互影响,能够对故障隶属度进行精确计算。但涉及的故障和征兆数目太多时,就可能难以分辨征兆之间的相互作用,且模糊筛选矩阵一般是根据机组故障的典型情况建立的,一旦确定后不能根据故障的具体情况灵活地进行调整。由于故障和征兆表现的多样性,必须根据机组的不同状态和故障可能表现的形式对模糊筛选矩阵进行修正。

2) 规则诊断方法

规则是一种表示故障和征兆之间因果关系的形式。规则必须能够准确地反映专家处理实际问题的整个思维过程,确切地表达故障和征兆之间的复杂映射性,不能简单地认为规则只是某故障所有的征兆的任意组合。

在基于规则的诊断推理中,一般要求同一故障不同规则之间的前提条件是相互独立的,这在故障和征兆存在复杂映射性的情况下是不可能实现的。因此,需要对不精确推理算法进行改进,不能在规则的前提条件之间和规则之间进行简单的模糊加权运算,不能简单地认为故障是通过某些征兆得到的。基于规则的诊断方法能够根据机组故障的实际情况组织规则,具有较大的灵活性;能够根据情况不同激活相应的规则,迅速确定和排除某些故障;能够根据推理路径对诊断结果进行合理解释;能够在一定程度上改善单规则容易发生冲突和不一致的现象。

3）混合诊断规则

显然,单一的诊断方法已不能适应水轮机机组复杂故障诊断的要求。在其他的智能故障诊断方法中,人工神经网络诊断方法能够根据大量的故障机理研究以及经验性的直觉知识归纳出典型样本,通过对神经网络内部的竞争达到问题的求解,从本质上模拟专家的直觉。基于案例的诊断推理能够利用以前解决类似问题的经验,诊断结果易于理解和接受。基于模糊诊断推理能够利用机组结构和故障机理等深知识来区分故障之间的层次关系和因果关系,能够诊断出系统中从未发生过的故障。当然,它们只是这些诊断方法理论上所具有的优越性,能否在实践中真正发挥作用,取决于这些诊断方法是否真正体现了故障诊断的本质。如果对所有征兆的作用不加区分,仅根据不同的征兆的权值计算案例的相似度,可能得不到准确的诊断结果。

9.1.5 状态监测与故障诊断实例

超高压主干变压器是电力传输系统的枢纽设备,其运行的可靠性直接关系到电力系统的安全与稳定,而局部放电又是造成其绝缘故障的重要原因,因此对变压器进行局部放电在线监测,为电站的变压器实现状态检修与维护提供可靠、准确的决策依据和符合市场经济规律的现代管理和维修的科学模式具有重要意义。与传统的检测方法相比,变压器局部放电超高频(UHF)检测技术具有检测频率高、抗干扰性强和灵敏度高等优点,更适合局部放电在线监测。它通过接收电力变压器局部放电产生的超高频电磁波,实现局部放电的检测和定位,现已被国内外众多的电力变压器监测研究机构所认可。如图9.3所示。

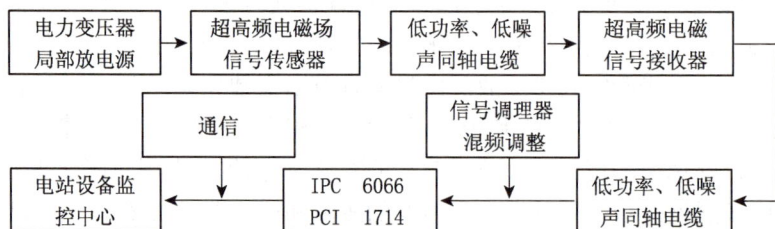

图9.3 电力变压器在线状态监测与故障诊断系统实例

变压器超高频局部放电信号的频率均在 300 MHz 以上,甚至超过 1GHz,如此超高频放电信号,常用的 A/D 采集卡在采样率和存储深度等方面是很难满足要求的,而且局部放电测量通常只关心信号的峰值及其出现的相位,因此,必须对信号进行处理,将信号调整到通用大动态范围高速采集卡能处理的频率范围,并保留其峰值和相位等特征,达到既能检测信号、避开干扰,又降低技术要求的目的。基于混频技术的超高频局部放电检测便能实现这一功能。

　　基于专家智能系统的变压器诊断系统的框架变压器局部放电超高频检测技术的具体方法为:变压器中局部放电发射的电磁波经超高频传感器(检测频带为400～800 MHz)耦合接收后,将放电信号转换为电压脉冲信号,然后经过超高频接收机的混频、滤波、检波和放大处理后,局部放电超高频信号可降频为0～5 MHz信号,最后将处理过的高频窄带信号送入研华工控机 ACP-4001 内的数据采集卡 PCI-1714(采样频率为 30 MS/s 采样率)进行数据采集、处理和分析,整个硬件系统的结构如图 9.3 所示。由于变压器故障的特殊性,诊断方法就具有一定的特殊性。随着人工智能、专家系统和计算机技术的迅猛发展,智能诊断方法在水轮机机组故障诊断中得到了广泛的应用。基于专家智能诊断系统的变压器故障诊断的框架见图 9.4 所示。

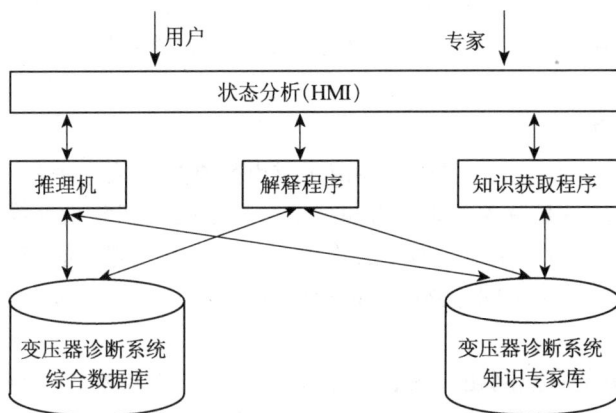

图 9.4　专家系统结构

9.2　主要电气设备的状态监测

9.2.1　电力变压器的状态监测

　　能够确保变压器正常运行的主要部件包括绕组、铁芯、绝缘油、冷却器及有载调节器(OLTC)。故障统计表明,OLTC 故障和绕组故障最常见。因此,监控的关键参数包括OLTC 故障、油/纸绝缘(包括绕组和变压器)的老化、负载和运行状态。

　　OLTC 故障主要由机械故障(轴承、转轴和驱动机构)引起,然后是电气故障,比如触点烧损、转换电阻燃烧和绝缘问题。OLTC 的振动监测是有效的在线监测方法,并且成本适中。绕组绝缘和主绝缘是影响变压器寿命的最大的问题之一,可通过温度、油中气体分析(DGA)、局部放电(PD)和湿度分析来监测。

　　负载和运行状态的基本信息可通过电压、电流互感器监测。振动监测是检测 OLTC 故障的最佳方法,它通过加速度计获取变压器铁芯和绕组的振动数据,并同电流和热数据一起用于在线确定变压器的运行状态。

9.2.2　发电机的状态监测

1）定子绕组故障

包括绝缘故障、绕组导体故障和绕组端部故障。由于大多数定子绕组故障是电气绝缘逐渐劣化的结果,绝缘故障便成了主要关注对象。定子绕组绝缘故障的主要早期特征便是机器内局部放电行为的增加,因此,对局部放电的监测成为实施定子绕组状态监测的主要工具。

2）转子体故障

转子体故障主要由巨大的转子离心力、大的负序暂态电流和转子不同心引起。在转子旋转时由于自身重力的作用,转子材料表面的裂缝将扩散,这将引起灾难性的转子故障。在负序电流作用下,转子涡流损耗会造成过热并导致疲劳裂纹的出现。如果发电机和系统之间满足谐振条件,突然的暂态过程可能导致转子扭振,从而引起转子故障。转子不同心会引起振动,并出现不平衡的磁拉力。对转子体故障的早期检测可通过振动监测和气隙磁感应强度监测来实现。

3）转子绕组故障

主要是匝间短路故障。匝间短路可能由于发电机在低速启动或停车时,槽中导体表面的污物引起了电弧,或者是巨大的离心力和高温影响了绕组和绕组绝缘。匝间短路故障可引起局部过热甚至导致转子接地。通用的监测方法是采用气隙磁感应强度监测,通过探测气隙磁感应强度,可以确定匝间短路的数量和位置。

4）定子铁芯故障

主要是铁芯深处的过热问题。热监测技术(包括热成像技术、热模型等)已被用于变压器和电动机定子绕组的监测中,但很少有用于定子铁芯监测的报道。

9.2.3　感应电动机状态监测

1）定子故障

感应电动机定子故障主要是由于绝缘破坏引起绕组匝间短路造成的。当前,定子电流信号分析是确定定子绕组故障的常用工具,具有成本低、易操作和功能多的优点。感应电动机的定子绕组匝间故障将引起气隙磁感应强度畸变,从而在定子电流中产生谐波,因此定子电流可用于故障的检测。由于电动机和发电机在定子绕组上的相似性,用于发电机的 PD 在线监测也可用于电动机中,它比电流监测能更早地检测到绕组故障。

2）转子故障

感应电动机转子故障主要有转子导条断裂,这将引起转矩跳动、转速波动、转子振动以及过热等。最常见的检测方法是上面提到的定子电流监测。另外,可采用振动和气隙监测方法。

3）轴承故障

电动机可靠性研究表明,轴承故障占所有机器故障的 40％以上。潜在的轴承故障通常采用振动和定子电流监测的办法来检测,而定子电流监测具有非侵入式的优点(不需在电机内装设传感器)。

4）气隙不均匀

气隙不均匀必须控制在一个可接受的水平上,例如10%。有两种类型的气隙不均:动态和静态。对静态不均,最小的气隙位置在空间上是固定的;而对于动态气隙不均,转子的中心和旋转中心不一致,因此最小气隙位置是旋转的。气隙不均可通过定子铁芯振动监测和定子电流监测来检测。

9.2.4 高压断路器状态监测

1）故障及监测内容

高压断路器是电力系统中最重要的开关设备,开关状态的好坏直接影响着电力系统的安全运行。高压断路器的故障包括机械故障和电气故障两大类,调查表明,80%的高压断路器故障是由于机械特性不良造成的,因此对机械特性的监测尤为重要。目前高压断路器的监测主要分为两大类:机械寿命在线监测和触头电寿命监测。监测的内容包括泄漏电流监测、气体密度监测、开断次数监测、累积开断电流监测、振动波形监测、断路器红外成像监测、分合闸线圈电流波形监测等。

2）常用监测技术

(1)断路器机械性能监测及最新进展

断路器机械状态监测主要有行程和速度的监测、操作过程中振动信号的监测等。机械性能稳定的断路器,其分、合闸振动波形的各峰值大小和各峰值间的时间差是相对稳定的。将振动信号监测的波形与该断路器的特征波形/指纹比较,即可判别断路器机械特性是否正常。文献根据径向基函数网络理论,将健康振动信号和断路器实际振动信号波峰值之差形成的残差以及冲击事件发生的时间作为断路器故障诊断的特征参数,以此判断是否故障及故障类型。除通用的振动监测法外,还有一种评估断路器状态的方法,即跳闸线圈轮廓法(TCP法),它通过考察断路器动作时流过跳闸/闭合线圈里的电流波形来获得断路器的状态信息。

(2)断路器触头电寿命监测

影响真空断路器和某些SF_6断路器触头寿命的因素,包括灭弧室、灭弧介质和触头三个方面,其中起决定作用的通常是触头的电磨损。目前对触头电磨损的监测普遍采用基于断路器的电寿命曲线的开断电流加权累积法。由于该方法没有考虑断路器运行时三相之间的差别和燃弧时间的因素,因此误差会较大。

3）典型电厂电力设备在线监测主要内容

典型电厂电气设备在线监测主要内容有:发电机功角在线监测、发电机及封母局放在线监测、漏氢在线监测、转子匝间短路在线监测、变压器在线监测、开关柜绝缘在线监测、GIS局放监测、GIS气体压力在线监测、蓄电池在线监测、电动机局放在线监测。

参 考 文 献

［1］水利电力部西北电力设计院.电力工程电气设计手册:电气一次部分.北京:水利电力出版社,1989

［2］钱亢木.大型火力发电厂厂用电系统.北京:中国电力出版社,2002

［3］华东六省一市电机工程(电力)学会.电气设备及其系统.北京:中国电力出版社,2007

［4］常涌.电气设备系统及运行.北京:中国电力出版社,2009

［5］胡念苏.汽轮机设备系统及运行.北京:中国电力出版社,2010

［6］卓乐友.电力工程电气设计200例.北京:中国电力出版社,2004

［7］范绍彭.电气运行.北京:中国电力出版社,2005

［8］宋志明.继电保护原理与应用.北京:中国电力出版社,2007

［9］王维俭.大型发电机变压器内部故障分析与继电保护.北京:中国电力出版社,2006

［10］陶苏东,荀堂生,张盛智.电气设备及系统.北京:中国电力出版社,2006

［11］宋志明,李洪战.电气设备与运行.北京:中国电力出版社,2008

［12］吴少伟.超超临界火电机组运行.北京:中国电力出版社,2012

［13］华东六省一市电机工程(电力)学会.汽轮机设备及其系统.北京:中国电力出版社,2006

［14］孙伟鹏,李洪.1 000 MW超超临界火电机组运行技术问答——电气运行.北京:中国电力出版社,2014

［15］广东电网公司电力科学研究院.1 000 MW超超临界火电机组技术丛书——电气设备及系统.北京:中国电力出版社,2014

［16］姚春球.发电厂电气部分.北京:中国电力出版社,2013

［17］1 000 MW机组电气运行规程.广东大唐国际潮州发电有限公司企业标准,2010

［18］张保会,尹项根.电力系统继电保护.北京:中国电力出版社,2007